Craftsman Drilling Equipment Operator

천공기운전기능사
필기

도서출판 **책과 상상**
www.SangSangbooks.co.kr

[preface]
천공기운전기능사 필기

　건설기계와 자동차 공업은 건설 및 각종 생산에서 가장 중요한 위치를 차지하고 있음은 누구나 잘 알고 있는 바이며, 근래에 와서는 모든 생산 및 건설분야가 전문화와 세분화됨에 따라 인력부족과 자리부족의 심각한 상황에 이르러 건설기계의 활용으로 대처해 나가고 있으나 기술인력의 부족으로 많은 고충을 겪고 있는 실정입니다.

　이 책은 한국산업인력공단이 주관하고 시행하는 천공기운전기능사 자격시험을 준비하고자 하는 분들을 위해 최근 개정된 법령 및 출제기준, 그간의 기출문제를 면밀히 분석하여 과목별 핵심이론과 함께 다음의 사항을 중심으로 집필하였습니다.

1. 한국산업인력공단의 최근 출제기준 및 강화된 건설기계관리 법규 등을 충실히 반영하여 이론을 정리하고 이에 따른 출제예상문제를 엄선하여 수록하였습니다.
2. 또한, 출제기준 변경에 따라 천공기 작업장치와 관련된 문항이 대폭 늘어난 만큼 천공기 작업장치와 관련된 이론내용과 출제예상문제를 보다 풍부하게 수록하고자 하였습니다.
3. 끝으로 제7장에 수록된 5회분의 적중모의고사는 한국산업인력공단이 주관하고 시행하는 천공기운전기능사 필기 CBT 복원문제를 포함한 출제문제를 수록하여 수험생 스스로 자신의 실력을 평가할 수 있도록 하였습니다.

　국가에서 요구하는 기술인으로서의 국위선양에 일익을 담당할 여러분에게 영광이 있기를 빌며 본의 아니게 잘못된 내용은 앞으로 철저히 수정 보완하여 나가기로 약속드리며, 이 책의 출판에 적극 힘써 주신 도서출판 책과상상 임직원 및 편집부 담당자들에게 감사의 인사를 전합니다.

출제기준
Questions Standard

- 시행기관 : 한국산업인력공단
- 자격종목 : 천공기운전기능사
- 직무내용 : 건축공사나 토목공사 또는 항만공사 등의 건설공사현장에서 지반이나 암반에 구멍을 뚫는 작업 혹은 말뚝을 박거나 뽑는 작업을 수행
- 시험방법 : 필기_ 객관식(전과목 혼합, 60문항), 실기_ 작업형
- 합격기준 : (필기・실기) 100점을 만점으로 하여 60점 이상
- 시험시간 : 1시간

필기과목 : 건설기계기관, 전기, 섀시, 천공기작업장치, 유압일반, 건설기계관리법규, 안전관리

필기과목명	문제수	주요항목	세부항목
천공기 조종, 점검 및 안전관리	60	1. 기관 및 전기장치	1. 기관장치 2. 전기장치
		2. 차체 및 유압장치	1. 차체장치 2. 유압장치
		3. 건설기계관리법규	1. 건설기계 등록・검사 2. 건설기계 면허・벌칙・사업
		4. 안전관리	1. 안전관리 2. 장비・작업현장 안전
		5. 락드릴 운전 준비・점검	1. 운전 점검 2. 작업준비
		6. 락드릴 작업	1. 천공 패턴 2. 천공 위치 3. 천공 실행
		7. 시추 작업 전・후 점검 및준비	1. 작업 점검 2. 작업준비
		8. 시추작업	1. 설치 2. 시추 작업
		9. 항타・항발기 설치	1. 설치
		10. 항타・항발기 작업	1. 항타・항발기 작업준비 2. 천공 위치 3. 천공 실행

NCS(국가직무능력표준) 안내

NCS(국가직무능력표준)와 NCS 학습모듈

- 국가직무능력표준(NCS, National Competency Standards)이란 산업현장에서 직무를 수행하기 위해 요구되는 지식·기술·소양 등의 내용을 국가가 산업부문별·수준별로 체계화한 것으로 국가적 차원에서 표준화한 것을 의미합니다.
- NCS 학습모듈은 NCS 능력단위를 교육 및 직업훈련 시 활용할 수 있도록 구성한 교수·학습자료입니다. 즉, NCS 학습모듈은 학습자의 직무능력 제고를 위해 요구되는 학습 요소(학습 내용)를 NCS에서 규정한 업무 프로세스나 세부 지식, 기술을 토대로 재구성한 것입니다.

NCS 개념도

NCS의 활용영역

구분		활용 콘텐츠
산업현장	근로자	평생경력개발경로, 자가진단도구
	기업	현장수요 기반의 인력채용 및 인사관리기준, 직무기술서
교육훈련기관		직업교육 훈련과정 개발, 교수계획 및 매체·교재개발, 훈련기준 개발
자격시험기관		자격종목설계, 출제기준, 시험문항, 시험방법

NCS 학습모듈의 특징

- NCS 학습모듈은 산업계에서 요구하는 직무능력을 교육훈련 현장에 활용할 수 있도록 성취목표와 학습의 방향을 명확히 제시하는 가이드라인의 역할을 합니다.
- NCS 학습모듈은 특성화고, 마이스터고, 전문대학, 4년제 대학교의 교육기관 및 훈련기관, 직장 교육기관 등에서 표준교재로 활용할 수 있으며 교육과정 개편 시에도 유용하게 참고할 수 있습니다.

NCS와 NCS 학습모듈의 연결 체제

CBT 필기시험 체험하기

01 CBT 필기시험 응시를 위해 지정된 좌석에 앉으면 해당 컴퓨터 단말기가 시험감독관 서버에 연결되었음을 알리는 연결 성공 메시지가 나타납니다.

02 수험자 접속 대기 화면에서 좌석번호를 확인합니다. 좌석번호 확인이 끝나면 시험감독관의 지시에 따라 시험 안내 화면으로 자동으로 이동합니다.

03 수험자 정보를 확인합니다. 감독관의 신분 확인 절차가 진행됩니다. 신분 확인이 모두 끝나면 시험을 시작할 수 있습니다.

과정평가형 자격취득 안내

과정평가형 자격

과정평가형 자격은 국가기술자격법에 근거하여 국가직무능력표준(NCS)에 따라 설계된 교육·훈련과정을 체계적으로 이수한 교육·훈련생에게 내·외부 평가를 통해 국가기술자격증을 부여하는 새로운 개념의 국가기술자격 취득 제도로서 2015년부터 시행되고 있다.

과정평가형 자격 운영 절차

시행 대상

국가기술자격법의 과정평가형 자격 신청자격에 충족한 기관 중 공모를 통하여 지정된 교육·훈련기관의 단위과정별 교육·훈련을 이수하고 내부평가에 합격한 자

교육·훈련생 평가

① 내부평가(지정 교육·훈련기관)
  ㉮ 평가대상 : 능력단위별 교육·훈련과정의 75% 이상 출석한 교육·훈련생
  ㉯ 평가방법
    ㉠ 지정받은 교육·훈련과정의 능력단위별로 평가
    ㉡ 능력단위별 내부평가 계획에 따라 자체 시설·장비를 활용하여 실시
  ㉰ 평가시기
    ㉠ 해당 능력단위에 대한 교육·훈련이 종료된 시점에서 실시하고 공정성과 투명성이 확보되어야 함
    ㉡ 내부평가 결과 평가점수가 일정수준(40%) 미만인 경우에는 교육·훈련기관 자체적으로 재교육 후 능력단위별 1회에 한해 재평가 실시
② 외부평가(한국산업인력공단)
  ㉮ 평가대상 : 단위과정별 모든 능력단위의 내부평가 합격자
  ㉯ 평가방법 : 1차·2차 시험으로 구분 실시
    ㉠ 1차 시험 : 지필평가(주관식 및 객관식 시험)
    ㉡ 2차 시험 : 실무평가(작업형 및 면접 등)

합격자 결정 및 자격증 교부

① 합격자 결정 기준
  내부평가 및 외부평가 결과를 각각 100점을 만점으로 하여 평균 80점 이상 득점한 자
② 자격증 교부
  기업 등 산업현장에서 필요로 하는 능력보유 여부를 판단할 수 있도록 교육·훈련 기관명·기간·시간 및 NCS 능력단위 등을 기재하여 발급

NCS 및 과정평가형 자격에 대한 내용은 NCS국가직무능력표준 홈페이지(www.ncs.go.kr)에서 보다 자세하게 살펴볼 수 있습니다.

CBT 필기시험제도 안내

변경된 제도 개요

기능사 CBT(컴퓨터 기반 시험) 필기시험제도는 한국산업인력공단 상설시험장과 외부 시설 및 장비를 임차하여 시행하기 때문에 시험장 사정에 따라 시험일자가 달라질 수 있으며, 수험생들이 선호하는 시험장은 조기 마감될 수 있으므로 주의하여야 합니다.

원서접수 기간 및 접수처

- 한국산업인력공단이 주관 및 시행하는 기능사 정기 CBT 필기시험 및 상시 CBT 필기시험 관련한 정보는 큐넷 홈페이지(http://www.q-net.or.kr)를 방문하여 확인합니다.
- 기능사 필기시험의 원서접수는 인터넷으로만 가능하며 정기 및 상시시험 모두 큐넷 (http://www.q-net.or.kr)에서 접수할 수 있습니다.
- 기능사 상시시험 종목 : 한식조리기능사, 양식조리기능사, 일식조리기능사, 중식조리기능사, 제과기능사, 제빵기능사, 미용사(일반), 미용사(피부), 미용사(네일), 미용사(메이크업), 굴삭기운전기능사, 지게차운전기능사, 건축도장기능사, 방수기능사 [14종목]
  ※ 건축도장기능사, 방수기능사 2종목은 정기검정과 병행 시행

CBT 부별 시험시간 안내

구분	입실시간	시험시간	비고
1부	09:30	09:50~10:50	
2부	10:00	10:20~11:20	
3부	11:00	11:20~12:20	
4부	11:30	11:50~12:50	
5부	13:00	13:20~14:20	시험실 입실 시간은
6부	13:30	13:50~14:50	시험 시작 20분 전
7부	14:30	14:50~15:50	
8부	15:00	15:20~16:20	
9부	16:00	16:20~17:20	
10부	16:30	16:50~17:50	

※ 시행지역별 접수인원에 따라 일일 시행횟수는 변동될 수 있으며, 지역에 따라 원거리 시험장으로 이동할 수 있습니다.

합격자 발표

종이 시험과 달리 CBT 필기시험은 시험이 종료된 후 시험점수와 함께 합격 여부를 확인할 수 있으며, 이 결과는 시험일정 상의 합격자 발표일에 최종 확인할 수 있습니다.

04 CBT 필기시험에 대한 안내사항이 나타납니다. 화면은 예제이며, 실제 기능사 필기시험은 총 60문제로 구성되며, 60분간 진행됩니다.

05 다음 항목에서 시험과 관련된 유의사항을 확인합니다. 특히, 시험과 관련한 부정행위 적발 시 퇴실과 함께 해당 시험은 무효처리되어 불합격 될 뿐만 아니라, 이후 3년간 국가기술자격검정에 응시할 수 있는 자격이 정지되므로 부정행위로 인정되는 내용을 꼼꼼히 확인하도록 합니다.

06 메뉴설명 항목에서는 문제풀이와 관련된 메뉴에 대한 설명을 확인할 수 있습니다. CBT 화면에서는 글자 크기를 크게 하거나 작게 할 수 있을 뿐 아니라, 화면 배치를 1단 또는 2단 화면 보기 혹은 한 문제씩 보기로 선택할 수 있습니다.

07 문제풀이 연습 항목에서는 실제 문제를 풀어보는 과정을 연습할 수 있습니다. 실제 시험에서 실수하지 않도록 하기 위해 [자격검정 CBT 문제풀이 연습] 버튼을 클릭합니다.

08 보기의 연습 문제는 국가기술자격시험의 정부 위탁기관인 한국산업인력공단의 본부 청사 소재지를 묻는 것입니다. 현재 한국산업인력공단 본부는 울산광역시에 소재하고 있습니다. 문제 아래의 보기에서 번호 항목을 클릭하거나 답안 표기란의 번호 항목에서 해당 답안을 클릭하여 답안을 체크합니다.

09 문제 아래의 보기를 클릭하거나 오른쪽 답안 표기란의 답안 항목을 클릭하면 화면과 같이 선택한 답안이 OMR 카드에 색칠한 것과 같이 색이 채워집니다.

> 답안을 수정할 때는 마찬가지 방법으로 수정하고자 하는 문제의 보기 항목이나 답안 표기란의 보기 항목에서 수정하고자 하는 답안을 클릭합니다.

10 문제를 풀고 나면 다음 문제를 풀기 위해 화면 하단의 [다음] 버튼을 클릭하여 문제를 계속 풀어나가면 됩니다. 참고로 하단 버튼 중 [계산기]를 클릭하면 간단한 공학용 계산기를 사용하여 계산 문제를 푸는 데 도움을 받을 수 있습니다.

> 계산이 끝나고 계산기를 화면에서 사라지게 하려면 계산기 창의 오른쪽 상단에 있는 닫기 ❌ 버튼을 클릭합니다.

11 문제 풀이 연습이 끝나면 하단의 [답안 제출] 버튼을 클릭하여 답안을 제출합니다.

> 어려운 문제이 경우 하단의 [다음] 버튼을 클릭하여 다음 문제를 풀 수도 있습니다. 단, 이러한 경우 답안을 제출하기 전에 하단의 [안 푼 문제] 버튼을 클릭하여 혹시 풀지 않은 문제가 있는 지 최종적으로 확인하도록 합니다.

12 답안 제출을 클릭하면 나타나는 화면입니다. 수험생들이 실수로 답안을 모두 체크하지 않고 제출할 수 있는 실수를 방지하기 위해 2회에 걸쳐 주의 화면이 나타납니다. 답안을 제출하려면 [예] 버튼을 누릅니다.

13 문제풀이 연습을 모두 마치면 나타나는 화면에서 [시험 준비 완료] 버튼을 클릭합니다. 이후 시험 시간이 되면 시험감독관의 지시에 따라 시험이 자동으로 시작됩니다.

14 본 시험이 시작되면 첫 번째 문제가 화면에 나타납니다. 앞서 문제풀이 연습 때와 마찬가지 방법으로 문제의 보기에서 정답을 클릭하거나 답안 표기란에 해당 문제의 정답 항목을 클릭하여 답을 선택합니다.

15 화면 하단의 [다음] 버튼을 클릭하면 다음 문제를 풀 수 있습니다. 앞서와 마찬가지 방법으로 답안에 체크하고 모든 문제를 풀었다면 [답안 제출] 버튼을 클릭합니다.

> 화면의 상단 오른쪽에 제한 시간과 남은 시간이 표시됩니다. 본 예제는 체험을 위한 것으로 실제 시험시간은 60분이며, 이에 따라 남은 시간도 표시됩니다.

16 수험생의 실수를 방지하기 위해 2회에 걸쳐 주의 문구가 출력됩니다. 모든 문제를 이상없이 풀고 답안에 체크했다면 [예] 버튼을 클릭하여 답안을 제출하고 시험을 마무리합니다.

> 문제 화면으로 다시 돌아가고자 한다면 [아니오] 버튼을 클릭하여 이미 푼 문제들을 다시 확인하고 필요한 경우 답안을 수정할 수 있습니다.

17 답안 제출 화면이 나타납니다. 잠시 기다립니다.

18 CBT 필기시험을 모두 끝내고 답안을 제출하면 곧바로 합격, 불합격 여부를 화면과 같이 확인할 수 있습니다. 독자분들은 꼭 화면과 같은 합격 축하 문구를 볼 수 있기를 기원합니다.

19 앞서의 합격 여부 화면에서 [확인 완료] 버튼을 클릭하면 CBT 필기시험이 종료됩니다. 고생하셨습니다.

본 도서에 수록된 CBT 필기시험 체험하기 내용은 한국산업인력공단의 CBT 체험하기 과정을 인용하여 구성 및 정리한 것입니다. 직접 한국산업인력공단에서 제공하는 CBT 필기시험을 체험하고자 하는 독자께서는 한국산업인력공단이 운영하는 큐넷 홈페이지(www.q-net.or.kr)를 방문하시기 바랍니다.

제1장　건설기계 기관

제1절 | 기관 주요부
01 기관 일반　　　　　　　　　　　20
02 기관의 주요 구성 및 작용　　　　23

제2절 | 냉각장치
01 냉각 일반　　　　　　　　　　　31
02 냉각장치의 주요 구성 및 작용　　32

제3절 | 윤활장치
01 윤활 일반　　　　　　　　　　　35
02 윤활장치의 주요 구성 및 작용　　37

제4절 | 디젤연소실과 연료장치
01 디젤기관 일반　　　　　　　　　40
02 구성 및 작용　　　　　　　　　　43

제5절 | 흡·배기장치 및 시동 보조장치
01 흡·배기장치 일반　　　　　　　47
02 구성 및 작용　　　　　　　　　　48

건설기계 기관 출제예상문제　　　　　53

제2장　건설기계 전기

제1절 | 전기기초 및 축전지
01 전기기초　　　　　　　　　　　　90
02 축전지　　　　　　　　　　　　　93

제2절 | 시동장치
01 기동 전동기 일반　　　　　　　　97
02 구성 및 작용　　　　　　　　　　98

제3절 | 충전장치
01 충전장치 일반　　　　　　　　　101
02 구성 및 작용　　　　　　　　　　102

제4절 | 등화장치 및 냉·난방장치
01 등화장치　　　　　　　　　　　105
02 냉·난방장치　　　　　　　　　108

건설기계 전기 출제예상문제　　　　112

제3장　건설기계 차체

제1절 | 동력전달장치
01 휠형 동력전달장치　　　　　　　128
02 크롤러형 동력전달장치　　　　　136

제2절 | 조향장치
01 조향장치 일반　　　　　　　　　140
02 구성 및 작용　　　　　　　　　　143

제3절 | 제동장치
01 제동장치 일반　　　　　　　　　146
02 구성 및 작용　　　　　　　　　　148

건설기계 차체 출제예상문제　　　　153

제4장　건설기계 유압

제1절 | 유압의 기초
01 유압 일반　　　　　　　　　　　174
02 유압기호 및 용어　　　　　　　177

제2절 | 유압 기기 및 회로
01 유압 회로　　　　　　　　　　　182
02 유압 기기　　　　　　　　　　　185

건설기계 유압 출제예상문제　　　　193

제5장　법규 및 안전관리

제1절 건설기계 관련법규
　01 건설기계 관리법　　　　　　　　　214

제2절 안전관리
　01 산업안전　　　　　　　　　　　　224
　02 작업 및 화재안전　　　　　　　　227

법규 및 안전관리 출제예상문제　　　234

제6장　천공기 작업장치

제1절 천공기
　01 천공기 작업장치　　　　　　　　252
　02 항타 및 항발기(pile driver)　　　260
　03 시추기　　　　　　　　　　　　263

천공기 작업장치 출제예상문제　　　266

제7장　CBT 대비 적중모의고사

　제1회 적중모의고사　　　　　　　　281
　제2회 적중모의고사　　　　　　　　290
　제3회 적중모의고사　　　　　　　　299
　제4회 적중모의고사　　　　　　　　308
　제5회 적중모의고사　　　　　　　　317

CHAPTER 01

Craftsman Construction Equipment Operator

건설기계 기관

Section 01 기관주요부
Section 02 냉각장치
Section 03 윤활장치
Section 04 디젤연소실과 연료장치
Section 05 흡·배기장치 및 시동보조장치
Section 06 건설기계 기관 출제예상문제

SECTION 01 기관주요부

Craftsman Construction Equipment Operator

STEP 01 기관 일반

1. 기관의 정의
열에너지(힘)을 기계적인 에너지로 변화시키는 기계장치로써 열기관이라고도 한다.

1) 내연기관
실린더 내부에서 연소물질을 연소시켜 동력을 발생시키는 기관으로 가솔린, 디젤, 가스, 제트 기관 등이 있다.

2) 외연기관
실린더 외부에서 연소물질을 연소시켜 동력을 발생시키는 기관으로 증기 기관 등이 있다.

2. 기관의 분류

1) 기관 수와 배열의 분류
직렬형, 수평형, 수평 대향형, V형, 성형, 도립형, X형, W형 등이 있다.

2) 사용 연료의 분류
가솔린, 디젤, 석유, 가스 기관이 있으며, 국내 건설기계는 디젤기관이다.

3) 점화 방법의 분류
① 전기 점화 기관 : 혼합가스에 전기적인 불꽃으로 점화시키는 기관
② 압축 착화 기관 : 연료를 분사하면 압축열에 의하여 착화되는 기관

4) 열역학적 사이클의 분류
① 정적 사이클(오토 사이클) : 일정한 용적 하에서 연소되는 가솔린 기관
② 정압 사이클(디젤 사이클) : 일정한 압력 하에서 연소되는 저속 디젤기관
③ 사바테 사이클(합성 사이클) : 일정한 압력과 용적 하에서 연소되는 고속 디젤기관

5) 기계학적 사이클의 분류
① 4행정 사이클 기관 : 흡입, 압축, 폭발(동력), 배기 등 4개 작용을 피스톤이 4행정하고 크랭크 축이 2회전하여 동력을 발생하는 기관
② 2행정 사이클 기관 : 흡입, 압축, 폭발(동력), 배기 등 4개 작용을 피스톤 2행정에 마치고 크랭크 축이 1회전하여 동력을 얻는 기관

6) 운동 방식에 따른 분류
　① 왕복 운동형 : 피스톤의 왕복 운동을 크랭크 축에 의해서 회전 운동으로 바꾸어 사용(예 : 가솔린 기관 및 디젤기관)
　② 회전 운동형 : 연소 가스의 에너지로 직접 축을 회전 운동으로 바꾸어 사용(예 : 가스 터빈)

7) 디젤 엔진의 장·단점

구분	내용
장점	• 열효율이 높고, 연료 소비율이 적다. • 인화점이 높은 경유를 연료로 사용하여 취급이나 저장에 위험이 적다. • 대형의 엔진 제작이 가능하다. • 경부하시 효율이 나쁘지 않으며, 저속에서 큰 회전력이 발생한다. • 배기가스가 가솔린 엔진보다 덜 유독하다. • 점화장치가 없어 이에 따른 고장이 적다. • 2행정 사이클 엔진이 비교적 유리하다.
단점	• 연소압력이 커서 엔진의 각 부위를 튼튼하게 제작하여야 한다. • 엔진의 출력 당 무게와 형체가 크다. • 운전 중에 진동과 소음이 크다. • 연료분사장치가 매우 정밀하고 복잡하며, 제작비가 비싸다. • 압축비가 높아 큰 출력의 기동 전동기가 필요하다.

3. 작동 원리

1) 4행정 사이클 기관의 작동 원리
　① 흡입 행정 : 피스톤이 내려가면서 대기와의 압력차에 의해 신선한 혼합기가 유입되는 행정으로 흡기 밸브는 열려 있고 배기 밸브는 닫혀 있다.
　② 압축 행정 : 피스톤이 올라가면서 혼합기를 압축시키는 행정(흡·배기 밸브 모두 닫혀 있다)으로 압축압력은 7~11kg/cm²(가솔린 기관)과 30~45kg/cm²(디젤기관) 정도이다.

(a) 흡입행정　(b) 압축행정　(c) 동력행정　(d) 배기행정

[4행정 사이클 기관의 작동]

③ 동력 행정(폭발 행정) : 연소 압력으로 피스톤을 밀어내려 동력을 발생하는 행정(흡·배기 밸브 모두 닫혀 있다)으로 폭발 압력은 35~45kg/cm²(가솔린 기관)과 55~65kg/cm²(디젤기관) 정도이다.
④ 배기 행정 : 피스톤이 올라가면서 연소된 가스를 밖으로 내보내는 행정(흡기 밸브는 닫혀있고, 배기 밸브는 열려 있다)으로 열효율은 25~32%(가솔린 기관)과 32~38%(디젤기관) 정도이다.

2) 2행정 사이클 기관의 작동 원리

① 흡입, 압축 및 폭발 행정 : 피스톤이 상승하면서 흡입 포트가 열려 크랭크 케이스 내에 신선한 혼합기를 흡입하고 피스톤 헤드부는 배기 구멍을 막은 다음 유입된 혼합기를 압축하여 점화 플러그에서 발생되는 불꽃에 의해서 연소시킨다.
② 배기 및 소기 : 연소 가스가 피스톤을 밀어내려 배기공이 열리면 가스가 배출되며, 피스톤에 의해서 소기공이 열리면 흡입 행정에서 흡입된 혼합 가스가 피스톤 헤드부로 유입된다.
㉮ 디플렉터 : 2행정 사이클 엔진에서 혼합기의 손실을 적게 하고 와류를 증가시키기 위해 피스톤 헤드에 설치된 돌기부를 말한다.
㉯ 소기 행정 : 연소실에 유입되는 혼합기에 의해 연소 가스를 배출시키는 것을 말한다.

(a) 소기행정　(b) 압축행정　(c) 동력행정　(d) 배기행정

[2행정 사이클 기관의 작용]

참고 4행정 사이클 기관과 2행정 사이클 기관의 비교

행정 내용	4행정 사이클 기관	2행정 사이클 기관
출력	적다.	크다(1.7배)
구조	복잡하다.	간단하다.
회전 속도	저속운전을 할 수 있다.	저속운전을 할 수 없다.
효율	각 행정이 독립되어 있으므로 열효율은 좋다.	흡입기간이 짧고 배기가 충분치 못해 열효율이 좋지 않다.
사용 용도	모든 자동차 및 건설기계	일부의 건설기계 및 이륜차

STEP 02 기관의 주요 구성 및 작용

1. 실린더 블록과 실린더

1) 실린더 블록

특수 주철합금제로 내부는 물 통로와 실린더로 되어 있으며 상부에는 헤드, 하부에는 오일 팬이 부착되었고 외부에는 각종 부속 장치와 코어 플러그가 있어 동파를 방지한다.

2) 실린더

피스톤 행정의 약 2배 되는 길이의 진원통이다. 습식과 건식 라이너가 있으며 마모를 줄이기 위하여 실린더 벽에 크롬 도금을 0.1mm 한 것도 있다.

[실린더와 실린더 블록]

3) 실린더 라이너

① 습식 라이너 : 두께 5~8mm로 냉각수가 직접 접촉, 디젤기관에 사용된다.
② 건식 라이너 : 두께 2~3mm로 삽입시 2~3ton의 힘이 필요하며, 가솔린기관에 사용된다.

4) 실린더 행정과 실린더 지름과의 비

$$\text{실린더 행정 내경비} = \frac{\text{피스톤 행정(L)}}{\text{실린더 내경(D)}}$$ (D : 실린더 지름, L : 행정거리)

① 장행정 엔진 : 1.0 이상인 엔진(D<L). 회전 속도가 늦은 반면 회전력이 크고 측압은 적다.
② 정방행정 엔진 : 1.0인 엔진(D=L). 행정이 내경과 같은 엔진이다.
③ 단행정 엔진 : 1.0 이하인 엔진(D>L). 회전력이 작으나 회전속도는 빠르다.

5) 단행정(오버 스퀘어) 기관의 장·단점

① 피스톤의 평균 속도를 높이지 않고 회전 속도를 높일 수 있다.
② 흡기 효율을 높일 수 있다.
③ 엔진 높이를 낮출 수 있다.
④ 측압이 증대된다.

[상사점과 하사점]

6) 실린더 헤드와 연소실

기관 블록 상면과 헤드 개스킷(head gasket)을 사이에 두고 연소실을 형성하며, 재질은 주철제와 알루미늄 합금제를 사용한다.

① 연소실의 구비 조건
  ㉮ 압축 행정시 혼합가스의 와류가 잘될 것
  ㉯ 화염 전파시간을 가능한 짧게 할 것
  ㉰ 연소실 내의 표면적은 최소가 되도록 할 것
  ㉱ 가열되기 쉬운 돌출부를 두지 말 것

② 실린더 헤드 개스킷과 종류 : 실린더 블록과 헤드 사이에 설치되어 압축 가스의 기밀유지 및 냉각수가 누출 되는 것을 방지하고 내열성, 내압성 및 약간의 복원성과 0.6mm~3mm 의 두께를 가지고 있다.
   ㉮ 보통 개스킷
   ㉯ 스틸 베스토 개스킷(steel besto gasket)
   ㉰ 스틸 개스킷(steel gasket)

[실린더 헤드]

2. 피스톤 어셈블리

1) 피스톤

피스톤은 실린더 내를 왕복 운동하여 동력 행정시 크랭크 축을 회전운동시 키며, 흡입, 압축, 배기 행정에서는 크 랭크 축으로부터 동력을 전달받아 작 동된다.

① 피스톤의 종류
   ㉮ 캠연마 피스톤 : 타원형 피스톤 으로 측압부 직경이 보스부보다 크다.
   ㉯ 솔리드 피스톤 : 상·중·하 지름이 동일한 것이다.
   ㉰ 스플리트 피스톤 : 가로 홈과 세로 홈을 둔 것이다.
   ㉱ 인바스트럿 피스톤 : 인바강을 넣고 일체형으로 주조하였다.
   ㉲ 오프셋 피스톤 : 피스톤 핀의 중심을 1.5mm 정도 오프셋시켰다.
   ㉳ 슬리퍼 피스톤 : 측압을 받지 않는 스커트부를 잘라냈다.

[피스톤의 구조]

② 피스톤의 구비 조건
   ㉮ 마찰로 인한 기계적 손실을 방지할 것
   ㉯ 기계적 강도가 클 것
   ㉰ 관성력을 방지하기 위해 무게가 가벼울 것
   ㉱ 폭발 압력을 유효하게 이용할 것
   ㉲ 가스 및 오일누출이 없을 것

③ 피스톤 간극이 클 때의 영향
   ㉮ 블로 바이(blow by)에 의한 압축 압력이 저하된다.

㉯ 오일이 연소실에 유입된다.
　　　㉰ 오일 소비증대 현상이 온다.
　　　㉱ 피스톤 슬랩 현상이 발생된다.
　　　㉲ 오일이 희석된다.
　　④ 피스톤 간극이 작을 때의 영향
　　　㉮ 마찰열에 의해 소결이 된다.
　　　㉯ 마찰로 인해 마멸이 증대된다.
　⑤ 피스톤 슬랩
　　피스톤 간극이 클 때 실린더 벽에 충격적으로 접촉되어 금속음이 발생하는 것으로 피스톤 슬랩을 방지하기 위해서는 오프셋 피스톤을 사용하며, 피스톤 간극은 실린더 내경의 0.05% 정도이다.

2) 피스톤 링

피스톤에는 3~5개 압축링과 오일 링이 사용되며, 실린더 벽보다 재질이 너무 강하면 실린더 벽의 마모를 초래할 수 있다.
① 피스톤 링의 작용과 조립
　피스톤 링을 피스톤에 끼울 때 핀 보스와 측압부분을 피하여 절개부를 120~180°로 하여 조립하여야 압축가스가 새지 않으며 피스톤 링은 밀봉·냉각·오일 제어의 3대 작용을 한다.
② 링 절개부의 종류
　㉮ 직각형(butt joint or straight joint, 종절형)
　㉯ 사절형(miter joint or angle joint, 앵글형)
　㉰ 계단형(step joint or lap joint, 단절형)

[오일 링의 구성]　　　　[피스톤 링]

③ 형태에 따른 분류
㉮ 동심원 링 : 실린더 벽에 가하는 압력이 일정하지 않다.
㉯ 편심원 링 : 실린더 벽에 가하는 압력이 일정하다.
④ 피스톤 링의 구비 조건
㉮ 내열성 및 내마멸성이 양호할 것
㉯ 제작이 용이할 것
㉰ 실린더에 일정한 면압을 줄 것
㉱ 실린더 벽보다 약한 재질일 것
⑤ 피스톤 핀의 설치 방식
㉮ 고정식 : 피스톤 보스부에 볼트로 고정한다.
㉯ 반부동식 : 커넥팅 로드 소단부에 클램프 볼트로 고정한다.
㉰ 전부동식 : 보스부에 스냅링을 설치, 핀이 빠지지 않도록 한다.

3) 커넥팅 로드

피스톤과 연결되는 소단부와 크랭크 축에 연결하는 대단부로 구성되며, 피스톤에서 받은 압력을 크랭크 축에 전달한다.

① 갖추어야 할 조건
㉮ 충분한 강성을 가지고 있을 것
㉯ 내마멸성이 우수할 것
㉰ 가벼울 것
② 커넥팅 로드의 길이
㉮ 커넥팅 로드의 길이는 피스톤 행정의 약 1.5~2.3배 정도이다.
㉯ 길이가 짧으면 측압은 증대되고 엔진 높이는 낮아진다.
㉰ 길이가 길면 측압이 감소되고 강성은 작아진다.

3. 크랭크 축과 베어링

1) 크랭크 축

실린더 블록에 지지되어 캠 축을 구동시켜 주며, 실린더에서 생긴 폭발력을 피스톤이 받아 이를 다시 커넥팅 로드에 전달하여 회전운동을 한다.

① 폭발 순서와 크랭크 축의 위상각
㉮ 4기통 기관의 폭발순서 : 1-3-4-2, 1-2-4-3과 90° 및 180°의 위상각
㉯ 6기통 기관의 폭발순서 : 1-5-3-6-2-4(우수식), 1-4-2-6-3-5(좌수식)와 120°의 위상각

[크랭크축과 베어링]

② 폭발 순서 선정시 고려할 사항
　㉮ 연소를 같은 간격으로 일어나게 한다.
　㉯ 크랭크 축에 비틀림 진동이 일어나지 않게 한다.
　㉰ 혼합기가 각 실린더에 균일하게 분배되게 한다.
　㉱ 인접한 실린더에 연이어 점화되지 않게 한다.

2) 기관 베어링

기관 베어링은 회전 부분에 사용되는 것으로 기관에서는 보통 평면(플레인) 베어링이 사용된다.
　① 오일 간극
　　㉮ 오일 간극 : 0.038~0.1mm
　　㉯ 오일 간극이 크면 : 유압 저하, 윤활유 소비 증가
　　㉰ 오일 간극이 작으면 : 마모 촉진, 소결(열팽창에 의해 늘어붙음, 고착) 현상
　② 베어링의 필요조건
　　㉮ 하중 부담 능력이 좋을 것(load-carrying capacity)
　　㉯ 내피로성일 것(fatigue resistance)
　　㉰ 매입성이 있을 것(embeddability)
　　㉱ 추종 유동성이 있을 것(conformability)
　　㉲ 내식성이 있을 것(corrosion resistance)
　③ 베어링 지지방법
　　㉮ 베어링 돌기(bearing lug) : 홈을 두어 고정
　　㉯ 베어링 다월(bearing dowel) : 베어링 케이스에 혹 붙이로 고정
　　㉰ 베어링 크러시(bearing crush) : 0.25~0.075mm 정도 높임
　　㉱ 베어링 스프레드(bearing spread) : 0.125~0.5mm 정도 크게 함

[크러시가 너무 클 때]　　　　[베어링 돌기]

3) 플라이 휠(fly wheel)

클러치 압력판 및 디스크와 커버 등이 부착되는 마찰면과 기동 모터 피니언 기어와 물리는 링 기어로 구성된다. 크기와 무게가 실린더 수와 회전수에 반비례하며 엔진 회전력의 맥동을 방지하여 회전 속도를 고르게 한다.

> 참고　링기어의 마모 개소는 4기통은 2곳, 6기통은 3곳, 8기통은 4곳이다.

4. 캠 축과 밸브 장치

1) 캠 축과 밸브 리프터

엔진의 밸브 수와 동일한 캠이 배열되어 있으며, 연료 펌프 구동용 편심 캠과 배전기 구동용 헬리컬 기어가 설치되어 있고, 캠은 밸브 리프터를 밀어주는 역할을 하며 유압식과 기계식이 있으나 대부분 유압식이 사용되고 있다.

① 캠 축 구동방식
  ㉮ 기어 구동식 : 크랭크 축과 캠 축을 기어로 물려 구동한다.
  ㉯ 체인 구동식 : 크랭크 축과 캠 축을 사일런트 체인으로 구동한다.
  ㉰ 벨트 구동식 : 특수 합성 고무로 된 벨트로 구동한다.

② 유압식 밸브 리프터의 특징
  ㉮ 밸브 간극 조정이나 점검을 하지 않아도 된다.
  ㉯ 밸브 개폐시기가 정확하게 되어 기관의 성능이 향상된다.
  ㉰ 작동이 조용하다.
  ㉱ 충격을 흡수하기 때문에 밸브 기구의 내구성이 향상된다.

참고 캠의 양정이란 기초원과 노즈(nose) 사이의 거리이다.

[캠의 구성]

[캠 축(Cam Shaft)]

2) 밸브와 밸브 스프링

실린더 헤드에는 혼합가스를 흡입하는 흡입 밸브와 연소된 가스를 배출하는 배기 밸브가 한 개의 연소실당 2~4개 설치되어 흡·배기 작용을 하며 밸브 스프링은 밸브와 밸브 시트(valve seat)의 밀착을 도와 블로 바이(blow by)를 방지하면서 닫아주는 일을 한다.

① 밸브의 구비 조건
　㉮ 고온에 견딜 것
　㉯ 큰 하중에 견디고, 변형이 없을 것
　㉰ 열전도율이 좋을 것
　㉱ 충격과 부식에 견딜 것
② 밸브 시트의 각도와 간섭각
　㉮ 30°, 45°, 60°가 사용됨
　㉯ 간섭각은 1/4~1°를 줌
　㉰ 밸브 시트의 폭은 1.5~2.0mm
　㉱ 밸브 헤드 마진은 0.8mm 이상
③ 밸브 스프링의 구비 조건
　㉮ 블로 바이(blow by)가 생기지 않을 정도의 탄성 유지
　㉯ 밸브가 캠의 형상대로 움직일 수 있을 것
　㉰ 내구성이 클 것
　㉱ 서징(surging) 현상이 없을 것
④ 서징 현상과 방지책
　㉮ 부등 피치의 스프링 사용
　㉯ 2중 스프링을 사용
　㉰ 원뿔형 스프링 사용

[밸브 및 밸브 시트]

 서징현상이란 밸브 스프링의 고유 진동수와 캠에 의한 강제 진동수가 서로 공진하여 캠의 작동과 관계없이 심하게 진동하는 것을 말한다.

3) 밸브 간극

밸브 스템의 끝과 로커암 사이 간극을 말하며 정상온도 운전시 열팽창 될 것을 고려하여 흡기 밸브는 0.20~0.25mm, 배기 밸브는 0.25~0.40mm 정도의 간극을 준다.

(1) L 헤드형　　(2) I 헤드형

[밸브 간극 조정]

① 밸브 간극이 클 때의 영향
㉮ 밸브의 열림이 적어 흡·배기 효율이 저하된다.
㉯ 소음이 발생된다.
㉰ 출력이 저하되며, 스템 엔드부의 찌그러짐이 발생된다.
㉱ 정상 작동 온도에서 밸브가 완전하게 열리지 못한다.

② 밸브 간극이 작을 때의 영향
㉮ 밸브가 완전히 닫히지 않아 기밀 유지가 불량해진다.
㉯ 역화 및 후화 등 이상 연소가 발생된다.
㉰ 블로바이에 의해 엔진 출력이 감소한다.
㉱ 정상 작동 온도에서 일찍 열리고 늦게 닫혀 밸브 열림 기간이 길어진다.

4) 밸브 기구의 형식
① L헤드형 밸브 기구 : 캠 축, 밸브 리프터(태핏) 및 밸브로 구성되어 있다.
② I헤드형 밸브 기구 : 캠 축, 밸브 리프터, 밸브, 푸시로드, 로커암으로 구성되어 있으며, 현재 가장 많이 사용되는 밸브 기구이다
③ F헤드형 밸브 기구 : L헤드형과 I헤드형 밸브 기구를 조합한 형식이다.
④ OHC(Over Head Camshaft) 밸브 기구 : 캠 축이 실린더 헤드 위에 설치된 형식으로 캠 축이 1개인 것을 SOHC라 하고, 캠 축이 헤드 위에 2개가 설치된 것을 DOHC라 한다.

[벨트 구동식 OHC 밸브 기구의 구성]

SECTION 02 냉각장치

STEP 01 냉각 일반

1. 냉각과 온도 유지

기관의 동력행정 때 연소물질의 연소로 인한 온도는 순간적으로 1500~2000℃까지 이르게 된다. 이로 인해 기관이 과열되면 주요부의 변형과 윤활 불충분으로 작동부분을 소손시킨다. 따라서 냉각장치는 열의 일부를 냉각하여 기관 과열(over heat)을 방지하고, 적당한 온도로 유지하기 위한 장치이다.

1) 과열로 인한 결과
① 윤활유의 연소로 인한 유막의 파괴
② 부품들의 열로 인한 변형
③ 윤활유의 부족 현상
④ 조기점화나 노킹으로 인한 출력 저하

2) 과냉으로 인한 결과
① 혼합기의 기화 불충분으로 출력 저하
② 연료 소비율 증대
③ 오일이 희석되어 베어링부의 마멸이 커짐

2. 냉각장치의 분류

1) 공랭식 냉각장치
실린더 벽의 바깥 둘레에 냉각 팬을 설치하여 공기의 접촉 면적을 크게 함으로써 냉각시킨다.
① 자연 통풍식 : 냉각 팬이 없기 때문에 주행 중에 받는 공기로 냉각하며, 오토바이에 사용된다.
② 강제 통풍식 : 냉각 팬과 슈라우드를 설치한 강제냉각방식으로 자동차 및 건설기계 등에 사용된다.

2) 수랭식 냉각장치
냉각수를 사용하여 엔진을 냉각시키는 식으로서 냉각수는 정수나 연수를 사용한다.
① 자연 순환식 : 물의 대류작용으로 순환되는 방식
② 강제 순환식 : 물 펌프로 강제 순환되는 방식
③ 압력 순환식 : 냉각수를 가압하여 비등점을 높이는 방식
④ 밀봉 압력식 : 냉각수 팽창의 크기의 저장 탱크를 두는 방식

[수랭식 냉각계통의 순환]

STEP 02 냉각장치의 주요 구성 및 작용

1. 방열기기와 수온조절

1) 라디에이터(radiator)

실린더 헤드를 통하여 더워진 물이 라디에이터로 들어오면 냉각수 통로인 수관을 통하여 열이 발산되어 냉각이 이루어진다.

① 기관의 정상 온도
  ㉮ 실린더 헤드 물 재킷부의 냉각수 온도로서 75~85℃이다.
  ㉯ 라디에이터 상부와 하부의 유출입 온도 차이는 5~10℃이다.

② 라디에이터의 구비 조건
  ㉮ 냉각수 흐름에 대한 저항이 적을 것
  ㉯ 공기 저항이 적을 것
  ㉰ 가볍고 작을 것
  ㉱ 강도가 클 것
  ㉲ 단위 면적당 발열량이 많을 것

③ 라디에이터 코어
  ㉮ 막힘률이 20% 이상이면 교환
  ㉯ 청소시 세척제는 탄산소다를 이용

[라디에이터]

2) 라디에이터 캡의 작용

냉각수 주입구의 마개이며 이 캡에는 압력 밸브와 진공 밸브가 설치되어 있다. 압력 밸브는 물의 비등점을 올려서 물이 쉽게 오버히트(over heat)되는 것을 막고, 진공 밸브는 과냉시에 라디에이터 내의 진공으로 인한 코어의 파손을 방지하여 준다.

① 0.2~0.9kg/cm² 정도 압력을 상승시킨다.
② 비등점을 110~120℃ 정도로 조정한다.
③ 캡을 열어보았을 때 기름이 떠 있거나 기름기가 생겼으면 헤드 개스킷의 파손 또는 헤드 볼트가 풀렸거나 이완된 상태이다.

3) 수온조절기(thermostat, 정온기)

실린더 헤드와 라디에이터 상부 사이에 설치되며 항상 냉각수의 온도를 일정하게 유지할 수 있도록 조정하는 일종의 온도 조정장치로 65℃ 정도에서 열리기 시작하여 85℃가 되면 완전히 열린다.

[라디에이터 캡 압력밸브 작용]

[벨로스형 정온기 작용]

① 펠릿형 : 냉각수의 온도에 의해서 왁스가 팽창하여 밸브가 열리며, 가장 많이 사용한다.
② 벨로스형 : 에테르(ether)나 알코올이 냉각수의 온도에 의해서 팽창하여 밸브가 열린다.

2. 냉각기기와 냉각수

1) 물 펌프

물 펌프는 라디에이터 하부 탱크에 냉각된 물을 물 재킷에 보내려고 퍼올려서 강제적으로 순환시키는 것으로 기어 펌프와 원심 펌프가 있다. 크랭크 축으로부터 V벨트로 연결되어 축의 1~1.5배의 회전수로 회전하고 펌프의 효율은 냉각수 온도에 반비례하고 압력에 비례한다.

2) 냉각 팬과 벨트

냉각 팬은 플라스틱이나 강판으로 4~6매의 날개를 가지며, 라디에이터의 뒤편에 설치되어 많은 공기를 라디에이터 코어를 통해서 빨아들인다. 벨트는 보통 이음매가 없는 벨트로 발전기 풀리, 크랭크 축 풀리, 물 펌프 풀리 사이에 끼워져 크랭크 축의 운동을 전달하며, 일명 V벨트라고도 부른다.

① 팬 벨트와 전동 팬의 특징
  ㉮ 팬 벨트 : V벨트로 접촉각 40°
  ㉯ 팬 벨트 유격 : 10kgf 정도로 눌러서 13~20mm
  ㉰ 냉각 팬 날개 경사각 : 20~30°
  ㉱ 유체 커플링 팬 : 실리콘 오일 봉입
  ㉲ 전동 팬 : 전동기 용량 35~130W, 수온 센서로 작동됨

② 벨트의 종류

형식	A	B	C	D	E
너비(mm)	13	17	23	32	38
두께(mm)	9	11	15	20	24
길이	두께 중심선의 전 길이				

[물펌프의 구조]   [팬과 벨트]

3) 냉각수와 부동액

내연기관의 냉각수는 경수보다는 연수를 사용하는데 대기압 상태에서 물은 100℃에서 끓고 0℃에서 언다. 따라서 기관의 수명을 연장하기 위하여 메탄올(알콜)을 주성분으로 한 것과 에틸렌글리콜(ethylene glycol)을 주성분으로 한 부동액이 있는데 후자를 많이 사용하며 그 지방의 최저 기온보다 5~10℃ 낮은 온도를 기준으로 혼합한다.

① 부동액의 구비 조건
  ㉮ 물과 잘 혼합할 것
  ㉯ 침전물이 없을 것
  ㉰ 휘발성이 없고 순환성이 좋을 것
  ㉱ 부식성이 없고 팽창계수가 적을 것
  ㉲ 비등점이 물보다 높고 빙점은 물보다 낮을 것

② 에틸렌글리콜의 성질
  ㉮ 도료(페인트)를 침식시키지 않는다.
  ㉯ 비점이 197.5℃ 정도로 휘발성이 없다.
  ㉰ 냄새가 없고(무취), 불연성이다.
  ㉱ 응고점이 낮다(-50℃).
  ㉲ 금속을 부식하여 팽창계수가 큰 결점이 있다.
  ㉳ 기관 내부에 누출되면 침전물이 생겨 피스톤이 고착된다.

SECTION 03 윤활장치

STEP 01 윤활 일반

1. 윤활의 필요성

기관에는 크랭크 축 및 캠 축처럼 회전 운동하는 부분이나 피스톤처럼 섭동하는 부분이 있으며 금속과 금속끼리 직접 접촉하면 마찰로 인한 열이 발생하여 접촉부분이 거칠어지고 마멸되거나 소결된다. 이러한 현상을 없애기 위해서 마찰면에 윤활유를 공급하면 기관의 작동이 원활해지고 마멸은 최소화 된다.

1) 마찰 작용
① 경계 마찰 : 고체가 서로 마찰할 때 이 접촉면에 서로 다른 분자가 흡착하여 흡착 분자층을 형성하며, 이 때의 마찰을 경계 마찰이라 한다.
② 건조 마찰 : 고체 마찰이라고 할 수 있으며 깨끗한 고체 표면끼리의 마찰이다.
③ 유체 마찰 : 고체 표면간에 충분한 유체막을 형성하여 그 유체막으로 하중을 지지하는 윤활에 의한 마찰이다.

2) 윤활유의 7대 작용
① 감마 작용 : 유막을 형성하여 각 섭동 부분의 마찰 및 마멸을 방지
② 냉각 작용 : 마찰로 인해 생긴 열을 흡수하여 냉각시킴(공기나 냉각기로)
③ 세척 작용 : 먼지, 오물 등을 흡수하여 여과기로 보냄
④ 밀봉 작용 : 유막을 형성, 압축·폭발 가스의 누설을 방지
⑤ 부식 방지 작용 : 유막으로 녹의 생성과 부식을 방지
⑥ 소음 완화 작용 : 오일층의 완충으로 마찰음 등의 작동 소음 감소
⑦ 응력 분산 작용 : 국부적인 압력을 분산시켜 평균화시킴

[윤활장치의 구성(V형 기관)]

3) 윤활유의 구비 성질
   ① 인화점 및 발화점이 높을 것
   ② 점도와 온도의 관계가 좋을 것
   ③ 열전도가 양호할 것
   ④ 산화에 대한 저항이 클 것(내산성)
   ⑤ 카본 생성이 적을 것
   ⑥ 강인한 유막을 형성할 것
   ⑦ 비중이 적당할 것

2. 윤활유의 종류와 특성

윤활제에는 수많은 종류가 있으나 이것을 형태별로 분류하면 액체 상태의 윤활유와 반고체 상태의 그리스 및 고체 윤활제로 대별된다.

1) 기관 오일

① 점도에 의한 분류 : SAE(Society Automotive Engineers, 미국자동차기술협회) 분류를 일반적으로 쓰고 있다.

계절	겨울	봄·가을	여름
SAE번호	10~20	30	40~50

② 사용 조건에 의한 분류 : API(American Petroleum Institute, 미국석유협회) 분류를 일반적으로 쓰고 있다.
③ API 분류(사용조건의 분류) 및 SAE 신분류

구분	운전 조건	API 분류	SAE 분류
가솔린 기관	좋은 조건(경하중)	ML	SA
	중간 조건(중하중)	MM	SB
	가혹한 조건(고하중)	MS	SC, SD

구분	운전 조건	API 분류	SAE 분류
디젤기관	좋은 조건(소형 디젤)	DG	CA
	중간 조건(중하중 디젤)	DM	CB, CC
	가혹한 조건(고속·고출력 과급기 부착)	DS	CD, CE

2) 그리스
   ① 석회기 그리스
      ㉮ 석회 비누와 칼슘, 스핀들유를 가한 그리스이다.
      ㉯ 칼슘을 주성분으로 한 것을 컵 그리스라고 한다.
      ㉰ 외관의 광택은 황색으로 짧은 섬유질이다.
      ㉱ 내압성과 보전성이 약하지만 내수성이 좋으며 종합 그리스(GAA)라고도 한다.
   ② 소다기 그리스
      ㉮ 모빌 오일(mobil oil)에 지방산의 소다 비누를 가열 용해한 것이다.
      ㉯ 외관은 암녹색의 무광택으로 조직은 긴 섬유질이다.
      ㉰ 내열성이 크므로 고온의 마찰부에 사용한다.
      ㉱ 내수성이 약해 물 펌프나 노출부에 부적당하다.
      ㉲ 고압에 잘 견디고 안정도가 좋아 휠 베어링 등에 사용되고 섀시 그리스(CG)라고 한다.

3) 점도 및 점도 지수
   ① 점도 : 오일의 끈적끈적한 정도를 나타내는 것으로 유체의 이동 저항
      ㉮ 점도가 높으면 : 끈적끈적하여 유동성이 저하된다.
      ㉯ 점도가 낮으면 : 오일이 묽어 유동성이 좋다.
   ② 점도 지수 : 온도에 따른 점도 변화를 나타내는 수치
      ㉮ 점도 지수가 크면 : 온도 변화에 따라 점도의 변화가 작다.
      ㉯ 점도 지수가 작으면 : 온도 변화에 따라 점도의 변화가 크다.
   ③ 유성 : 오일이 금속 마찰면에 유막을 형성하는 성질이다.
   ④ 오일의 혼합 : 점도가 다른 두 종류를 혼합 사용하거나 제작사가 다른 오일은 혼합하지 말아야 한다.

STEP 02 윤활장치의 주요 구성 및 작용

1. 윤활 및 여과 방식

내연기관의 윤활 방식은 혼합식과 분리식이 있으나 건설기계는 대부분 분리식을 사용한다.

1) 2행정 사이클의 윤활 방식
   ① 혼기식(혼합) : 기관 오일을 가솔린과 9~25 : 1의 비율로 미리 혼합하여, 크랭크 케이스 안에 흡입할 때와 실린더의 소기를 할 때 마찰 부분을 윤활한다.

② 분리 윤활식 : 주요 윤활 부분에 오일 펌프로 오일을 압송하는 형식이며 4사이클 기관의 압송식과 같다.

2) 4행정 사이클 기관의 윤활 방식
① 비산식 : 오일 펌프가 없고 커넥팅 로드의 베어링 캡에 오일 디퍼(비말자)가 오일을 퍼올려서 뿌려준다.
② 압송식 : 오일 펌프로 각 윤활 부분에 공급시키며 최근에 많이 사용되고 있다.
③ 비산 압송식 : 비산식과 압송식을 함께 사용하는 것으로 오일 펌프도 있고, 오일 디퍼도 있다.
　㉮ 크랭크 축 베어링, 캠 축 베어링, 로커암 축 등에는 펌프의 압송을 이용한다.
　㉯ 피스톤 핀과 실린더 벽에는 비산식으로 한다.

[압송식 윤활]　　　　[실린더벽의 오일 비산]

3) 여과 방식
① 분류식 : 오일 펌프에서 나온 오일의 일부를 여과하고 나머지는 윤활부로 그냥 보낸다.
② 전류식 : 오일 펌프에서 나온 오일 전부가 여과기를 거쳐 여과된 다음 윤활부로 가게 된다.
③ 샨트식 : 펌프에 보내지는 오일의 일부만을 여과하지만 여과된 오일이 오일 팬으로 돌아오지 않고 윤활부에 공급된다.

2. 윤활기기의 작용

1) 오일 팬과 스트레이너
① 오일 팬 : 오일을 저장하며 섬프(sump)가 있어 경사지에서도 오일이 고여 있다.
② 스트레이너 : 펌프로 들어가는 쪽의 여과망을 말한다.

2) 오일 펌프
캠 축이나 크랭크에 의해 기어 또는 체인으로 구동되는 윤활유 펌프로 오일 팬 내에 있는 오일을 빨아 올려 기관의 각 작동 부분에 압송하는 펌프이며, 일반적으로 오일 팬 안에 설치된다.
① 기어 펌프 : 내접 기어형과 외접 기어형
② 로터리 펌프 : 이너 로터와 아웃 로터에 의해 작동되는 구조

③ 베인 펌프 : 편심 로터가 날개와 작동됨
④ 플런저 펌프 : 플런저가 캠 축에 의해 작동됨

3) 유압 조절 밸브(유압 조정기)

내부에 볼이나 플런저와 스프링으로 되어, 과도한 압력 상승과 유압 저하를 방지하여 일정하게 유지시킨다.

[기어 펌프] [로터리 펌프]

4) 오일 여과기(oil filter)

기관의 마찰 부분에서 발생한 금속 분말, 열화 및 노화로 생긴 산화물, 흡입된 먼지, 불완전 연소로 인한 카본 등의 불순물을 정유하는 것으로 엘리먼트 교환식과 전체를 교환하는 일체식이 있다.

① 오염 상태 판정
  ㉮ 검정색에 가까운 경우 : 심하게 오염(불순물 오염)
  ㉯ 붉은색에 가까운 경우 : 가솔린의 유입
  ㉰ 우유색에 가까운 경우 : 냉각수가 섞여 있음
② 오일의 교환
  ㉮ 정상 사용할 때 : 200~250시간
  ㉯ 심한 오염 지역 : 100~125시간

> 참고 오일과 여과기 필터를 함께 교환한다.

5) 오일 게이지와 오일 점검

① 오일의 양 점검 : 지면이 평탄한 곳에서 건설기계를 주차시키고 엔진을 정지시킨 다음 5~10분이 경과한 후 점검하며, 유량계를 빼내어 FULL 표시면 정상이다.
② 유압계
  ㉮ 유압계 : 2~3kg/cm^2(가솔린 기관), 3~4kg/cm^2(디젤기관)
  ㉯ 유압 경고등 : 시동시 점등된 후 꺼지면 유압이 정상

[유량계(오일레벨게이지)]

SECTION 04 디젤연소실과 연료장치

Craftsman Construction Equipment Operator

STEP 01 디젤기관 일반

1. 디젤기관의 연소실

디젤기관은 압축열에 의한 자연착화기관이므로 공기와 연료가 잘 혼합될 수 있는 구조여야 하며, 특히 압축 행정에서 와류를 일어나게 하여 혼합을 돕는 등 여러 가지 구비 조건을 갖추어야 한다.

1) 직접 분사식

연소실이 피스톤 헤드나 실린더 헤드에 있어 이곳에 연료를 $150 \sim 300 kg/cm^2$의 분사 압력으로 분사하며, 시동을 돕기 위한 예열 장치가 흡기다기관에 설치되어 있다.

[직접분사실식]

장 점	단 점
① 열효율이 높고 시동이 쉽다. ② 냉각에 의한 연손실이 적으며 열변형이 적다.	① 분사 압력이 높아 분사 펌프와 노즐 등의 수명이 짧다. ② 분사 노즐의 상태와 연료의 질에 민감하다. ③ 노크가 일어나기 쉽다.

2) 예비 연소실식(예연소실식)

주연소실의 30~40% 정도에 해당하는 체적의 예비 연소실이 있고 이곳에 분사 노즐과 예열 플러그가 있어, 연료를 $100 \sim 120 kg/cm^2$ 정도로 분사하면 예비 연소실로부터 연소가 시작되어 압력이 주연소실로 밀려나와 피스톤을 밀어준다.

[예비 연소실식]

장 점	단 점
① 분사 압력이 낮아 연료장치의 고장이 적다. ② 연료의 성질 변화에 둔하고 선택 범위가 넓다. ③ 노크가 적게 된다.	① 연소실 표면이 커서 냉각 손실이 많다. ② 시동보조장치인 예열 플러그가 필요하다. ③ 연료 소비율이 약간 많고 구조가 복잡하다.

3) 와류실식

실린더 헤드나 실린더 주변에 둥근 공모양의 보조 연소실이 주 연소실의 70~80% 용적을 가지고 설치되어, 압축 공기가 이 와류실에서 강한 선회 운동을 할 때 100~140kg/cm² 정도의 분사 압력으로 연료가 분사되어 연소가 일어난다.

[와류실식의 단면]

장 점	단 점
① 기관의 회전 속도 범위가 넓고 회전 속도를 높일 수 있다. ② 예비 연소실에 비해서 연료 소비율이 적다. ③ 평균 유효 압력이 높으며 분사 압력이 비교적 낮다.	① 시동시 예열 플러그가 필요하고 구조가 복잡하다. ② 열효율이 낮고 저속에서 노크가 일어나기 쉽다.

4) 공기실식

피스톤 헤드나 실린더 헤드 연소실에 주연소실의 6~20% 체적으로 공기실이 있다. 공기실은 예비 연소실과 같이 노즐이 공기실에 있지 않고 주연소실에서 직접 연료를 분사하므로, 연료가 주연소실부터 시작되어 공기실로 전달되기 때문에 주연소실의 1차 폭발력에 이어 2차적인 압력을 피스톤에 가할 수 있다.

[공기실식 연소실]

장 점	단 점
① 시동이 쉬워 예열 플러그를 사용하지 않는 기관이 많다. ② 연료 연소 압력이 가장 낮다.	① 후적이 잘 일어나며 배기온도가 높다. ② 연료 소비량이 많다. ③ 분사시기에 따라 엔진 작동에 영향을 준다.

2. 연소와 노크

1) 연소실의 구비 조건

① 평균 유효 압력이 높고 연소 시간이 짧아야 한다.
② 연료 소비가 적고 연소 상태가 좋아야 한다.
③ 와류가 잘 되어 공기와 연료의 혼합이 잘 되어야 한다.
④ 시동이 쉽고 노크가 적어야 한다.

2) 연소 과정

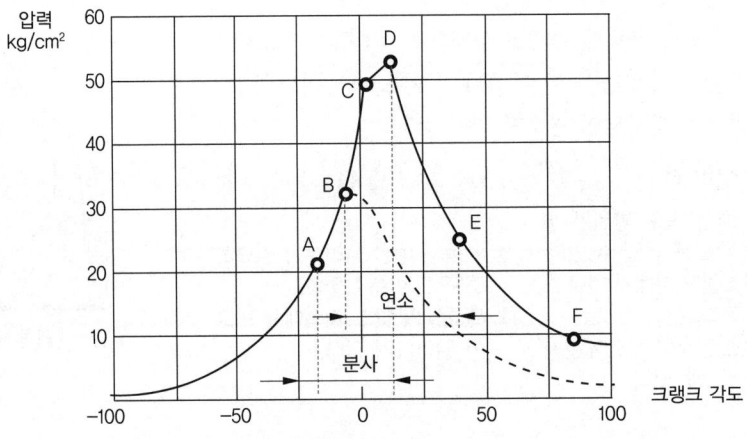

[디젤기관의 분사와 연소]

① 착화 지연 기간(A~B) : 연료가 분사되어 착화 될 때까지의 기간
② 폭발 연소 기간(화염 전파 기간)(B~C) : 착화 지연 기간 동안에 형성된 혼합기가 착화되는 기간
③ 연소 제어 기간(직접 연소 기간)(C~D) : 화염에 의해서 분사와 동시에 연소되는 기간
④ 후기 연소 기간(D~E) : 분사가 종료된 후 미연소 가스가 연소하는 기간

3) 이상 연소와 노크 방지

디젤 노크는 착화 지연 기간 중 분사된 다량의 연료가 화염 전파 기간 중 일시적으로 이상 연소가 되어 급격한 압력 상승이나 부조 현상이 되는 상태를 말한다.

① 디젤기관의 노크 방지대책
  ㉮ 압축비를 높인다.
  ㉯ 흡기 온도를 높인다.
  ㉰ 실린더 벽의 온도를 높인다.
  ㉱ 착화성이 좋은 연료(세탄가가 높은 연료)를 사용한다.
  ㉲ 와류가 일어나게 한다.

② 디젤 노크 방지책의 비교

조건	디젤 노크	가솔린 노크
압축비	높인다.	낮춘다.
흡기 온도	높인다.	낮춘다.
실린더 벽 온도	높인다.	낮춘다.
회전 속도	낮춘다.	높인다.
흡기 압력	높인다.	낮춘다.
연료 발화점	낮춘다.	높인다.
연료 착화 지연	짧게 한다.	길게 한다.

조건	디젤 노크	가솔린 노크
실린더 체적	크게 한다.	적게 한다.
회전 속도	느리게 한다.	빨리 한다.

STEP 02 구성 및 작용

(1) 연료의 일반 성질

1) 발열량

   연료가 완전 연소하였을 때 발생되는 열량이며 디젤기관 연료인 경유의 발열량은 10,700kcal/kg 이다.

2) 인화점

   일정한 연료를 서서히 가열했을 때 불이 붙는 온도이다.
   ① 가솔린 인화점 : -15℃ 이내이다.
   ② 경유의 인화점 : 40~90℃ 이내이다.

3) 착화점

   온도가 높아져서 자연 발화되어 연소되는 온도이다.
   ① 경유의 착화점 : 공기 속에서 358℃
   ② 연소시 필요 공기량 : 경유 1kg당 공기 14.4kg

4) 세탄가

   디젤 연료의 착화성을 나타내는 척도를 말하며 착화 지연이 짧은 세탄($C_{16}H_{34}$)과 착화지연이 나쁜 α-메틸나프탈렌($C_{11}H_{10}$)의 혼합 연료의 비를 %로 나타내는 것이다.

   $$세탄가 = \frac{세탄}{세탄 + α-메틸나프탈렌} \times 100\%$$

   ① 저속 기관은 25~35, 고속 기관은 45~60 정도이다.
   ② 착화 촉진제로는 "아초산아밀", "아초산에틸" 등이 사용된다.

5) 디젤 연료의 구비 조건

   ① 착화성이 좋고, 적당한 점도일 것
   ② 인화점이 높을 것
   ③ 불순물과 유황분이 없을 것
   ④ 연소 후 카본 생성이 적을 것
   ⑤ 발열량이 클 것

2. 연료기기의 작용

1) 연료 공급 펌프
연료 탱크에 있는 연료를 분사 펌프에 공급하는 펌프로 분사 펌프의 옆이나 실린더 블록에 부착되어 캠 축에 의해 작동된다.
① 플런저식 : 플런저와 스프링으로 구성되어 있다.
② 기어식 : 기어와 기어가 물려서 작동되는 방식이다.
③ 격막식 : 내부에 가죽제의 막으로 구성되어 있다.

[독립식 연료분사 장치의 구성]

2) 연료 여과기
연료 속의 불순물, 수분, 먼지, 오물 등을 제거하여 정유하는 것이며 공급 펌프와 분사 펌프 사이에 설치되었고 내부에는 압력이 1.5~2kg/cm² 이상되거나 연료가 과잉 상태일 때 이를 탱크로 되돌려 보내는 오버플로우(overflow) 밸브가 있다.

3) 분사 펌프
분사 펌프는 공급 펌프와 여과기를 거쳐서 공급된 연료를 고압으로 노즐에 보내어 분사할 수 있도록 하는 펌프로 조속기, 타이머가 함께 부착되어 작동한다.
① 펌프 엘리먼트 : 플런저와 플런저 배럴로서 분사 노즐로 연료를 압송한다.
② 분사량 제어기구 : 제어 래크, 제어 슬리브 및 피니언으로서 래크를 좌우 (21~25mm)로 회전시킨다.
③ 딜리버리 밸브 : 노즐에서 분사된 후의 연료 역류 방지와 잔압을 유지해 후적을 방지한다.

(1) 연료흡입　　(2) 분사시작　　(3) 분사종료 플런저

[플런저의 작용]

[분사량 제어기구]

④ 앵글라이히 장치 : 엔진의 모든 속도 범위에서 공기와 연료의 비율을 알맞게 유지한다.
⑤ 타이머 : 엔진 부하 및 회전 속도에 따라 분사 시기를 조정하는 것으로 분사 펌프 캠 축과 같이 작동된다.
⑥ 조속기(거버너) : 엔진의 부하 변동 또는 회전 속도에 따라 자동적으로 래크와 피니언, 제어 슬리브 등을 움직여 분사량 조정으로 속도를 조정한다.

[공기식 조속기]

4) 분사 노즐

분사 노즐은 실린더 헤드에 설치되어 있고 분사 펌프로부터 압송된 연료를 실린더 내에 분사하는 역할을 하며, 분사개시 압력을 조절하는 조정 나사가 있다.

① 개방형 : 분사 펌프와 노즐 사이가 항상 열려 있어 후적을 일으킨다.
② 밀폐형(폐지형) : 분사 펌프와 노즐 사이에 니들 밸브가 설치되어 필요할 때만 자동으로 연료를 분사한다.
③ 디젤엔진 연료분사의 3대 요건 : 안개화(무화)가 좋아야 한다. 관통력이 커야 한다. 분포(분산)가 골고루 이루어져야 한다.
④ 노즐의 구비조건 : 연료를 미세한 안개형태로 분사하여 쉽게 착화되게 할 것, 연소실 구석구석까지 고르게 분사할 것, 후적이 없을 것, 내구성이 클 것
⑤ 노즐의 종류별 특징

[노즐의 구조]

구분	구멍형	핀틀형	스로틀형
분사 압력	150~300kg/cm^2	100~150kg/cm^2	100~140kg/cm^2
분무공의 직경	0.2~0.3mm 정도	1mm 정도	1mm 정도
분사 각도	단공 4~5°, 다공 90~120°	4~5°	45~65°

⑥ 분사량의 불균율 : 일반적으로 전부하시 ±3~4%, 무부하시 ±10~15%임

$$불균율(+)\% = \frac{최대\ 분사량 - 평균\ 분사량}{평균\ 분사량} \times 100\%$$

$$불균율(-)\% = \frac{평균\ 분사량 - 최소분사량}{평균\ 분사량} \times 100\%$$

$$평균\ 분사량 = \frac{각\ 플런저의\ 분사량\ 합계}{플런저\ 수} \times 100\%$$

SECTION 05 흡·배기장치 및 시동보조장치

STEP 01 흡·배기장치 일반

1. 흡·배기에 관한 영향

기관이 충분한 출력으로 작동하기 위해서는 실린더 내부에 혼합 가스나 공기를 흡입하여 적절한 압축과 폭발 과정을 거쳐야 하며 연소된 후에도 그 연소 가스를 효과적으로 배출하여야 한다. 이러한 일들을 담당하는 장치들을 흡·배기 장치라고 하며 배기 가스 외에도 연료 탱크나 가솔린 기관의 기화기 등에서 증발되는 가스 및 크랭크 케이스에서 배출되는 블로 바이(blow by) 가스들로 인한 대기 오염이나 환경 위생상 중요한 문제로 되어 그 대책과 정화 장치나 기구들이 요구되는 실정이다.

2. 배출 가스와 대책

1) 블로 바이(blow by) 가스

실린더와 피스톤 사이에 틈새를 지나 크랭크 케이스와 환기 기구를 통하여 대기로 방출되는 가스를 말한다. 이 가스는 실린더나 피스톤의 마모로 인해 더욱 심해지고 있고 그 성분의 70~95%가 미연소된 연료(HC)이며 나머지는 연소와 함께 부분적으로 산화된 혼합가스이다. 현재는 유해물질인 HC의 배출 비율이 크기 때문에 이것을 다시 연소시켜 방출하는 장치를 부착하도록 되어 있다.

2) 배기 가스

연료가 기관 내부에서 연소된 다음 배기 장치를 통하여 대기 중으로 방출되는 가스를 말한다.
① 인체에 해가 없는 것 : 수증기(H_2O), 질소(N_2) 탄산가스(CO_2)이다.
② 유해 물질 : 탄화수소(HC), 질소산화물(NOx), 일산화탄소(CO) 등은 공해 방지를 위한 감소 대상 물질이다.

3) 연료 증발 가스

연료 탱크와 기화기 내의 가솔린이 증발되어 대기 속으로 방출되는 가스로서 사용 연료의 탄화수소와 성분이 같고 방출되는 전체 탄화수소량의 약 15%를 차지하고 있다.

4) 디젤기관의 가스 발생

① 질소산화물과 흑연
  ㉮ 질소산화물의 발생은 가솔린 기관의 경우와 같으나 연소실의 모양에 따라 좌우된다.
  ㉯ 또 전부하시에는 연료의 분사 기간이 길어지고 분사량이 많아 끝부분의 연료가 부분적으로 기화가 안되며, 액체 입자 상태로 고온에 노출되어 탄화됨으로써 검은 연기로 배출된다.

② 일산화탄소 및 탄화수소
　㉮ 디젤기관은 항상 공기가 충분한 상태에서 운전되기 때문에 일산화탄소의 발생량이 가솔린 기관에 비해 극히 적으며 탄화수소의 발생은 가솔린 기관과 비슷하다.
　㉯ 작동 온도가 낮고 분사된 연료의 기화 불충분으로 착화, 연소를 하지 못한 경우에 발생한다.

5) 디젤기관의 가스 발생 대책
① 디젤기관에서의 배기 가스 생성 과정은 설명된 바와 같이 흑연, HC, CO 등은 연소 상태를 좋게 개선하면 감소될 수 있으나 NOx는 반대로 연소 온도를 낮추지 않으면 감소시킬 수 없다.
② 특히, NOx의 감소 방법은 기본적으로 분사 시기를 늦추고 연소가 완만하게 되어야 하며 피스톤 상부의 연소실에서 공기의 소용돌이가 충분히 발생하도록 하면 연소 온도도 상승되지 않고 완만한 연소가 되며 소음도 줄어드는 효과가 있다.

STEP 02 구성 및 작용

1. 흡·배기 기기

1) 공기청정기
공기청정기는 기관에 흡입되는 공기 중에 포함된 먼지를 제거하여 흡입시키므로 기관의 수명을 연장시키고 또 흡기 계통에서 발생하는 흡기 소음을 없애는 역할을 한다.
① 건식 공기청정기 : 건식 공기청정기는 여과지나 여과포로 된 여과 엘리먼트(filter element)를 사용한다.
② 습식 공기청정기 : 공기를 오일로 적셔진 금속 여과망의 엘리먼트에 통과시켜 여과한다.
③ 유조식 공기청정기 : 오일의 유면에 흡입공기가 관성 충돌해 생긴 기름 방울이 엘리먼트를 적시면 공기가 통과되면서 여과된다.
④ 원심분리식 공기청정기 : 멀티클론(multiclone)식, 통형식, US 형식이 있고 흡입되는 공기의 원심력 관성으로 여과된다.
⑤ 복합식 공기청정기 : 습식과 건식의 주공기청정기에 사이클론식 예비 청정기를 합쳐 놓은 형식이다.

[유조식 공기청정기]　　[폴리우레탄 폼의 엘리먼트]

2) 흡기다기관
공기나 혼합가스를 흡입하는 통로로서 주철 합금이나 알루미늄 합금으로 만들어져 있으며 될 수 있는 대로 저항을 적게 하여 질과 양이 균일한 혼합기를 각 실린더에 분배할 수 있도록 하였다. 내부벽에는 돌기 부분이 없도록 하여야 흡입시에 혼합기가 누적되는 것을 막을 수 있다.

3) 과급기(Supercharger)

과급기란 기관의 작동 중 흡입에 의한 충전 효율을 높여서 회전력, 연료 소비율, 기관의 출력 등을 향상시키기 위하여 흡입되는 가스에 압력을 가하여 주는 일종의 공기 펌프이다. 대기압보다 높은 압력으로 기관에 공기를 압송하는 것을 과급이라 하며, 특히 2사이클 디젤기관은 소기 작용을 하기 위해 과급이 필요하다.

① 터보차저
  ㉮ 터보차저는 4행정 기관에서 실린더 내에 공기의 충전 효율을 증가시켜 주기 위해서 두고 있다.
  ㉯ 배기 가스 압력에 의해 작동된다.
  ㉰ 10,000~15,000rpm 정도의 속도로 고속 회전을 한다.
  ㉱ 기관 전체 중량은 10~15%가 무거워진다.
  ㉲ 기관의 출력은 35~45% 증대된다.

② 블로어
  ㉮ 루트 블로어는 하우징 내부에 2개의 로터가 양단에 베어링으로 지지된다.
  ㉯ 베어링이나 로터 기어의 윤활용 오일이 새는 것을 방지하기 위해 기름막이 장치로 래버린스(lavyrinth) 링이 부착되어 있다.

[원심식 과급기(터보차저)]   [터보차저의 설치상태와 작동]

4) 배기다기관과 소음기

배기다기관은 각 실린더에서 연소된 가스를 배기 포트(port)로부터 중앙으로 모아서 소음기로 방출시키는 관으로 보통 가단주철(malleable cast iron)을 사용하며 배기 가스는 외부에 방출하면 급격한 가스의 팽창 때문에 폭발음이 발생하고, 또 화재를 일으킬 염려가 있다. 이것을 방지하고 출력을 최대한 줄이면서 되도록 배압(back pressure)을 적게 한 것이 소음기이다.

연소 상태에 따라 소음기에서 배출되는 가스의 색깔은 다음과 같이 달라진다.
① 정상 연소 : 무색 또는 담청색
② 윤활유 연소 : 백색
③ 진한 혼합기 : 검은 연기
④ 장비의 노후, 연료의 품질 불량 : 검은 연기
⑤ 희박한 혼합비 : 볏짚색
⑥ 노킹이 생길 때 : 황색에서 시작되어 검은 연기 발생

2. 예열 기구

디젤기관은 겨울철에 차가운 공기를 흡입하므로 시동이 잘 안된다. 따라서 예열 기구는 겨울철에 시동을 쉽게 하기 위하여 계통 내의 공기를 가열시키는 역할을 한다. 직접 분사식은 흡입다기관에 설치되고 연소실, 와류실 등은 연소실별로 한 개씩 설치된다.

1) 흡기 가열식

흡입 공기를 흡입 통로인 다기관에서 가열시켜 흡입시키는 방식이다.

[연소식 흡기히터의 작동]

① 연소식 히터 : 흡기 히터와 작은 연료 탱크로 구성되어 있으며, 연료 여과기에서 보낸 연료를 흡기다기관 안에서 연소시키고 흡입 공기를 가열하여 기관의 온도가 낮을 때 시동이 잘되게 한다.
② 전열식 흡기 히터 : 흡입 공기의 통로에 설치된 흡기 히터와 히터의 통전(通電)을 제어하는 히터 릴레이, 히터의 적열 상태를 운전석에 표시하는 표시등(indicator)으로 구성되어 있다.

[전열식 흡기히터]

2) 예열 플러그식

예열 플러그식 예열 기구는 실린더 헤드에 있는 예연소실에 부착된 예열 플러그가 공기를 가열하여 시동을 쉽게 하는 방식이다.

① 예열 플러그(glow plug)
  ㉮ 예열 플러그란 금속 보호관 내에 히터 코일을 결합한 것으로, 코일과 금속관 사이의 틈새에는 절연 분말을 충전하여 절연 및 히터 코일을 지지하는 역할을 하고 있다.
  ㉯ 금속제 보호관에 코일이 들어 있는 예열 플러그를 실드형(sheathed type) 예열 플러그라 하며 직접 코일이 노출되어 있는 코일형(coil type)도 있다.

항목	코일형	실드형
발열량	30~40W	60~100W
발열부 온도	950~1050℃	950~1050℃
회로	직렬 접속	병렬 접속
예열 시간	40~60초	60~90초
소요 전류	30~60A	5~6A

② 예열 플러그 파일럿
  ㉮ 예열 플러그 파일럿은 히트 코일과 이것을 지지하는 단자 및 보호 커버로 구성되어 있다.
  ㉯ 전류에 의해 예열 플러그와 함께 적열되도록 되어 운전석에서 확인할 수 있도록 하였다.
③ 예열 플러그 릴레이
  ㉮ 예열 플러그 릴레이란 기동용과 예열용 릴레이의 독립된 두 릴레이가 하나의 케이스에 들어 있어, 각각 기동 스위치의 조작에 의해 작동되는 것이다.
  ㉯ 예열 플러그의 양쪽 끝에 가해진 전압이 예열시와 기동 전동기를 작동할 때 변화하지 않고 양호한 적열 상태가 유지되도록 회로를 전환한다.

[예열 플러그 릴레이] [예열 플러그 파일럿]

[예열 플러그의 부착]

2. 감압 장치

디젤기관은 가솔린 기관보다 높은 고압축비를 가지므로 기관을 빠른 속도로 회전 운동시키기가 곤란하다. 이때 배기 밸브를 열고 기관을 크랭킹시키면 가볍게 크랭크 축을 회전 운동시키게 되고 계속해서 크랭킹시키면 플라이 휠에 원심력이 얻어진다. 이 때 급격히 배기 밸브를 닫아주면 플라이 휠의 원심력과 기동 모터의 회전력이 합산된 힘으로 크랭크 축을 돌려주기 때문에 압축이 완료됨으로써 폭발 운동을 갖게 되어 가볍게 시동을 걸 수 있다. 이러한 역할을 담당하는 시동 보조장치를 감압 장치 또는 디컴프 장치라고 한다.

[감압장치]

제01장_ 건설기계 기관
출제예상문제

CHECK POINT QUESTION

1. 기관 주요부

01 다음 중 열 에너지를 기계적 에너지로 변화시켜 주는 장치는?

① 펌프　　　　② 모터
③ 엔진　　　　④ 밸브

> 엔진은 열에너지를 기계적 에너지로 바꾸는 장치로, 기계적인 동력을 발생시키기 위해 연료를 연소시킨다.

02 공기만을 실린더 내로 흡입하여 고압축비로 압축한 다음 압축열에 의해 연료를 분사하는 디젤기관은?

① 압축 착화 기관　　② 전기 점화 기관
③ 외연 기관　　　　④ 제트 기관

> • 전기 점화 기관 : 혼합가스에 전기적인 불꽃으로 점화시키는 기관
> • 압축 착화 기관 : 연료를 분사하면 압축열에 의하여 착화되는 기관

03 4행정 사이클 엔진의 4행정을 바르게 표시한 것은?

① 흡기, 압축, 팽창, 점화
② 흡기, 압축, 동력, 배기
③ 흡기, 착축, 팽창, 동력
④ 흡기, 점화, 동력, 배기

> 4행정 사이클 엔진의 4행정 : 흡입(흡기), 압축, 폭발(동력), 배기

04 내연 기관에서 1사이클 중 열 손실이 가장 큰 것은 다음 중 어느 것인가?

① 압축 행정　　② 배기 행정
③ 폭발 행정　　④ 흡입 행정

> 배기 행정은 동력(폭발) 행정의 다음 행정으로 배기가스를 외기로 몰아내기 때문에 열손실이 가장 크다.

05 압축 행정 말기에 연료 분사 노즐로부터 실린더 내로 연료를 분사하여 연소시켜 동력을 얻는 행정은?

① 폭발 행정　　② 압축 행정
③ 배기 행정　　④ 흡입 행정

06 4행정 사이클 엔진이 4사이클을 마치려면 크랭크 축은 몇 회전하는가?

① 2회전　　② 4회전
③ 6회전　　④ 8회전

> 4행정 사이클 기관은 크랭크 축이 2회전 할 때 피스톤은 4행정을 하여 1사이클을 완성한다. 따라서, 4사이클을 마치려면 크랭크 축은 8회전한다.

07 4행정 기관이 2사이클을 완성하려면 캠 축은 몇 회전하는가?

① 1회전　　② 2회전
③ 4회전　　④ 8회전

> 1사이클 당 크랭크축은 2회전, 캠축은 1회전한다. 따라서 2×1=2회전

08 4행정 기관에서 크랭크 축 기어와 캠 축 기어와의 지름의 비 및 회전비는 각각 얼마인가?

① 2 : 1 및 1 : 2　　② 2 : 1 및 2 : 1
③ 1 : 2 및 2 : 1　　④ 1 : 2 및 1 : 2

09 2행정 기관에서 크랭크 축이 몇 도 회전할 때 1사이클을 완료하는가?

① 90°　　② 100°
③ 360°　　④ 720°

> 2행정 기관은 압축과 연소, 배기와 흡기가 동시에 이루어지므로 크랭크 축 1회전에 1사이클이 완료된다.

정답 [1. 기관 주요부] 01 ③　02 ①　03 ②　04 ②　05 ①　06 ④　07 ②　08 ③　09 ③

10 2행정 사이클 기관의 피스톤 헤드에 연료 손실을 적게 하기 위하여 만들어 놓은 돌출부를 무엇이라 하는가?

① 디플렉터　② 디퓨저
③ 데콤프　　④ 터빈

> 디플렉터 : 2행정 사이클 엔진에서 혼합기의 손실을 적게 하고 와류를 증가시키기 위해 피스톤 헤드에 설치된 돌기부를 말한다.

11 건식 실린더 라이너의 압입 압력은?

① 1톤 정도　　② 2~3톤 정도
③ 4~5톤 정도　④ 5~8톤 정도

> 건식 라이너는 라이너가 냉각수와 간접 접촉하는 방식으로 두께는 2~3mm, 끼울 때 2~3ton의 힘이 필요하다.

12 4행정 사이클 기관이 2452rpm으로 회전하고 있다면 1번 실린더의 배기 밸브는 1분에 몇 번 열리는가?

① 1226번　② 2452번
③ 4904번　④ 613번

> 4행정 사이클 기관은 크랭크 축 2회전에 각 실린더의 밸브는 각 1번씩 열린다.

13 기관의 실린더 수가 많은 경우의 장점이 아닌 것은?

① 기관의 진동이 적다.
② 저속 회전이 용이하고 큰 동력을 얻을 수 있다.
③ 연료 소비가 적고 큰 동력을 얻을 수 있다.
④ 가속이 원활하고 신속하다.

> 실린더 수가 많으면 배기량이 많아지고 출력도 좋아지지만, 연료 소비 또한 많아진다.

14 다음 중 습식 라이너가 건식 라이너와 다른 점은?

① 냉각수가 라이너와 직접 닿지 않는다.
② 끼울 때 많은 힘을 필요로 한다.
③ 보링작업을 할 수 있다.
④ 라이너의 바깥 둘레가 물 재킷의 일부분을 형성한다.

> 습식 라이너는 라이너의 바깥 둘레가 물 재킷으로 되어 냉각수와 직접 접촉한다.

15 기관에서 피스톤의 행정이란?

① 상사점과 하사점과의 길이
② 피스톤의 길이
③ 상사점과 하사점과의 총면적
④ 실린더 벽의 상하 길이

16 오버스퀘어 기관의 장점 중 틀린 것은?

① 피스톤의 평균 속도를 올리지 않고 엔진의 회전 속도를 높일 수 있다.
② 흡·배기의 지름을 크게 할 수 있어 흡입 효율을 높일 수 있다.
③ 직렬형의 경우 엔진의 높이를 낮게 할 수 있다.
④ 피스톤이 과열되지 않는다.

> 오버스퀘어(단행정) 기관은 내경이 커서 피스톤이 과열되기 쉽고, 엔진길이가 길어지기 때문에 진동이 커진다.

17 피스톤의 평균 속도를 올리지 않고 회전 속도를 높일 수 있으며 흡·배기 지름을 크게 할 수 있어 단위 실린더 체적당 흡입효율을 높일 수 있는 기관은?

① 장행정기관
② 단행정기관
③ 정단행정기관
④ 정방행정기관

> 문제의 내용은 오버스퀘어(단행정) 기관의 장점에 대한 설명이다.

18 실린더 헤드 등 면적이 넓은 부분에서 볼트를 조이는 방법으로 맞는 것은?

① 규정 토크를 한번에 조인다.
② 중심에서 외측을 향하여 대각선으로 조인다.
③ 외측에서 중심을 향하여 대각선으로 조인다.
④ 조이기 쉬운 곳부터 조인다.

정답 ▶ 10 ① 11 ② 12 ① 13 ③ 14 ④ 15 ① 16 ④ 17 ② 18 ②

19 개스킷의 구비 조건으로 적당치 않은 것은?

① 복원성이 있을 것
② 적당한 강도가 있을 것
③ 오일이 잘 배며 융통성이 좋을 것
④ 내열성이 좋을 것

> 개스킷은 기밀 유지 성능이 커야 하며, 냉각수 및 엔진 오일이 새지 않아야 한다.

20 디젤기관의 압축 압력에 대해 맞는 것은?

① 엔진의 크기에 따라 다르다.
② 압축비에 따라 다르다.
③ 배기량에 따라 다르다.
④ 일정하다.

> 디젤기관은 공기만을 압축한 다음 분사노즐을 통하여 연료가 분사되면 압축시 발생된 열에 의해 자기 착화되어 혼합기가 연소되며, 압축 압력은 압축비에 따라 다르다.

21 실린더의 압축 압력이 감소되는 원인에 속하지 않는 것은?

① 실린더 벽의 마멸
② 피스톤 링의 탄력 부족
③ 피스톤 마멸 또는 상부에 금이 갔을 때
④ 피스톤 링의 절개부가 서로 180°로 위치되어 있을 때

22 실린더 헤드 개스킷이 손상되었을 때 일어나는 현상은?

① 피스톤이 가벼워진다.
② 엔진 오일의 압력이 높아진다.
③ 압축 압력과 폭발 압력이 낮아진다.
④ 피스톤 링의 작용이 좋아진다.

> 헤드 개스킷이 손상되면 기밀성이 떨어져 압축 압력과 폭발 압력이 낮아진다.

23 실린더 벽이 마멸시 일어나는 현상은?

① 기관의 회전수가 증가한다.
② 오일 소모량이 증가한다.
③ 열효율이 증가한다.
④ 폭발 압력이 증가한다.

24 기관에서 실린더 마모가 가장 큰 부분은?

① 실린더 아래 부분   ② 실린더 윗 부분
③ 실린더 중간 부분   ④ 일정하지 않다.

> 실린더 벽의 마멸은 실린더 윗부분(상사점 부근)이 가장 크며, 아랫부분(하사점 부근)이 가장 적다.

25 실린더 마멸의 원인으로 다음 중 가장 적당치 않은 것은?

① 피스톤과 실린더의 마찰
② 피스톤 랜드의 마찰
③ 연소 생성물에 의한 부식
④ 흡입되는 먼지와 이물질

> 실린더 벽의 마멸 원인
> • 실린더와 피스톤 링의 접촉에 의한 마멸
> • 흡입가스 중의 먼지와 이물질에 의한 마멸
> • 연소 생성물에 의한 부식
> • 연소 생성물인 카본에 의한 마멸
> • 기동시 지나치게 농후한 혼합가스에 의한 윤활유 희석

26 기관의 총 배기량이란?

① 연소실 체적과 실린더 체적의 합이다.
② 각 실린더 행정 체적의 합이다.
③ 행정 체적과 실린더 체적의 합이다.
④ 실린더 행정 체적과 연소실 체적의 곱이다.

> 총 배기량은 각 실린더 행정 체적의 합으로, 행정체적 × 실린더 수로 구할 수 있다.

27 피스톤의 구비 조건으로 틀린 것은?

① 고온·고압에 견딜 것
② 열전도가 잘 될 것
③ 열팽창률이 적을 것
④ 피스톤 중량이 클 것

> 피스톤은 무게가 가벼워야 하며, 블로바이(blow by)가 없어야 한다.

정답 19 ③ 20 ② 21 ④ 22 ③ 23 ② 24 ② 25 ② 26 ② 27 ④

28 피스톤과 실린더와의 간극이 클 때 일어나는 현상 중 틀린 것은 어느 것인가?
① 피스톤 슬랩 현상이 생긴다.
② 압축, 압력이 저하된다.
③ 오일이 연소실로 올라간다.
④ 피스톤과 실린더의 소결이 일어난다.

29 실린더와 피스톤의 간극이 작을 때 일어나는 현상은?
① 피스톤 슬랩 현상이 일어난다.
② 피스톤 측압이 커진다.
③ 심한 피스톤 잠음이 일어난다.
④ 피스톤의 고착 현상이 일어난다.

🔍 피스톤과 실린더의 간극이 작으면 엔진 작동 중 열팽창으로 인해 실린더와 피스톤 사이에서 고착(융착, 소결)이 일어난다.

30 기관의 피스톤이 고착되는 원인으로 맞지 않는 것은?
① 기관 오일이 너무 많았을 때
② 피스톤 간극이 작을 때
③ 기관 오일이 부족하였을 때
④ 기관이 과열되었을 때

31 피스톤 링의 작용과 가장 관계가 먼 것은?
① 기밀 작용
② 오일 제어 작용
③ 불완전 연소 억제 작용
④ 열전도 작용

🔍 피스톤 링의 3대 작용
• 기밀 유지 작용(밀봉)
• 오일 제어 작용(실린더 벽의 오일 긁어내리기)
• 열전도 작용(냉각)

32 피스톤 링의 3대 작용은?
① 밀봉 작용, 냉각 작용, 흡입 작용
② 흡입 작용, 압축 작용, 냉각 작용
③ 밀봉 작용, 냉각 작용, 오일 제어 작용
④ 밀봉 작용, 냉각 작용, 마멸 방지 작용

33 피스톤 링의 절개구를 서로 120°, 혹은 180° 방향으로 끼우는 주된 이유는?
① 벗겨지지 않게 하기 위하여
② 절개구 쪽에서 압축이 새는 것을 방지하기 위해서
③ 실린더 벽의 마멸을 방지하기 위해서
④ 윤활을 원활히 하기 위해서

🔍 절개구는 120° 또는 180° 각을 주로 설치하고 측압과 보스 방향을 피한다.

34 오일과 오일 링의 작용 중 오일의 작용에 해당되지 않는 것은?
① 방청 작용   ② 냉각 작용
③ 응력 분산 작용   ④ 오일 제어 작용

🔍 오일 제어 작용은 오일 링의 작용에 해당된다.

35 피스톤 링을 피스톤에 조립할 때 고려하지 않아도 되는 사항은?
① 측압의 방향
② 링 상호간의 각도
③ 흡배기 밸브와의 각도
④ 각 링의 결합 순서

36 4실린더 기관에서 피스톤당 링이 4개 있고 1개 링의 마찰력이 0.5kg이라면 총 마찰력은 몇 kg인가?
① 3kg   ② 8kg
③ 12kg   ④ 15kg

🔍 링의 총 마찰력 = 실린더수 × 링수 × 링의 마찰력
∴ 링의 총 마찰력 = 4×4×0.5 = 8kg

37 기관의 커넥팅 로드가 부러질 경우 직접 영향을 받는 곳은?
① 오일 팬   ② 밸브
③ 실린더   ④ 실린더 헤드

🔍 커넥팅 로드는 피스톤의 왕복운동을 크랭크 축으로 전달하는 일을 하는 것으로 부러질 경우 실린더가 직접 영향을 받는다.

정답 28 ④ 29 ④ 30 ① 31 ③ 32 ③ 33 ② 34 ④ 35 ③ 36 ② 37 ③

38 커넥팅 로드(connection rod)의 대단부와 연결되는 크랭크 축의 부분 명칭은?

① 메인 베어링 저널 ② 크랭크 핀
③ 크랭크 암 ④ 크랭크 축 스프로킷

> 커넥팅 로드는 피스톤 핀과 크랭크 축을 연결하는 막대로 소단부는 피스톤 핀에 연결되고 대단부는 크랭크 핀에 결합되어 있다.

39 피스톤과 커넥팅 로드를 연결하는 피스톤 핀의 중공의 이유는?

① 표면을 침탄 경화하기 위하여
② 무게를 가볍게 하고 오일의 통로로 쓰기 위하여
③ 커넥팅 로드 작은 끝 부분의 고정을 위하여
④ 스냅링을 끼워 빠지는 것을 막기 위하여

> 피스톤 핀은 무게를 가볍게 하고 오일 통로로 사용하기 위해 중공으로 제작한다.

40 내연기관의 동력 전달은?

① 피스톤 → 커넥팅 로드 → 클러치 → 크랭크 축
② 피스톤 → 클러치 → 크랭크 축
③ 피스톤 → 크랭크 축 → 커넥팅 로드 → 클러치
④ 피스톤 → 커넥팅 로드 → 크랭크 축 → 클러치

41 직렬형 4기통 엔진의 크랭크 각도는 얼마인가?

① 90° ② 180°
③ 240° ④ 160°

> 크랭크 각도는 직렬형 2기통의 경우 360°, 4기통인 경우 180°이다.

42 직렬 6실린더 엔진의 폭발은 크랭크각으로 몇 도마다 폭발이 일어나는가?(단, 4사이클 기관에서)

① 60° ② 120°
③ 180° ④ 360°

> 크랭크 축이 2회전(720°)하는 동안 실린더의 숫자만큼의 횟수로 폭발이 발생한다. 따라서, 실린더가 2개인 경우 360°(720/2) 회전에 1회 폭발, 4개인 경우 180°(720/4) 회전마다 1회, 6개인 경우 120°(720/6) 회전마다 1회 폭발한다.

43 4기통 기관의 점화 또는 분사 순서이다. 맞는 것은?

① 1-3-4-2, 1-2-4-3
② 1-3-4-2, 1-4-2-3
③ 1-3-4-2, 1-2-3-4
④ 1-2-3-4, 1-2-4-3

> 4기통 엔진 점화순서는 우수식의 경우 1-3-4-2, 좌수식인 경우 1-2-4-3 이다.

44 디젤기관의 착화 순서가 1-2-4-3일 경우 4번 실린더가 폭발 중이면 1번 실린더의 위치는?

① 흡입 ② 압축
③ 폭발 ④ 배기

> 1번과 4번, 2번과 3번이 각각 같은 축의 위치에서 회전하고 있으므로 4번이 폭발 중이면 1번은 흡입 중이다.

45 크랭크 축에 제일 많이 사용되는 베어링은?

① 테이퍼 베어링 ② 롤러 베어링
③ 플레인 베어링 ④ 볼 베어링

> 크랭크 축에는 주로 분할형의 플레인(평면) 베어링이 사용된다.

46 6기통 기관에서 좌수식의 폭발순서는 다음 중 어느 것인가?

① 1-4-2-6-3-5 ② 1-2-4-5-3-6
③ 1-3-4-2-6-5 ④ 1-5-3-6-2-4

> 직렬 6기통 엔진의 폭발순서는 우수식 1-5-3-6-2-4, 좌수식은 1-4-2-6-3-5 이다.

47 기관의 회전속도가 4500rpm일 때 연소지연시간이 1/600초라고 하면 연소지연시간 동안에 크랭크 축의 회전각은?

① 30° ② 40°
③ 45° ④ 50°

> 크랭크 축의 회전각 = $\dfrac{V \times 360}{60} \times$ 연소지연 시간
>
> $\therefore \dfrac{4500 \times 360}{60} \times \dfrac{1}{600} = 45°$

정답 38 ② 39 ② 40 ④ 41 ② 42 ② 43 ① 44 ① 45 ③ 46 ① 47 ③

48 우수식 크랭크 축이 설치된 4행정 6실린더 기관의 폭발순서는?

① 1-3-2-5-6-4
② 1-4-3-5-2-6
③ 1-5-3-6-2-4
④ 1-6-2-5-3-4

> 직렬 6기통 엔진의 폭발순서는 우수식 1-5-3-6-2-4, 좌수식은 1-4-2-6-3-5 이다.

49 1-6-2-5-8-3-7-4의 직렬형 8기통 폭발 순서에서 7번과 크랭크 핀이 같은 위상 각도에 있는 기통은 어느 것인가?

① 2번 기통
② 3번 기통
③ 4번 기통
④ 5번 기통

> 1-8, 3-6, 2-7, 4-5 가 같은 위상 각도를 갖는다.

50 점화 순서가 1-5-3-6-2-4에서 3번 피스톤이 압축 행정시 4번 피스톤은 어떤 행정을 하는가?

① 압축 말 행정
② 흡입 초 행정
③ 동력 중 행정
④ 배기 초 행정

> 1번과 6번, 2번과 5번, 3번과 4번의 핀 저널이 같이 움직이므로 3번이 압축행정을 하고 있다면 같이 움직이는 4번은 배기행정이 된다.

51 어떤 디젤기관의 폭발 순서가 1-3-4-2이다. 1번 실린더가 흡입 행정시 3번 실린더는 어떤 행정을 하는가?

① 흡입 행정
② 압축 행정
③ 폭발 행정
④ 배기 행정

> 점화순서가 1-3-4-2인 4실린더 기관에서 1번이 흡입행정일 때 역순으로 적으면 2번은 압축, 4번은 동력, 3번은 배기행정이 된다.

52 크랭크 축에서 베어링의 바깥 둘레와 하우징 둘레와의 차이를 무엇이라 하는가?

① 베어링 크러시
② 베어링 두께
③ 베어링 스프레드
④ 베어링 날개

> 베어링 크러시는 베어링을 끼웠을 때 베어링 바깥 둘레와 하우징 둘레와의 높이 차이를 말하며, 베어링 스프레드는 베어링을 끼우지 않았을 때 베어링 바깥 지름과 하우징 내경과의 차이를 말한다.

53 타이밍 기어란?

① 배전기 구동기어와 캠 축 기어
② 헬리컬 기어와 피니언 기어
③ 크랭크 축 기어와 캠 축 기어
④ 오일 펌프기어와 헬리컬 기어

> 타이밍 기어란 크랭크축의 회전 운동을 이용하여 밸브를 움직이는 캠축 구동용 기어로 밸브의 작동시기를 적절하게 조절한다.

54 타이밍 기어의 백래시가 클 때 일어나는 사항은?

① 밸브 개폐시기 등이 틀려진다.
② 윤활장치의 유압이 높아진다.
③ 기관의 공전속도가 빨라진다.
④ 점화전압이 낮아진다.

> 타이밍 기어는 밸브의 개폐시기를 조절하는 기어이다.

55 캠 축의 기능이 아닌 것은?

① 밸브의 개폐를 돕는다.
② 크랭크 축에 구동력을 전달한다.
③ 오일 펌프와 연료 펌프를 작동시킨다.
④ 배전기를 작동시킨다.

> 캠축의 주된 기능은 흡·배기 밸브의 개폐이며 부수적으로 오일 펌프, 연료 펌프, 배전기 등을 구동시키기도 한다.

56 플라이 휠에 관한 설명 중 옳은 것은?

① 플라이 휠의 크기는 기통수에 비례한다.
② 저속에서 고속 또는 고속에서 저속으로의 속도 변화를 용이하게 한다.
③ 속도 변화가 큰 중장비일수록 무겁게 한다.
④ 외부 원주에서는 링 기어가 열 박음으로 설치되어 있다.

> 플라이 휠은 크기와 무게가 실린더 수와 회전수에 반비례하며 엔진 회전력의 맥동을 방지하여 회전 속도를 고르게 한다.

 48 ③ 49 ① 50 ④ 51 ④ 52 ① 53 ③ 54 ① 55 ② 56 ④

57 4사이클 기관에서 캠 축의 캠의 수는 무엇과 같은가?

① 기관 밸브의 수   ② 실린더 수
③ 피스톤의 수   ④ 크랭크 핀의 수

🔍 엔진의 밸브 수와 동일한 캠이 배열되어 있다.

58 캠의 양정(lift)이란?

① 리프터와 태핏과의 거리이다.
② 기초원과 노즈와의 거리이다.
③ 밸브 페이스의 크기이다.
④ 백래시를 말한다.

🔍 캠의 양정이란 기초원과 노즈(nose) 사이의 거리이다.

59 캠에서 기초원(basecircle)과 노즈(nose)의 거리를 무엇이라 하는가?

① 플랭크(flank)
② 로브(lobe)
③ 저널(journal)
④ 양정(lift)

60 다음에 열거한 부품 중 점(착)화 시기를 필요로 하지 않는 것은?

① 크랭크 축 기어
② 캠 축 기어
③ 연료분사 펌프 구동기어
④ 오일 펌프 구동기어

🔍 보기 중 오일 펌프 구동기어는 윤활장치에 해당된다.

61 플라이 휠 크기는 다음 중 어느 것과 가장 관계가 있는가?

① 크랭크 축의 길이
② 클러치판의 크기
③ 피스톤의 크기
④ 회전속도와 실린더 수

🔍 플라이 휠의 크기와 무게는 실린더 수와 회전수에 반비례한다.

62 다음 중 6기통 직렬형 플라이 휠의 링 기어 마모 개소는?

① 3군데
② 4군데
③ 5군데
④ 6군데

🔍 플라이 휠 링기어의 마모 개소는 4기통 2곳, 6기통 3곳, 8기통 4곳이다.

63 기관 밸브의 개폐를 돕는 부품은?

① 너클암
② 스티어링암
③ 로커암
④ 피트먼암

🔍 로커암 : 밸브 개폐를 위한 힘의 방향을 바꿔 주는 방향 전환 기능의 암(arm)

64 45°의 밸브를 44°로 연마하는 주된 이유는?

① 밸브가 시트를 겹치게 하기 위해서이다.
② 밸브면과 시트 사이의 침전물을 제거하기 위해서이다.
③ 밸브의 수명을 연장하기 위해서이다.
④ 밸브가 작동온도에서 팽창하여 시트와 완전히 밀착되게 하기 위해서이다.

🔍 밸브 간섭각은 작동 중에 열팽창을 고려하여 밸브 면과 시트 사이에 1/4~1° 정도의 차이를 두어 작동 온도가 되면 밸브 면과 시트가 완전히 접촉되도록 한다.

65 밸브의 재사용 여부는 모든 부분이 양호한 상태일 때 무엇에 의해 결정되는가?

① 스템의 마멸
② 시트의 마멸
③ 페이스 각도
④ 마진의 두께

🔍 일반적으로 마진의 두께가 0.8mm 이하인 경우에는 다시 사용하지 못한다.

정답 57 ① 58 ② 59 ④ 60 ④ 61 ④ 62 ① 63 ③ 64 ④ 65 ④

66 흡기 · 배기 밸브의 면의 각도는 일반적으로 얼마나 두는 것이 좋은가?
① 20°와 30°
② 40°와 60°
③ 30°와 45°
④ 60°와 90°

🔍 밸브 면과 수평선이 이루는 각을 밸브면 각도라 하며 60°, 45°, 30°의 것이 있으며 주로 45°를 가장 많이 사용한다.

67 밸브시트와 페이스 접착면의 폭은 얼마로 하는 것이 적당한가?
① 1~1.5mm
② 1.5~2mm
③ 0.5~1mm
④ 2~3mm

🔍 밸브 시트의 폭은 1.5~2mm이며, 폭이 넓으면 밸브의 냉각 효과는 크지만 압력이 분산되어 기밀 유지가 불량해진다.

68 다음 중 밸브 간섭각으로 가장 적당한 것은?
① 1~2°
② 1/4~1°
③ 2~3°
④ 4~6°

69 다음은 유압태핏의 장점이다. 관계없는 것은?
① 밸브 간극의 조정이 필요없다.
② 작동 중 소음이 적다.
③ 밸브 간극이 비교적 적어도 된다.
④ 밸브 각 기구의 손상이 적다.

🔍 유압식 밸브리프터(유압태핏)는 엔진의 작동변화에 관계없이 밸브 간극을 0으로 유지시키도록 한 방식이다.

70 기관에서 밸브 스프링의 장력이 약할 때는 기관에서 어떤 현상이 발생하는가?
① 배기가스량이 적어진다.
② 밀착 불량으로 압축가스가 샌다.
③ 밀착은 정상이나 캠이 조기 마모된다.
④ 흡입 공기량이 많아져서 출력이 증가된다.

🔍 밸브 스프링의 장력이 약하면 밀착 불량으로 인해 출력 감소, 가스 블로바이 발생, 밸브 스프링 서징 현상이 발생한다.

71 밸브 스프링의 점검과 관계가 없는 것은?
① 스프링 장력
② 직각도
③ 자유높이
④ 코일 수

🔍 밸브 스프링의 점검사항 : 장력, 직각도, 자유 높이, 접촉면

72 밸브 스프링의 서징현상은 어느 때 생기는가?
① 저속
② 중속
③ 고속
④ 공전

🔍 밸브 스프링의 서징 현상이란 고속에서 밸브 스프링의 신축이 심하여 밸브 스프링의 고유 진동수와 캠 회전수 공명에 의해 스프링이 튕기는 현상이다.

73 기관의 밸브 부분에서 잡음이 심할 때의 원인을 나열한 것 중 틀린 것은?
① 밸브 스프링이나 로커(lock)의 파손
② 윤활 부족
③ 밸브틈새의 과대
④ 밸브 스템부의 긁힘

74 흡기밸브와 배기밸브의 간극에 관한 설명 중 옳은 것은?
① 간극은 흡기밸브와 배기밸브에 상관없다.
② 흡기밸브와 배기밸브의 간극은 같다.
③ 흡기밸브의 간극이 크다.
④ 일반적으로 배기밸브 간극이 크다.

🔍 밸브 간극은 엔진 작동 중 열팽창을 고려하여 두는 것으로 일반적으로 온도가 높은 배기밸브 쪽 간극을 더 크게 둔다.

75 기관의 밸브 간극이 너무 클 때 발생되는 현상으로 맞는 것은?
① 정상온도에서 밸브가 확실하게 닫히지 않는다.
② 밸브 스프링의 장력이 약해진다.
③ 푸시로드가 변형된다.
④ 정상온도에서 밸브가 완전히 개방되지 않는다.

🔍 밸브 간극이 너무 크면 정상 작동 온도에서 밸브가 완전하게 열리지 못한다.

정답 66 ③ 67 ② 68 ② 69 ③ 70 ② 71 ④ 72 ③ 73 ② 74 ④ 75 ④

76 밸브 간극을 측정하는 게이지로 알맞은 것은?

① 깊이 게이지를 사용한다.
② 내측 마이크로미터를 사용한다.
③ 엠에스코프 게이지를 사용한다.
④ 필러 게이지를 사용한다.

> 밸브 간극은 캠과 밸브 리프트 사이에 필러 게이지(간극 게이지)를 넣고 측정한다.

77 어떤 4행정 사이클 기관의 밸브 개폐 시기가 다음과 같다. 흡기행정기간은 몇 도인가?

- 흡기밸브 열림 : 상사점 전 15°
- 흡기밸브 닫힘 : 하사점 후 50°
- 배기밸브 열림 : 하사점 전 45°
- 배기밸브 닫힘 : 상사점 후 10°

① 180°   ② 230°
③ 235°   ④ 245°

> 흡기행정 각도
> = 흡기밸브 열림각도 + 180° + 흡기밸브 닫힘각도
> = 15° + 180° + 50° = 245°

78 밸브 오버랩이란?

① 밸브가 닫힐 때 튀면서 닫히는 현상
② 배기행정시 실린더 내의 압력에 의하여 자연히 배출되는 현상
③ 흡기행정 때 하사점에는 밸브를 닫지 않고 40~50° 후방에서 닫히는 현상
④ 배기행정시 잔류가스를 완전히 배출키 위하여 흡기·배기밸브를 동시에 열어주는 현상

> 밸브 오버랩(valve overlap) : 상사점 부근에서 흡기밸브는 열리고, 배기밸브는 닫히려는 순간으로 흡·배기밸브가 동시에 열려있는 상태

79 배기행정 초에 배기밸브가 열려 배기가스 자체의 압력에 의하여 배기가스가 배출되는 현상은?

① 블로백   ② 블로다운
③ 블로바이   ④ 베이퍼록

> - 블로다운(blow-down) : 배기행정 초기에 배기밸브가 열려서 자체적인 압력으로 자연히 배출되는 현상
> - 블로바이(blow-by) : 피스톤과 실린더 사이에서 크랭크케이스 쪽으로 누출되는 미연소 가스

80 블로다운 현상의 설명에 적합한 것은?

① 밸브와 밸브시트 사이에서의 가스 누출현상
② 배기행정 초기에 배기밸브가 열려 배기가스 자체의 압력에 의하여 배출되는 현상
③ 압축행정시 피스톤과 실린더 사이에서 공기가 누출되는 현상
④ 피스톤이 상사점 근방에서 흡·배기밸브가 동시에 열려 배기 잔류가스를 배출시키는 현상

81 블로바이(blow by) 현상의 설명에 적합한 것은?

① 밸브가 닫힐 때 튀면서 닫히는 현상
② 실린더와 피스톤 틈에서 압축가스와 폭발가스가 크랭크케이스로 빠져나오는 현상
③ 압축행정시 피스톤과 실린더 사이에서 공기가 흡입되는 현상
④ 배기행정시 잔류가스를 완전히 배출하기 위하여 흡·배기밸브를 동시에 열어주는 현상

2. 냉각장치

01 공랭식 엔진의 과열 원인이 아닌 것은?

① 냉각핀의 오손 및 파손
② 냉각 팬의 파손
③ 정차시 고속회전
④ 냉각수 부족

> 냉각수를 사용하여 엔진을 냉각시키는 것은 수랭식 엔진이다.

02 실린더 블록과 헤드에 물 재킷(water jacket)을 설치하여 냉각시키는 방식?

① 자연 순환식   ② 강제 통풍식
③ 자연 통풍식   ④ 강제 순환식

> 수랭식 중 자연 순환식은 냉각수를 대류에 의해 순환시키는 방식이며, 강제 순환식은 물펌프로 실린더 블록과 헤드에 물 재킷을 설치하여 냉각시키는 방식이다.

03 기관 과열의 직접적인 원인으로 부적당한 것은?

① 팬 벨트의 느슨함
② 라디에이터의 코어 막힘
③ 냉각수의 부족
④ 타이밍 체인(timing-chain)의 헐거움

> 타이밍 체인은 크랭크 축의 타이밍기어와 캠 축의 타이밍기어를 연결해 캠 축을 회전시키는 역할을 하는 체인으로 냉각 계통과는 무관하다.

04 기관이 과열되는 원인이 아닌 것은?

① 분사시기의 부적당
② 냉각수 부족
③ 냉각 팬의 파손
④ 물 재킷 내의 물때 형성

05 기관에서 냉각수의 온도가 지나치게 높을 때의 원인을 기술한 것 중 틀리는 것은 어느 것인가?

① 냉각수로 연소가스 누설
② 라디에이터의 공기통로 결함
③ 물 펌프의 결함
④ 연료분사 시기 및 연료공급 펌프 결함

06 작업 중 엔진온도가 급상승하였을 때 먼저 점검하여야 할 것은?

① 윤활유 수준 점검
② 고부하 작업
③ 장기간 작업
④ 냉각수의 양 점검

> 엔진 온도가 급상승하면 우선적으로 냉각 계통을 점검하여야 한다.

07 기관 과열 원인과 가장 거리가 먼 것은?

① 팬 벨트가 헐거울 때
② 물 펌프 작용이 불량할 때
③ 크랭크 축 타이밍 기어가 마모되었을 때
④ 방열기 코어가 규정 이상으로 막혔을 때

> 타이밍 체인은 크랭크 축의 타이밍기어와 캠 축의 타이밍기어를 연결해 캠 축을 회전시키는 역할을 하는 체인으로 냉각 계통과는 무관하다.

08 동절기에 기관이 동파되는 원인으로 맞는 것은?

① 냉각수가 얼어서
② 기동전동기가 얼어서
③ 발전장치가 얼어서
④ 엔진오일이 얼어서

> 동절기 기관의 동파 원인은 냉각수가 얼기 때문으로 이를 방지하기 위해 부동액을 혼합하여 사용한다.

09 팬 벨트에 대한 점검과정이다. 틀린 것은?

① 팬 벨트는 눌러(약 10kgf) 13~20mm 정도로 한다.
② 팬 벨트는 풀리의 밑부분에 접촉되어야 한다.
③ 팬 벨트의 조정은 발전기를 움직이면서 조정한다.
④ 팬 벨트가 너무 헐거우면 기관 과열의 원인이 된다.

> 팬 벨트는 각 풀리의 양쪽 경사진 부분에 접촉되어야 하며, 풀리 밑부분에 닿으면 미끄러진다.

10 다음 중 팬 벨트와 연결되지 않은 것은?

① 발전기 풀리
② 기관 오일 펌프 풀리
③ 워터펌프 풀리
④ 크랭크 축 풀리

> 팬 벨트는 이음새가 없는 고무제 V벨트를 사용하며 크랭크 축 풀리, 발전기 풀리, 물펌프 풀리 등을 연결 구동한다.

11 기관의 벨트장력이 늘어지면 일어나는 현상으로 가장 관계가 적은 것은?

① 벨트마모 촉진   ② 기관 과열
③ 발전기 베어링 손상   ④ 발전기 충전 부족

 03 ④ 04 ① 05 ④ 06 ④ 07 ③ 08 ① 09 ② 10 ② 11 ③

> 벨트 장력이 헐거울 때
> • 물 펌프 회전속도가 느려져 기관 과열
> • 발전기 출력 저하
> • 소음 발생
> • 팬 벨트 마모 촉진(손상)

12 일반적인 건설기계에 대한 다음 설명 중 틀린 것은?

① 기관이 과열됐을 때는 기관을 정지시킨 후 냉각수를 조금씩 보충한다.
② 운전 중 팬 벨트가 끊어지면 충전 경고등이 꺼진다.
③ 윤활 계통에 이상이 생기면 운전 중에 오일압력 경고등이 켜진다.
④ 연료 탱크는 주기적으로 청소를 하여 물과 찌꺼기를 제거시킨다.

> 팬 벨트는 워터펌프를 구동하여 엔진의 과열을 방지시켜 주고, 차량에서 소요되는 전기를 발생시켜 주는 발전기를 구동시키는 역할을 한다.

13 V 벨트 접촉면의 각도는?

① 10° ② 20°
③ 30° ④ 40°

> V 벨트 접촉면의 각도는 40°이며, 반드시 엔진의 작동이 정지된 상태에서 걸거나 빼내야 한다.

14 기관을 시동하여 공전시에 점검할 사항이 아닌 것은?

① 기관의 팬 벨트 장력을 점검
② 오일의 누출 여부를 점검
③ 냉각수의 누출 여부를 점검
④ 배기가스의 색깔을 점검

> 팬 벨트 장력 점검은 반드시 기관이 정지된 상태에서 이루어져야 한다.

15 기관에서 냉각계통으로 배기가스가 누설되는 원인에 해당되는 것은?

① 실린더 헤드 개스킷 불량
② 매니폴더의 개스킷 불량
③ 워터펌프의 불량
④ 냉각 팬의 벨트 유격 과대

> 실린더 헤드 개스킷이 파손되면 라이에이터 안에 기름이 뜨고, 배가스가 냉각계통으로 누출된다.

16 라디에이터의 구성품이 아닌 것은?

① 냉각수 주입구 ② 냉각핀
③ 코어 ④ 물 재킷

> 라디에이터는 코어, 냉각핀, 냉각수 주입구인 라디에이터 캡 등으로 구성된다.

17 기관이 작동 중 라디에이터 캡쪽으로 물이 상승하면서 연소가스가 누출될 때 원인으로 맞는 것은?

① 분사 노즐의 동와셔가 불량하다.
② 라디에이터 캡이 불량하다.
③ 물 펌프에 누설이 생겼다.
④ 실린더 헤드에 균열이 생겼다.

18 라디에이터(radiator)의 구비 조건으로 옳지 않은 것은?

① 공기저항이 적을 것
② 냉각수의 유동저항이 적을 것
③ 단위면적당 방열량이 적을 것
④ 가볍고 작으며 강도가 클 것

> 라디에이터는 단위면적당 방열량이 커야 한다.

19 가압식 라디에이터의 장점으로 틀린 것은?

① 방열기를 작게 할 수 있다.
② 냉각수의 비등점을 높일 수 있다.
③ 냉각수의 순환속도가 빠르다.
④ 냉각장치의 효율을 높일 수 있다.

> 가압식 라디에이터는 일정 온도의 압력까지는 스프링이 작용하는 뚜껑을 마련하여 물이 새어 나가지 못하게 한 라디에이터로, 오버히트가 쉽게 일어나지 않는 구조이다.

정답 12 ② 13 ④ 14 ① 15 ① 16 ④ 17 ④ 18 ③ 19 ③

20 냉각계통에 대한 설명으로 틀린 것은?
① 실린더 물 재킷에 물때가 끼면 과열의 원인이 된다.
② 방열기속의 냉각수 온도는 아래 부분이 높다.
③ 팬 벨트의 장력이 약하면 엔진 과열의 원인이 된다.
④ 냉각수 펌프의 실(seal)에 이상이 생기면 누수의 원인이 된다.

> 엔진 내부에서 열을 흡수하고 온도가 높아진 냉각수는 실린더 헤드 부분에서 라디에이터 상부로 돌아온다. 이렇게 돌아온 냉각수는 라이에이터에서 열을 방출하고 하부에서는 온도가 떨어지게 된다.

21 방열기(radiator)의 규정 수량이 이상이 없는데도 기관이 과열되었다면 그 원인이라고 정할 수 있는 것은?
① 물 펌프의 고속회전
② 에어클리너의 고장
③ 온도계의 고장
④ 팬 벨트의 이완

> 팬 벨트의 장력이 너무 작으면 물 펌프의 회전속도가 느려져 기관이 과열된다.

22 사용중인 라디에이터에 냉각수의 양을 측정하였더니 12ℓ였다. 이것과 동형의 신품 라디에이터의 용량이 15ℓ였다면 이 방열기의 막힘은 몇 %인가?
① 20% ② 15%
③ 10% ④ 5%

> 코어의 막힘률 = [(신품 주수량 − 구품 주수량) ÷ 신품 주수량] × 100(%) = [(15 − 12) ÷ 15] × 100(%) = 20%

23 냉각장치에서 냉각수의 비등점을 올리기 위한 것으로 맞는 것은?
① 진공식 캡 ② 압력식 캡
③ 라디에이터 ④ 물 재킷

> 냉각장치 내의 비등점을 높이고, 냉각 범위를 넓히기 위해 압력식 캡을 사용한다.

24 압력식 라디에이터 캡의 규정 압력은 일반적으로 게이지 압력으로 몇 kg/cm² 정도인가?
① 0.2~0.9
② 2~9
③ 1.2~1.9
④ 12~19

> 압력식 캡의 압력은 게이지 압력으로 0.2~0.9kgf/cm² 정도이며 이때의 냉각수 비등점은 112℃ 정도이다.

25 압력식 라디에이터 캡에 대한 설명으로 적합한 것은?
① 냉각장치 내부압력이 규정보다 낮을 때 공기밸브는 열린다.
② 냉각장치 내부압력이 규정보다 높을 때 진공밸브는 열린다.
③ 냉각장치 내부압력이 부압이 되면 진공밸브는 열린다.
④ 냉각장치 내부압력이 부압이 되면 공기밸브는 열린다.

> 냉각장치 내부압력이 규정보다 높아지면 압력밸브가 열리고, 냉각수가 냉각되어 냉각장치 내의 압력이 부압이 되면 진공밸브가 열린다.

26 지게차의 방열기에 있는 오버플로 파이프로 물이 유출시에 수온은 일반적으로 몇 도인가?
① 112℃
② 120℃
③ 132℃
④ 140℃

> 24번 문제 해설 참조

27 압력식 라디에이터 캡을 사용할 경우 냉각수 비점은 몇 ℃ 정도인가?
① 112℃
② 120℃
③ 132℃
④ 140℃

 20 ② 21 ④ 22 ① 23 ② 24 ① 25 ③ 26 ① 27 ①

28 라디에이터 캡의 스프링이 파손되었을 때 가장 먼저 나타나는 현상은?

① 냉각수 비등점이 낮아진다.
② 냉각수 순환이 불량해진다.
③ 냉각수 순환이 빨라진다.
④ 냉각수 비등점이 높아진다.

🔍 라디에이터 캡의 스프링이 파손되거나 장력이 약해지면 냉각수 비등점이 낮아진다.

29 라디에이터 캡을 열고 크랭킹하였을 때 냉각수에 기포가 발생하면?

① 물호스가 거꾸로 연결되어 있음
② 오일쿨러가 막혀 있음
③ 헤드 개스캣이 손상되어 있음
④ 냉각수에 부동액이 들어 있음

🔍 라디에이터 내의 기포발생은 공기가 들어간 것이므로 실린더 헤드 개스킷이 불량이다.

30 엔진에서 라디에이터의 방열기 캡을 열어 냉각수를 점검하였더니 기름이 떠 있었다. 그 원인으로 맞는 것은?

① 피스톤 링의 실린더 마모
② 밸브 간격 과다
③ 압축압력이 높아 역화 현상
④ 실린더 헤드 개스킷 파손

🔍 기포나 기름이 떠 있는 경우
 • 실린더 헤드 개스킷 파손
 • 실린더 헤드 볼트 풀림
 • 오일 냉각기에서 엔진 오일 누출

31 라디에이터의 세척액으로 주로 사용되는 것은?

① 중성세제
② 황산과 증류수
③ 탄산소다
④ 비눗물

🔍 라디에이터의 세척액으로는 탄산소다와 중탄산소다를 사용하며, 아래 탱크에서 위 탱크로 역수시켜 세척한다.

32 다음 중 냉각 팬에 대한 설명으로 옳지 않은 것은?

① 냉각 팬의 회전축은 물 펌프 축과 일체로 되어있다.
② 팬의 날개 수는 보통 4~6개 정도이다.
③ 유체커플링식 냉각 팬도 있다.
④ 냉각 팬의 회전은 주행속도에 의해 이루어진다.

🔍 냉각 팬의 회전 속도는 라디에이터를 통과하는 공기의 온도에 의해 결정된다.

33 냉각수 순환용 물 펌프가 고장났을 때, 기관에 나타날 수 있는 현상으로 가장 중요한 것은?

① 시동 불능   ② 축전지의 비중 저하
③ 발전기 작동 불능 ④ 기관 과열

34 물 펌프에 연결되는 위쪽 호스를 손으로 쥐어 보았을 때 압력을 느낀다면?

① 호스가 막혀 있다.
② 라디에이터가 막혀 있다.
③ 물 펌프의 회전이 적다.
④ 물 펌프가 정상적으로 작동한다.

🔍 물 펌프의 효율은 냉각수 온도에 반비례하고, 압력에 비례한다.

35 냉각장치에서 소음이 나는 원인으로 틀린 것은?

① 물 펌프 내 임펠러의 파손
② 밸브간극이 과다
③ 물 펌프의 베어링 마모
④ 팬 날개 파손

36 냉각장치에서 소음의 원인이 아닌 것은?

① 팬 벨트의 불량
② 팬의 헐거움
③ 정온기의 불량
④ 물 펌프 베어링의 불량

🔍 정온기(서모스탯)는 실린더 헤드 물 재킷 출구 부분에 설치되어 냉각수 온도에 따라 냉각수 통로를 개폐하여 엔진의 온도를 적당하게 유지하는 기구로 소음의 원인과는 관련이 없다.

정답 28 ① 29 ③ 30 ④ 31 ③ 32 ④ 33 ④ 34 ④ 35 ② 36 ③

37 냉각계통에 소음이 난다. 그 원인이 아닌 것은?

① 가압 밸브 스프링 이완
② 물 펌프 베어링불량
③ 팬 벨트 불량
④ 팬의 날개가 변형

🔍 가압 밸브 스프링이 이완되면 냉각수의 비등점이 낮아진다.

38 디젤기관을 시동시킨 후 충분한 시간이 지났는데도 냉각수 온도가 정상적으로 상승하지 않을 경우 그 고장의 원인이 될 수 있는 것은?

① 수온조절기의 고장
② 물 펌프의 고장
③ 라디에이터 코어의 파손
④ 냉각 팬 벨트의 헐거움

🔍 수온조절기는 실린더 헤드와 라디에이터 상부 사이에 설치되며 냉각수의 온도를 일정하게 유지하는 기구이다.

39 엔진작동 중 냉각수의 온도가 정상적으로 올라가지 않을 때, 과냉의 원인으로 맞는 것은?

① 수온조절기의 열림   ② 팬 벨트의 헐거움
③ 물 펌프의 불량   ④ 냉각수 부족

40 벨로즈형 수온조절기의 이상적인 작동 온도 범위는?

① 45℃(열림시작), 60℃(완전열림)
② 60℃(열림시작), 70℃(완전열림)
③ 65℃(열림시작), 85℃(완전열림)
④ 80℃(열림시작), 100℃(완전열림)

🔍 벨로즈형은 65℃에서 열리기 시작하여 85℃에서 완전히 열리고, 펠릿형은 85℃에서 열리기 시작하여 95℃에서 완전히 열린다.

41 기관의 냉각수 수온을 측정하는 곳은?

① 라디에이터의 윗물통
② 실린더 헤드 물 재킷부
③ 물 펌프 임펠러 내부
④ 온도조절기 내부

🔍 엔진의 정상적인 작동 온도는 실린더 헤드 물 재킷 내의 온도로 나타낸다.

42 다음 기구 중 엔진의 온도를 일정하게 정상으로 유지하는 것은?

① 방수기   ② 방열팬
③ 정온기   ④ 물 펌프

🔍 수온조절기(정온기, 서모스탯)는 실린더 헤드와 라디에이터 상부 사이에 설치되며 냉각수의 온도를 일정하게 유지하는 기구이다.

43 운전 중 온도계기에 이상이 나타나면 다음 중 어느 것을 가장 먼저 점검해야 하는가?

① 오일 펌프 점검
② 에어클리너 엘리먼트점검
③ 워터펌프 점검
④ 연료탱크 점검

🔍 냉각계통은 워터펌프이다.

44 기관의 정상적인 냉각수 온도에 해당되는 것으로 가장 적절한 것은?

① 20~35℃   ② 35~60℃
③ 75~95℃   ④ 110~120℃

🔍 냉각수 수온은 실린더 헤드 물 재킷 내의 온도로 나타내며, 정상적인 냉각수 온도 범위는 75~95℃ 정도이다.

45 실린더 블록의 동파방지를 위해 둔 것은?

① 정온기   ② 라디에이터
③ 코어플러그   ④ 냉각수 통로

🔍 실린더 블록의 내부는 실린더와 물 재킷, 오일 통로가 설치되어 있고 물 재킷 바깥쪽에는 겨울철 냉각수 빙결에 의한 동파를 방지하기 위해 코어플러그(core plug)가 설치되어 있다.

46 부동액이 구비하여야 할 조건으로 다음 중 가장 알맞은 것은?

① 증발이 심할 것
② 침전물을 축적할 것

 37 ① 38 ① 39 ① 40 ③ 41 ② 42 ③ 43 ③ 44 ③ 45 ③ 46 ④

③ 비등점이 물보다 상당히 낮아야 할 것
④ 물과 용이하게 용해할 것

🔍 부동액의 구비 조건
- 물과 잘 혼합할 것
- 침전물이 없을 것
- 휘발성이 없고 순환성이 좋을 것
- 부식성이 없고 팽창계수가 적을 것
- 비등점이 물보다 높고 빙점은 물보다 낮을 것

47 부동액의 종류 중 가장 많이 사용되는 것은?

① 에틸렌
② 글리세린
③ 에틸렌글리콜
④ 알코올

🔍 에틸렌글리콜(ethylene glycol)을 주성분으로 한 부동액을 많이 사용하며 그 지방의 최저 기온보다 5~10℃ 낮은 온도를 기준으로 혼합한다.

3. 윤활장치

01 윤활유 성질 중 가장 알맞은 것은?

① 오일제거작용이 양호할 것
② 인화점 및 발화점이 높을 것
③ 인화점 및 발화점이 낮을 것
④ 발열작용이 양호할 것

🔍 윤활유의 구비조건
- 점도지수가 커서 온도에 의한 점도의 변화가 적을 것
- 인화점 및 발화점이 높고 응고점은 낮을 것
- 강한 유막을 형성할 것
- 비중과 점도가 적당할 것
- 기포발생 및 카본생성에 대한 저항력이 클 것

02 윤활유의 구비 조건으로 적당치 않은 것은?

① 윤활성에 관계없이 점도가 적당할 것
② 윤활성이 좋을 것
③ 응고점이 높을 것
④ 인화점이 높을 것

🔍 윤활유(엔진오일)는 응고점이 낮아야 한다.

03 다음 중 윤활유의 분류방법에 해당되지 않는 것은?

① 사용조건에 따른 분류
② 점도에 따른 분류
③ 온도에 따른 분류
④ 색깔에 따른 분류

04 윤활유의 기능으로 맞는 것은?

① 마찰감소, 스러스트작용, 밀봉작용, 냉각작용
② 마멸방지, 수분흡수, 밀봉작용, 마찰증대
③ 마찰감소, 마멸방지, 밀봉작용, 냉각작용
④ 마찰증대, 냉각작용, 스러스트작용, 응력분산

🔍 윤활유의 7대 기능 : 감마작용, 냉각작용, 세척작용, 밀봉작용, 부식방지작용, 소음완화작용, 응력분산작용

05 엔진 윤활유의 사용 목적이 아닌 것은?

① 실린더 내의 가스 누설을 방지한다.
② 노크 현상을 방지한다.
③ 응력 집중을 방지한다.
④ 방청 및 세척작용을 한다.

🔍 노크현상은 실린더 내에서 연료가 부적당한 관계로 이상폭발을 일으켜서 금속음이 발생하는 현상으로 윤활유와는 관련이 없다.

06 미국석유협회(API)에서 분류한 윤활유 가운데서 디젤기관에 해당되지 않는 것은?

① DG
② DM
③ DS
④ DZ

🔍 API 분류
- 가솔린 엔진용 : ML, MM, MS
- 디젤 엔진용 : DG, DM, DS

07 고온 고부하용 윤활유로 가장 가혹한 운전조건에 사용되는 디젤기관용은?

① DG
② DM
③ DS
④ 5W

🔍 디젤 엔진용 엔진오일
- DG : 마멸이나 침전물에 문제가 없는 디젤 엔진에 사용
- DM : 시판용 경유를 사용하고 중부하 운전 조건에 사용
- DS : 고온 고부하용 등 가장 가혹한 운전조건에 사용

정답 47 ③ [3. 윤활장치] 01 ② 02 ③ 03 ④ 04 ③ 05 ② 06 ④ 07 ③

08 윤활유 점도에 대한 설명이다. 틀리는 사항은?

① 윤활유 점도가 높을수록 유동성이 좋아진다.
② 여름철에는 윤활유 점도가 높은 것을 사용한다.
③ 겨울철에는 윤활유 점도가 낮은 것을 사용한다.
④ 윤활유 점도지수가 클수록 온도의 변화에 대하여 점도 변화도 적다.

🔍 점도가 높으면 유동성이 저하되고, 점도가 낮으면 유동성이 좋아진다.

09 다음은 디젤엔진에 사용되는 윤활유의 등급을 표시한 것이다. 과급기가 부착된 중장비 엔진에 사용되는 것은?

① CA   ② CB
③ CC   ④ CD

🔍 API 분류상 DS는 SAE 신분류상의 CD, CE로 고속 · 고출력 과급기가 설치된 디젤 엔진용이다.

10 엔진오일에 대한 설명으로 맞는 것은?

① 엔진을 시동한 상태에서 점검한다.
② 겨울보다 여름에는 점도가 높은 오일을 사용한다.
③ 엔진오일에는 거품이 많이 들어있는 것이 좋다.
④ 엔진오일 순환상태는 오일레벨 게이지로 확인한다.

🔍 겨울철에는 기온이 낮아 오일의 유동성이 떨어지기 때문에 낮은 오일의 점도가 필요하며, 여름철에는 반대로 엔진오일의 점도가 높아야 한다.

11 현장에서 오일의 열화를 찾아내는 방법이 아닌 것은?

① 자극적인 악취의 유무 확인
② 색깔의 변화나 수분, 침전물의 유무 확인
③ 오일을 가열했을 때 냉각되는 시간 확인
④ 흔들었을 때 생기는 거품이 없는지의 양상 확인

12 엔진오일의 오염 원인이 될 수 없는 것은 다음 중 어느 것인가?

① 오일여과기 막힘   ② 연소가스 누설

③ 유질의 부적합   ④ 유압계의 고장

🔍 유압계는 윤활장치 내를 순환하는 오일 압력을 운전자에게 알려주는 계기이다.

13 기관 오일의 오염 원인이 아닌 것은?

① 오일여과기의 불량
② 피스톤 링 장력이 약할 때
③ 유(oil)질이 불량할 때
④ 릴리프밸브가 고착되었을 때

🔍 릴리프 밸브는 회로의 압력이 설정 압력에 도달하면 유체의 일부 또는 전량을 배출시켜 회로 내의 압력을 설정값 이하로 유지하는 압력제어 밸브로 오일 오염과는 거리가 멀다.

14 다음 중 기관 윤활유의 소비가 많게 되는 가장 큰 원인은?

① 희석과 혼합   ② 소비와 희석
③ 비산과 압력   ④ 연소와 누설

15 엔진의 윤활유 소비량이 과다해지는 가장 큰 원인은?

① 기관의 과열   ② 피스톤 링 마멸
③ 오일 여과기 불량   ④ 냉각 펌프 손상

🔍 피스톤 링이 마멸되면 피스톤이 내려올 때 오일을 모두 끌어내리지 못하여 연소실 내부로 오일이 침투하게 된다.(오일 제어 작용 불량)

16 엔진오일에 물이 혼합되었다고 판단되는 것은?

① 고속 공전시 엔진 블리더에서 하얀 연기가 난다.
② 배기파이프의 뜨거운 부분에 엔진오일을 발랐을 때 검은 연기가 난다.
③ 배기가스의 색깔이 담황색이다.
④ 변속기 기어에서 심한 소음이 난다.

17 기관 오일에 연료가 혼합되어 있으면 어떻게 되는가?

① 기관회전이 원활하다.

 08 ① 09 ④ 10 ② 11 ③ 12 ④ 13 ④ 14 ④ 15 ② 16 ① 17 ②

② 마모현상이 촉진된다.
③ 발화점이 높아진다.
④ 점도가 높아진다.

> 기관 오일에 연료가 혼합되면 윤활작용이 정상적으로 이루어지지 못하고 마모현상이 촉진된다.

18 엔진오일이 우유색을 띠고 있을 때의 원인은?

① 경유가 유입되었다.
② 연소가스가 섞여있다.
③ 냉각수가 섞여있다.
④ 가솔린이 유입되었다.

> 엔진오일 오염 상태 판정
> • 검정색에 가까운 경우 : 심하게 오염(불순물 오염)
> • 붉은색에 가까운 경우 : 유연 가솔린의 유입
> • 노란색에 가까운 경우 : 무연 가솔린의 유입
> • 회색에 가까운 경우 : 4에틸납 연소 생성물 혼합
> • 우유색에 가까운 경우 : 냉각수가 섞여 있음

19 윤활유가 연소실에 올라와 연소할 때 배기가스의 색은?

① 흑색
② 백색
③ 청색
④ 황색

> 엔진오일이 연소실에 올라와 함께 연소되면 배기가스의 색은 흰색으로, 헤드 개스킷이 끊어져 밸브 쪽으로 올라가던 엔진오일이 흘러드는 경우와 피스톤 링이 손상돼서 실린더 벽에 있던 엔진오일이 함께 연소되는 경우이다.

20 다음 중 엔진오일의 주유가 필요없는 것은?

① 피스톤
② 실린더 벽
③ 밸브 가이드
④ 크랭크 축의 저널

21 엔진오일을 사용하는 곳이 아닌 것은?

① 피스톤
② 크랭크 축
③ 습식 공기청정기
④ 차동기어장치

> 변속기나 차동기어장치, 트랜스 액슬 등에는 엔진 오일보다 점도가 높고 압력 등에 견딜 수 있는 첨가제가 들어있는 기어 오일을 사용한다.

22 윤활유 공급 펌프에서 공급된 윤활유 전부가 엔진오일 필터를 거쳐 윤활부로 가는 방식은?

① 분류식
② 자력식
③ 전류식
④ 샨트식

> • 분류식 : 오일 펌프에서 나온 오일의 일부를 여과하고 나머지는 윤활부로 그냥 보낸다.
> • 전류식 : 오일 펌프에서 나온 오일 전부가 여과기를 거쳐 여과된 다음 윤활부로 가게 된다.
> • 샨트식 : 펌프에 보내지는 오일의 일부만을 여과하지만 여과된 오일이 오일 팬으로 돌아오지 않고 윤활부에 공급된다.

23 기관에 사용되는 오일 여과기의 점검사항으로 틀린 것은?

① 여과기가 막히면 유압이 높아진다.
② 엘리먼트 청소는 압축공기를 사용한다.
③ 여과 능력이 불량하면 부품의 마모가 빠르다.
④ 작업 조건이 나쁘면 교환 시기를 빨리 한다.

> 엘리먼트는 재사용하지 않고 교환한다.

24 윤활유 급유펌프에 속하지 않는 것은?

① 기어펌프
② 제트펌프
③ 플런저펌프
④ 베인펌프

> 윤활유 급유 펌프의 종류에는 기어펌프, 플런저펌프, 베인펌프, 로터리펌프 등이 있다.

25 다음 중 일반적인 윤활펌프로 사용되지 않는 것은?

① 기어펌프
② 플런저펌프
③ 로터리펌프
④ 포막펌프

26 다음 중 오일필터가 하는 작용은?

① 연소작용을 한다.
② 오일순환을 촉진시킨다.
③ 윤활유의 불순물을 여과한다.
④ 순환 조정작용을 한다.

> 오일 여과기(오일 필터)는 윤활 장치 내를 순환하는 엔진 오일에 쌓이는 수분, 카본, 금속 분말, 오일 슬러지 등의 불순물을 여과(오일의 세정)하는 역할을 한다.

정답 18 ③ 19 ② 20 ③ 21 ④ 22 ③ 23 ② 24 ② 25 ④ 26 ③

27 오일여과기의 역할은?
① 오일의 순환작용
② 연료와 오일 정유작용
③ 오일 세정작용
④ 오일의 압송

28 엔진 오일의 교환시기와 주유시 요령이다. 틀린 것은?
① 엔진에 알맞은 오일을 선택한다.
② 주유시 사용지침서 및 주유표에 의한다.
③ 오일 교환 시기를 맞춘다.
④ 재생 오일을 사용한다.

> 재생 오일은 사용하지 않는다.

29 사용 중인 엔진오일 여과기의 엘리먼트의 교환시간으로 알맞은 것은?
① 30시간 정도   ② 250시간 정도
③ 500시간 정도   ④ 1000시간 정도

> 엔진오일 여과기의 엘리먼트는 일반적으로 250시간 정도가 지나면 교환하도록 한다.

30 유압계가 부착된 건설기계에서 유압계 지침이 정상으로 압력 상승이 되지 않았다. 그 원인으로 틀린 것은?
① 오일 파이프의 파손   ② 오일 펌프의 고장
③ 유압계의 고장   ④ 연료 파이프의 파손

> 유압계는 윤활장치 내를 순환하는 오일 압력을 운전자에게 알려주는 계기로 연료계통과는 관계가 없다.

31 작업 중 운전자가 확인해야 할 것으로 틀린 것은?
① 온도계기   ② 전류계기
③ 오일압력계기   ④ 실린더 압력

32 엔진오일의 순환상태를 알 수 있는 계기는?
① 유압계   ② 연료계
③ 진공계   ④ 전류계

33 오일량은 정상이나 오일압력계의 압력이 규정치보다 높을 경우 조치사항 중 옳은 것은?
① 오일을 보충한다.
② 오일을 배출한다.
③ 유압조절 밸브를 조인다.
④ 유압조절 밸브를 푼다.

> 유압 조절 밸브는 윤활 회로 내를 순환하는 유압이 과도하게 상승하는 것을 방지하여 유압이 일정하게 유지되도록 하는 작용을 하는 것으로 밸브를 조이면 유압이 상승하고, 풀면 유압이 내려간다.

34 기관의 윤활유 압력이 규정보다 높게 표시될 수 있는 원인으로 맞는 것은?
① 엔진 오일 실(seal) 파손
② 오일 게이지 휨
③ 압력조절밸브 불량
④ 윤활유 부족

35 기관의 오일 압력계 수치가 낮은 경우와 관계 없는 것은?
① 오일 릴리프 밸브가 막혔다.
② 크랭크 축 오일 틈새가 크다.
③ 크랭크 케이스에 오일이 적다.
④ 오일 펌프가 불량하다.

> 릴리프 밸브는 오일 회로에 흐르는 압력이 규정 압력 이상이 되면 배출구로 오일을 바이패스시켜 최고 압력을 조절하는 밸브로 릴리프 밸브가 막히면 압력계 수치는 올라간다.

36 엔진이 작동할 때 유압계를 살펴보니, 지침이 청색을 가리킬 때는?
① 오일 부족   ② 오일 불량
③ 정상   ④ 오일점도 불량

37 엔진오일 지시기의 지침이 떨어지면 어떻게 하여야 하는가?
① 엔진을 즉시 정지한다.
② 저속으로 작업한다.
③ 고속으로 작업한다.
④ 아무 관계 없다.

정답 27 ③ 28 ④ 29 ② 30 ④ 31 ④ 32 ① 33 ④ 34 ③ 35 ① 36 ③ 37 ①

38 바이패스밸브(by-pass valve)는 언제 작동되는가?

① 오일이 과열될 때
② 필터가 막혔을 때
③ 오일이 과냉되었을 때
④ 오일이 적정량보다 많을 때

🔍 바이패스 밸브는 오일 필터가 막혔을 때, 윤활부로 계속 오일을 급유할 수 있도록 하기 위해 사용되는 밸브를 말한다.

39 유압계의 지침이 움직이지 않는 원인 중 틀린 것은?

① 오일 펌프의 고장
② 연료파이프의 막힘
③ 오일량의 부족
④ 오일파이프의 파손

🔍 유압계는 윤활장치 내를 순환하는 오일 압력을 운전자에게 알려주는 계기로 연료와는 무관한다.

40 윤활부의 마멸이 커지면 유압은 어떻게 되는가?

① 낮아진다.
② 높아진다.
③ 낮아졌다 높아졌다 한다.
④ 어떤 관계도 없다.

🔍 윤활부의 마멸이 커지면 기밀성이 떨어져서 유압은 낮아진다.

41 엔진오일 펌프의 출구쪽에 위치하고 있는 밸브의 설치목적은?

① 계통 내의 최대압력을 조절하기 위해
② 오일을 각 계통으로 빨리 전달하기 위해
③ 계통 내의 오일양을 조절하기 위해
④ 순환되는 오일을 깨끗이 하기 위해

🔍 엔진 오일 펌프의 출구쪽에 위치하고 있는 밸브는 유압 조절 밸브이다.

42 오일 펌프의 압력조절 밸브를 조정하여 스프링 장력을 높게 하면 어떻게 되는가?

① 유압이 높아진다.
② 윤활유의 점도가 증가된다.
③ 유압이 낮아진다.
④ 유량의 송출량이 증가된다.

🔍 유압 조절 밸브의 스프링 장력이 약하면 유압이 낮아지고, 장력이 커지면 유압은 높아진다.

43 운전시에서 시동 전에 점검해야 할 사항 중 관계없는 것은?

① 레버가 정상 위치에 있는가 확인
② 미터의 지침이 정위치에 있는가 확인
③ 유압 미터의 작동상태 확인
④ 오일 게이지의 확인

🔍 유압 미터 작동 상태는 시동 전에 확인할 수 없다.

44 디젤엔진의 윤활유의 점도가 너무 큰 것을 사용했을 때 일어나는 현상은?

① 좁은 공간에 잘 침투하므로 충분한 주유가 된다.
② 엔진 시동을 할 때 필요 이상의 동력이 소모된다.
③ 점차 묽어지기 때문에 경제적이다.
④ 겨울철에는 특히 사용하기 좋다.

🔍 윤활유의 점도가 높으면 엔진 각 부의 마찰력이 증가하여 시동시 필요 이상의 동력이 소모된다.

45 오일 레벨 게이지에 대한 설명이다. 틀리는 사항은?

① 기관 가동상태에서 게이지를 뽑아 점검한다.
② 윤활유의 급유레벨은 유면표시 "F"선까지 급유한다.
③ 윤활유의 레벨도 점검하고 동시에 윤활유 점도도 점검한다.
④ 유면표시 "F"선을 넘고 있으면 윤활유는 희석되어 있다고 본다.

🔍 오일량 점검은 건설기계를 평탄한 지면에 주차시키고 엔진을 기동하여 난기운전시킨 후 엔진을 정지한 상태에서 점검한다.

정답 38 ② 39 ② 40 ① 41 ① 42 ① 43 ③ 44 ② 45 ①

46 유량을 점검할 때 옳지 않은 것은?

① 엔진회전 중 점검
② 평탄한 지형에서 점검
③ 유량계의 "L"마크보다 적을 때는 오일을 보충
④ 오일이 불결하면 오일을 교환

🔍 유량은 엔진을 정지한 상태에서 점검한다.

● 4. 디젤 연소실·연료장치

01 고속 디젤기관은 다음 중 어느 것인가?

① 오토 사이클
② 디젤 사이클
③ 사바테 사이클
④ 카르노 사이클

🔍 복합(합성) 사이클은 정적 및 정압 사이클이 복합되어 일정한 압력과 용적 하에서 연소가 되는 것으로 사바테 사이클이라고도 하며 대부분의 고속 디젤기관이 이에 해당된다.

02 2사이클 디젤기관의 소기방식에 속하지 않는 것은?

① 횡단 소기식
② 단류 소기식
③ 루프 소기식
④ 복류 소기식

🔍 2사이클 디젤기관의 소기방식 : 루프소기식, 횡단소기식, 단류소기식

03 디젤기관의 폭발압력은 다음 중 어느 것이 가장 적당한가?

① 15~20kgf/cm²
② 30~35kgf/cm²
③ 40~55kgf/cm²
④ 65~70kgf/cm²

🔍 일반적으로 폭발압력은 가솔린 기관 35~45kgf/cm², 디젤 기관 55~65kgf/cm²로 보기에서 근접한 값은 65~70kgf/cm²이다.

04 공기만을 실린더 내로 흡입하여 고압축비로 압축한 다음 압축열에 연료를 분사하는 작동원리의 디젤기관은?

① 압축착화기관
② 전기점화기관
③ 외연기관
④ 제트기관

🔍 자동차엔진은 연료의 연소특성에 따라 불꽃점화엔진과 압축착화엔진으로 구분된다. 불꽃점화엔진은 연료와 공기의 혼합기를 흡입하여 고온·고압 상태로 압축한 후 점화플러그에서 불꽃을 발생시켜 연소시키는 것으로 가솔린엔진, LPG엔진, CNG엔진 등이 대표적이다. 이와 달리 압축착화엔진은 공기만을 흡입하여 고온·고압으로 압축한 후 연료를 분사시켜, 자기점화에 의하여 연소시키는 것으로 디젤엔진이 대표적이다.

05 디젤기관의 장점이 아닌 것은?

① 가속성이 좋고 운전이 정숙하다.
② 열효율이 높다.
③ 화재의 위험이 적다.
④ 연료소비율이 낮다.

🔍 디젤엔진의 장점
  • 열효율이 높고, 연료 소비율이 적다.
  • 인화점이 높은 경유를 연료로 사용하여 취급이나 저장에 위험이 적다.
  • 대형의 엔진 제작이 가능하다.
  • 경부하시 효율이 나쁘지 않으며, 저속에서 큰 회전력이 발생한다.
  • 배기가스가 가솔린 엔진보다 덜 유독하다.
  • 점화장치가 없어 이에 따른 고장이 적다.
  • 2행정 사이클 엔진이 비교적 유리하다.

06 고속 디젤기관의 장점으로 틀린 것은?

① 열효율이 가솔린 기관보다 높다.
② 인화점이 높은 경유를 사용하므로 취급이 용이하다.
③ 가솔린 기관보다 최고 회전수가 빠르다.
④ 연료 소비량이 가솔린 기관보다 적다.

🔍 디젤기관은 저속 토크가 강해 기관 회전수가 낮은 저속에서도 강한 힘을 발휘한다. 반면 가솔린기관에 비해 최고 회전수가 낮다.

07 고속 디젤기관이 가솔린 기관보다 좋은 점은?

① 열효율이 높고 연료소비율이 적다.
② 운전 중 소음이 비교적 적다.
③ 엔진의 출력당 무게가 가볍다.
④ 엔진의 압축비가 낮다.

정답 46 ① [4. 디젤 연소실·연료장치] 01 ③ 02 ④ 03 ④ 04 ① 05 ① 06 ③ 07 ①

08 디젤엔진의 진동원인이 아닌 것은?

① 4기통 엔진에서 한 개의 분사 노즐이 막혔을 때
② 인젝터에 불균율이 있을 때
③ 분사압력이 실린더별로 차이가 있을 때
④ 하이텐션 코드가 불량할 때

> 디젤엔진의 진동 원인
> • 분사압력, 분사량 및 분사시기 등이 실린더 별로 다를 때
> • 여러 개의 실린더 엔진에서 한 개의 분사 노즐이 막혔을 때
> • 연료공급계통에 공기가 침투했을 때
> • 인젝터에 불균율이 있을 때
> • 크랭크 축의 무게가 평형이 되지 않을 때
> • 실린더 상호 간의 내경 차이가 심할 때
> • 피스톤 커넥팅 로드 어셈블리의 무게 차이가 클 때

09 오토 기관에 비해 디젤기관의 장점이 아닌 것은?

① 화재의 위험이 적다.
② 열효율이 높다.
③ 가속성이 좋고 운전이 정숙하다.
④ 연료소비율이 낮다.

10 디젤기관의 진동 원인과 가장 거리가 먼 것은?

① 각 실린더의 분사압력과 분사량이 다르다.
② 분사시기, 분사간격이 다르다.
③ 윤활 펌프의 유압이 높다.
④ 각 피스톤의 중량차가 크다.

11 디젤기관에서 전기장치에 없는 것은 어느 것인가?

① 스파크 플러그
② 글로 플러그
③ 축전지
④ 레귤레이터

> 디젤기관은 공기를 압축하여 발생하는 압축열에 의해 자기착화하는 기관으로 스파크 플러그가 필요 없다.

12 다음은 어느 구성품을 형태에 따라 구분한 것인가?

> 직접분사식, 예연소실식, 와류실식, 공기실식

① 연료분사장치
② 연소실
③ 기관 구성
④ 동력전달장치

> 디젤엔진 연소실은 단실식인 직접분사실식과 복실식인 예연소실식, 와류실식, 공기실식으로 나뉜다.

13 디젤기관 연소실의 연료분사 압력이 가장 높은 연소실의 형식은?

① 공기실식
② 와류실식
③ 예연소실식
④ 직접분사실식

> 분사압력은 직접분사실식이 200~300kgf/cm²으로 예연소실식 100~120kgf/cm²과 와류실식, 공기실식의 100~140kgf/cm² 보다 높다.

14 다음의 연소실 종류 중 NOx 배출이 가장 많은 연소실의 형식은?

① 직접분사실식
② 와류실식
③ 예연소실식
④ 공기실식

> 직접분사실식은 연소실이 실린더 헤드와 피스톤 헤드에 설치된 요철에 의해 형성되고, 여기에 직접 연료를 분사하는 방식으로 질소산화물의 발생률이 크다.

15 연료 소비율이 가장 적고 압력이 가장 높은 형식의 연소실은?

① 직접분사실식
② 예비연소실식
③ 와류실식
④ 공기실식

> 직접분사실식은 단실식으로 실린더 헤드의 구조가 간단하기 때문에 열효율이 높고, 연료 소비율이 작다.

16 다음은 직접분사식 연소실의 장점을 든 것으로 맞지 않는 것은?

① 실린더 헤드의 구조가 간단하기 때문에 열변형이 적다.
② 연료의 분사압력이 낮다.
③ 구조가 간단하기 때문에 열효율이 높다.
④ 연소실 체적에 대한 표면적이 작기 때문에 냉각 손실이 적다.

> 직접분사실식은 연료소비율이 가장 적고 압력이 가장 높은 형식이다.

 08 ④ **09** ③ **10** ③ **11** ① **12** ② **13** ④ **14** ① **15** ① **16** ②

17 예연소실식 연소실에 대한 설명으로 틀린 것은?

① 예열 플러그를 설치한다.
② 사용연료의 변화에 민감하다.
③ 예연소실은 주연소실보다 적다.
④ 분사압력이 직접분사실식보다 낮다.

> 예연소실식의 장점
> • 분사압력이 낮아 연료장치의 고장이 적고 수명이 길다.
> • 사용 연료의 변화에 둔감하여 연료 선택 범위가 넓다.
> • 운전 상태가 정숙하고 노크 발생이 적다.
> • 다른 형식의 연소실에 비해 유연성이 있어 제작하기 쉽다.

18 와류실식 연소실의 장점 중 옳지 않은 것은?

① 실린더 헤드의 구조가 간단하다.
② 분사압력이 비교적 낮다.
③ 회전속도 범위가 넓고 운전이 원활하다.
④ 압축 행정시 강한 와류를 이용하기 때문에 회전속도 및 압축압력을 높일 수 있다.

> 와류실식의 단점
> • 실린더 헤드의 구조가 복잡하다.
> • 연소실 표면적에 대한 체적비가 커서 열효율이 낮다.
> • 저속에서 노크 발생이 크다.
> • 엔진을 기동 시 예열 플러그가 필요하다.

19 압축 말 연료분사 노즐로부터 실린더 내로 연료를 분사하여 연소시켜 동력을 얻는 행정은?

① 폭발 행정 ② 압축 행정
③ 배기 행정 ④ 흡기 행정

> 폭발 행정(동력 행정)은 연소 압력으로 피스톤을 밀어내려 동력을 얻는 행정으로 흡기 및 배기 밸브 모두 닫혀 있는 상태이다.

20 노킹이 발생되었을 때 기관에 미치는 영향이 아닌 것은?

① 기관 회전수가 높아진다.
② 엔진이 과열된다.
③ 흡기효율이 저하된다.
④ 출력이 저하된다.

> 노킹이 기관에 미치는 영향
> • 엔진이 과열되고 출력이 저하된다.
> • 실린더와 피스톤, 밸브의 손상 및 고착이 발생한다.
> • 흡기효율이 저하된다.

21 디젤노크의 방지방법으로 적당한 것은?

① 착화지연시간을 길게 한다.
② 압축비를 높게 한다.
③ 흡기압력을 낮게 한다.
④ 연소실 벽의 온도를 낮게 한다.

> 디젤기관의 노크 방지대책
> • 압축비를 높인다.
> • 흡기 온도를 높인다.
> • 냉각수 온도를 높인다.
> • 착화성이 좋은 연료(세탄가가 높은 연료)를 사용한다.
> • 와류가 일어나게 한다.

22 디젤기관에서 노킹을 일으키는 원인으로 맞는 것은?

① 흡입공기의 온도가 너무 높을 때
② 착화지연 기간이 짧을 때
③ 연료에 공기가 혼입되었을 때
④ 연소실에 누적된 연료가 많아 일시에 연소할 때

> 디젤기관에서 노크란 착화지연기간 중에 분사된 많은 양의 연료가 화염전파기간 중에 일시적으로 연소하여 실린더 내의 압력이 급격히 상승함으로써 실린더 벽에 피스톤이 충격을 가하여 소음이 발생하는 현상을 말한다.

23 기관을 운전 시 조작불량으로 노킹이 발생하였을 때 기관에 미치는 영향은?

① 압축비가 커진다.
② 압축압력이 높아진다.
③ 기관이 과열된다.
④ 기관의 출력이 커진다.

> 노킹이 발생하면 엔진이 과열되고 출력은 저하된다.

24 디젤연료의 필요조건 중 가장 중요한 것은?

① 인화점이 낮을 것 ② 착화점이 낮을 것
③ 기화가 잘 될 것   ④ 혼합이 잘 될 것

> 디젤 연료의 구비 조건
> • 착화성이 좋고, 적당한 점도일 것
> • 인화점이 높을 것
> • 불순물과 유황분이 없을 것
> • 연소 후 카본 생성이 적을 것
> • 발열량이 클 것

 17 ② 18 ① 19 ① 20 ① 21 ② 22 ④ 23 ③ 24 ②

25 연료 착화성이 좋다는 것은 어느 뜻인가?

① 착화될 때까지의 시간이 긴 것
② 착화될 때까지의 시간이 짧은 것
③ 착화 후의 연소시간이 긴 것
④ 착화 후의 연소시간이 짧은 것

🔍 착화성이란 온도가 높아져 자연 발화되어 연소되는 성질을 말하며, 인화성이란 연료를 서서히 가열했 때 불이 붙은 성질을 말한다. 착화성이 좋다는 것은 착화될 때까지의 시간이 짧다는 것을 의미한다.

26 디젤기관 연료의 중요한 성질은?

① 휘발성과 옥탄가
② 옥탄가와 점성
③ 점성과 착화성
④ 착화성과 압축성

🔍 디젤기관 연료는 착화성이 좋고 적당한 점도를 가져야 한다.

27 디젤기관의 연료의 착화성은 다음 중 어느 것으로 나타내는가?

① 옥탄가
② 세탄가
③ 부탄가
④ 프로판가

🔍 세탄가란 디젤 연료의 착화성을 나타내는 척도를 말하며 착화지연이 짧은 세탄과 착화지연이 나쁜 α-메틸 나프탈렌의 혼합연료의 비를 %로 나타내는 것이다.

28 다음의 연료 중 착화성이 가장 좋은 것은?

① 가솔린   ② 석유
③ 경유   ④ 중유

🔍 디젤엔진은 착화지연이 짧은 세탄가가 높은 연료인 경유를 사용한다.

29 디젤 기관의 연소에 영향을 미치는 중요 요소와 가장 관계가 적은 것은?

① 연료의 인화점   ② 분사시기
③ 분무의 상태   ④ 공기의 유동

🔍 연료의 인화점은 휘발유와 관계가 있다.

30 디젤기관의 연료로서 필요한 조건은?

① 발화점이 낮아야 한다.
② 인화점이 낮아야 한다.
③ 점도가 높아야 한다.
④ 수분을 다소 포함해야 한다.

🔍 디젤기관의 연료는 착화점(발화점)이 낮고, 인화점은 높아야 한다.

31 건설기계 운전 중 엔진 부조를 하다가 시동이 꺼졌다. 그 원인이 아닌 것은?

① 연료 필터 막힘
② 연료에 물 혼입
③ 분사 노즐이 막힘
④ 연료장치의 오버플로우 호스가 파손

🔍 연료장치의 오버플로우 호스 파손시 라디에이터 이상으로 엔진이 과열되는 원인이 된다.

32 겨울철에 연료 탱크를 가득 채우는 이유는?

① 연료가 적으면 증발하여 손실되므로
② 연료가 적으면 출렁거리기 때문에
③ 공기중의 수분이 응축되어 물이 생기기 때문에
④ 연료 게이지에 고장이 발생하기 때문에

🔍 겨울철에는 연료탱크에 있는 공기와 밖의 온도 차이 때문에 응축수가 발생하게 된다. 따라서, 연료 탱크를 가득 채워서 이를 방지하는 것이 좋다.

33 디젤기관의 연소과정에 속하지 않는 것은?

① 착화지연 기간
② 제어연소 기간
③ 불완전 연소 기간
④ 후기 연소 기간

🔍 디젤엔진의 연소과정은 착화지연기간 → 화염전파기간 → 직접연소기간 → 후연소기간의 4단계로 연소한다.

정답 25 ② 26 ③ 27 ② 28 ③ 29 ① 30 ① 31 ④ 32 ③ 33 ③

34 다음에서 실린더 내의 연소압력이 최대가 되는 기간?

① 후기 연소기간
② 화염 전파기간
③ 직접 연소기간
④ 착화 늦음 기간

> 직접 연소기간은 분사된 경유가 화염 전파기간에 발생한 화염에 의해 분사와 동시에 연소되는 정압 연소과정으로 이 기간에 연소압력은 최대가 된다.

35 화염속도가 빠른 원인에 맞는 것은?

① 온도가 낮을 때
② 혼합비가 희박할 때
③ 회전속도가 느릴 때
④ 압축비가 높을 때

36 프라이밍 펌프의 기능을 설명한 것으로 다음 중 가장 적당한 것은?

① 공급 펌프로부터 연료를 다시 가압하는 일을 한다.
② 엔진이 작동하고 있을 때 공급 펌프를 보조한다.
③ 엔진이 고속 운전을 하고 있을 때 분사 펌프를 돕는다.
④ 엔진이 정지되어 있을 때 공급 펌프를 수동으로 작동시킨다.

> 프라이밍 펌프는 엔진이 정지되었을 때 연료 탱크의 연료를 연료 분사 펌프까지 공급하거나 연료 라인 내의 공기 빼기 등에 사용하는 수동용 펌프이다.

37 다음 중 디젤기관의 연료공급 펌프를 구동시키는 것은?

① 분사펌프 내의 캠 축
② 배전기 연결축
③ 딜리버리 밸브
④ 타이밍 라이트

> 연료공급 펌프는 연료탱크 내의 연료를 일정한 압력으로 압력을 가하여 분사펌프로 공급하는 장치로 분사펌프 옆에 설치되어 분사펌프 내의 캠축에 의해 구동된다.

38 디젤기관에서 연료공급 펌프의 연료압력은 보통 얼마나 되는가?

① $0.2kg/cm^2$
② $2kg/cm^2$
③ $5kg/cm^2$
④ $8kg/cm^2$

> 디젤기관에서 연료공급 펌프의 연료압력은 2~3kgf/cm² 정도이다.

39 디젤기관에서 연료장치 공기빼기 순서가 바른 것은?

① 공급 펌프→연료 여과기→분사 펌프
② 공급 펌프→분사 펌프→연료 여과기
③ 연료 여과기→공급 펌프→분사 펌프
④ 연료 여과기→분사 펌프→공급 펌프

> 디젤기관 공기빼기는 1. 공급펌프 → 2. 연료여과기 → 3. 분사펌프의 순서이다.

40 건설기계에 사용되는 디젤기관 연료계통의 공기 배출 작업으로 가장 잘 설명된 것은?

① 여과기의 벤트 플러그를 풀어준다.
② 프라이밍 펌프를 작동시키고 나서 공기 배출을 한다.
③ 공기 섞인 연료가 배출되면 프라이밍 펌프의 작동을 멈추고 벤트 플러그를 막는다.
④ 연료만 배출되면 작동하고 있던 프라이밍 펌프를 누른 상태에서 벤트 플러그를 막는다.

> 프라이밍 펌프를 작동시키면서 벤트 플러그를 열고 기포가 없어질 때까지 작동시킨다. 연료만 배출되면 작동하고 있던 프라이밍 펌프를 누른 상태에서 벤트 플러그를 잠그고 프라이밍 펌프를 고정시킨다.

41 디젤기관 연료 중에 공기가 흡입될 경우 나타나는 현상은?

① 분사압력이 높아진다.
② 노크가 일어난다.
③ 시동이 잘된다.
④ 기관 회전이 불량해진다.

 34 ③ 35 ④ 36 ④ 37 ① 38 ② 39 ① 40 ④ 41 ④

> 디젤기관 연료계통에 공기가 흡입된 경우
> • 분사노즐에서 분사 상태가 불균일해진다.
> • 엔진의 회전 상태가 불량해진다.
> • 엔진의 진동이 발생한다.
> • 공기 침입이 심한 경우 엔진 작동이 정지된다.

42 디젤기관의 연료 여과기에 장착되어 있는 오버플로우 밸브의 역할이 아닌 것은?

① 연료계통의 공기를 배출한다.
② 연료공급 펌프의 소음 발생을 방지한다.
③ 연료필터 엘리먼트를 보호한다.
④ 분사 펌프의 압송 압력을 높인다.

> 오버플로우 밸브는 엘리먼트의 막힘 등으로 여과기 내의 압력이 규정값 이상으로 상승하면 열려 과잉 압력의 연료를 연료탱크로 되돌려보내는 역할을 한다.

43 디젤기관의 연료분사량이 일정하지 않고, 차이가 많을 때의 현상으로 맞는 것은?

① 연료분사량에 관계없이 기관은 순조로운 회전을 한다.
② 연료 소비에는 관계가 있으나 기관 회전에 영향을 미치지 않는다.
③ 연소 폭발음의 차가 있으며 기관은 부조를 하게 된다.
④ 출력은 일정하나 기관은 부조를 하게 된다.

44 오버플로우 밸브의 역할은?

① 분사 펌프 압력 상승 작용
② 연료공급 펌프 작동 보조 작용
③ 필터 각 부의 보호 작용
④ 분사 펌프 내의 공기를 압축

> 오버플로우 밸브의 역할
> • 연료여과기 각 부분을 보호
> • 연료공급펌프의 소음 발생 억제
> • 운전 중 연료계통의 공기 배출

45 연료 파이프가 열과 접촉하면 연료 파이프 내에 어떤 현상이 생기는가?

① 스틱 현상   ② 슬랩현상
③ 캐비테이션 현상   ④ 베이퍼록 현상

> 연료 파이프가 열과 접촉하면 연료가 열에 의해 증기화되어 연료관에는 베이퍼록 현상이 일어난다. 이 경우 연료라인 내 공기의 기포현상으로 연료공급이 제대로 이루어지지 않아 기관 출력이 저하되거나 심한 경우 시동이 꺼질 수도 있다.

46 디젤기관에서 분사 펌프의 형식에 해당되지 않는 것은?

① 독립형   ② 분배형
③ 일체형   ④ 공동형

> 분사 펌프의 형식에는 독립형, 분배형, 공동형 등이 있다.

47 연료장치 내 연료가 증발하면 어떤 현상이 생기는가?

① 조기점화   ② 노트
③ 베이퍼록   ④ 스팀록

> 베이퍼록 현상이란 파이프나 호스 속을 흐르는 액체가 파이프 속에서 가열, 기화되어 압력이 변화하고 이 때문에 액체의 흐름이나 운동력 전달을 저해하는 현상을 말한다.

48 연료파이프 내에 베이퍼록이 일어나면 어떻게 되는가?

① 기관 출력이 저하된다.
② 기관 출력이 향상된다.
③ 관계 없다.
④ 연료 송출량이 증가한다.

> 연료 파이프 내에 베이퍼록이 일어나면 기관 출력이 저하되거나 심한 경우 시동이 꺼질 수도 있다.

49 연료분사 펌프의 분사량 조절에 대해서 맞는 것은?

① 플린저스프링의 장력을 크게 한다.
② 제어슬리브와 제어피니언의 관계 위치를 변경한다.
③ 제어래크와 제어피니언의 물림을 바꾼다.
④ 태핏 간극을 조정한다.

> 분사량 제어기구는 제어래크 – 제어피니언 – 제어슬리브 – 플런저의 순서로 작동되며, 제어피니언과 제어슬리브의 관계 위치를 바꾸어 분사량을 조절한다.

정답 42 ④ 43 ③ 44 ③ 45 ④ 46 ③ 47 ③ 48 ① 49 ②

50 연료필터에서 공기를 배출하기 위해 사용하는 플러그는?

① 벤트플러그　② 드레인플러그
③ 코어플러그　④ 글로플러그

> 벤트 플러그는 디젤 엔진의 연료 장치 각 부품에 설치되어 있는 플러그로 공기를 배출하는 데 사용된다.

51 디젤기관 분사펌프의 형식 중 각 실린더마다 분사펌프를 갖고 있어 고속용 엔진에 적합한 형식은?

① 독립형　② 분배형
③ 공동형　④ 일체형

> 독립형은 엔진의 각 실린더마다 분사펌프를 한 개씩 갖는 것으로 구조가 복잡하고 조정이 어렵다.

52 분사 펌프의 조정 래크를 움직이면?

① 분사량이 변한다.
② 배럴 내의 연료량을 고정한다.
③ 유효행정을 고정한다.
④ 배럴 내의 연료 압력이 변화한다.

> 조정 래크(조절 래크)를 움직이면 조절 피니언과 조절 슬리브의 관계 위치가 변경되어 플런저가 회전함으로써 분사량이 변화한다.

53 연료의 분사량은 다음의 무엇에 의하여 달라지는가?

① 플런저의 유효 행정에 의하여
② 플런저의 행정에 의하여
③ 플런저의 유효 리드의 종류에 의하여
④ 플런저의 길이 홈의 길이에 의하여

> 플런저의 유효 행정은 플런저를 회전시키는 것에 의해 변화하며, 유효 행정이 커지면 분사량이 증가하고, 짧을수록 분사량은 감소한다.

54 플런저의 유효행정이란?

① 플런저가 올라가면 흡입구멍을 닫는 위치에서 플런저 리드가 배출공과 만날 때까지의 길이
② 플런저 행정의 최고의 위치에서 흡기공까지의 길이
③ 플런저가 내려오기 전부터 최고 상승한 위치까지의 길이
④ 플런저 최하단부터 최상단까지의 길이

> 플런저의 유효 행정이란 플런저 헤드가 연료 공급을 차단한 후부터 리드가 플런저 배럴의 흡입 구멍에 도달할 때까지 플런저가 이동한 거리를 말한다.

55 디젤기관의 분사 펌프에서 플런저 스프링이 약해졌을 때 일어나는 사항은?

① 캠 작용이 끝난 다음 플런저의 리턴이 불량하다.
② 태핏 간극이 작아진다.
③ 연료의 분사량이 증대된다.
④ 연료 분사개시 압력이 낮아진다.

> 플런저는 스프링의 장력으로 하사점으로 복귀하게 되는데 스프링의 장력이 약해지면 복귀가 불량해진다.

56 분사 펌프의 리미트 슬리브의 기능은?

① 분사압력을 조정한다.
② 가속시 연료의 분사량을 조정한다.
③ 제어래크가 최대 송출량 이상으로 움직이는 것을 방지한다.
④ 엔진이 최대출력 이상으로 운전되는 것을 방지한다.

> 리미츠 슬리브는 슬리브 내에 설치되어 있는 댐퍼 스프링으로 엔진을 기동할 때 조정래크(조절래크, 제어래크)가 최대 분사량 이상으로 이동하는 것을 방지한다.

57 다음의 설명 중 옳지 않은 것은?

① 연료분사파이프의 길이는 각 기통마다 같아야 한다.
② 인젝션펌프의 딜리버리밸브는 분사 압력을 증가한다.
③ 디젤 엔진의 착화성은 세탄가로 표시한다.
④ 디젤 엔진의 노킹은 착화 지연 기간이 길 때 일어난다.

> 딜리버리 밸브는 역류방지, 후적방지, 파이프 내의 잔압 유지의 3가지 작용을 담당한다.

 50 ① 51 ① 52 ① 53 ① 54 ① 55 ① 56 ③ 57 ②

58 분사 펌프의 플런저와 배럴 사이의 윤활은?
① 유압유 ② 경유
③ 그리스 ④ 기관 오일

59 디젤기관에서 분사초기의 분사시기를 일정하게 하고 분사말기를 변화시키는 리드형은?
① 면 리드형
② 역 리드형
③ 양 리드형
④ 정 리드형

60 분사초기 분사시기를 변경시키고 분사말기를 일정하게 하는 리드(플런저 형식)는?
① 역 리드 ② 정 리드
③ 양 리드 ④ 면 리드

- 정 리드형 : 분사 초기 때의 분사시기가 일정하고, 분사말기가 변화
- 역 리드형 : 분사 초기 때의 분사기기가 변화하고, 분사말기가 일정
- 양 리드형 : 분사 초기와 말기의 분사시기가 모두 변화

61 4행정 사이클 기관에서 기관이 3000rpm하면 분사 펌프는 몇 회전하는가?
① 1000rpm ② 1500rpm
③ 3000rpm ④ 6000rpm

4행정 사이클 기관에서 분사 펌프의 회전 수는 크랭크 축(기관) 회전수의 1/2이다.

62 디젤기관의 분사 펌프를 시험한 결과 최대분사량이 36cc이고 최소분사량이 29cc, 평균 분사량이 30cc였다면 (+)분사량 불균율은?
① 10% ② 20%
③ 30% ④ 40%

- (+) 분사량 불균율 = $\dfrac{\text{최대 분사량} - \text{평균 분사량}}{\text{평균 분사량}} \times 100\%$
- (−) 분사량 불균율 = $\dfrac{\text{평균 분사량} - \text{최소분사량}}{\text{평균 분사량}} \times 100\%$
- ∴ (+) 분사량 불균율 = $\dfrac{36-30}{30} \times 100\% = 20\%$

63 전부하시 분사펌프 분사량의 불균율은 얼마나 되는가?
① 1%
② 3%
③ 5%
④ 10%

분사량의 불균율 허용범위는 전부하 운전에서는 ±3%, 무부하 운전에서는 10~15% 이다.

64 분사 펌프 계통에 공기가 침입되었을 때 배출작업으로 다음 중 가장 적당한 정비방법은?
① 기관을 크랭킹(cranking)하면서 뺀다.
② 냉각수 펌프를 가동시켜 연료를 보충한다.
③ 기관을 가동하면서 벤트플러그를 열고 연료가 빠질 때 막고 펌프를 고정한다.
④ 수동펌프를 작동하면서 벤트플러그를 열고 연료가 빠질 때 막고 펌프를 고정한다.

65 디젤기관에서 공기배출 장소가 아닌 것은 어느 것인가?
① 분사 펌프의 블리딩 스크루
② 연료 여과기의 배출 마개
③ 연료 여과기 오버플로우 파이프
④ 연료탱크의 드레인 콕

연료탱크의 드레인 콕(플러그)은 물이나 침전물을 배출시키기 위한 것이다.

66 디젤엔진의 딜리버리 밸브의 작동 설명 중 적당한 것은?
① 플런저배럴 안에 가압된 연료를 분사 펌프에 송출하는 작용을 한다.
② 유효행정 후의 연료의 역류를 방지하는 밸브이다.
③ 분사압력을 조절하는 밸브이다.
④ 노즐의 압력을 10kg/cm^2 이상으로 유지하여 준다.

딜리버리 밸브는 역류방지, 후적방지, 파이프 내의 잔압 유지의 3가지 작용을 담당한다.

정답 58 ② 59 ④ 60 ① 61 ② 62 ② 63 ② 64 ④ 65 ④ 66 ②

67 디젤기관의 연료분사 3대 요건에 속하지 않는 것은?
① 무화
② 관통력
③ 분산
④ 온도

> 디젤엔진 연료분사의 3대 요건
> • 안개화(무화)가 좋아야 한다.
> • 관통력이 커야 한다.
> • 분포(분산)가 골고루 이루어져야 한다.

68 건설기계에서 노즐의 분사압력이 규정보다 낮을 때 어떻게 정비하는가?
① 노즐압력 스프링의 위치를 변경한다.
② 노즐압력 스프링의 자유높이를 고정한다.
③ 노즐압력 스프링의 조정스크루를 조인다.
④ 노즐압력 스프링의 조정스크루를 푼다.

> 조정 스크루 방식에서는 스크루를 조이면 분사압력이 상승하고, 심조정 방식에서는 심의 두께를 두껍게 하면 분사압력이 상승한다.

69 디젤기관에 사용하는 노즐의 종류 중에서 분사압력이 높기 때문에 무화가 좋고 기관의 가동이 쉬우며 연료가 완전 연소될 수 있어 연료소비량이 적게 되는 노즐은 어느 것인가?
① 구멍형
② 핀틀형
③ 스로틀형
④ 개방형

> 구멍형 분사노즐의 장점
> • 분사압력이 높아 안개화(무화)가 좋다.
> • 엔진의 기동이 쉽다.
> • 연료가 완전연소될 수 있어 연료 소비량이 적다.

70 다음 분사 노즐이 과열되는 원인을 든 것 중 맞지 않는 것은?
① 노즐 냉각기의 불량
② 분사량의 과다
③ 분사시기의 틀림
④ 과부하에서의 연속운전

> 분사노즐의 과열 원인
> • 분사시기가 틀릴 때
> • 분사량이 과다할 때
> • 과부하에서 연속적으로 운전할 때

71 분사압력은 다음 어느 것으로 조절하는가?
① 딜리버리 밸브 스프링
② 플런저 리턴 스프링
③ 노즐홀더의 조정 스프링
④ 밸브 스프링

> 분사압력 조정은 조정 스크루를 이용하는 방법과 스프링과 푸시로드 사이의 심(seam) 두께로 조정하는 방법이 있다.

72 디젤기관의 연료장치 구성품이 아닌 것은?
① 예열 플러그
② 분사 노즐
③ 연료 공급 펌프
④ 연료 여과기

> 예열 플러그는 연소실 내의 압축공기를 직접 예열하기 위한 예열 장치이다.

73 노즐에 붙은 카본은 무엇으로 떼어내어야 하는가?
① 줄
② 샌드페이퍼
③ 브러시(쇠솔)
④ 나무조각

> 노즐에 붙은 카본은 나무조각으로 떼어내고 석유 또는 경유로 씻는다. 또한 노즐 니들캡은 나일론 솔로 닦고 노즐보디 바깥쪽은 가는 황동사 브러시로 닦아야 한다.

74 노즐의 육안검사로 할 수 없는 검사는?
① 니들밸브의 마멸
② 스프링의 장력
③ 밸브와 시트의 접동검사
④ 밸브에 탄소부착

> 스프링의 장력은 육안으로 검사할 수 있는 사항이 아니다.

75 노즐의 기능이 불량할 때 일어나는 사항이다. 틀리는 것은?
① 연소불량
② 노크
③ 출력증대
④ 연소실 내 탄소의 달라붙음

> 분사노즐은 분사펌프에서 보내온 고압의 연료를 미세한 안개모양으로 연소실 내에 분사하는 장치로, 노즐의 기능이 불량하면 출력이 저하된다.

76 연료소비량 측정방법으로 적당하지 않은 것은?

① 중량에 의한 측정법
② 체적에 의한 측정법
③ 유량계에 의한 측정법
④ 회전수에 의한 측정법

77 디젤기관이 역회전시 기관에 가장 위험한 사항은 어느 것인가?

① 열효율 저하
② 연료 · 분사 펌프의 역작용
③ 윤활유 펌프의 역작용
④ 흡 · 배기 밸브의 마모

78 다음은 분사 노즐에 요구되는 조건을 든 것이다. 맞지 않는 것은?

① 연료를 미세한 안개모양으로 하여 쉽게 착화되게 할 것
② 분무가 연소실의 구석구석까지 뿌려지게 할 것
③ 분사량을 회전속도에 알맞게 조정할 수 있을 것
④ 후적이 일어나지 않게 할 것

> 노즐의 구비조건
> • 연료를 미세한 안개형태로 분사하여 쉽게 착화되게 할 것
> • 연소실 구석구석까지 고르게 분사할 것
> • 후적이 없을 것
> • 내구성이 클 것

79 디젤기관을 예방정비시 고압파이프 연결부에서 연료가 샐 때 조임 공구로 가장 적합한 것은?

① 복스렌치
② 오픈렌치
③ 파이프렌치
④ 옵셋렌치

> 고압파이프의 연결부는 오픈렌치로 풀거나 조인다.

80 엔진 부하에 따라 속도를 조절해 주는 것은?

① 클러치
② 거버너
③ 플러치 휠
④ 레귤레이터

> 분사펌프에 설치되어 있는 조속기(거버너)는 엔진의 회전속도나 부하의 변동에 따라 자동적으로 제어 래크를 움직여 분사량을 가감하는 장치이다.

81 디젤기관에서 조속기 작용이 둔하여 기관의 회전이 파상으로 변동되는 현상은?

① 미스 파이어
② 헌팅
③ 프리이그니션
④ 데토네이션

> 헌팅(hunting)이란 엔진 회전속도 변동에 대한 조속기의 작동이 부적절할 때 회전이 파상적으로 변동하는 현상으로 공전 상태가 불안정해진다.

82 앵글라이히 장치의 작용에 알맞은 것은?

① 조정래크 위치가 동일할 때 기관의 흡입공기에 알맞은 연료를 분사한다.
② 조정래크 위치를 변경시켜 분사량을 크게 한다.
③ 조정래크의 위치를 변경시켜 분사량을 감소시킨다.
④ 막판의 위치를 조정하여 분사량을 알맞게 조정한다.

> 앵글라이히 장치는 엔진의 모든 속도범위에 공기와 연료의 비율이 알맞게 유지되도록 하는 기구이다.

83 기관의 속도에 따라 자동적으로 분사시기를 조정하여 운전을 안정되게 하는 것은?

① 타이머
② 노즐
③ 과급기
④ 디콤퍼

> 타이머(분사시기조정기)는 엔진 회전속도 및 부하에 따라 분사시기를 변화시켜 운전을 안정되게 하는 장치를 말한다.

정답 76 ④ 77 ③ 78 ③ 79 ② 80 ② 81 ② 82 ① 83 ①

5. 흡·배기, 예열·시동보조장치

01 공기청정기의 설치 목적은?
① 연료의 여과와 가압작용
② 공기의 가압작용
③ 공기의 여과와 소음방지
④ 연료의 여과와 소음방지

> 공기청정기는 공기의 여과와 소음방지 외에도 역화가 발생할 때 불길을 저지하는 기능도 있다.

02 연소에 필요한 공기를 실린더로 흡입할 때, 먼지 등의 불순물을 여과하여 피스톤 등의 마모를 방지하는 역할을 하는 장치는?
① 과급기(super charger)
② 에어 클리너(air cleaner)
③ 냉각장치(cooling system)
④ 플라이 휠(fly wheel)

> 공기청정기의 주된 설치 목적은 흡입 공기의 여과와 소음감소이며 건식과 습식이 있다.

03 에어클리너가 막혔을 때 발생되는 현상으로 가장 적절한 것은?
① 배기색은 무색이며, 출력은 정상이다.
② 배기색은 흰색이며, 출력은 증가한다.
③ 배기색은 검은색이며, 출력은 저하된다.
④ 배기색은 흰색이며, 출력은 저하된다.

> 공기청정기(에어클리너)가 막히게 되면 혼합비가 농후(연료의 혼합비가 높아짐)해져 배기가스는 검흑색이 되고 출력은 저하된다.

04 디젤기관의 공기가 연소실에 들어가는 순서 중 틀리는 것은?
① 프리클리너-에어클리너-과급기-흡기다기관
② 에어클리너-과급기-애프터쿨러-흡기다기관
③ 에어클리너-흡기다기관-흡기밸브-연소실
④ 에어클리너-과급기-예연소실-흡기다기관

> 에어클리너 - 과급기 - 흡기다기관 - 예연소실

05 공기청정기에 대한 정비사항이다. 틀리는 것은?
① 공기청정기의 엘리먼트가 막히면 혼합기가 농후하여진다.
② 건식청정기의 엘리먼트가 더러우면 압축공기로 불어낸다.
③ 습식청정기의 오일은 점도가 높은 것이 좋다.
④ 습식청정기의 오일량이 많으면 혼합기가 희박하여진다.

> 오일량이 많으면 혼합기가 농후해지고, 공기가 많으면 혼합기는 희박해진다.

06 건식 공기 여과기 세척방법으로 알맞은 것은?
① 압축공기로 안에서 밖으로 불어낸다.
② 압축공기로 밖에서 안으로 불어낸다.
③ 압축공기로 위에서 아래로 불어낸다.
④ 압축공기로 아래서 위로 불어낸다.

> 건식 공기청정기는 압축공기로 안쪽에서 바깥쪽으로 불어내어 청소하여야 한다.

07 흡기 다기관에 설치된 공기지시계는 무엇을 점검하는 것인가?
① 흡·배기 밸브의 누설여부
② 흡기관 내의 공기 압력의 정도
③ 흡기관 내의 역화 지식
④ 흡기 여과기의 막힘 정도

> 흡기 다기관은 공기를 실린더 내로 안내하는 통로로 실린더 헤드 측면에 설치되어 있다. 또한, 흡기 다기관에 설치된 공기지시계는 흡기 여과기의 막힘 정도를 점검하는 장치이다.

08 다음 중 엔진에 공기청정기가 없이 작업을 하였을 때 일어나는 현상은?
① 공기흡입 작용이 적어진다.
② 실린더의 마멸을 초래한다.
③ 실화현상이 생긴다.
④ 노킹현상이 일어난다.

> 실린더 내로 흡입되는 공기와 함께 유입되는 먼지 등은 실린더 벽, 피스톤 링, 피스톤 등의 마멸을 촉진시키며, 엔진 오일에도 유입되어 윤활부분의 마멸을 촉진한다.

 [5. 흡·배기, 예열·시동보조장치] 01 ③ 02 ② 03 ③ 04 ④ 05 ④ 06 ① 07 ④ 08 ②

09 과급기에 대해 설명한 것 중 틀린 것은?

① 배기 터빈 과급기는 주로 원심식이다.
② 흡입 공기에 압력을 가해 기관에 공기를 공급한다.
③ 과급기를 설치하면 엔진 중량과 출력이 감소된다.
④ 4행정 사이클 디젤기관은 배기가스에 의해 회전하는 원심식 과급기가 주로 사용된다.

🔍 과급기의 사용에 따른 변화
• 엔진의 출력은 35~45% 증가하며, 무게는 10~15% 정도 증가한다.
• 체적효율이 증가하여 평균 유효압력과 회전력이 상승한다.
• 연료 소비율이 감소한다.

10 디젤엔진에 사용되는 과급기의 주된 역할 설명으로 가장 적합한 것은?

① 출력의 증대
② 윤활성의 증대
③ 냉각효율의 증대
④ 배기의 정화

🔍 과급기는 엔진의 흡입효율을 높이기 위하여 흡입공기에 압력을 가하는 일종의 공기 펌프로 주된 역할은 엔진출력의 증대이다.

11 터보차저에 대한 설명으로 틀린 것은?

① 배기관에 설치된다.
② 과급기라고도 한다.
③ 배기가스 배출을 위한 일종의 블로워(Blower)이다.
④ 기관 출력을 증가시킨다.

🔍 2행정 사이클 디젤엔진은 과급기로 크랭크 축으로 구동되는 루트 블러워가 소기 펌프로 사용된다.

12 터보차저가 사용하는 오일로 맞는 것은?

① 유압오일
② 특수오일
③ 기어오일
④ 기관 오일

13 루트 송풍기의 베어링은 무엇에 의해 윤활되는가?

① 봉입되어 있는 고급 내열 그리스
② 엔진 윤활장치의 오일
③ 봉입되어 있는 송풍기 전용 오일
④ 송풍기 자체가 가지고 있는 윤활 장치

🔍 과급기의 윤활은 엔진윤활장치에서 보내준 오일로 기관오일이다.

14 터보차저(turbo charger) 수명 연장을 위한 작업이 아닌 것은 어느 것인가?

① 시동 전후 5분 이상 지속 회전 후 작업
② 에어클리너를 청결하게 한다.
③ 공기흡입 라인에 먼지가 새어 들지 않게 한다.
④ 연료 필터 교환시기를 앞당긴다.

🔍 터보차저는 엔진의 흡입효율을 높이기 위하여 흡입 공기에 압력을 가하여 공급하는 일종의 공기펌프로 연료 필터 교환과는 관련이 없다.

15 터보차저의 작동에 이용되는 힘은?

① 흡입공기   ② 배기가스
③ 크랭크 축   ④ 분사 펌프

🔍 4행정 사이클 디젤엔진의 과급기인 터보차저는 배기가스로 구동되고, 2행정 사이클 디젤엔신은 크랭크 축으로 구동되는 루트 블로워(송풍기)가 소기 펌프로 이용된다.

16 과급기 케이스 내에 설치되어 공기의 속도 에너지를 압력 에너지로 바꾸는 장치는?

① 베인   ② 로터
③ 스테이터   ④ 디퓨저

🔍 디퓨저는 공기의 통로면적이 크기 때문에 공기의 속도 에너지가 압력 에너지로 바뀌게 된다.

17 과급기를 사용하면 엔진의 중량은 10~15% 증가하나 출력은 얼마나 높아지는가?

① 5~10%   ② 15~25%
③ 35~45%   ④ 50~65%

🔍 과급기를 사용하면 엔진의 출력은 35~45% 증가하며, 무게는 10~15% 정도 증가한다.

정답 09 ③ 10 ① 11 ③ 12 ④ 13 ② 14 ④ 15 ② 16 ④ 17 ③

18 디젤기관에서 시동을 돕기 위해 설치된 부품으로 적당한 것은?
① 과급 장치
② 발전기
③ 디퓨저
④ 히트 레인지

🔍 직접분사식 기관의 경우 예연소실이 없기 때문에 흡기다기관에 히트 레인지를 설치하여 흡입되는 공기를 가열한다.

19 예열 플러그를 빼서 보았더니 심하게 오염되어 있다. 그 원인은?
① 불완전 연소 또는 노킹
② 엔진 과열
③ 플러그의 용량과다
④ 냉각수 부족

🔍 예열 플러그는 연소실 내의 압축공기를 직접 예열하기 위한 장치로 불완전 연소가 되거나 노킹이 일어나면 오염된다.

20 예연소실식 디젤기관에서 연소실 내의 공기를 직접 예열하는 방식은?
① 맵 센서식
② 예열 플러그식
③ 공기량 계측기식
④ 흡기 가열식

🔍 예열 플러그식은 연소실 내의 압축공기를 직접 예열하는 방식으로 주로 예연소실식과 와류실식에서 사용한다.

21 6기통 디젤기관에서 병렬로 연결된 예열(grow) 플러그가 있다. 3번 기통의 예열(grow) 플러그가 단락되면 어떤 현상이 발생되는가?
① 전체가 작동이 안된다.
② 3번 옆에 있는 2번과 4번도 작동이 안 된다.
③ 축전지 용량의 배가 방전된다.
④ 3번 실린더만 작동이 안 된다.

🔍 병렬 연결인 경우 해당 단락이 발생한 예열 플러그의 실린더만 작동이 되지 않는다.

22 다음 그림에서 예열 플러그를 교환하려고 한다. 맞는 기호를 선택하면?

① (A) ② (B)
③ (C) ④ (D), (F)

🔍 그림에서 A는 분사노즐, B는 예열 플러그이다.

23 디젤기관의 시동을 쉽게 해주는 장치가 아닌 것은?
① 예열 장치
② 감압 장치
③ 연소 촉진제 공급장치
④ 과급 장치

🔍 디젤엔진의 기공 보조기구에는 예열장치, 감압장치가 있으며 이 외에도 연소촉진제 공급장치를 두기도 한다.

24 한랭시 시동을 용이하게 하기 위한 스위치는?
① 히터 시그널   ② 엔진 스토퍼
③ 히터 스위치   ④ 틸트 레버

25 코일형 예열 플러그에 대한 설명으로 알맞은 것은?
① 발열량이 60~100W 정도이다.
② 직렬로 연결되어 있다.
③ 예열 시간이 60~90초이다.
④ 사용 전류가 12V식 10~11A이다.

🔍 코일형 예열 플러그는 소요 전압값이 낮아 직렬로 결선된다. 참고로 보기 중 ①, ③, ④항은 모두 실드형 예열 플러그에 대한 설명이다.

정답 18 ④ 19 ① 20 ② 21 ④ 22 ② 23 ④ 24 ③ 25 ②

26 다음은 실드형 예열 플러그에 대한 사항이다. 맞는 것은?

① 예열 시간이 40~60초이다.
② 히트 코일이 노출되어 있다.
③ 소요 전압이 비교적 낮다.
④ 병렬로 연결되어 있다.

🔍 코일형은 직렬, 실드형은 병렬로 연결된다. 참고로 보기 중 ①, ②, ③항은 코일형 예열 플러그에 대한 설명이다.

27 예열 플러그 저항기를 반드시 설치하여야 하는 플러그는?

① 코일형
② 실드형
③ 니크롬형
④ 직접 가열형

🔍 코일형 예열 플러그는 소요 전압값이 낮아 직렬로 연결되며, 예열 플러그 저항기를 두어야 한다.

28 예열 플러그(glow plug)의 작용시 발열부의 온도는 몇 도 정도인가?

① 400~600℃
② 600~800℃
③ 950~1050℃
④ 1000~1200℃

🔍 예열 플러그의 작용시 발열부의 온도는 950~1050℃ 정도이다.

29 실드형 예열 플러그의 예열 시간은 몇 초 정도인가?

① 10~20초
② 20~40초
③ 40~50초
④ 60~90초

🔍 예열시간은 코일형의 경우 40~60초, 실드형의 경우 60~90초 정도로 실드형의 예열시간이 길다.

30 실드형 예열 플러그의 발열량이다. 맞는 것을 고르시오.

① 20~50W
② 30~50W
③ 40~60W
④ 60~100W

🔍 코일형의 발열량은 30~40W, 실드형은 60~100W 정도이다.

31 직접 분사식 기관에서 예연소실이 없기 때문에 흡기 다기관에 다음 중 어느 것을 설치하는가?

① 레귤레이터
② 히트 레인지
③ 예열 플러그
④ 스파크 플러그

🔍 직접 분사식 기관의 경우 예연소실이 없기 때문에 흡기 다기관에 히트 레인지를 설치하여 흡입되는 공기를 가열한다.

32 흡기 가열식 예열 장치에서 흡기 히터는 어디에 설치하는가?

① 연료탱크 위에
② 연소실 내에
③ 흡기 다기관 내에
④ 노즐 위에

🔍 흡기 히터는 흡기 다기관에 설치되며, 연료를 연소시켜 흡입 공기를 데워 실린더로 보낸다.

33 펌프 손실을 줄일 수 있는 방안이다. 틀린 것은?

① 다기관 단면적을 가급적 크게 한다.
② 다기관 내부 통로에 요철부를 없앤다.
③ 다기관 내부 통로를 직각으로 피한다.
④ 다기관 단면적을 적게 한다.

🔍 펌프의 손실을 줄이고 효율을 높이기 위해서는 다기관 단면적을 가급적 크게 하도록 한다.

34 소음기나 배기관 내부에 카본이 차면 배압은 어떻게 되는가?

① 낮아진다.
② 관계없다.
③ 높아진다.
④ 변화하지 않는다.

🔍 소음기나 배기관 내부에 카본이 차면 배압은 높아진다.

35 소음기의 작용에 대한 설명 중 맞는 것은 어느 것인가?

① 배기 가스 연소
② 자체 진동 흡수
③ 기관의 과열 방지
④ 배기음 감소

🔍 배기가스를 대기 중에 방출시키면 급격히 팽창하여 격렬한 폭음을 내는 데 이 폭음을 감소시켜주는 장치가 소음기이다.

정답 26 ④ 27 ① 28 ③ 29 ④ 30 ④ 31 ② 32 ③ 33 ④ 34 ③ 35 ④

36 소음기에 카본이나 퇴적물이 많이 쌓이면 어떻게 되는가?

① 역화 발생
② 기관의 과열
③ 기관의 과냉
④ 폭발압의 상승

> 소음기에 카본이나 퇴적물이 많이 쌓이면 배압이 높아지고 그 결과 엔진이 과열되고 출력이 감소한다.

37 디젤기관에서 감압 장치의 기능은?

① 크랭크 축을 느리게 회전시킬 수 있다.
② 타이밍 기어를 원활하게 회전시킬 수 있다.
③ 캠 축을 원활히 회전되게 할 수 있는 장치이다.
④ 실린더 내의 압축압력을 낮춰 엔진의 기동을 도와준다.

> 감압장치는 크랭킹할 때 흡입밸브나 배기밸브를 캠 축의 운동과 관계없이 강제로 열어 실린더 내의 압축압력을 낮춤으로써 엔진의 기동을 도와주는 디젤엔진의 기동 보조기구이다.

38 배기 가스의 색과 기관의 상태를 표시한 것으로 가장 거리가 먼 것은?

① 무색 - 정상
② 검은색 - 농후한 혼합비
③ 황색 - 공기청정기의 막힘
④ 백색 또는 회색 - 윤활유의 연소

> 배기가스가 황색이면 혼합비가 희박한 상태이다.

39 다음은 기관에서 발생되는 가스이다. 인체에 가장 큰 장해가 되는 것은?

① CO
② CO_2
③ HC
④ C_2SO_3

> CO(일산화탄소)는 무색, 무취의 기체로서 산소가 부족한 상태로 연료가 연소할 때 불완전연소로 발생하며, 중독이 심한 경우 사망에 이를 수도 있다.

40 배기가스의 색과 연소 상태를 잘못 연결한 것은?

① 무색 - 정상 연소료 탱크 위에
② 백색 - 엔진에서 노크 발생
③ 엷은 황색 - 희박한 혼합비
④ 흑색 - 농후한 혼합비

> 백색은 엔진 오일 연소가 원인이며, 엔진에서 노크가 발생할 경우 배기가스의 색은 황색에서 흑색으로 변화한다.

41 다음 중 연소시 발생하는 질소산화물(NOx)의 발생 원인과 가장 밀접한 관계가 있는 것은?

① 높은 연소 온도
② 가속 불량
③ 흡입 공기 부족
④ 소염 경계층

> 질소는 상온에서 다른 원소와 반응하지 않으나 연소실 내의 온도가 2,000℃ 이상이 되면 반응성이 활발해져 산소와 반응함으로써 질소산화물의 발생량이 급증한다.

42 디젤기관의 운전 중 검은 색의 매연이 심하게 배출될 때 점검하여야 할 사항이 아닌 것은?

① 공기청정기의 막힘 점검
② 분사 시기 점검
③ 분사 펌프의 점검
④ 연료 라인에 공기 혼입 여부 점검

> 배기가스의 색이 검은색이면 농후한 혼합비인 경우이다. 따라서, 공기량이 연료량에 비해 적다는 것을 의미한다.

43 배기관이 불량하여 배압이 높을 때 기관에 생기는 현상 중 틀린 것은?

① 피스톤의 운동을 방해한다.
② 기관의 출력이 감소된다.
③ 냉각수 온도가 내려간다.
④ 기관이 과열된다.

> 배압이 높을 때 나타나는 현상
> • 피스톤 운동이 방해를 받는다.
> • 엔진이 과열된다.
> • 엔진의 충격이 감소한다.
> • 엔진의 출력이 감소한다.

 36 ② 37 ④ 38 ③ 39 ① 40 ② 41 ① 42 ④ 43 ③

44 기관에서 열효율이 높다는 것은?

① 일정한 연료 소비로서 큰 출력을 얻는 것이다.
② 연료가 완전 연소하지 않는 것이다.
③ 기관의 온도가 표준보다 높은 것이다.
④ 부조가 없고 진동이 적은 것이다.

45 압축비가 동일할 때 이론 열효율이 가장 높은 사이클은?

① 오토 사이클
② 사바테 사이클
③ 디젤 사이클
④ 브레이톤 사이클

> 압축비가 일정할 때 열효율은 오토 사이클 > 사바테 사이클 > 디젤 사이클 순이다.

46 실린더 내에(연소실) 카본이 끼게 되는 원인은?

① 희박한 연소이다.
② 완전 연소이다.
③ 오일이 연소실에서 타고 있다.
④ 혼합가스가 희박하다.

> 오일이 연소실에서 타면 카본이 부착되며, 다량의 카본이 부착되면 연소실 체적이 작아져서 압축비와 압축압력이 높아진다.

47 디젤 연료계통의 공기빼기순서로 맞는 것은?

① 공급펌프 → 연료여과기 → 분사펌프
② 공급펌프 → 분사파이프 → 분사펌프
③ 연료여과기 → 분사펌프 → 공급펌프
④ 분사펌프 → 연료여과기 → 공급펌프

> 공기 빼기는 공급펌프 → 연료여과기 → 분사펌프 순서로 작업하며 프라이밍 펌프를 작동시키면서 벤트 플러그를 열고 기포가 없어질 때까지 작동한다.

48 디젤기관의 출력이 저하되는 원인으로 맞지 않는 것은?

① 연료 분사 시기가 늦음
② 연료 계통에 공기 침입
③ 터보차저의 성능 불량
④ 연료 공급 펌프의 압력 상승

49 기관에서 실화(miss fire)가 일어났을 때 현상으로 맞는 것은?

① 엔진의 출력이 증가한다.
② 연료 소비가 적다.
③ 엔진이 과냉한다.
④ 엔진 회전이 불량하다.

> 기관에서 실화가 발생하면 출력 및 토크의 저하, 유해배출물의 증가, 연료소비율의 상승과 같은 부정적인 결과가 초래된다.

50 기관의 출력을 저하시키는 직접적인 원인이 아닌 것은?

① 실린더 내 압력이 낮을 때
② 연료 분사량이 적을 때
③ 노킹이 일어날 때
④ 클러치가 불량할 때

정답 44 ① 45 ① 46 ③ 47 ① 48 ④ 49 ④ 50 ④

CHAPTER 02

Craftsman Construction Equipment Operator

건설기계 전기

Section 01 전기기초 및 축전지
Section 02 시동장치
Section 03 충전장치
Section 04 등화장치 및 냉·난방장치
Section 05 건설기계 전기 출제예상문제

SECTION 01 전기기초 및 축전지

Craftsman Construction Equipment Operator

STEP 01 전기기초

1. 전기의 정체

전기란 우리 눈에 보이지는 않으나 여러 가지 적절한 실험과 작용으로 알 수 있으며 전기의 모든 작용은 전자라고 불리워지는 작은 입자가 존재한다는 가정하에서 이루어지며 전자론은 모든 전기 및 전자 장치에 대한 설계의 기초가 될 뿐 아니라 화학 작용을 설명하고 새롭고 놀라운 화학 약품들을 예측하고 만들게 하고 있다.

1) 물질의 구성

모든 물질은 분자(molecule)로 구성되어 있으며, 분자는 한 개 또는 그 이상의 원자로 구성되어 있다. 전자론에 의하면 원자는 양전기를 가지는 양자(proton)와 음전기를 가지는 전자, 그리고 전기적으로 중성인 중성자(neutron)의 3가지 입자로 구성된다.

2) 전기의 발생 근원 6가지

전기를 발생시킬 목적으로 전자의 작용을 일으키게 하려면 일정한 형태의 에너지를 사용하여야 하며 사용할 수 있는 에너지는 마찰, 압력, 열, 빛, 자기, 화학작용 등의 것들이 있다.

[원자의 구조(라듐)]

2. 전기의 구성

1) 전류

① 전류의 측정과 단위
  ㉮ 전류의 단위 : 암페어(ampere, 약호 A)라는 단위를 사용
  ㉯ 단위의 종류(기호) : 1암페어(A) = 1000밀리암페어(mA), 1밀리암페어(mA) = 1000마이크로 암페어(μA)

② 전류의 3대 작용

㉮ 발열 작용 : 전구, 담배 라이터, 예열 플러그(glow plug), 전열기

㉯ 화학 작용 : 건전지, 축전지, 전기 도금 같은 작용

㉰ 자기 작용 : 전동기, 발전기, 솔레노이드 등

2) 전압

물의 수압과 같은 것으로 두 곳을 파이프로 연결하고 물을 흐르게 하면 수압에 따라 물의 흐름이 달라지는 것 같이 도체에 전류가 흐르는 압력을 전압(voltage, 약호 V)이라고 한다. 또한, 1V란 1Ω의 저항을 갖는 도체에 1A의 전류가 흐르는 것을 말한다.

$$1kV = 1000V, \quad 1V = 1000mV$$

3) 저항

물질에 전류가 흐르지 못하게 하는 정도를 전기 저항(resistance, 약호 R)이라 한다. 전기 저항의 크기를 나타내는 단위는 옴(ohm, 약호 Ω)을 사용하며, 1옴은 1A의 전류가 흐를 때 1V의 전압을 필요로 하는 도체의 저항을 말한다.

단위의 종류 : 1메가옴 = 1,000,000옴 = 10^6옴(기호 MΩ)

1킬로옴 = 1000옴 = 10^3옴(기호 kΩ)

1옴(기호 Ω)

1마이크로옴 = $\dfrac{1}{1,000,000}$ 옴 = 10^{-6}옴(기호 μΩ)

4) 옴의 법칙

도체에 흐르는 전류(I)는 가해지는 전압(V)에 비례하고, 저항(R)에 반비례한다.

[옴의 법칙]　　　　[회로의 구성]

5) 저항의 접속

① 직렬 접속 : 여러 개의 저항을 직렬로 접속하면 합성 저항은 각각의 저항을 합친 것과 같이 된다. 따라서 $R_1, R_2, R_3 \cdots + R_n$의 저항을 직렬 접속했을 때 합성 저항 R은 R = $R_1 + R_2 + R_3 + \cdots + R_n$이 된다.

[직렬접속]

② 병렬 접속 : 저항 R_1, R_2, R_3를 병렬로 접속하고 양끝에 전압 V를 가했을 때, 각 저항에 흐르는 전류를 I_1, I_2, I_3라 하면 $I_1 = \dfrac{V}{R_1}, I_2 = \dfrac{V}{R_2}, I_3 = \dfrac{V}{R_3}$이다.

따라서, 합성전류 I는

$$I = I_1 + I_2 + I_3 = \dfrac{V}{R_1} + \dfrac{V}{R_2} + \dfrac{V}{R_3}$$

$\left(\dfrac{1}{R_1} + \dfrac{1}{R_2} + \dfrac{1}{R_3}\right)V$로 나타나며 합성저항 R은 다음과 같은 식으로 나타낼 수 있다.

$$R(\Omega) = \dfrac{1}{\dfrac{1}{R_1} + \dfrac{1}{R_2} + \dfrac{1}{R_3}}$$

[병렬접속]

6) 전력과 줄의 법칙

이것은 전동기, 그 외 전기장치와 같이 전기 도체의 물체를 거쳐 전자를 이동시키는데 있어 일을 한 비율의 표시로서, 기호는 P이며, 기본단위는 Watt이고 전압 × 전류로 구해진다.

따라서, 전력P(W)는 다음 식이 성립된다.

$$P = V \times \dfrac{Q}{t}(W)$$

그리고 $\dfrac{Q}{t}$는 위의 식에 의하여 1초간에 통과하는 전기량, 즉 전류 I(A)를 나타내므로 전력 P(W) = 전압 V(V) × 전류 I(A)가 된다. 따라서 옴의 법칙에 의하여 P = V · I에 대입하면 다음의 식이 성립한다.

$$P = I^2 R\,(W) = \dfrac{V^2}{R}(W)$$

7) 플레밍의 왼손 법칙

전자력의 방향 및 크기를 나타낼 때 즉, 자속의 방향과 전류의 방향을 직각으로 놓으면 검지는 자력선의 방향, 가운데 손가락을 전류방향으로 일치시킬 때 엄지손가락은 전자력 방향을 나타내는 것이 왼손 법칙이다.

8) 플레밍의 오른손 법칙

자석을 코일 속에 넣었다 뺐다 하다 코일 속의 자속이 변화하면, 코일에 기전력이 유도되는 현상을 전자 유도 작용이라 하며 이때 기전력을 유도 기전력, 전류를 유도 전류라 한다. 이 유도 기전력의 방향을 알아보는데 편리하게 사용하는 것이 플레밍의 오른손 법칙이다.

[플레밍의 왼손 법칙과 오른손 법칙]

STEP 02 축전지

1. 축전지 일반

건설기계의 전장품들을 작동시키기 위한 전원으로는 축전지(battery)와 발전기가 있다. 이들 중 축전지는 전기적인 에너지를 화학적인 에너지로 바꾸어 저장하고, 다시 필요에 따라 전기적인 에너지로 바꾸어 공급할 수 있는 기능을 갖고 있다.

1) 알칼리 축전지
① 과충전, 과방전 등 가혹한 사용조건에서도 성능이 양호하다.
② 실효년수는 10~20년이다.
③ 고율방전 성능이 좋다.
④ 자원상 다량 공급이 어렵고 가격이 비싸다.
⑤ 양극판은 과산화 제2니켈, 음극판은 카드뮴을 사용한다.
⑥ 전해액은 수산화칼륨(KOH) 용액을 사용한다.

2) 납산 축전지
① 제작이 쉽고 가격이 저렴하여 현재 주로 사용한다.
② 중량이 무겁고 극판의 작용물질이 떨어지기 쉬우며 수명이 짧다.
③ 양극판은 과산화납, 음극판은 해면상납을 사용하며, 전해액은 묽은황산을 사용한다.

2. 축전지의 구조와 기능

1) 케이스(전조)
케이스는 극판과 전해액을 수용하는 용기로 질이 좋은 에버나이트 또는 합성 경질 고무로 제작되어 있다. 케이스 내부는 6실 또는 12실로 되어 있으며, 셀 당 전압은 2.1V이며 직렬로 연결되어 만든다.

2) 극판
극판에는 양극판과 음극판 두 가지가 있으며 납과 안티몬 합금으로 격자를 만들어 여기에 작용 물질을 발라서 채운다. 양극판의 작용 물질은 이산화납 또는 납가루를 회류산으로 풀과 같이 개어 바른 다음 다시 건조시킨 것이며 극판과 극판 사이에 격리판을 끼워서 방전을 방지하며, 극판 수는 음극판이 양극판 수보다 1매 더 많다.

3) 격리판과 유리매트

격리판은 전기 저항이 적으며, 내열 내산성이 우수한 것이 요구되며, 유리매트는 대단히 가는 유리 섬유를 종, 횡으로 교착시켜 만든 것으로, 양극(+)면에 밀착시켜 격리판을 산화로부터 보호해 주는 역할을 한다.
① 양극판과 음극판 사이에서 단락을 방지한다.
② 다공성이고, 비전도성이라야 한다.
③ 전해액이 부식되지 않고 확산이 잘 되어야 한다.
④ 합성 수지, 강화 섬유, 고무 등이 사용된다.

4) 극판군

극판군은 여러 장의 양극판, 음극판, 격리판을 한 묶음으로 조립을 하여 연결편(strap)과 극주(terminal post)를 용접해서 만든다. 이렇게 해서 만든 극판군을 단전지라 하며 완전 충전시 약 2.1V의 전압이 발생한다.

5) 벤트 플러그

벤트 플러그는 합성 수지로 만들며, 각 단전지(cell)의 상부에 설치되어서 전해액이나 증류수를 보충하고 비중계나 온도계를 넣을 때 사용되며 내부에서 발생하는 산소 가스를 외부에 방출하는 배기공(통기공)이 있다.

[단전지의 조립]　　　　[터미널단자와 마개]

6) 셀(cell) 커넥터 및 터미널

셀 커넥터는 납합금으로 되어 있으며, 축전지 내의 각각의 단전지(cell)를 직렬로 접속하기 위한 것이며 단자 기둥은 많은 전류가 흘러도 발열하지 않도록 굵게 규격화되었다.
① 양극단자(+)는 적갈색, 음극단자는 회색이다.
② 양극단자의 직경이 크고, 음극단자는 작다.
③ 양극단자는 (P)나 (+)로 표시한다.
④ 음극단자는 (N)나 (-)로 표시한다.

7) 전해액

전해액(H_2SO_4)은 극판 중의 양극판(PbO_2), 음극판(Pb)의 작용 물질과 화학 반응을 일으켜 전기적 에너지를 축적 및 방출하는 작용 물질로 무색, 무취의 좋은 양도체이다.

① 전해액 만드는 방법 : 부도체 물질인 나무, 유리 그릇, 플라스틱 그릇, 고무 그릇, 질 그릇, 사기 그릇 등을 이용해서 증류수(또는 빗물)를 담은 다음 농후한 황산(비중 1.830~1.840)을 유리봉 또는 나무대롱을 이용해서 한 방울씩 떨어뜨려 비중이 1.280~1.300이 되도록 희석시키며 이 때 온도는 45℃를 넘지 않은 상태이어야 한다.

② 전해액 비중
  ㉮ 전해액 비중은 축전지가 충전상태일 때, 20℃에서 1.240, 1.260, 1.280의 세 종류를 쓰며, 열대지방에서는 1.240, 온대지방에서는 1.260, 한랭지방에서는 1.280을 쓴다. 국내에서는 일반적으로 1.280(20℃)을 표준으로 하고 있다.
  ㉯ 전해액의 비중은 온도에 따라 변화한다. 온도가 높으면 비중은 낮아지고 온도가 낮으면 비중은 높아진다.
  ㉰ 표준온도 20℃로 환산하여 비중은 온도 1℃의 변화에 대해 온도계수 0.0007이 변화된다.

$$S_{20} = S_t + 0.0007(t - 20)$$

- S_{20} = 표준온도 20℃로 환산한 비중
- S_t = t℃에서의 실측한 비중
- 0.0007 = 온도 1℃ 변화에 대한 비중의 변화량
- t : **측정시의 전해액 온도**(℃)

8) 용량

완전 충전된 축전지를 일정한 전류로 연속 방전시켜 방전 종지전압이 될 때까지 꺼낼 수 있는 전기량(암페어시 용량)

$$Ah = A \times h$$

- Ah : 암페어시 용량
- A : 일정 방전 전류
- h : 방전 종지 전압에 이를 때까지의 연속 방전 시간

축전지 용량은 극판의 수, 극판의 크기, 전해액의 양에 따라 정해지며, 용량이 크면 이용 전류가 증가하며 용량 표시는 25℃를 표준으로 한다.

9) 충·방전시의 화학작용

$$\underset{\text{과산화납}}{PbO_2}_{\text{(양극판)}} + \underset{\text{묽은 황산}}{2H_2SO_4}_{\text{(전해액)}} + \underset{\text{해면상납}}{Pb}_{\text{(음극판)}} \underset{\text{충전}}{\overset{\text{방전}}{\rightleftarrows}} \underset{\text{황산납}}{PbSO_4}_{\text{(양극판)}} + \underset{\text{물}}{2H_2O}_{\text{(전해액)}} + \underset{\text{황산납}}{PbSO_4}_{\text{(음극판)}}$$

[방전중의 화학변화]　　　　　　　　[충전중의 화학변화]

10) 자기방전

충전된 축전지를 방치해 두면 사용하지 않아도 조금씩 방전하여 용량이 감소된다.
① 자기 방전의 원인
　㉮ 구조상 부득이 한 것
　㉯ 불순물에 의한 것
　㉰ 단락에 의한 것
② 자기 방전량
　24시간 동안의 자기 방전량은 실용량의 0.3~1.5% 정도이며, 전해액의 온도 · 습도 · 비중이 높을수록 자기 방전량은 크다.
③ 축전지의 연결법
　㉮ 직렬연결법 : 전압이 상승, 전류 동일
　㉯ 병렬연결법 : 전류 상승, 전압이 동일
　㉰ 직 · 병렬 연결법 : 전류, 전압, 동시 상승

11) 축전지 취급 및 충전시 주의사항
① 전해액의 온도는 45℃가 넘지 않도록 할 것
② 화기에 가까이 하지 말 것
③ 통풍이 잘 되는 곳에서 충전할 것
④ 과충전, 급속 충전을 피할 것
⑤ 장기간 보관시 2주일(15일)에 한번씩 보충 충전할 것
⑥ 축전지 커버는 베이킹 소다나 암모니아수로 세척할 것
⑦ 셀당 방전 종지 전압은 1.75V이다.
⑧ 축전지 충전시 발생되는 가스로는 양극에서 산소, 음극에서 수소가스가 발생되며 수소가스는 가연성으로 폭발의 위험이 있다.

SECTION 02 시동장치

Craftsman Construction Equipment Operator

STEP 01 기동 전동기 일반

1. 전동기의 필요성

내연기관을 사용하는 건설기계나 자동차들은 자기 힘만으로는 기동되기 어렵다. 따라서 외력의 힘에 의해 크랭크축을 회전시켜 1회의 폭발을 일으켜야 작동이 되는데, 이 1회의 폭발을 기동 전동기가 담당한다. 현재 사용되는 건설기계에는 축전지를 전원으로 하는 직류 직권 전동기가 사용되고 있으며 다른 용도의 기관에서는 전동기 시동법 대신 수동 시동법과 급페달 시동법 등이 활용되기도 한다.

[기동장치]

2. 전동기 원리와 종류

1) 플레밍의 왼손법칙과 전동기 작용

N극과 S극의 자장 내에 도체를 놓고, 이 도체에 전류를 공급하면 도체가 움직이는 방향이 전자력의 방향이 된다. 즉 검지를 자력선의 방향, 장지를 도체의 전류방향과 일치시키면 엄지가 가리키는 방향이 전자력의 방향이 되며 이 원리를 이용한 것이 전동기이다.

그 작용은 축전지의 전류가 브러시, 정류자, 전기자코일을 통해 계자 코일을 통과하므로 계자 철심에는 강력한 자력선이 생기게 되므로 전자력의 방향이 정해지고 전기자는 회전하게 된다.

[모터의 원리]

2) 기동 전동기 종류별 특성

① 직권식 전동기
  ㉮ 전기자 코일과 계자 코일이 전원에 대해 직렬로 접속되어 있다.
  ㉯ 역기전력은 속도에 비례하고 전기자 전류에 반비례한다.

② 분권식 전동기
  ㉮ 전기자 코일과 계자 코일이 전원에 대해 병렬로 접속되어 있다.
  ㉯ 전압이 일정하면 계자 전류와 자장의 세기도 일정하다.
③ 복권식 전동기
  ㉮ 2개의 코일은 직렬과 병렬로 연결된다
  ㉯ 자속 방향이 같으면 화동복권, 반대로 된 것을 차동복권이다.

3) 시동 모터의 출력 특성

기관이 회전될 때 회전 저항을 이기고 비교적 원활한 회전력을 구하기 위해서는 다음 식이 이용된다.

$$\text{기동 모터의 회전력(m-kg)} = \text{회전 저항} \times \frac{\text{피니언 기어 잇수}}{\text{링기어 잇수}}$$

STEP 02 구성 및 작용

1. 전동기의 구성

기동 전동기를 크게 구분하면 회전력을 발생하는 부분과 회전력을 전달하는 부분 및 축전지의 전원 공급 회로를 연결 및 차단시키는 스위치부로 나눌 수 있다.

1) 아마추어(전기자)

축전지의 전원을 정류자(코뮤테이터)에 의하여 공급받은 아마추어 권선은 강한 자장을 이루어 필드에 강한 자력선과 반발 작용에 의하여 아마추어가 밀려서 회전하게 되고 아마추어 축 양쪽이 베어링에 의하여 지지된다.

① 전기자 코일 : 큰 전류가 흐르기 때문에 단면적이 큰 평각 구리선을 사용하며 한쪽은 N극, 다른 한쪽은 S극 쪽에 오도록 철심의 홈에 절연되어 정류자에 각각 납땜되어 있다.
② 전기자 철심 : 자력선 통과와 자장의 손실을 막기 위해 철판을 절연하여 겹친 것이다.
③ 정류자(코뮤테이터) : 전류를 일정 방향으로 흐르게 하고 운모의 언더 컷은 0.5~0.8mm이며 기름, 먼지 등이 묻어 있으면 회전력이 적어진다.

2) 계자 코일(field coil)과 계자 철심

계자 코일은 전동기의 고정 부분으로 계자 철심에 감겨져 자력을 일으키는 코일이다. 결선 방법은 직권식, 복권식이 있으나 일반적으로 기관의 시동에 적합한 직권식을 쓴다.

[계자 코일과 계자 철심]

3) 브러시와 홀더 및 스프링

흑연 또는 구리로 만들어져 있으며 축전지의 전기를 정류자에 전달하는 구성품이다. 이 브러시는 홀더에 삽입되어 스프링으로 압착하고 있으며 정류자에 80% 이하로 접촉되면 회전력이 감소되고 길이는 1/2~1/3 정도 마모되면 교환한다.

4) 스위치

전동기로 통하는 전류를 개폐하는 스위치 모터로 통하는 전류는 건설기계의 전기회로 중 가장 큰 것으로, 이것을 개폐하는 스위치는 재질이나 강도면에서 강하고 내구력이 있는 것이 좋다.

① 푸시 버튼식(수동식) : 전동기 단자를 손이나 발로 접속시켜 축전지 전류를 공급하고 구동 레버를 밀어준다.

② 마그넷식(전자식) : 전동기로 통하는 전류를 전자 스위치로 개폐하며 전자석과 여자 코일로 구성된다. 여자 코일은 플런저를 잡아당기는 풀인 코일과 잡아당긴 상태를 유지해 주는 홀드인 코일로 되어 있다.

[수동 스위치] [전자식 스위치의 구조]

2. 작동의 분류와 고장

1) 동력 전달 기구

동력 전달 기구란 기동 모터가 회전되면서 발생한 토크를 기관의 플라이 휠로 전달해 주는 기구로서, 클러치와 시프트 레버 및 피니언 기어 등을 말한다. 전자 피니언 섭동식에서는 기관이 시동되면 기동 스위치를 차단하지 않는 한 피니언 기어는 물린 상태로 있기 때문에 전기자와 베어링이 파손될 염려가 있다. 이것을 방지할 목적으로 클러치가 설치되어 기관의 회전력이 기동 전동기에 전달되지 않도록 한다.

① 벤딕스식 : 관성 섭동식으로 피니언의 관성과 기동 전동기가 무부하 상태에서 고속 회전하는 성질을 이용하여 전동기에서 발생한 회전력을 플라이휠에 전달하는 방식이다.

② 전기자 섭동식 : 피니언 기어가 전기자 축에 고정되어 전기자와 하나되어 섭동하면서 회전된다.

③ 피니언 섭동식(오버러닝 클러치형) : 전기자 축의 스플라인 위에서 피니언 기어가 앞뒤로 움직이면서 플라이 휠의 링 기어에 물린다.

[피니언 섭동식의 작동원리]

2) 고장 진단 및 원인
① 스위치를 넣어도 전동기가 기동하지 않을 때의 고장 원인
㉮ 퓨즈의 용단
㉯ 브러시의 오손 또는 브러시 고착(固着)
㉰ 전기자 회로의 단선
㉱ 계자 코일의 단선
㉲ 계자 코일의 단락 또는 접지
㉳ 전기자 코일 또는 정류자편의 단락
㉴ 베어링의 불량 및 과부하
㉵ 브러시 홀더에서의 접지
② 전동기가 저속으로 회전할 때의 고장 원인
㉮ 전기자 또는 정류자에서의 단락
㉯ 베어링의 불량
㉰ 전기자 코일의 단선
㉱ 중성 축으로부터 벗어난 위치에 브러시 고정
㉲ 과부하 및 전압 부적당

SECTION 03 충전장치

Craftsman Construction Equipment Operator

STEP 01 충전장치 일반

1. 충전의 필요성

건설기계에는 기관의 기동장치나 전장품을 비롯하여 램프류, 에어컨 장치 등 많은 전기장치가 있으며, 이러한 전기장치에 전력을 공급하는 전원으로 발전기와 축전지가 사용된다. 발전량은 기관의 회전수에 따라 다르고 발전량이 부하량보다 적은 경우에는 축전지가 전원이 되어 일시 방전해 주며 발전량이 부하량보다 많은 경우에는 발전기만으로 모든 전기장치에 전력을 공급하고, 축전지도 발전기가 충전시킨다. 함께 사용하는 전압 조정기(Voltage regulator)도 축전지를 충전하는 기능을 가졌기 때문에 충전장치로 부른다.

[충전장치의 구성]

2. 발전 원리와 분류

발전기는 코일선과 자석으로 구성되어 자석을 코일 안에서 회전시키면 내부에는 유도 전류가 발생되고 기관이 시동되면 발전기는 항상 함께 회전되어 발전한다. 이러한 발전기의 원리는 플레밍의 오른손 법칙에 기반하고 있다.

① 자려자 발전기(DC 발전기에 해당) : 직류 발전기는 계자 철심의 잔류 자기를 기초로 발전을 시작하기 때문에 자려자식이라 한다.

② 타려자 발전기(AC 발전기에 해당) : 교류 발전기는 발전 초기에 외부 전류를 잠시 끌어들여 자기를 형성하여 발전하므로 타려자식이라 한다.

STEP 02 구성 및 작용

1. 직류(DC) 발전기(제네레이터)

1) 기본 작동과 발전

직류 발전기는 계자 코일과 철심으로 된 전자석의 N극과 S극 사이에 둥근형의 아마추어 코일을 넣고, 코일 A와 B를 정류자(Commutator)의 정류자편 E와 F에 접속한 다음 크랭크축 폴리와 팬 벨트로 회전시키면 코일 A와 B가 함께 회전하는 도체는 자력선을 끊어 전자 유도 작용에 의한 전압을 발생시키는 일종의 자려자식이며 계자 코일과 전기자 코일의 연결방식에 따라 직렬식(직권식), 병렬식(분권식), 직·병렬식(복권식)이 있다.

2) DC 발전기의 구조

① 전기자(아마추어) : 계자 내에서 회전하며 전류를 발생시키며, 둥근 코일선이 사용된다.
② 계자 철심과 코일 : 계자 코일에 전류가 흐르면 철심은 N극과 S극으로 된다.
③ 정류자 : 전기자 코일에서 발생한 교류는 정류자와 브러시를 거쳐 직류로 정류되어 외부로 공급된다.

[직류발전기의 발전]

3) 발전기 레귤레이터(조정기)

① 컷 아웃 릴레이 : 발생 전압이 축전지 전압보다 낮을 경우 축전지의 전압이 발전기로 역류하는 것을 막는 장치이다.

[레귤레이터의 회로]

② 전압 조정기 : 발전기의 발생 전압을 일정하게 유지하기 위한 장치로, 발생 전압이 규정보다 증가하면 계자 코일에 직렬로 저항을 주어 여자 전류를 감소시켜 발생 전압을 감소시키고, 발생 전압이 낮으면 저항을 빼내 규정 전압으로 회복시킨다.
③ 전류 제한기(전류 조정기) : 발전기 출력 전류가 규정 이상의 전류가 되면 소손되므로 소손을 방지하기 위한 장치이다.

2. 교류(AC) 발전기(알터네이터)

1) 기본 작동과 발전

교류(AC) 발전기는 기본적으로 도선의 코일 선으로 구성되어 자기 내에서 회전되든가 아니면 자기를 띠는 자석이 회전을 하면 그 내부에서 유도 전류를 발생하게 되어 있다. 이 유도 전류를 이용하기 위해 미끄럼 접촉을 사용하여 코일 선을 외부 회로와 연결시켰으며 단상과 3상이 있다. 건설기계용 발전기는 3상으로 영구자석 대신 철심에 코일을 감아 자장의 크기를 조정할 수 있게 한 전자석을 사용했다.

[로터]   [교류발전기의 원리]

즉, 회전축에 부착한 두 개의 슬립 링(slip ring)에 코일의 단자를 연결하고 슬립 링에 접촉된 브러시(brush)를 통하여 전류를 통하게 한 후 회전시켜 발전한다.

2) AC 발전기의 구조

① 스테이터 코일 : 직류 발전기의 전기자에 해당되며 철심에 3개의 독립된 코일이 감겨져 있어 로터의 회전에 의해 3상 교류가 유지된다.

[다이오드와 히트싱크]   [알터네이터(AC발전기)]

② 로터 : 직류 발전기의 계자 코일에 해당하는 것으로 팬 벨트에 의해서 엔진 동력으로 회전하며 브러시를 통해 들어온 전류에 의해 철심이 N극과 S극의 자석을 띤다.
③ 슬립 링과 브러시 : 축전기 전류를 로터에 출입시키며, (+)측과 (−)측으로써 슬립 링이 금속이면 금속 흑연 브러시, 구리이면 전기 흑연 브러시를 사용한다.
④ 실리콘 다이오드 : 스테이터 코일에 발생된 교류 전기를 정류하는 것으로 + 다이오드 3개와 − 다이오드 3개가 합쳐져 6개로 되어 있으며, 축전지로부터 발전기로 전류가 역류하는 것을 방지하고 교류를 다이오드에 의해 직류로 변환시키는 역할을 한다.
⑤ 교류 발전기 레귤레이터 : 교류 발전기의 조정기는 컷 아웃 릴레이와 전류 조정기가 필요 없고 전압 조정기만 필요하며, 현재는 트랜지스터형이나 IC 조정기를 사용한다.

[DC 발전기와 AC 발전기의 차이점]

구분	직류(DC) 발전기	교류(AC) 발전기
중량	무겁다.	가볍고 출력이 크다.
브러시의 수명	짧다.	길다.
정류	정류자와 브러시	실리콘 다이오드
공회전시	충전 불가능	충전 가능
구조	계자 코일 고정, 아마추어 회전	스테이터 고정, 로터 회전
사용범위	고속 회전용으로 부적합하다.	고속 회전에 견딜 수 있다.
조정기	컷 아웃 릴레이, 전압 조정기, 전류 조정기	전압 조정기뿐이다.
소음	라디오에 잡음이 들어간다.	잡음이 적다.
정비	정류자의 정비가 필요하다.	슬립 링의 정비가 필요 없다.

SECTION 04 등화장치 및 냉·난방 장치

Craftsman Construction Equipment Operator

STEP 01 등화장치

1. 등화장치 일반

건설기계의 등화장치를 크게 구분하면 대상물을 잘 보기 위한 목적의 조명 기능과 다른 장비나 차량 또는 기타 도로 이용자들에게 장비의 이동 상태를 알려주는 것을 목적으로 하는 신호 기능 등 2가지로 구분된다.

즉, 전조등이나 안개등은 조명용이며 방향지시등, 제동등, 후미등 등은 신호를 목적으로 한 것들이지만 신호 기능을 가진 램프들은 구조상 일체로 된 것들이 많고 이것을 조합등이라고 한다.

1) 전조등

전조등은 야간 운행 및 야간 작업시 전방을 비추는 등화이며 램프 유닛(lamp unit)과 이 유닛을 차체에 부착하여 조정하는 기구로 되어 있다. 또한, 램프 유닛은 전구와 반사경 및 렌즈로 구성된다.

① 전조등의 구성과 조건
  ㉮ 전조등은 병렬로 연결된 복선식이다.
  ㉯ 좌·우에 각각 1개씩(4등색은 2개를 1개로 본다) 설치되어 있어야 한다.
  ㉰ 등광색은 양쪽이 동일하여야 하며 흰색이어야 한다.
  ㉱ 1등당 광도는 2등식 15,000cd 이상이고 4등식은 12,000cd 이상이어야 한다.
  ㉲ 등화는 파손 등의 손상이 없고 점등 상태가 양호해야 한다.

② 전조등의 감광 장치 종류
  ㉮ 저항을 쓰는 방법
  ㉯ 부등을 쓰는 방법
  ㉰ 2중 필라멘트를 쓰는 방법 등

③ 세미 실드빔형 전조등
  ㉮ 렌즈와 반사경은 일체형이지만 전구는 별도로 설치한 것이다.
  ㉯ 공기 유통이 있어 반사경이 흐려질 수 있다.
  ㉰ 전구만 따로 교환할 수 있다.
  ㉱ 할로겐 전구가 많이 활용되고 있다.

④ 실드빔형 전조등
  ㉮ 렌즈, 반사경 및 필라멘트가 일체로 된 형식이다.
  ㉯ 내부에 불활성 가스가 들어 있다.
  ㉰ 반사경이 흐려지는 일이 없다.

㉣ 광도의 변화가 적다.
㉤ 필라멘트가 끊어지면 렌즈나 반사경에 이상이 없어도 전조등 전체를 교환하여야 한다.

[세미실드빔형]   [실드빔형]

2) 방향지시등(turn signal light)
건설기계의 좌·우회전을 표시하며 광도는 50cd 이상 1050cd 이하이어야 한다.
① 방향지시등의 구성과 조건
　　㉮ 방향지시등은 건설기계 중심에 대해 좌·우 대칭일 것
　　㉯ 설치 위치, 투영 면적 및 유효 조광 면적은 기준에 적정할 것
　　㉰ 건설기계 너비의 50% 이상 간격을 두고 설치되어 있을 것
　　㉱ 점멸 주기는 매분 60회 이상 120회 이하일 것
　　㉲ 등광색은 노란색 또는 호박색일 것
　　㉳ 파손 등의 손상이 없을 것
　　㉴ 방향지시등은 견고하게 부착되어 있을 것
② 플래셔 유닛의 종류
　　㉮ 전자열선식　　　㉯ 축전기식
　　㉰ 수은식　　　　　㉱ 바이메탈식 등
③ 지시등의 점멸이 느릴 때의 원인
　　㉮ 전구의 접지 불량이다.
　　㉯ 축전지 용량이 저하되었다.
　　㉰ 전구의 용량이 규정값보다 작다.
　　㉱ 플래셔 유닛의 결함이 있다.
　　㉲ 퓨즈 또는 배선의 접촉이 불량하다.
④ 좌·우의 점멸 횟수가 다르거나 한 쪽이 작동되지 않는 원인
　　㉮ 규정 용량의 전구를 사용하지 않았다.
　　㉯ 접지가 불량하다.
　　㉰ 전구 1개가 단선되었다.
　　㉱ 플래셔 스위치에서 지시등 사이에 단선이 있다.

3) 제동등(brake light) 및 후진등(reverse light)

발로 브레이크를 걸고 있음을 표시하여 1등당 광도는 40cd 이상 420cd 이하이다. 후진등은 건설기계가 후진할 때 점등되는 것으로 후방 75m를 비출 수 있어야 한다.

① 제동등의 구성과 조건
  ㉮ 등광색은 붉은색일 것
  ㉯ 제동 조작 동안 지속적으로 점등 상태가 유지될 수 있을 것
  ㉰ 다른 등화와 겸용시 광도가 3배 이상 증가할 것
  ㉱ 등화의 설치 높이는 지상 35cm 이상 200cm 이하일 것
  ㉲ 파손 등의 손상이 없고 고정 상태가 양호할 것
  ㉳ 등화는 점등 상태가 양호할 것

② 후진등의 구성과 조건
  ㉮ 후진등은 2개 이하 설치되어 있을 것
  ㉯ 등광색은 흰색 또는 노란색일 것
  ㉰ 등화의 설치 높이는 지상 25cm 이상 120cm 이하일 것(트럭 적재식 건설기계에 한함)
  ㉱ 주광축은 하향일 것
  ㉲ 후퇴등은 변속장치를 후퇴 위치로 조작시 점등될 것
  ㉳ 등화는 손상이 없고 작동에 이상이 없을 것

2. 배선 및 조명 용어

1) 전선

전선에는 나선(맨살선)과 피복선이 있으며, 나선은 보통 어스선에 사용된다. 면, 명주, 비닐 등의 절연물로 피복되어 있으며 특히 점화 플러그에 불꽃을 튀게 하는 전선에는 절연 내력이 높은 고압 코드(high tesnion cord)라고 하는 전선을 사용한다. 심선(core wire)에는 단선과 꼰 선이 있으며, 각각 허용 전류의 범위 내에서 사용하는 것이 중요하다. 전류 용량이 큰 배터리와 스타터 사이에는 배터리 케이블이라고 하는 특별히 큰 전선을 사용한다.

색명	흑	백	적	녹	황	갈	청
색기호	B	W	R	G	Y	Br	L

[전선의 색별기호]

(a) 저압전선
(b) 배터리 케이블선

① 배선의 개요
  ㉮ 배선은 단선식과 복선식이 있다.
  ㉯ 배선을 굵은 것으로 사용하는 이유는 많은 전류가 흐르게 하기 위함이다.
  ㉰ 배선에 표시된 0.85RW에서 0.85는 배선의 단면적(cm^2), R은 바탕색, W은 줄색이다.
  ㉱ 전기 배선을 점검할 때 저항을 측정하고자 할 경우에는 멀티미터를 사용하여야 한다.

② 건설기계에 전기 배선 작업시 주의할 점
㉮ 배선을 차단할 때에는 우선 어스(접지)선을 떼고 차단한다.
㉯ 배선을 연결할 때에는 어스(접지)선을 나중에 연결한다.
㉰ 배선 작업장은 건조해야 한다.
㉱ 배선 작업에서 접속과 차단은 빨리 하는 것이 좋다.

2) 조명의 용어
① 광속 : 빛의 다발을 광속이라 하고, 이것은 광원으로부터 빛의 다발이 사방으로 방사되고 있을 때 그 크기로 광속이 정해지며 단위는 루멘(lumen, lm)으로 표시한다.
② 광도 : 발광체가 내는 빛의 강한 정도를 광도라 하며, 단위는 칸델라(candela, cd)로 표시한다.
③ 조도 : 피조면(被照面)의 밝기의 정도를 나타내는 것을 조도라 하며, 단위는 럭스(Lx)로 표시하며 광도와 거리와의 관계는 다음과 같다.

$$E = \frac{cd}{r^2}$$

- E : 조도(Lx)   - r : 거리(m)   - cd : 광도

[예제] 광원의 광도가 20cd이고 거리가 2m 떨어진 곳의 조도는 얼마인가?
➡ 피조면의 조도는 광원의 광도에 비례하고 거리의 제곱에 반비례하므로
$Lx = \frac{20}{2^2} = 5Lx$ 답 : 5럭스

STEP 02 냉·난방장치

1. 난방장치의 작용

난방장치를 열원별로 나누면 온수식, 배기열식, 연소식의 3종류가 있으며, 일반적으로 온수식이 사용된다. 온수식은 엔진 냉각용으로 사용한 온수의 일부를 히터 유니트로 흘려서 온수를 방출하는 열량으로 유니트 내의 공기를 따뜻하게 만든다. 또한, 블로어(송풍 모터)를 사용하여 실내로 보내서 난방함과 동시에 열풍의 일부를 프론트 또는 사이드 글라스로 불어내서 흐림과 서리를 방지한다.

[온수식의 온수경로]

1) 열원별 난방장치 종류
① 온수식
㉮ 엔진 냉각용의 온수를 이용한다.
㉯ 수냉식 엔진 차량용으로 구조는 간단하며 일반적인 것이다.

② 배기열식
  ㉮ 배기 가스의 열을 이용한다.
  ㉯ 공랭식 엔진 차량용으로 구조는 간단하다.
  ㉰ 열용량이 부족하기 쉽다.
③ 연소식
  ㉮ 석유 연료의 연소열을 이용한다.
  ㉯ 버스·건설기계용의 것으로 구조가 복잡하다.
  ㉰ 열용량이 크므로 한랭지용에 적합하다.

2) 온수식 공기도입법의 분류
 ① 외기순환식(후레시)
   ㉮ 공기의 신선도가 높다.
   ㉯ 열교환이 큰 히터 유니트가 필요하다.
 ② 내기순환식(리서큘레이팅)
   ㉮ 외기도입식에 비하여 공기의 신선도는 떨어진다.
   ㉯ 구조가 간단하여 차량 실내를 따뜻하게 한다.
 ③ 외기도입 내기순환변환식
   ㉮ 가장 일반적으로 사용되는 방식이다.
   ㉯ 외기 내기의 변환 기구가 필요해진다.

2. 냉방장치의 작용

냉방하는데는 저열원이 필요하지만, 자동차용 냉방장치의 저열원으로는 액체가 기화할 때 주위에서 열을 빼앗는 것을 이용하고 있다. 이와 같은 액체를 냉매라고 한다. 냉매를 사용하여 연속적으로 저열원을 얻기 위하여서는 일단 기화한 냉매를 다시 액화시킬 필요가 있으며 액화, 기화를 반복하게 하는 방식을 채용하고 있다. 이것을 증기 압축식 냉매 사이클이라고 한다.

[냉매순환경로]

1) 작동 원리 및 순서

　냉매 사이클에는 4가지의 작용을 순환 반복함으로써 한 주기를 이루는 카르노 사이클을 이용하였으며 "증발(액체가 기체로 변함) → 압축(외기에 의해 기체가 액체로 변함) → 응축(기체가 액체로 변함) → 팽창(냉매의 압축을 낮춤)"의 순서로 순환한다.

2) 냉방장치의 구성품

①　압축기 : 증발기에서 저압 기체로 된 냉매를 고압으로 압축하여 응축기로 보내는 장치로 종류에는 크랭크식, 사판식, 베인식이 있다.

②　응축기 : 압축기에서 들어온 고온·고압의 기체 냉매를 대기 중에 방출시켜 액체로 만드는 일종의 방열기이다.

③　건조기 : 응축기에서 들어온 냉매를 저장하고 수분을 흡수한다.

④　증발기(이배퍼레이터) : 팽창밸브를 통과한 냉매가 증발되기 쉬운 저압으로 되어 증발기에서 증발되며 이 때의 기화열에 의해 튜브 핀을 냉각시켜 차량 실내의 공기가 시원하게 된다.

⑤　패스트 아이들 기구 : 엔진의 공전 속도가 저하될 때의 진동을 방지하기 위하여 에어컨의 공전 회전수를 상승시켜 준다.

⑥　마그네틱 클러치 : 압축기는 크랭크축 풀리에 벨트로 연결되어 회전하며, 압축이 필요한 때에만 압축기축과 클러치 판이 일체가 되어 회전한다.

⑦　냉매 : 냉매란 냉동 효과를 위해 사용되는 물질로서 프레온과 암모니아 등과 같이 냉매가 상태 변화를 일으키는 1차 냉매와 염화나트륨, 브라인(brine) 같이 저온의 액체를 순환시키는 2차 냉매가 있다.

[마그네틱 클러치 단면도]　　[콘덴서]

3) 주요 냉매와 용도

냉매를 편의상 화학적으로 분류하면 무기화합물계 탄소, 탄화수소계, 할로겐 원소를 포함하는 탄화수소, 특히 불소(플루오르. 원소기호 F)를 포함한 프레온계 등이 있다.

① 암모니아(NH_3) : 널리 사용되는 냉매로서 식품의 냉동, 제빙 등에 사용되며 독성이 있어서 인체에 유해하므로 공기조화에는 사용하지 않는다. 그리고 철(鐵)은 부식시키지 않지만 동이나 동합금 등은 심하게 부식시킨다.

② R-12 : 프레온계 냉매는 안전도가 매우 높고 무해, 무독하며 연소성, 폭발성이 없으며 전기 절연성이 좋고 수분이 없으면 부식성도 거의 없다. 만약 수분이 있으면 Mg, Mg-Al 합금은 부식을 일으키므로 동관(銅管)을 사용하는 것이 좋으며 관로 내에는 탈습기(脫濕器)를 설치할 필요가 있다. 특히 R-12는 프레온계 중 가장 안전하여 적합하다. 여기서 R은 REFRIGERANT(냉계)의 R을 의미한다. 분자식은 CF_2Cl_2로 화학명은 Dichlorodifluoromethane, 또는 2염화불화탄소(二鹽化弗化炭素)라고 한다. 이와 같이 할로겐화 탄화수소계는 화학명이 매우 길어서 부르기가 매우 불편하므로 R-12, R-22 등의 숫자를 사용하여 기호를 나타낸다.

4) 신냉매(HFC-134a)와 구냉매(R-12)의 비교

현재 건설기계 냉방장치에 사용되고 있는 R-12는 냉매로서는 가장 이상적인 물질이지만 단지 CFC(염화불화탄소)의 분자중 Cl(염소)가 오존층을 파괴함으로써 지표면에 다량의 자외선을 유입하여 생태계를 파괴하고, 또 지구의 온난화를 유발하는 물질로 판명됨에 따라 이의 사용을 규제하기에 이르렀다.

따라서 이의 대체물질로 현재 실용화되고 있는 것이 HFC-134a(Hydro Fluro Carbon 134a)이며 이것을 R-134로 나타내기도 한다.

> **참고** 국가기술자격필기문제에서는 R-134a로 표시하였다.

제02장_ 건설기계 전기
출제예상문제

● 1. 전기기초 및 축전기

01 다음 중 전류의 3가지 작용에 속하지 않는 것은?
① 자기 작용 ② 발열 작용
③ 전기 작용 ④ 화학 작용

> 전류의 3대 작용
> • 발열작용 : 전구, 예열플러그, 전열기
> • 화학작용 : 축전지, 전기 도금
> • 자기작용 : 전동기, 발전기, 솔레노이드 등

02 전선의 전기 저항은 단면적이 클수록 어떻게 변화하는가?
① 작게 된다.
② 크게 된다.
③ 단면적엔 관계없고 길이에 따라 변화한다.
④ 단면적을 변화시키면 항상 증가한다.

> 도체의 저항은 그 길이에 비례하고, 단면적에 반비례한다. 따라서, 단면적이 커질수록 저항은 작아진다.

03 전기장치의 전압 변화는 일반적으로 얼마까지 허용되는가?
① ±5   ② ±10%
③ ±15% ④ ±20%

04 다음의 기호의 해설이 틀린 것은?
① 전류의 세기 − A   ② 저항 − Ω
③ 전압 − V   ④ 전력량 − μF

> 전력은 W 또는 kW, 전력량은 WS 또는 kW/h 를 사용한다.

05 전압이 12V, 저항이 2Ω일 때 전류는?
① 2A   ② 3A
③ 6A   ④ 12A

> 전류 = $\frac{전압}{저항} = \frac{12}{2} = 6A$

06 12V의 자동차에 30W의 헤드라이트 한 개를 켜면 이 때 흐르는 전류는?
① 5A   ② 2.5A
③ 10A   ④ 4A

> 전류 = $\frac{전력}{전압} = \frac{30}{12} = 2.5A$

07 저항이 350Ω이고 전류가 0.5A인 전류를 필요로 하는 전구를 켜려면 몇 V 전압이 필요한가?
① 1.42V   ② 175V
③ 349.5V   ④ 700V

> 전압 = 전류 × 저항 = 0.5 × 350 = 175V

08 다음 전기의 전압을 구하는 공식 중 알맞은 것은?
① V = IP   ② V = I/R
③ V = I/P   ④ V = IR

> I = V/R, V = IR, R = V/I
> 여기서 I : 전류(A), V : 전압(V), R : 저항(Ω)

09 저항이 가장 큰 전구는?
① 12V용 6W   ② 12V용 10W
③ 12V용 20W   ④ 12V용 50W

> P = VI = V^2/R (∵ I = V/R)
> ∴ R = V^2/P 이므로 같은 전압일 때 전력이 적을수록 저항이 크다.

10 1kW의 발전기가 24V의 축전지를 28V로 충전할 경우 최대로 충전할 수 있는 전류는?
① 36A   ② 42A

 [1. 전기기초 및 축전지] 01 ③ 02 ① 03 ② 04 ④ 05 ③ 06 ② 07 ② 08 ④ 09 ① 10 ①

③ 24A ④ 52A

전류 = 전력/전압 = 1000/28 = 36A

11 다음 그림과 같은 회로에서 전류계(가)에 흐르는 전류는 몇 A인가?

① 3.8A ② 5.8A
③ 10.8A ④ 15.8A

전류 = 전력/저항 = (40+25+25+40)/12 = 10.8A

12 광원의 광도가 1400cd의 경우 2m 거리에서의 조도는?

① 100Lx ② 150Lx
③ 250Lx ④ 350Lx

조도 = 광도/거리² = $1400/2^2$ = 350Lx

13 퓨즈의 접촉이 불량하면 어떤 현상이 일어나는가?

① 과대 전류가 흐르나 끊어지지 않는다.
② 전류의 흐름이 떨어지고 끊어진다.
③ 전류의 흐름이 떨어지나 끊어지지 않는다.
④ 과대 전류가 흐르고 끊어진다.

14 퓨즈는 회로 속에 어떻게 설치되는가?

① 병렬 ② 직렬
③ 직·병렬 ④ 혼선

퓨즈는 회로에 과도한 전류가 흐를 때 내부의 금속 부품이 녹아 끊어져 개방회로를 만듦으로써 회로를 보호하는 장치로 회로 내에서 직렬로 설치된다.

15 퓨즈의 재료 중 맞는 것은?

① 주석, 납 창연, 카드뮴의 합금
② 주석, 구리, 크롬, 알루미늄의 합금
③ 주석, 납, 구리, 아연, 철의 합금
④ 주석, 카드뮴, 아연, 구리의 합금

퓨즈는 주석(Sn), 납(Pb), 창연(Bi, 비스무트), 카드뮴(Cd)의 합금으로 만들어진다.

16 다음 회로에서 퓨즈에는 몇 A가 흐르는가?

① 5A ② 10A
③ 50A ④ 100A

P = VI에서 I = P/V이므로
I = (30 + 30)/6 = 10(A)
여기서, P : 전력(W), V : 전압(V), I : 전류(A)

17 전조등 점검 결과 퓨즈를 교환하려 한다. 전원은 24V이고, 전조등은 60W × 2이다. 얼마 이상의 퓨즈를 사용하여야 하는가?(단, 안전율은 20%이다)

① 5A 이상 ② 3A 이상
③ 4A 이상 ④ 6A 이상

퓨즈용량 = 전력/전압 × 안전계수 = (60+60)/24 × 1.2 = 6A 이상

18 다음은 축전지에 대한 설명이다. 잘못된 것은?

① 축전지의 전해액으로는 묽은 황산이 사용된다.
② 축전지의 극판은 양극판이 음극판보다 1매가 더 많다.
③ 축전지의 1셀당 전압은 2~2.2V 정도이다.
④ 축전지의 용량은 암페어시(Ah)로 표시한다.

축전지의 양극판이 음극판보다 더 활성적이기 때문에 화학적 평형을 고려하여 음극판이 1장 더 많다.

정답 11 ③ 12 ④ 13 ② 14 ② 15 ① 16 ② 17 ④ 18 ②

19 축전지 단자와 단자 사이에 많은 오물과 습기가 있을 때 어떤 현상이 일어나는가?

① 자기 방전이 된다.
② 전해액의 비중이 높게 된다.
③ 축전지의 온도가 상승된다.
④ 절연이 잘 된다.

> 단자와 단자 사이에 오물 등이 유입되면 국부전지가 형성되어 자기방전이 된다.

20 축전지가 충전은 되는데 즉시 방전된다. 이유 중 가장 거리가 먼 것은?

① 축전지 내부에 침전물 과대
② 축전지가 방전 종지 전압까지 된 상태에서 충전시
③ 레귤레이터 불량
④ 축전지 내부 격판 단락

> 자기방전의 원인
> • 구조상 부득이한 것
> • 불순물에 의한 것
> • 단락에 의한 것

21 MF(Maintenance Free) 축전지에 대한 설명으로 적절하지 않은 것은?

① 증류수를 보충해야 한다.
② 장기간 보관이 가능하다.
③ 격자의 재질은 납과 저안티몬 또는 칼슘의 합금이다.
④ 촉매 마개를 사용한다.

> MF 축전지는 점검 및 정비를 줄이기 위해 개발된 것으로 증류수를 점검하거나 보충하지 않아도 된다.

22 축전지를 오랫동안 방전 상태로 두면 못쓰게 되는 이유는?

① 극판이 영구 황산납이 되기 때문이다.
② 극판에 산화납이 형성되기 때문이다.
③ 극판에 수소가 형성되기 때문이다.
④ 산화납과 수소가 형성되기 때문이다.

> 음극판의 작용물질(해면상납)이 황산과의 화학작용으로 영구 황산납이 되기 때문이다.

23 과충전 기간에 양극판이 부풀어 오는 원인은 무엇 때문인가?

① 황산납이 많기 때문이다.
② 격자가 산화하기 때문이다.
③ 격리판이 움직이기 때문이다.
④ 전해액이 많아지기 때문이다.

> 축전지를 과충전시키면 양극판 격자의 산화가 촉진된다.

24 축전지 취급상 가장 좋지 않는 것은?

① 과방전은 축전지의 충전을 위해 필요하다.
② 자연 소모된 전해액은 증류수로 보충한다.
③ 필요시 급속 충전시켜 사용할 수 있다.
④ 사용하지 않은 축전지도 2주에 1회 정도 보충전한다.

> 축전지는 과방전되면 사용할 수 없게 되므로 사용하지 않은 축전지도 2주에 1회 정도 보충전해야 한다.

25 기관을 크랭킹시켜봤더니 시동 모터가 돌지 않는다. 이 때 헤드라이트 스위치를 켜고 다시 시동 모터 스위치를 켰더니 라이트 빛이 꺼져 버렸다. 고장 원인은?

① 축전지 방전
② 솔레노이드스위치 고장
③ 회로의 단선
④ 시동 모터의 단선

> 축전지는 기동 전동기의 전기적 부하 및 점등장치 등에 전원을 공급하기 위해 사용된다.

26 축전지의 음극판(negative plate)의 주성분은?

① 염화납 ② 황산납($PbSO_4$)
③ 과산화납(PbO_2) ④ 해면상납(Pb)

> 납산 축전지의 양극판은 과산화납, 음극판은 해면상납을 사용하고 전해액은 묽은 황산을 사용한다.

 19 ① 20 ③ 21 ① 22 ① 23 ② 24 ① 25 ① 26 ④

27 축전지를 충전할 때 주의사항으로 맞지 않는 것은?

① 충전시 전해액 주입구 마개는 모두 닫는다.
② 축전지는 사용하지 않아도 1개월 2회 보충전을 한다.
③ 축전지가 단락하여 불꽃이 발생하지 않게 한다.
④ 과충전하지 않는다.

> 축전지 충전시 전해액 및 증류수 보충을 위한 마개인 각 셀의 벤트 플러그는 모두 열어 두어야 한다.

28 배터리(battery)의 과충전으로 전해액이 부족할 경우 보충해야 될 것은?

① 황산 용액
② 탄산나트륨 용액
③ 에틸알코올 용액
④ 증류수

> 전해액이 부족할 경우 증류수를 극판 위로부터 10~13mm 정도 보충한다.

29 배터리를 충전할 때 배터리 내에 수소가스가 발생되는데 그 성질은 어떠한가?

① 중성 가스
② 소화 가스
③ 불연성 가스
④ 가연성 가스

> 충전 중인 축전지 근처에 불꽃을 가까이해서는 안되는 데 이는 가연성의 수소가스가 발생하기 때문이다.

30 전해액을 만들 때는 반드시 해야 할 일은?

① 황산을 물에 부어야 한다.
② 물을 황산에 부어야 한다.
③ 철제의 용기를 사용한다.
④ 황산을 가열하여야 한다.

> 전해액을 만들 때는 반드시 질그릇이나 고무그릇과 같은 절연체의 용기를 사용하여 물(증류수)에 황산을 부어서 혼합하도록 한다. 이 때 혼합비율은 물 60%와 황산 40%가 적당하다.

31 건설기계에서 많이 사용하는 축전지는?

① 납산 축전지이다.
② 알칼리 축전지이다.
③ 분젠 전지이다.
④ 건전지이다.

> 건설기계에 주로 사용되는 축전지는 가격이 저렴한 납산 축전지이다.

32 축전지 커버에 묻은 전해액을 세척하는 데 어느 것이 가장 좋은가?

① 비눗물
② 걸레
③ 물
④ 베이킹 소다

> 축전지의 전해액이 묽은 황산이므로 소다를 사용하여 중화시킨다.

33 축전지 케이스와 커버 세척에 가장 알맞은 것은?

① 솔벤트와 물
② 소금과 물
③ 소다와 물
④ 가솔린과 물

> 축전지 커버와 케이스 청소는 탄산소다(탄산나트륨)와 물 또는 암모니아수로 한다.

34 축전지의 용량은 어떻게 결정되는가?

① 극판의 크기, 극판의 수 및 황산의 양에 의해 결정된다.
② 전해액의 비중, 셀의 수에 따라 결정된다.
③ 극판의 수, 셀의 수 및 발전기의 충전 능력에 따라 결정된다.
④ 극판의 수와 발전기의 충전능력에 따라 결정된다.

> 축전지 용량의 크기를 결정하는 요소는 극판의 크기(또는 면적), 극판의 수, 전해액의 양 등이 있다.

35 축전지 셀의 극판수를 늘리면?

① 전압이 증가 또는 감소한다.
② 이용 전류 즉, 용량이 커진다.
③ 저항이 증가한다.
④ 방전 종지 전압이 낮아진다.

> 축전지 셀의 극판수를 늘리면 축전지의 용량이 커진다.

36 배터리의 (+)극판, (−)극판 매수에 대해 맞는 것은?

① (+)극판이나 (−)극판이나 매수는 똑같다.
② (−)극판이 (+)극판보다 1매가 더 많다.
③ (+)극판이 (−)극판보다 1매가 더 많다.
④ (+)극판, (−)극판 매수는 상관없다.

🔍 축전지의 양극판이 음극판보다 더 활성적이기 때문에 화학적 평형을 고려하여 음극판이 1장 더 많다.

37 12V 축전지의 구성은?

① 6개의 셀이 병렬로 접속되었다.
② 6개의 셀이 직렬로 접속되었다.
③ 6개의 셀이 직·병렬로 접속되었다.
④ 3개는 직렬, 나머지 3개는 병렬로 되었다.

🔍 축전지를 직렬로 연결하면 전압은 배가되고, 용량은 같다. 따라서, 6개의 셀이 직렬로 연결되면 전압이 12V인 축전지를 구성할 수 있다.

38 같은 축전지를 병렬로 접속하면?

① 전압은 개수배가 되고 용량은 1개 때와 같다.
② 전압은 1개 때와 같고 용량은 개수배가 된다.
③ 전압과 용량은 변화 없다.
④ 전압과 용량 모두 개수배가 된다.

🔍 직렬로 연결하면 전압이 배가되고, 병렬로 연결하면 용량이 배가 된다.

39 6V의 축전지 4개로 24V의 기능을 발휘시키려면?

① 병렬로 연결한다.
② 직렬로 연결한다.
③ 직·병렬로 연결한다.
④ 24V가 되게 할 수 없다.

🔍 축전지를 직렬로 연결하면 전압이 개수배만큼 증가한다.

40 용량이 적은 배터리에서 충분한 전류를 얻으려면 다음 중 맞는 것은?

① 직렬 연결법
② 병렬 연결법
③ 직·병렬 연결법
④ 관계없다.

🔍 축전지를 병렬로 연결하면 용량(전류)는 배가되고 전압은 1개일 때와 동일하다.

41 축전지 용량의 단위는?

① WS
② Ah
③ V
④ A

🔍 축전지의 용량은 "일정 방전 전류(A) × 방전 종지 전압까지의 연속방전시간(h)"으로 나타내며, 암페어시(Ah)라고 읽는다.

42 다음은 축전지 터미널의 식별법이다. 관계 없는 것은?

① 크기로 표시한다.
② (+), (−)의 문자로 표시한다.
③ 색깔로 표시한다.
④ 모양을 달리하여 표시한다.

🔍 축전지 터미널(단자 기둥)의 식별
 · 양극은 (+), 음극은 (−)의 부호로 구분한다.
 · 양극은 적색, 음극은 흑색으로 구분한다.
 · 양극은 지름이 굵고, 음극은 가늘다.
 · 양극은 POS, 음극은 NEG의 문자로 분별한다.
 · 부식물이 많은 쪽이 양극이다.

43 축전지 터미널에 녹이 슬었을 때의 조치 요령은?

① 물걸레로 닦아낸다.
② 뜨거운 물로 닦고 소량의 그리스를 바른다.
③ 터미널을 신품으로 교환한다.
④ 아무런 조치를 하지 않아도 무방하다.

🔍 단자기둥(터미널)이 부식되었을 경우에는 뜨거운 물로 깨끗이 닦아 내고 그리스를 얇게 발라준다.

44 24V 축전지에 24V 12W의 전구 1개를 연결하면 흐르는 전류는?

① 0.25A
② 0.5A
③ 2A
④ 12A

🔍 전류 = $\dfrac{전력}{전압} = \dfrac{12}{24} = 0.5A$

정답 36 ② 37 ② 38 ② 39 ② 40 ② 41 ② 42 ④ 43 ② 44 ②

45 24V의 축전지에 2Ω, 6Ω의 저항을 직렬 연결할 때 회로에 흐르는 전류의 세기는?

① 1A　　　② 2A
③ 3A　　　④ 4A

> 전류 = $\dfrac{전압}{저항}$ = $\dfrac{24}{2+6}$ = 3A

46 장비에 사용되는 12V 축전지를 전압계를 사용하여 측정하려 할 때 몇 볼트 이하이면 완전 방전되었다고 보는가?

① 8.4V　　　② 9.6V
③ 10.5V　　　④ 12.0V

> 셀당 방전 종지 전압이 1.75V 이므로, 6셀로 구성되는 12V 축전지의 완전 방전값은 6셀 × 1.75V = 10.5V이다.

47 축전지의 셀당 방전 종지전압(V)에 해당하는 것은?

① 1.65V　　　② 1.75V
③ 1.85V　　　④ 1.95V

> 방전 종지 전압이란 축전지를 어떤 전압 이하로 방전해서는 안 되는 것을 말하며, 그 값은 1셀당 평균 1.75V 이다.

48 20시간 동안 2.5A로 계속 사용하였더니 1.75V가 되었다. 축전지의 용량은 얼마인가?

① 20Ah　　　② 50Ah
③ 70Ah　　　④ 87Ah

> 용량 = 전류 × 시간 = 2.5 × 20 = 50Ah

49 0℃에서 양호한 상태인 100Ah 축전지는 300A의 전류로 방전시킬 때 이론상 얼마 동안 방전시킬 수 있는가?

① 5분　　　② 10분
③ 15분　　　④ 20분

> 시간 = $\dfrac{용량}{전류}$ = $\dfrac{100}{300}$ = 0.33시간 = 20분

50 완전 충전된 축전지를 방전 종지전압까지 방전하는데 20A로 6시간 걸렸다. 다음에 이것을 완전 충전하는데 10A로 15시간 걸렸다면 이 축전지의 효율은?

① 70%　　　② 80%
③ 90%　　　④ 95%

> 축전지효율 = $\dfrac{방전용량}{충전용량}$ × 100 = $\dfrac{20 \times 6}{10 \times 15}$ × 100 = 80%

51 120Ah의 축전지가 매일 3%의 자기방전을 할 때 이것을 보존하기 위하여 미전류 충전기로 충전할 때 충전전류는 몇 (A)로 조정하여 두면 되는가?

① 0.05A　　　② 0.1A
③ 0.15A　　　④ 0.20A

> 충전전류 = $\dfrac{방전전류}{24시간}$ = $\dfrac{120 \times 0.03}{24}$ = 0.15A

52 다음 중 배터리의 충전 상태를 측정할 수 있는 게이지는?

① 그라울러 테스터　　② 압력계
③ 비중계　　　　　　④ 멀티 테스터

> 전해액의 비중은 방전량에 비례하여 저하된다. 따라서, 배터리의 충전 상태는 비중계로 측정할 수 있다.

53 축전지에 충전할 때 전해액의 온도가 몇 도를 넘어서는 안되는가?

① 10℃　　　② 20℃
③ 30℃　　　④ 45℃

> 충전 중 전해액의 온도를 45℃ 이상으로 상승시키지 않아야 한다.

54 축전지는 얼마간의 간격으로 충전하는가(단, 보관시)?

① 7일　　　② 15일
③ 60일　　　④ 30일

> 사용하지 않고 보관중인 축전지는 15일에 한번씩 보충전을 하여야 한다.

정답 45 ③　46 ③　47 ②　48 ②　49 ④　50 ②　51 ③　52 ③　53 ④　54 ②

55 축전지 케이블을 떼어낼 때 바른 작업 방법은?

① 아무거나 먼저 떼어내도 무방하다.
② 두 케이블을 동시에 떼어 낸다.
③ 접지 터미널을 먼저 떼어 낸다.
④ (+)극 케이블을 먼저 떼어 낸다.

> 축전지 단자 기둥으로부터 케이블을 분리할 경우에는 반드시 접지 단자의 케이블을 먼저 분리하고, 설치할 경우에는 나중에 연결하여야 한다.

56 건설기계에 축전지를 설치할 때 가장 안전한 작업방법은?

① 절연 케이블을 나중에 연결한다.
② 접지 케이블을 나중에 연결한다.
③ 음극 케이블을 프레임에 연결한다.
④ 두 케이블을 동시에 연결한다.

> 축전지를 설치할 때 접지 케이블을 나중에 연결하여야 한다.

57 건설기계의 축전지가 충전 부족이 되는 원인이 아닌 것은?

① 전압 조정기의 조정전압이 너무 낮을 때
② 전압 조정기의 조정전압이 너무 높을 때
③ 충전회로에 누전이 있을 때
④ 전기의 사용이 너무 많을 때

> 전압조정기기의 조정전압이 높으면 축전지가 과충전되는 원인이 된다.

58 축전지 비중은 30℃에서 1.273이었다. 20℃에서의 비중은 얼마인가?

① 1.254   ② 1.260
③ 1.268   ④ 1.280

> S_{20} = St + 0.0007(t−20) = 1.273 + 0.0007(30 − 20) = 1.280

59 지금 축전지 비중을 측정한 결과 23℃일 때 1.275였다면 20℃일 때의 비중은 얼마인가?

① 1.296   ② 1.254
③ 1.277   ④ 1.273

2. 시동장치

01 건설기계에서 기관 시동에 사용되는 기동 전동기는?

① 직류 직권식   ② 직류 분권식
③ 교류 직권식   ④ 교류 복권식

> 직류전동기에는 전기자 코일과 계자 코일의 연결방법에 따라 직권식, 분권식, 복권식 전동기로 분류하며, 건설기계에서는 축전지를 전원으로 하는 직류 직권식 전동기를 사용하고 있다.

02 기동 전동기의 충분한 기동 출력을 얻으려면 기동 전동기 회로 상태는?

① 회로에 저항이 많아야 한다.
② 회로에 저항이 적어야 한다.
③ 회로에 접속부를 용접한다.
④ 회로를 3선식으로 하여야 한다.

> 기동전동기의 회전력은 계자철심의 자력과 전기자에 흐르는 전류와의 곱에 비례한다. 따라서, 저항이 적어야 충분한 기동출력을 얻을 수 있다.(전류 = 전압/저항)

03 직권식 기동전동기의 전기자 코일과 계자 코일은?

① 각각(혼형)의 단자에 연결되어 있다.
② 병렬로 연결되어 있다.
③ 직렬, 병렬로 연결되어 있다.
④ 직렬로 연결되어 있다.

> 직권식은 전기자 코일과 계자 코일이 직렬로 접속되어 있으며, 분권식은 병렬, 복권식은 직·병렬로 연결되어 있다.

04 기동 전동기 스위치에는 축전지로부터 많은 전류가 흐른다. 무엇을 고려해야 하는가?

① 발로 작동되도록 한다.
② 접촉 면적을 크게 해야 한다.
③ 운전석 바닥에 설치한다.
④ 릴레이를 사용한다.

> 기동전동기(시동 모터)는 건설기계 차량에서 가장 큰 전류가 흐르는 곳으로 접촉 면적을 크게 해야 한다.

 55 ③ 56 ② 57 ② 58 ④ 59 ③ [2. 시동장치] 01 ① 02 ② 03 ④ 04 ②

05 시동 모터의 마그넷 스위치는?

① 전자석으로 작동하는 시동 모터용 스위치이다.
② 시동 모터의 전류 조절기이다.
③ 시동 모터의 전압 조절기이다.
④ 시동 모터와는 관계없는 것이다.

> 마그넷 스위치를 솔레노이드 스위치라고도 부르며 전자력으로 작동하는 기동 전동기용 스위치이다.

06 주파수 60Hz, 6극 교류전동기의 1분당 동기 회전수는 얼마인가?

① 1200　　② 1500
③ 800　　　④ 3600

> 동기 회전수 R = (120 × 60) / 극수
> ∴ R = (120 × 60) / 6 = 1200rpm

07 8극 60Hz, 500kW인 유도 전동기가 있다. 전부하 슬립이 10%일 때 전동기의 실제 회전수는 몇 rpm인가?

① 710　　　② 810
③ 900　　　④ 1000

> 회전수 = $\frac{120 \times Hz}{극수}$ × 전달효율
> = $\frac{120 \times 60}{8}$ × $\frac{90}{100}$ = 810rpm

08 링기어 잇수 213, 피니언 잇수 18이고, 3000cc급 엔진의 회전 저항이 12m-kg이라고 하면, 기동 전동기가 필요로 하는 회전력은?

① 1.18m-kg　　② 1.20m-kg
③ 1.01m-kg　　④ 2.02m-kg

> 12 × $\frac{18}{213}$ = 1.01m-kg

09 링기어 이의 수가 113, 피니언 이의 수가 9이고, 1200cc 엔진 회전저항이 6m-kg일 때 기동 전동기가 이 엔진을 회전시킬 최소 회전력은 얼마인가?

① 0.48m-kg　　② 48m-kg
③ 480m-kg　　④ 4800m-kg

> 6 × $\frac{9}{113}$ = 0.48m-kg

10 기동 전동기의 전압은 24V, 출력이 5.5kW일 경우 최대 전류는 몇 A인가?

① 30A
② 20A
③ 229A
④ 502A

> 전류 = $\frac{출력}{전압}$ = $\frac{5500}{24}$ = 229A

11 기관 시동시 스타팅 버튼은?

① 30초 이상 계속 눌러서는 안 된다.
② 3분 이상 눌러서는 관계없다.
③ 2분 정도 눌러서는 관계없다.
④ 계속하여 눌러도 된다.

> 기동 전동기 연속 사용시간은 10초 정도로 하고, 최대 연속 운전시간은 30초 이내로 하여야 한다.

12 엔진이 기동되었을 때 시동 스위치를 계속 ON 위치로 할 때 미치는 영향으로 맞는 것은?

① 시동 전동기의 수명이 단축된다.
② 캠이 마멸된다.
③ 클러치 디스크가 마멸된다.
④ 크랭크 축 저널이 마멸된다.

> 엔진이 기동되었음에도 시동 스위치를 계속 ON 위치로 하면 시동 전동기의 수명이 단축된다.

13 시동 모터는 1회 몇 초 정도까지 돌리는 것이 적당한가?

① 10~15초 이내　　② 25~35초 이내
③ 40~50초 이내　　④ 50~60초 이내

> 기동 전동기 연속 사용시간은 10초 정도로 하고, 최대 연속 운전시간은 30초 이내로 하여야 한다.

정답 05 ① 06 ① 07 ② 08 ③ 09 ① 10 ③ 11 ① 12 ① 13 ①

14 시동 전동기의 전기자나 계자를 오일로 세척하면 안되는 이유는?

① 계자 철심이 손상된다.
② 전기자 축이 손상된다.
③ 절연 부분이 손상된다.
④ 구리의 연결부가 손상된다.

15 기관을 크랭킹시켰을 경우 시동모터가 너무 천천히 회전한다. 다음 중 고장 원인과 관계없는 것은?

① 시동 회로에 저항이 생김
② 축전지가 방전됨
③ 시동 모터 브러시 또는 정류자의 소손
④ 시동 모터 구동 장치의 결함

16 기동 모터가 작동이 안 되는 원인이다. 틀린 것은?

① 배터리의 출력 저하
② 회로 스위치에 결함
③ 솔레노이드의 결함
④ 팬 벨트의 간극이 느슨함

> 기동전동기가 회전하지 않는 원인
> • 기동 스위치 접촉 및 배선 불량
> • 계자코일 손상
> • 브러시가 정류자에 밀착 불량
> • 축전지 전압이 낮음
> • 전기자 코일 단선

17 엔진의 링 기어와 전동기 피니언의 기어비는?

① 5~10:1   ② 10~15:1
③ 15~20:1 ④ 20~25:1

> 플라이 휠 링 기어와 전동기 피니언의 감속비는 10~15:1 정도이며, 피니언을 링 기어에 물리는 방식으로는 벤딕스식, 피니언 섭동식, 전기자섭동식이 있다.

18 시동 모터 구동시 암 미터가 동작하지 않는 이유는?

① 알터네이터가 고장났기 때문
② 시동 모터를 배터리와 직선 연결했기 때문
③ 배터리가 과방전되었다.
④ 레귤레이터의 접점이 붙었기 때문에

19 시동 모터의 피니언 기어는 시동할 때 어디와 치합되는가?

① 플라이 휠 링 기어
② 피니언 베벨 기어
③ 변속기 내부의 1단 기어
④ 캠 축 기어

> 기동전동기에서 발생한 회전력은 엔진 플라이 휠 링 기어로 전달되어 크랭킹 된다.

20 솔레노이드 · 피니언 섭동 형식에서는 무엇에 의해 피니언이 섭동되고 또 전동기 스위치로 작동하게 되어 있는가?

① 플런저   ② 푸시 버튼
③ 솔레노이드 ④ 피니언

> 피니언 섭동식은 피니언의 미끄럼 운동과 기동 전동기 스위치의 개폐를 전자력으로 작동하는 솔레노이드 스위치를 두고 있다.

21 기동 전동기 브러시의 재질이다. 맞는 것은?

① 전기 흑연계   ② 금속 흑연계
③ 구리   ④ 흑연

> 브러시는 정류자를 통하여 전기자 코일에 전류를 출입시키는 일을 하며, 큰 전류가 흐르므로 재질은 금속 흑연계이다.

22 사용 중인 브러시는 새 브러시에 비해 얼마가 마모되면 교환해야 하나?

① 1/2   ② 1/3
③ 1/4   ④ 3/4

> 브러시는 표준 길이에서 1/3 정도 마모되면 교환하여야 한다.

23 다음 중 기동 전동기의 시험 항목으로 맞지 않는 것은?

① 무부하 시험 ② 저항 시험
③ 과부하 시험 ④ 회전력 시험

> 기동 전동기의 시험 항목으로는 무부하 시험, 저항 시험, 회전력 시험이 있다. 특히 회전력 시험에서의 회전력은 전기자가 회전되지 않기 때문에 정지회전력이라고 부른다.

 14 ③ 15 ④ 16 ④ 17 ② 18 ② 19 ① 20 ③ 21 ② 22 ② 23 ③

24 전기자 코일이 자주 단선되는 이유는?

① 과대한 속도 회전
② 과도한 토크의 발생
③ 불충분한 윤활
④ 과대한 전류의 흐름

🔍 전기자 코일은 큰 전류가 흐르기 때문에 단면적이 큰 평각선이 사용된다.

25 기동 전동기를 다룰 때의 주의 사항으로 틀린 것은?

① 기동 전동기 연속 사용시간은 10초 정도로 한다.
② 엔진이 기동된 후에는 기동 스위치를 닫아서는 안된다.
③ 최대 연속 운전 시간은 60초 이내로 한다.
④ 배선용 케이블이나 굵기가 규정 이하의 것은 사용하지 않는다.

🔍 기동 전동기의 최대 연속 운전 시간은 30초 이내로 하여야 한다.

• 3. 충전장치

01 다음의 기구 중 플레밍의 오른손 법칙을 이용한 기구는?

① 전동기
② 발전기
③ 축전기
④ 점화 코일

🔍 발전기는 전류의 자기작용을 이용한 것으로 플레밍의 오른손 법칙을 따른다.

02 다음은 발전기에 대한 설명이다. 틀린 것은 어느 것인가?

① 직류 발전기 전기자에서 나오는 전류는 교류이다.
② 발전기와 관계있는 법칙은 플레밍의 오른손법칙이다.
③ 직류 발전기는 직권식으로 회전수가 일정하다.
④ 교류(AC)발전기의 정류기는 다이오드로 교류를 직류로 바꾼다.

🔍 직류(DC) 발전기는 계자로 출력을 제어하기 때문에 전기자 코일과 계자 코일이 병렬로 결선된 분권식을 사용한다. 참고로 직권식은 부하변동에 따른 단자전압의 변동이 심하기 때문에 발전기로 사용되지 않는다.

03 급속 충전기를 사용할 때 가장 조심하여야 할 점의 하나는?

① 축전지의 높은 온도를 피하는 것이다.
② 자기방전을 피하는 것이다.
③ 큰 저항을 피하는 것이다.
④ 테이퍼 충전을 피하는 것이다.

04 충전계기의 확인 점검은 어느 때 해야 하는가?

① 기관 가동 중에
② 주간 및 월간 점검시에
③ 감독관 입회시에
④ 필요시에

05 엔진을 고속 회전시켜도 전류계(amperemeter)가 움직이지 않는 이유가 아닌 것은?

① 전류계가 불량일 때
② 배터리가 완전 방전되었을 때
③ 배선이 불량할 때
④ 발전기 조정기가 불량할 때

🔍 직류(DC) 발전기 조정기는 계자 코일에 흐르는 전류의 크기를 조절하여 발생되는 전압과 전류를 조정하는 장치이다.

06 직류 발전기 조정기의 3유닛에 속하지 않는 것은 어느 것인가?

① 컷 아웃 릴레이
② 전류 조정기
③ 솔레노이드 조정기
④ 전압 조정기

🔍 직류(DC) 발전기 조정기에는 컷 아웃 릴레이, 전압 조정기, 전류 조정기의 3유닛으로 되어 있다.

정답 24 ④ 25 ③ [3. 충전장치] 01 ② 02 ③ 03 ① 04 ① 05 ④ 06 ③

07 모든 발전기 조정기가 공통으로 가지고 있는 단자는?

① 전압 조정기
② 전류 조정기
③ 컷 아웃 릴레이
④ 전력 조정기

> 직류 발전기 조정기는 컷 아웃 릴레이, 전압 조정기, 전류 조정기의 3유닛으로 되어 있으며, 교류 발전기 조정기는 전압 조정기만 필요하다.

08 다음 중 교류 발전기의 정류기로 사용되는 것은?

① 셀렌 정류기
② 마그네틱 정류기
③ 실리콘 다이오드
④ 벌브 정류기

> 교류(AC) 발전기의 정류기는 스테이터 코일에서 발생한 교류를 직류로 정류하여 외부로 공급하는 것으로 실리콘 다이오드를 사용한다.

09 DC발전기에서 전류가 흐를 때의 전자석이 되는 것은?

① 전기자
② 계자 철심
③ 계자 코일
④ 전기자 코일

> 직류(DC) 발전기에서 계자 철심은 계자 코일에 전류가 흐르면 각각 강력한 전자석으로 되어 N극과 S극을 형성한다.

10 직류 발전기에서 전류가 발생되는 곳은?

① 로터
② 스테이터
③ 아마추어
④ 정류자

> 직류(DC) 발전기의 전기자(아마추어)는 계자 내에서 회전하면서 전류를 발생시키는 곳이다.

11 직류 발전기에서 교류를 직류로 바꾸어 주는 것은?

① 정류자와 브러시
② 실리콘 다이오드
③ 아마추어 코일
④ 필드 코일

> 직류(DC) 발전기에서 브러시는 정류자와 접촉하여 전기자에서 발생한 교류를 직류로 정류하여 외부로 공급하는 일을 한다.

12 AC 발전기에서 다이오드의 역할은?

① 여자 전류를 조정하고 역류를 방지한다.
② 전류를 조정한다.
③ 교류를 정류하고 역류를 방지한다.
④ 전압을 조정한다.

> 교류(AC) 발전기에서는 실리콘 다이오드를 정류기로 사용하며, 이 정류기는 스테이터 코일에서 발생한 교류를 직류로 정류하여 외부로 공급하고, 축전지에서 발전기로 전류가 역류하는 것을 방지한다.

13 DC발전기 조정기의 컷 아웃 릴레이의 작용은?

① 전압을 조정한다.
② 전류를 제한한다.
③ 전류가 역류하는 것을 방지한다.
④ 교류를 정류한다.

> 직류(DC) 발전기 조정기의 유닛 중 하나인 컷 아웃 릴레이는 발전기가 정지되어 있거나 발생 전압이 낮을 때 축전지에서 발전기로 전류가 역류하는 것을 방지하는 장치이다.

14 엔진시동 후 충전 램프에 계속 불이 켜져 있을 때는?

① 전기계통에 이상이 있다.
② 엔진 출력이 부족한 것이다.
③ 연료가 충분하지 않은 것이다.
④ 엔진 오일이 부족하다.

> 엔진이 정상 작동 중에 축전지를 중심으로 한 충전 계통에 이상이 있으면 점등되어 경고한다.

15 건설기계의 AC 발전기에서 전류를 발생하는 곳은?

① 다이오드
② 로터
③ 스테이터
④ 전기자

> 교류(AC) 발전기에서는 스테이터, 직류(DC) 발전기에서는 전기자(아마추어)에서 전류를 발생시킨다.

16 직류 발전기의 전기자 코일과 계자 코일은?

① 제3브러시와 연결되어 있다.
② 직렬로 연결되어 있다.

07 ① 08 ③ 09 ② 10 ③ 11 ① 12 ③ 13 ③ 14 ① 15 ③ 16 ③

③ 병렬로 연결되어 있다.
④ 직·병렬로 연결되어 있다.

> 직류(DC) 발전기는 계자로 출력을 제어하기 때문에 전기자 코일과 계자 코일이 병렬로 분산된 분권식을 사용한다.

17 다음에서 중기용 AC 발전기의 정류기로 사용되는 것은 어느 것인가?

① 마이카 정류기 ② 셀렌 정류기
③ 텅어 벌브 정류기 ④ 실리콘 다이오드

> 교류(AC) 발전기의 정류기는 스테이터 코일에서 발생한 교류를 직류로 정류하여 외부로 공급하는 것으로 실리콘 다이오드를 사용한다.

18 교류 발전기에서 교류를 직류로 바꾸어 주는 것은?

① 계자 ② 슬립 링
③ 다이오드 ④ 브러시

19 AC 발전기의 출력은 무엇을 변화시켜 조정하는가?

① 발전기의 회전 속도
② 축전지 전압
③ 로터 전류
④ 스테이터 전류

> 교류(AC) 발전기의 로터는 직류 발전기의 계자 코일과 철심에 해당되며 자극을 형성한다.

20 일반적으로 교류 발전기 내의 다이오드는 몇 개인가?

① 3개 ② 6개
③ 7개 ④ 8개

> 일반적으로 교류(AC) 발전기의 정류기로 사용되는 실리콘 다이오드는 (+)쪽에 3개, (-)쪽에 3개씩 6개를 두며, 최근에는 여자 다이오드를 3개 더 두고 있기도 한다.

21 교류(AC) 발전기에 대한 설명 중 틀린 것은 어느 것인가?

① 다이오드는 교류를 정류하고 역류를 방지한다.
② 저속 회전시에도 충전이 가능하고 출력이 크다.
③ 플레밍의 왼손법칙과 관계가 있다.
④ 스테이터는 고정되어 있으며 전류가 나오는 곳이다.

> 발전기는 플레밍의 오른손 법칙과 관계가 있다.

22 건설기계의 충전장치는 주로 어떤 발전기를 사용하고 있는가?

① 직류 발전기
② 단상 교류 발전기
③ 3상 교류 발전기
④ 와전류 발전기

> 건설기계는 주로 3상 교류 발전기를 사용한다. 3상 교류 발전기는 단상 교류 3개를 조합한 것으로 권수가 같은 3개의 코일을 120° 간격으로 두고 철심을 감은 후 자석을 일정 속도로 회전시켜 각 코일에 기전력을 발생시킨다.

23 교류 발전기 부품이다. 관련 없는 부품은?

① 다이오드 ② 슬립 링
③ 스테이터 코일 ④ 전류 조정기

> 교류(AC) 발전기는 고정부인 스테이터(고정자)와 회전하는 부분인 로터(회전자), 로터의 양 끝을 지지하는 엔드 프레임과 스테이터 코일에서 유기된 교류를 정류하는 실리콘 다이오드로 구성되어 있다. 슬립링은 로터의 구성품이다.

24 다음 중 AC 발전기와 관계가 없는 것은?

① 다이오드 ② 전압 조정기
③ 컷 아웃 릴레이 ④ 전압 릴레이

> 컷 아웃 릴레이는 직류(DC) 발전기 조정기의 3유닛 중 하나로 교류(AC) 발전기 조정기에는 불필요하다.

25 축전기의 용량 단위가 아닌 것은?

① μF ② pF
③ nF ④ cF

> 축전기의 용량 단위는 패럿(F)을 사용하며, 마이크로 패럿(μF)은 $10^{-6}F$, 나노 패럿(nF)은 $10^{-9}F$, 피코 패럿(pF)은 $10^{-12}F$을 의미한다.

정답 17 ④ 18 ③ 19 ③ 20 ② 21 ③ 22 ③ 23 ④ 24 ③ 25 ④

26 직류 발전기와 비교한 교류 발전기의 특징으로 틀린 것은?

① 소형, 경량이다.
② 브러시의 수명이 길다.
③ 전류 조정기가 필요하다.
④ 저속 시에도 충전이 가능하다.

> 교류(AC) 발전기의 특징
> • 저속에서도 충전이 가능하다.
> • 회전 부분에 정류자가 없어 허용 회전속도가 한계가 높다.
> • 실리콘 다이오드로 정류하기 때문에 전기적 용량이 크다.
> • 소형 경량이며, 브러시 수명이 길다.
> • 전압 조정기만 필요하다.

4. 등화 · 계기 · 냉난방장치

01 다음의 조명에 관련된 용어의 설명으로 틀린 것은?

① 광도의 단위는 캔들이다.
② 피조면의 밝기는 조도이다.
③ 빛의 세기는 광도이다.
④ 조도의 단위는 루멘이다.

> 조도는 빛을 받는 면의 밝기를 말하며, 단위는 룩스(lux) 기호는 Lx 이다.

02 건설기계용 전조등에 사용되는 조도에 관한 설명 중 맞는 것은?

① 조도는 전조등의 밝기를 나타내는 척도이다.
② 조도의 단위는 암페어이다.
③ 조도는 광도에 반비례하고, 광원과 피조면 사이의 거리에 비례한다.
④ 조도(Lx) = $\dfrac{\text{피조면 단면적}(m^2)}{\text{피조면에 입사되는 광속}(lm)}$ 로 나타낸다.

> • 조도의 단위는 룩스(Lx)이다.
> • 조도는 광원의 광도에 비례하고, 광원의 거리의 2승에 반비례한다.
> • 조도(Lx) = 광도(cd) / 거리(m)^2

03 헤드라이트 광도 측정시 틀린 것은?

① 타이어 공기압과는 무관하다.
② 라이트를 깨끗이 닦고 검사한다.
③ 전구는 규정 용량을 쓴다.
④ 안전 검사 기준에 맞춘다.

> 전조등 광도 측정 시 타이어 공기압은 표준 공기압으로 하여 측정하여야 한다.

04 전조등의 광도가 광원에서 25,000cd의 밝기일 경우 전방 100m지점에서의 조도는?

① 250Lx ② 50Lx
③ 12.5Lx ④ 2.5Lx

> $\dfrac{25{,}000cd}{100^2} = 2.5Lx$

05 전기 배선을 점검하는데 저항을 측정하고자 한다. 어느 장비를 사용하여야 하는가?

① 점퍼 와이어
② 테스트 램프
③ 멀티 미터
④ 오실로스코프

> 멀티미터는 전압, 전류, 전기 저항 등 여러 가지 측정 기능을 결합한 전자 계측기이다.

06 전기 장치의 배선 작업에서 작업 시작 전에 다음 중 제일 먼저 조치하여야 할 사항은?

① 점화 스위치를 끈다.
② 고압 케이블을 제거한다.
③ 접지선을 제거한다.
④ 배터리 비중을 측정한다.

07 배선 회로도에서 표시된 0.85RW의 W는 무엇을 나타내는가?

① 단면적 ② 바탕색
③ 줄색 ④ 커넥트 수

> 앞의 숫자는 전선의 굵기(단면적, cm^2)를 의미하고, 뒤의 영문 표기에서 앞 문자는 바탕색, 뒤의 문자는 줄색을 의미한다. 참고로 R은 적색(Red), W는 흰색(White)이다.

 26 ③ [4. 등화 · 계기 · 냉난방장치] 01 ④ 02 ① 03 ① 04 ④ 05 ③ 06 ③ 07 ③

08 건설기계 전기 회로의 보호 장치로 맞는 것은?

① 안전 밸브
② 캠버
③ 퓨저블 링크
④ 시그널 램프

> 퓨저블 링크(fusible link)는 회로의 보호를 담당하는 도체 사이즈의 작은 전선으로 회로에 삽입되어 있다.

09 실드빔식 전조등에 대한 설명으로 맞지 않는 것은?

① 대기조건에 따라 반사경이 흐려지지 않는다.
② 내부에 불활성 가스가 들어있다.
③ 필라멘트를 갈아 끼울 수 있다.
④ 사용에 따른 광도의 변화가 적다.

> 실드빔식은 반사경, 렌즈, 필라멘트가 일체로 된 형식으로 필라멘트가 끊어지면 렌즈나 반사경에 이상이 없더라도 전조등 전체를 교환하여야 한다.

10 전조등의 좌우 램프간 회로에 대한 설명으로 맞는 것은?

① 직렬로 되어 있다.
② 직렬 또는 병렬로 되어 있다.
③ 병렬로 되어 있다.
④ 병렬과 직렬로 되어 있다.

> 전조등 회로는 퓨즈, 라이트 스위치, 디머 스위치 등으로 구성되어 있으며, 양쪽의 전조등은 하이빔과 로우빔 별로 병렬 접속되어 있다.

11 야간 작업시 헤드라이트가 한 쪽만 점등되었다. 고장 원인으로 가장 거리가 먼 것은(단, 헤드 램프 퓨즈가 좌·우측으로 구성됨)?

① 헤드라이트 스위치 불량
② 전구접지 불량
③ 회로의 퓨즈 단선
④ 전구 불량

> 전조등이 한 쪽만 점등되는 경우의 원인
> • 전구의 접지 불량
> • 한 쪽 회로의 퓨즈 단선
> • 전구 불량

12 건설기계의 전조등 성능을 유지하기 위하여 가장 좋은 방법은?

① 축전지와 직결시킨다.
② 복선식으로 한다.
③ 굵은 선으로 갈아 끼운다.
④ 단선으로 한다.

> 복선식은 접지 쪽에도 전선을 사용하는 방식으로 전조등과 같이 큰 전류가 흐르는 회로에서 사용한다.

13 작업 중 갑자기 전조등이 꺼졌을 경우 관계가 없는 것은?

① 퓨즈 단선
② 배선의 부착 불량
③ 축전지 용량 부족
④ 필라멘트 단선

14 전조등의 필라멘트가 끊어진 경우 렌즈나 반사경에 이상이 없어도 전조등 전부를 교환하여야 하는 형식은?

① 전구형
② 분리형
③ 세미 실드빔형
④ 실드빔형

> 실드빔식은 반사경, 렌즈, 필라멘트가 일체로 된 형식으로 필라멘트가 끊어지면 렌즈나 반사경에 이상이 없더라도 전조등 전체를 교환하여야 한다.

15 헤드라이트에서 세미 실드빔형은?

① 렌즈와 반사경을 분리하여 제작한 것
② 렌즈, 반사경 및 전구를 분리하여 교환이 가능한 것
③ 렌즈, 반사경 및 전구가 일체인 것
④ 렌즈와 반사경은 일체이고, 전구는 교환이 가능한 것

> 세미실드빔형은 렌즈와 반사경은 일체이고, 전구는 별개로 설치하여 교환이 가능한 형식으로 전구 설치 부분으로 공기 유통이 있어 반사경이 흐려지기 쉽다.

정답 ▶ 08 ③ 09 ③ 10 ③ 11 ① 12 ② 13 ③ 14 ④ 15 ④

16 세미 실드빔 형식을 사용하는 건설기계 장비에서 전조등이 점등되지 않을 때 가장 올바른 조치 방법은?

① 렌즈를 교환한다.
② 반사경을 교환한다.
③ 전구를 교환한다.
④ 전조등을 교환한다.

🔍 세미실드빔형은 전구만 교환 가능하다.

17 현재 널리 사용되는 할로겐 램프에 대하여 운전사 두 사람(A, B)이 서로 주장하고 있다. 다음 중 어느 운전자의 말이 옳은가?

> 운전자 A : 실드빔형이다.
> 운전자 B : 세미실드빔형이다.

① A가 맞다. ② B가 맞다.
③ A, B 모두 맞다. ④ A, B 둘 다 틀리다.

🔍 현재 널리 사용되는 할로겐 램프는 렌즈와 반사경이 일체이고, 전구는 교환이 가능한 세미실드빔형이다.

18 방향지시등 스위치를 작동시 한 쪽은 정상이고, 다른 한쪽은 점멸 작용이 정상과 다르게(빠르게 또는 느리게) 작용한다. 고장 원인이 아닌 것은?

① 좌측 램프 교체시 규정용량의 전구를 사용하지 않았을 때
② 전구 1개가 단선되었을 때
③ 한쪽 전구 소켓에 녹이 발생하여 전압 강하가 있을 때
④ 플래셔 유닛 고장

🔍 방향지시등의 한쪽이 접촉 불량되거나 전구가 불량하면 전압강하가 발생하여 다른 쪽으로 많은 전류가 흘러가고 점멸이 빨라지게 된다.

19 방향지시등의 한쪽 등 점멸이 빠르게 작동하고 있을 때 가장 먼저 점검하여야 할 곳은?

① 플래셔 유닛 ② 콤비네이션 스위치
③ 전구(램프) ④ 배터리

🔍 방향지시등의 한쪽 등 점멸이 빠르게 작동하고 있다면 전구의 접촉 상태나 불량 여부를 먼저 점검하도록 한다.

20 냉매 사이클의 순환 작용의 주기로 맞는 것은?

① 증발 → 팽창 → 압축 → 응축
② 증발 → 응축 → 팽창 → 압축
③ 증발 → 압축 → 응축 → 팽창
④ 증발 → 압축 → 팽창 → 응축

🔍 냉매 사이클은 4가지의 작용을 순환 반복함으로써 한 주기를 이루는 카르노 사이클을 이용하였으며 "증발(액체가 기체로 변함) → 압축(외기에 의해 기체가 액체로 변함) → 응축(기체가 액체로 변 함) → 팽창(냉매의 압축을 낮춤)"순이다.

21 에어컨 장치에서 환경보존을 위한 대체물질로 신냉매가스에 해당하는 것은?

① R-12 ② R-22
③ R-12a ④ R-134a

🔍 구냉매인 R-12는 염소에 의한 오존층 파괴 및 지구 온난화 유발 물질로 판명됨에 따라 신냉매인 R-134a로 대체되었다.

22 냉방장치의 구성 부품 중 압축기의 종류에 해당하지 않는 것은?

① 크랭크식 ② 사판식
③ 베인식 ④ 볼-베어링식

🔍 압축기는 증발기에서 저압 기체로 된 냉매를 고압으로 압축하여 응축기로 보내는 작용을 하는 것으로 크랭크식, 사판식, 베인식 등이 있다.

정답 16 ③ 17 ② 18 ④ 19 ③ 20 ③ 21 ④ 22 ④

CHAPTER 03

Craftsman Construction Equipment Operator

건설기계 차체

Section 01 동력전달장치
Section 02 조향장치
Section 03 제동장치
Section 04 건설기계 차체 출제예상문제

SECTION 01 동력전달장치

STEP 01 휠형 동력전달장치

1. 클러치(clutch)

클러치는 변속기와 기관 사이에 설치된다. 기관을 시동하거나 기어변속을 할 때는 기관과의 연결상태를 차단하고, 출발할 때에는 기관의 동력을 변속기로 서서히 전달하는 일을 한다.

1) 클러치 일반
   ① 클러치의 필요성 및 특징
      ㉮ 기관 시동시 기관을 무부하상태로 하기 위하여
      ㉯ 변속시 기관의 회전력을 차단하기 위하여
      ㉰ 정차 및 기관의 동력을 서서히 전달하기 위하여
   ② 클러치의 구비조건
      ㉮ 동력차단이 신속히 될 것
      ㉯ 동력전달 및 절단이 원활할 것
      ㉰ 작동이 확실할 것
      ㉱ 구조가 간단하며 점검 및 취급이 용이할 것
      ㉲ 동력이 절단된 후 수동부분에 회전타성이 적을 것
      ㉳ 방열이 잘 되고 과열되지 않을 것
      ㉴ 회전부분의 평형이 좋을 것
   ③ 클러치 용량
      클러치가 전달할 수 있는 회전력의 크기는 엔진 회전력의 1.5~2.3배이며 출력이 커지면 클러치 판도 증가시켜 주어야 미끄럼 현상이 생기지 않는다.

2) 클러치 구조 및 작용
   ① 마찰 클러치
      ㉮ 클러치판 : 토션 스프링, 쿠션 스프링, 페이싱으로 구성된 원판으로 플라이 휠과 압력 판 사이에 설치되어 있으며, 클러치축을 통하여 변속기에 동력을 전달하는 역할을 한다.
      ㉯ 압력판 : 클러치 스프링의 장력을 이용하여 클러치 판을 플라이 휠에 밀착시키는 일을 한다.
      ㉰ 릴리스 레버 : 릴리스 베어링의 힘을 받아 압력판을 움직이는 역할을 한다.
      ㉱ 클러치 스프링 : 클러치 커버와 압력판 사이에 설치되어 압력판에 압력을 발생시킨다.
      ㉲ 릴리스 베어링 : 릴리스 포크에 의해 클러치 축의 길이 방향으로 움직이며, 회전 중인 릴리스 레버를 눌러 동력을 차단시키는 일을 하며 솔벤트나 액체의 세척제로 닦아서는 안 된다.

[마찰 클러치의 구성]   [클러치 디스크]

② 유체 클러치와 토크 컨버터
  ㉮ 펌프 임펠러, 터빈, 가이드 링으로 구성된다.
  ㉯ 가이드 링이 유체 충돌방지를 한다.
  ㉰ 동력전달 효율이 1:1(유체 클러치식)이다.
  ㉱ 토크 컨버터는 스테이터가 토크를 전달한다.
  ㉲ 스테이터(토크 컨버터만 해당) : 오일의 흐름 방향을 바꾸어 준다.

[유체 클러치의 구조]   [토크 컨버터(Torque Convertor) 구조]

3) 클러치의 조작기구
  ① 기계식 : 클러치 페달의 밟는 힘을 로드나 케이블을 통하여 릴리스 포크에 전달하는 형식
  ② 유압식 : 클러치 페달의 밟는 힘에 의해서 발생된 유압으로 릴리스 포크를 움직이는 형식

4) 클러치의 고장원인과 점검
    ① 클러치 연결시 진동의 원인
        ㉮ 릴리스 레버 높이가 불평형할 때(릴리스 레버 높이는 25~40mm 정도가 정상)
        ㉯ 클러치 판의 허브가 마모되었을 때
        ㉰ 플라이휠 장착압력판 및 클러치 커버의 체결이 풀어졌을 때

[클러치 조작 기구]

    ② 클러치가 미끄러지는 원인
        ㉮ 클러치 페달의 자유 간격이 불량(자유 간극은 25~30mm 정도가 적당)
        ㉯ 클러치 스프링의 장력이 약하거나 자유 높이 감소
        ㉰ 클러치 판에 오일 부착 및 플라이 휠 및 압력판의 손상 또는 변형
        ㉱ 클러치 판의 과도한 마모시
    ③ 출발시 진동이 생기는 원인
        ㉮ 릴리스 레버의 높이가 일정치 않다.
        ㉯ 클러치 판의 허브가 마모되었을 때
        ㉰ 클러치 판 커버 볼트의 이완
    ④ 클러치 페달에 유격을 주는 이유
        ㉮ 클러치가 잘 끊기도록 해서 변속시 치차의 물림을 쉽게 한다.
        ㉯ 미끄러짐을 방지한다.
        ㉰ 클러치 페이싱(클러치의 마찰재)의 마멸을 작게 한다.

⑤ 클러치 유격이 작을 때의 영향
  ㉮ 클러치 미끄럼이 발생하여 동력 전달이 불량하다.
  ㉯ 클러치 판이 소손된다.
  ㉰ 릴리스 베어링이 빨리 마모된다.
  ㉱ 클러치 소음이 발생한다.
⑥ 클러치의 끊어짐이 불량한 원인
  ㉮ 클러치 페달의 유격이 너무 클 때(릴리스 베어링과 레버 사이가 멀 때)
  ㉯ 클러치판이 흔들리거나 비틀어졌을 때
  ㉰ 베어링 급유 부족으로 파일럿 부시부가 고착되었을 때

2. 변속기

변속기는 클러치와 추진축(propeller shaft) 사이에 설치되어 있으면서 클러치를 통해서 전달된 기관의 회전력을 건설기계의 작업이나 주행상태에 따라 증대시키거나 감소시켜 구동바퀴에 전달하는 기능을 가졌고 장비를 후진시키는 역전장치도 갖추고 있다.

1) 변속기 일반
  ① 변속기의 필요성
    ㉮ 기관 회전속도와 바퀴 회전속도와의 비를 주행 저항에 대응하여 변경한다.
    ㉯ 바퀴의 회전방향을 역전시켜 차의 후진을 가능하게 한다.
    ㉰ 기관과의 연결을 끊을 수도 있다.(엔진 가동시 엔진을 무부하 상태로 한다.)
  ② 변속기의 구비 조건
    ㉮ 단계가 없이 연속적인 변속조작이 가능할 것
    ㉯ 변속조작이 용이하고 신속, 정확하게 이루어질 것
    ㉰ 전달효율이 좋을 것
    ㉱ 소형, 경량으로서 고장이 없고 다루기가 용이할 것
  ③ 동력 인출장치(PTO)
    ㉮ 엔진의 동력을 주행 외의 용도에 이용하기 위한 장치이다.
    ㉯ 변속기 케이스 옆면에 설치되어 부축상의 동력 인출 구동 기어에서 동력을 인출한다.
  ④ 오버 드라이브의 특징
    ㉮ 차의 속도를 30% 정도 빠르게 할 수 있다.
    ㉯ 엔진 수명을 연장한다.
    ㉰ 평탄 도로에서 약 20%의 연료가 절약된다.
    ㉱ 엔진 운전이 조용하게 된다.

[변속기의 원리와 구동력의 증가]

2) 변속기의 구조 및 작용

① 섭동기어식 변속기 : 변속 레버가 기어 자체를 움직여서 상대 기어에 물려 변속하는 방식이다. 구조는 간단하지만 원활한 물림을 위해서는 양쪽기어의 회전속도를 제어해야 하는 번거로움이 있다.
② 상시물림식 변속기 : 서로 물리는 기어끼리의 마찰을 방지하기 위해 기어는 항상 물려있는 상태에서 각 출력 기어 사이의 도그 클러치(dog clutch)가 맞물리면서 출력 축에 동력을 전달하는 방식으로 작동한다.
③ 동기물림식 변속기 : 상시물림식과 같은 방식에서 동기 물림 기구를 두어 기어가 물릴 때 작용한다.
④ 유성기어식 변속기 : 유성기어변속장치(panetary gear unit)는 토크 변환기의 뒷부분에 결합되어 있으며, 다판 클러치, 브레이크 밴드, 프리휠링 클러치, 유성기어 등으로 구성되어 토크변환 능력을 보조하고 후진 조작기능을 함께 한다.

3) 변속기의 고장 원인과 점검

① 변속기어가 잘 물리지 않을 때
  ㉮ 클러치가 끊어지지 않을 때
  ㉯ 동기물림링과의 접촉이 불량할 때
  ㉰ 변속레버선단과 스플라인홈 마모
  ㉱ 스플라인키나 스프링 마모
② 기어가 빠질 때
  ㉮ 싱크로나이저 클러치기어의 스플라인이 마멸되었을 때
  ㉯ 메인 드라이브 기어의 클러치기어가 마멸되었을 때
  ㉰ 클러치축과 파일럿 베어링의 마멸
  ㉱ 메인 드라이브 기어의 마멸
  ㉲ 시프트링의 마멸
  ㉳ 로크볼의 작용 불량
  ㉴ 로크스프링의 장력이 약할 때
③ 변속기어의 소음
  ㉮ 클러치가 잘 끊기지 않을 때
  ㉯ 싱크로나이저의 마찰면에 마멸이 있을 때
  ㉰ 클러치기어 허브와 주축과의 틈새가 클 때
  ㉱ 조작기구의 불량으로 치합이 나쁠 때
  ㉲ 기어 오일 부족
  ㉳ 각 기어 및 베어링 마모시

3. 드라이브 라인

기관의 동력을 원활하게 뒷차축에 전달하기 위해 추진축의 중간부분에 슬립이음(slip joint), 추진축의 앞쪽 또는 양쪽 끝에 자재이음(universal joint)이 있으며 이를 합쳐서 드라이브 라인이라고 부른다.

1) 추진축

변속기의 회전력을 종감속장치에 전달하여 바퀴를 회전시키며, 강한 비틀림을 받으면서 고속 회전하기 때문에 속이 빈 강관을 사용한다.

[드라이브 라인의 구성(2분할식)]

2) 자재 이음
자재 이음은 각도를 가진 2개의 축 사이에 설치되어 원활한 동력을 전달할 수 있도록 사용되며, 추진축의 각도 변화를 가능케 한다.
① 부등속 자재이음
 ㉮ 십자형 자재 이음 : 각도 변화를 12~18° 이하로 하고 있다.
 ㉯ 플렉시블 이음 : 설치 각도는 3~5°이다.
② 등속(CV) 자재 이음 : 설치 각도는 29~30°이다.

3) 슬립 이음
변속기 출력축의 스플라인에 설치되어 주행 중 추진축의 길이 변화를 가능케 하며(50~70mm) CG(섀시 그리스)가 주유된다.

4. 최종 감속 및 차동 기어

1) 최종 구동 기어(종감속 기어)
추진축의 회전력을 직각의 각도로 바꾸어 뒷차축에 감속해 전달하는 역할을 한다.

$$종감속비 = \frac{링\ 기어\ 잇수(또는\ 회전수)}{구동\ 기어\ 잇수(또는\ 회전수)}$$

2) 최종 구동 기어의 종류
① 하이포이드기어 : 링 기어의 중심보다 구동 피니언의 중심이 10~20% 정도 낮게 설치된 스파이럴 베벨기어의 오프셋 기어이다.
② 웜기어 : 감속비가 크지만 전동효율이 낮다.
③ 스파이럴 베벨 : 베벨 기어의 형태가 매우 경사진 것이다.

(a) 차동기축 감소   (b) 뒷바퀴축 감소

[2단 감속의 최종구동기어]

④ 스퍼 기어 2단 감속식 : 최종 감속을 차동기축과 바퀴축의 2곳에서 하는 것이다.

3) 총 감속비와 구동력

감속비는 특정의 이가 항상 물리는 것을 방지하고 기어의 물림을 좋게 하기 위하여 나누어 떨어지지 않는 수치로 하며, 최종감속비를 크게 하면 가속성능과 등판성능은 향상되나 고속성능이 저하된다.
따라서, 변속비 × 최종감속비 = 총감속비.
또 구동바퀴에 생기는 구동토크는 기관의 축토크에 총감속비를 곱한 값이며,
구동토크 = 기관의 축토크 × 총감속비 × 전달효율이다.
따라서, 구동력(구동바퀴가 자동차를 추진하는 힘)은 다음 식으로 구한다.

$$구동력(kg) = \frac{구동 \; 토크(kg-m)}{구동바퀴의 \; 유효 \; 반지름(m)}$$

4) 차동 기어장치

주행시 커브길에서 양쪽 바퀴가 미끄러지지 않고 원활히 회전되도록 바깥 바퀴를 안쪽 바퀴보다 더 많이 회전시킨다. 따라서 요철부분의 길을 통과할 때 양쪽 바퀴의 회전수를 다르게 하여 원활한 회전을 가능하게 하는 장치이다. 이는 랙과 피니언의 원리를 이용한 것이다.

$$N = \frac{n_1 + n_2}{2}$$

여기서, n_1 : 저항이 많은 바퀴의 움직인 양
n_2 : 저항이 작은 바퀴의 움직인 양
N : 피니언 기어의 움직인 양

5. 차축과 타이어

차축(액슬 축, Axle shaft)은 기관에서 발생된 동력을 전달할 수 있는 구동륜 차축과 구동력을 바퀴로 전달하지 못하는 유동륜 차축으로 나누어지며 어느 형식이든 바퀴를 통해 차량이나 장비의 무게를 지지하는 부분이다. 구조상으로는 현가방식에 따라 일체 차축식과 분할 차축식으로 나눌 수 있다.

1) 앞차축

너클의 킹핀의 조립상태에 따라 엘리엇형, 역엘리엇형, 로모아형, 마몬형이 있다.

2) 뒷차축

차축과 하우징의 상태에 따라 수직·수평·하중이 달라지며, 반부동식·3/4 부동식·전부동식(대형 트럭)이 있다.

[반부동식 액슬축]

3) 휠과 타이어

휠은 타이어를 지지하는 림과 허브, 포크부로 되어 제동시의 토크, 선회시의 원심력에 견디며 타이어는 사용 공기 압력에 따라 고압 타이어, 저압 타이어, 초저압 타이어 등으로 구분하며, 튜브(tube)의 유무에 따라 튜브 타이어와 튜브가 없는 튜브리스(tubeless) 타이어로 나뉜다. 타이어는 나일론과 레이온 등의 섬유와 양질의 고무를 합쳐 코드(cord)를 만들고 이것을 겹쳐서 유황을 첨가하여 성형으로 제작한 것이다.

① 타이어의 구조
  ㉮ 카커스(carcass) : 목면·나일론 코드를 내열성 고무로 접착
  ㉯ 비드(bead) : 타이어와 림에 접하는 부분
  ㉰ 브레이커(breaker) : 트레드와 카커스 사이의 코드층
  ㉱ 트레드(tread) : 노면과 접촉하는 부분으로 미끄럼 방지·열발산
② 타이어 주행현상과 호칭법
  ㉮ 스탠딩 웨이브 : 고속 주행시 도로바닥과 접지면과의 마찰력에 의해 고무가 물결모양으로 늘어나 타이어가 찌그러지는 현상
  ㉯ 수막현상(하이드로 플래닝) : 비 올 때 노면의 빗물에 의해 공중에 뜬 상태

[튜브식 타이어의 구조]   [타이어의 호칭]

  ㉰ 고압 타이어 호칭 방법 : 외경×폭-플라이 수
  ㉱ 저압 타이어 호칭 방법 : 폭-내경-플라이 수
③ 타이어 트레드 패턴의 필요성
  ㉮ 타이어 옆 방향, 전진 방향 미끄러짐 방지
  ㉯ 타이어 내부의 열 발산
  ㉰ 트레드부에 생긴 절상 등의 확대 방지
  ㉱ 구동력이나 선회 성능 향상

STEP 02 크롤러형 동력전달장치

1. 메인 클러치(플라이휠 클러치)

기관의 동력을 변속기측으로 전달하거나 차단시키는 것을 목적으로 하는 클러치로, 구조에 따라 스프링식과 오버센터식으로 구분된다. 보통, 클러치 레버의 조작은 30~32kg 정도의 힘으로 연결되면 양호한 상태이며, 클러치 작용시 충격을 완화시키기 위하여 고무링크가 5개 설치되는데 그 중 1개라도 손상되면 모두 교환해야 된다.

1) 동력전달 순서

2) 클러치 브레이크

클러치 브레이크는 클러치 분리시 클러치 축과 변속기 상부축이 회전하려 하는 여력을 잡아서 변속기 상부축을 잡아주어 변속을 신속히 하고 기어마모 및 기어소리가 나는 것을 방지하는 역할을 담당하는 장치로 디스크식과 드럼식이 있다.

[클러치 브레이크]   [메인 클러치 설치상태]

2. 변속기(트랜스미션)

클러치에서 전달된 동력을 받아서 기관의 회전속도와 바퀴 회전속도와의 주행저항에 알맞게 바꾼다. 종류로는 대표적인 변속기의 종류로는 선택기어식과 유성기어식을 들 수 있으며, 최근에는 유성기어식 변속기가 일반적으로 사용되고 있다.

3. 피니언 및 베벨기어

베벨기어는 클러치를 통하여 변속기(트랜스미션)에서 나오는 동력을 직접 받은 피니언기어와 맞물려서 회전하며, 그 동력을 좌우 90° 방향으로 전달하는 장치이다. 링(ring)형으로 되어 있는 베벨기어는 그 기어축의 플랜지(flange)에 볼트로 고정되어 있으며 스티어링 클러치의 하우징 중앙에 설치되어 있다. 또 여기는 견인력을 시키기 위하여 회전속도를 감속하는 역할을 하는데, 보통 감속비는 18~28:1이다.

1) 조향클러치

구동드럼, 구동판, 수동드럼, 수동판으로 된 다판식 클러치로 좌우 각 1개씩 설치되어 방향전환을 해 준다.

[피니언 베벨기어와 조향클러치]

2) 조향클러치 브레이크

조향클러치 수동드럼에 설치된 외부 수축식 브레이크로 좌우 각 1개씩 있다.

[조향클러치 브레이크]

4. 최종감속과 구동륜

동력전달계통에서 전달된 동력을 최종 감속하여 구동륜을 구동시키는 장치이며, 현재 트랙터에서 평기어로 이중감속을 하며, 대형 트랙터에서는 유성기어식 감속장치를 사용하여 더 큰 감속을 얻는다. 또한, 내부에는 벨로즈 실(bellows seal)이 설치되어 있는데 벨로즈 실은 최종 감속장치 하우징 내의 기어오일이 외부로 유출되지 않도록 한다.

1) 최종 감속 기어(최종 구동 기어)

동력전달 계통의 최종 감속을 하며 스퍼 기어식과 유성 기어식이 있고 약 10:1 정도 감속한다.

[스퍼 기어식 감속장치]

2) 스프로킷(구동륜)

최종 감속 기어축에 끼워져서 트랙을 돌려주며 일체식, 분해식, 분할식이 있으며 최근에는 교환·정비가 용이한 분할식이나 분해식이 주로 사용된다. 스프로킷을 분리할 때는 30ton의 힘이 요구된다.

3) 언더캐리지의 구성

① 트랙(track) : 트랙은 작업 지역의 토질이나 작업 내용에 따라 여러 형태의 것이 사용되며 트랙 링크(Track link), 슈(Shoe), 부싱(Bushing), 핀(Pin)으로 구성되어 있다.
② 상부 롤러(Carrier roller, 캐리어 롤러) : 프런트 아이들러(전부 유동륜)와 스프로킷(구동륜) 사이에 1~2개가 설치되어 트랙이 밑으로 처지지 않도록 받쳐주며, 트랙의 회전을 바르게 유지하는 역할을 담당한다.
③ 하부 롤러(Track roller, 트랙 롤러) : 하부 롤러는 트랙 프레임에 5~7개 정도가 설치되며, 트랙터

[트랙 롤러의 배열]

의 전체 중량을 지지하고, 전체 중량을 균일하게 트랙에 배분한다. 또한, 트랙의 회전 위치를 바르게 유지하게 함으로써 상부 롤러와 함께 트랙의 회전을 바르게 유지하는데 관여한다.

④ 프런트 아이들러(Front idler, 전부 유동륜) : 프런트 아이들러는 트랙 프레임의 앞쪽에 설치되며, 프레임 위에서 미끄럼 운동을 할 수 있는 요크(yoke)에 설치되어 있다. 주된 기능은 트랙의 장력을 조정하면서 트랙의 진행 방향을 유도한다.

⑤ 롤러 가드(Roller guard) : 암석이나 자갈 등이 하부 롤러에 직접 충돌하는 것으로부터 보호하고, 트랙이 벗겨지는 것을 방지하기 위해 양쪽에 여러 개의 볼트로 고정되어 있다.

⑥ 평형 바(Equalizer bar) : 여러 장의 판 스프링을 겹쳐서 사용하는 형식과 상자형으로 된 형식이 있으며, 지면에서 전달되는 충격을 완화하고 좌우 트랙의 하중분포를 같게 하여 균형을 잡아준다.

⑦ 리코일 스프링(Recoil spring) : 안쪽의 이너 스프링과 바깥쪽의 아우터 스프링의 2중으로 된 구조로 주행 중 프런트 아이들러가 받은 충격을 완화시켜 트랙 장치의 파손을 방지하는 일을 한다.

[주행장치의 구조]

⑧ 트랙장력의 조정 : 점검커버를 벗긴 다음 조정렌치를 사용하여 좌측트랙인 경우 장력조정 푸시로드를 아래에서 위 방향으로 돌리면 장력이 커지고, 위에서 아래로 돌리면 장력이 적어진다. 우측 트랙조정은 서로 반대이다. 이 방식은 나사조정식이며 최근에는 유압실린더에 그리스를 주입하는 방법이 활용되고 있고 트랙의 늘어짐은 25~40mm가 되면 정상이다.

⑨ 트랙이 잘 벗겨지는 이유
  ㉮ 고속주행시 급한 방향 전환
  ㉯ 트랙과 롤러 사이에 돌이 끼었을 때 조향하는 경우
  ㉰ 롤러의 심한 마모
  ㉱ 아이들러, 스프로킷 기어의 중심이 맞지 않을 경우
  ㉲ 트랙의 장력이 현저히 작을 때
  ㉳ 경사면을 측면으로 주행하는 경우
  ㉴ 트랙의 정렬이 맞지 않을 때

[트랙의 장력조정]

SECTION 02 조향장치

Craftsman Construction Equipment Operator

STEP 01 조향장치 일반

1. 조향원리와 중요성

조향(환향) 장치는 건설기계의 주행방향을 바꾸기 위한 조종장치로 조향핸들(steering wheel)을 회전시켜 앞바퀴를 조향하는 구조로 되어 있다. 조향장치는 장비의 안전상 브레이크장치와 함께 매우 중요하며 통상의 조향장치로서의 기능 외에 충돌시에 운전자의 보호라는 안전성의 기능이 요구되고 있다. 즉, 중장비와 어떤 물체간에 1차 충돌이 생겼을 때 이 운동 에너지는 장비 앞부분의 파괴에 의해서 흡수된다. 이때 조향기어 장치부도 후방으로 밀려서 변형되므로 조향휠도 운전자의 시트 쪽으로 돌출하여 인명 피해를 줄 수 있기 때문이다.

1) 조향원리

① 전차대식

　좌·우 바퀴와 액슬축이 함께 회전이 된다. 핸들 조작이 힘들고 선회 성능이 나빠 현재는 사용되지 않는다.

② 애커먼식

　좌·우 바퀴만 나란히 움직이므로 타이어 마멸과 선회가 나빠 현재는 사용되지 않는다.

③ 애커먼 장토식

　애커먼식을 개량한 것으로 선회시 앞바퀴가 나란히 움직이지 않고 뒤 액슬의 연장 선상의 한 점 0에서 만나게 되며 현재 사용되는 형식이다.

[애커먼식]　　[애커먼 장토식]

2) 최소 회전반경

조향 각도를 최대로 하고 선회할 때 그려지는 동심원 가운데 가장 바깥쪽 원의 회전반경을 말한다.

$$최소\ 회전반경(R) = \frac{L}{\sin\alpha} + r$$

여기서, R : 최소회전반경(m)
L : 축간 거리(휠 베이스, m)
$\sin\alpha$: 바깥쪽 바퀴의 조향 각도
r : 킹핀 중심에서부터 타이어 중심간의 거리(m)
[참고] 통상적으로 r의 계산은 생략하는 경우가 많다.

3) 조향 기어비

조향 핸들이 회전한 각도와 피트먼 암이 회전한 각도의 비를 말한다.

$$조향기어비 = \frac{조향핸들이\ 회전한\ 각도}{피트먼\ 암이\ 회전한\ 각도}$$

4) 조향 장치가 갖추어야할 조건
   ① 조향 조작이 주행 중의 충격에 영향받지 않을 것
   ② 조작하기 쉽고 방향 변환이 원활하게 행하여 질 것
   ③ 회전 반경이 작을 것
   ④ 조향 핸들의 회전과 바퀴의 선회 차가 크지 않을 것
   ⑤ 수명이 길고 다루기가 쉬우며, 정비하기 쉬울 것
   ⑥ 고속 주행에서도 조향 핸들이 안정될 것

5) 조향 장치의 형식
   ① 비가역식 : 핸들의 조작력이 바퀴에 전달되지만 바퀴의 충격이 핸들에 전달되지 않는다.
   ② 가역식 : 핸들과 바퀴쪽에서의 조작력이 서로 전달된다.
   ③ 반가역식 : 조향기어의 구조나 기어비로 조정하여 비가역과 가역성의 중간을 나타낸다.

2. 앞바퀴 정렬

앞바퀴는 조향조작을 할 때에는 확실하면서 경쾌하여야 주행 중 언제나 방향이 안정되어 노면으로부터 충격을 받아서 움직여도 즉각 가볍게 되돌아오는 복원성이 좋아진다. 또한 타이어의 마찰도 되도록 적은 것이 좋다. 이와 같은 이유로 앞바퀴를 장치하는 데는 일정한 관계가 정해져 있으며, 이것을 앞바퀴 정렬(front wheel alignment)이라고 한다.

1) 토인(toe-in)

앞바퀴를 위에서 볼 때 좌우 바퀴의 중심선 사이의 거리가 앞쪽이 뒤쪽보다 조금 좁게 되어 있는데 이를 토인이라 한다. 일반적으로 그 수치는 2~8mm 정도로 토인의 역할은 다음과 같다.
① 앞바퀴를 주행 중에 평행하게 회전시킨다.
② 조향할 때 바퀴가 옆방향으로 미끄러지는 것을 방지한다.
③ 타이어의 마멸을 방지한다.

④ 조향 링키지의 마멸에 따른 토아웃(toe-out)을 방지한다.

[토인(Toe-In)]

2) 캠버(camber)

앞바퀴를 앞에서 보았을 때 윗부분이 바깥쪽으로 약간 벌어져 상부가 하부보다 넓게 되어 있는 것으로 역할은 다음과 같다.
① 조향 조작력을 가볍게 한다.
② 수직 하중에 의한 차축의 휨을 방지한다.
③ 타이어의 이상 마멸을 방지한다.
④ 정(+), 부(-), 영(0)의 캠버가 있고 0.5~2°를 둔다.

3) 캐스터(caster)

앞바퀴를 옆에서 보았을 때 앞바퀴가 차축에 설치되어 있는 킹핀의 중심선이 노면에 수직인 직선에 대하여 어느 한쪽으로 기울어져 있는 상태를 말하며, 그 각도를 캐스터 각이라 한다.
① 주행 중 조향 바퀴에 방향성을 준다.
② 조향 핸들의 직진 복원성을 준다.
③ 안전성을 준다.

4) 킹핀 경사각

앞바퀴를 앞에서 볼 때 킹핀 중심이 수직선에 대하여 경사각을 이루고 있는 것을 말한다(6~9°).
① 조향력을 가볍게 한다.
② 앞바퀴에 복원성을 준다.
③ 저속시 원활한 회전이 되도록 한다.

[캐스터] [킹핀의 각도와 캠버]

STEP 02 구성 및 작용

1. 기계식 조향기구

조향장치는 운전자의 조작력을 조향기어에 전달하기 위한 조작기구와 조작력의 방향을 바꾸어줌과 동시에 회전력을 증대하여 조향링크쪽으로 전달하는 조향기어 기구 그리고, 조향력을 앞바퀴에 전달함과 동시에 좌우의 앞바퀴를 일정하게 유지시키기 위한 조향링크 기구가 있다.

1) 조향핸들과 축

조향핸들은 허브, 스포크 휠과 노브로 구성되어 있으며 조향축의 세레이션(serration) 홈에 끼워져 있다. 일반적으로 직경 500mm 이내의 것이 많이 사용되며 25~50mm 정도의 유격이 있다.

[기계식 조향기구(Mechnical Steering System)]

2) 조향기어

조향기어는 조향 조작력을 증대시켜 앞바퀴에 전달하는 장치이다. 소형이나 중차량에서는 10~20:1로 하고 건설기계 등에서는 20~30:1의 비율로 핸들의 동력을 감속해 피트먼 암으로 전달하며 기어상자에는 기어오일이 주입되었고 유격조정 나사가 부착되었다. 종류로는 웜섹터 롤러형, 볼너트형, 캠레버형, 랙과 피니언형 등 다양하다.

[웜섹터 롤러형(Warm Sector Roller Type)]

[랙과 피니언형(Rack and Pinion Type)]

3) 피트먼암

한쪽 끝은 세레이션을 이용해 섹터 축에 설치되고 다른 쪽 끝은 링크 기구로 연결된다.

4) 드래그 링크와 너클암

피트먼암과 너클암을 연결하는 로드이며, 양쪽 끝은 볼 조인트에 의해 암과 연결되었으며, 너클암은 타이로드 엔드와 너클 스핀들 사이에 연결되거나 드래그 링크와 연결되어 조향력을 전달해 준다.

5) 타이로드와 타이로드 엔드(tie rod and tie rod end)

좌우의 너클암과 연결되어 너클암의 작동을 다른 쪽 너클암에 전달한다. 좌우바퀴의 관계 위치를 정확하게 유지하는 역할을 하며, 타이로드 엔드로 토인을 조정한다.

[타이로드 엔드(Tie Rod End)]

2. 동력식 조향기구

1) 동력 조향 장치의 종류

① 링키지형

작동장치인 동력실린더가 조향 링키지(linkage) 기구의 중간에 설치된 형식이며 제어밸브와 동력실린더가 일체로 결합된 조합식과 각각 분리된 분리식이 있다.

② 일체형

이 형식은 동력실린더, 동력피스톤, 제어밸브 등으로 구성된 주요 기구가 조향기어 하우징 안에 일체로 결합되어 있으며 오일통로를 전환하는 제어밸브는 핸들에 조립된 웜 축 끝에 설치되어 있으며, 제어밸브의 밸브스풀을 웜축으로 직접 조작시켜 주므로서 작동이 된다.

[일체형(Integral Type)]

2) 동력식의 주요 구성
   ① 동력부
   이 장치는 기관에 의해서 구동되는 오일펌프와 최고 유압을 규제하는 압력조절밸브 및 오일통로의 유량(流量)을 조정하는 유량제어밸브를 포함한 밸브유닛 등으로 구성되어 동력원이 되는 유압을 발생하는 장치이다.
   ② 작동장치
   유압을 기계적인 힘으로 바꾸어 앞바퀴의 조향력을 발생하게 하는 부분으로 복동식 동력실린더를 사용하며 유압은 별도의 조향유압펌프에서 전달된다.
   ③ 제어장치
   작동장치에 이르는 유압유통로를 개폐하는 밸브이며, 핸들의 조작으로 제어밸브가 오일회로를 바꾸어 동력실린더의 작동상태와 작동방향을 제어한다. 또한 유압계통에 고장이 생겼을 때에도 핸들조작을 할 수 있도록 안전체크밸브가 설치되어 있다.

3) 동력조향장치의 장점
   ① 조향 조작력을 가볍게 할 수 있다.
   ② 조향 조작력에 관계없이 조향 기어비를 설정할 수 있다.
   ③ 불규칙한 노면에서 조향 핸들을 빼앗기는 일이 없다.
   ④ 충격을 흡수하여 충격이 핸들에 전달되는 것을 방지한다.

3. 조향장치 관련 사항

1) 조향 핸들이 무거운 원인
   ① 타이어의 공기 압력이 부족하다.
   ② 조향 기어의 백래시가 작다.
   ③ 조향 기어 박스 내의 오일이 부족하다.
   ④ 앞바퀴 정렬 상태가 불량하다.
   ⑤ 타이어의 마멸이 과다하다.

2) 조향 핸들이 한쪽으로 치우치는 원인
   ① 타이어의 공기 압력이 불균일하다.
   ② 앞바퀴 정렬 상태가 불량하다.
   ③ 쇽업소버의 작동 상태가 불량하다.
   ④ 앞 차축 한쪽 스프링이 파손되었다.
   ⑤ 뒷차축이 차량 중심선에 대하여 직각이 되지 않았다.
   ⑥ 허브 베어링의 마멸이 과다하다.

SECTION 03 제동장치

STEP 01 제동장치 일반

1. 제동의 목적 및 필요성

제동장치라 함은 주행중에 감속 또는 정지시키며 주차 상태를 계속 유지할 수 있는 장치로 접촉면의 마찰에 의하여 바퀴의 회전을 정지시키고, 바퀴의 노면 마찰이 차량의 동력에 저항을 해서 차의 진행을 막는 것이다. 즉 운동에너지를 열에너지로 바꾸는 작용을 제동작용이라 하며, 그것을 대기 속으로 방출시켜 제동작용을 하는 마찰식 브레이크를 사용하고 있다.

[제동장치의 구성]

1) 브레이크 이론
　① 페이드 현상 : 브레이크가 연속적으로 반복 작용되면 드럼과 라이닝 사이에 마찰열이 발생되며, 이 열로 인해 마찰계수가 떨어지고 이에 따라 일시적으로 제동이 되지 않는 현상이다.
　② 베이퍼 록 현상(증기폐쇄) : 연료나 브레이크 오일이 과열되면 브레이크액에 기포가 발생하여 브레이크가 제대로 작동하지 않는 현상을 말하며, 그 원인은 다음과 같다.
　　㉮ 과도한 브레이크 사용시
　　㉯ 드럼과 라이닝 끌림에 의한 과열시

㉰ 마스터 실린더 체크 밸브의 소손에 의한 잔압 저하
　　　㉱ 불량 오일 사용시
　　　㉲ 오일의 변질에 의한 비점 저하

2) 브레이크 오일

피마자기름(40%)과 에틸렌글리콜(알코올)(60%)로 된 식물성 오일이므로 정비시 경유·가솔린 등과 같은 광물성 오일에 주의해야 한다.

① 브레이크 오일의 구비조건
　　㉮ 비등점이 높고 빙점이 낮아야 한다.
　　㉯ 농도의 변화가 적어야 한다.
　　㉰ 화학변화를 잘 일으키지 말아야 한다.
　　㉱ 고무나 금속을 변질시키지 말아야 한다.

② 브레이크 오일 교환 및 보충시 주의 사항
　　㉮ 지정된 오일만 사용할 것
　　㉯ 제조 회사가 다른 것을 혼용치 말 것
　　㉰ 빼낸 오일은 다시 사용하지 말 것
　　㉱ 브레이크 부품 세척시 알코올 또는 세척용 오일로 세척할 것

2. 브레이크의 분류

제동장치에는 주차할 때 사용하는 주차브레이크와 주행할 때 사용하는 주브레이크가 있으며 주브레이크는 운전자의 발로 조작하기 때문에 풋브레이크(foot brake)라 하고, 주차브레이크는 보통 손으로 조작하기 때문에 핸드브레이크(hand brake)라 한다. 브레이크장치의 조작기구는 로드나 와이어를 사용하는 기계식과 유압을 이용하는 유압식이 있으며 풋브레이크는 유압식 외에 압축공기를 이용하는 공기 브레이크가 사용된다.

이상과 같은 브레이크장치의 종류를 나누면 다음과 같다.

STEP 02 구성 및 작용

1. 유압 브레이크의 구성

1) 유압식 조작기구

① 마스터 실린더(master cylinder)
  ㉮ 브레이크 페달을 밟아서 필요한 유압을 발생시키는 부분으로, 피스톤과 피스톤 1차컵·2차컵, 체크 밸브로 구성되어 있어 0.6~0.8kg/cm^{2}의 잔압을 유지시킨다.
  ㉯ 잔압을 두는 이유는 브레이크의 작용을 원활히 하고 휠 실린더의 오일 누출 방지와 베이퍼록 방지를 위해서이다.

② 브레이크 페달 : 지렛대 원리를 이용하여 마스터 실린더에 힘을 가한다.

③ 브레이크 파이프 및 호스
  ㉮ 방청 처리된 3~8mm 강파이프를 사용한다.
  ㉯ 요동이 심한 곳은 플렉시블 호스를 사용한다.

[마스터 실린더의 구조(피스톤형)]

[유압 브레이크의 구조 원리]

2) 드럼식 브레이크의 구조와 특징

① 휠실린더 : 마스터 실린더의 유압으로 브레이크슈를 드럼에 밀착시킨다.
② 브레이크 슈 : T자로 된 반달형으로 석면제나 금속제 라이닝이 부착된다.

③ 브레이크 드럼 : 특수 주철제로써 냉각과 강성을 돕기 위해 원둘레에 리브(rib)가 있고 휠과 타이어가 부착된다.
④ 브레이크 라이닝의 구비조건
    ㉮ 고열에 견디고 내마멸성이 우수할 것
    ㉯ 마찰계수가 클 것
    ㉰ 온도의 변화나 물 등에 의해 마찰계수 변화가 적고 기계적 강도가 클 것
    ㉱ 마찰계수 : 0.3~0.5μ
    ㉲ 라이닝과 드럼의 간극 : 0.3~0.4mm
⑤ 브레이크 드럼의 구비조건
    ㉮ 정적, 동적 평형이 잡혀 있을 것
    ㉯ 충분한 강성이 있을 것
    ㉰ 마찰 면에 충분한 내마멸성이 있을 것
    ㉱ 방열이 잘 될 것
    ㉲ 무게가 가벼울 것

[드럼식 브레이크의 구조]

3) 디스크식 브레이크의 구조와 특징

① 디스크(disk) : 특수주철로 만들어 휠 허브에 결합되어 바퀴와 함께 회전한다.
② 캘리퍼(caliper) : 캘리퍼란 브레이크실린더와 패드를 구성하고 있는 한 뭉치이다.
③ 브레이크 실린더 및 피스톤 : 실린더는 캘리퍼의 좌우에 있고, 피스톤에는 패드가 부착된다.
④ 패드 : 석면과 레진을 혼합하여 소성한 것으로 피스톤에 부착된다.

[디스크 브레이크의 원리]

⑤ 디스크브레이크의 특징
    ㉮ 증기폐쇄현상(베이퍼록)이 적고, 오일누출이 없다.
    ㉯ 디스크가 노출되어 회전하기 때문에 열변형(熱變形)에 의한 제동력의 저하가 없다.
    ㉰ 디스크와 패드의 마찰면적이 적기 때문에 패드의 누르는 힘을 크게 할 필요가 있다.
    ㉱ 자기배력작용이 없기 때문에 필요한 조작력이 커진다.
    ㉲ 패드는 강도가 큰 재료를 사용해야 한다.

⑭ 부품수가 적다.
⑮ 중량이 가볍다.

[디스크 브레이크의 구조]

4) 배력식 브레이크의 구조
   ① 배력 장치의 분류
      ⑦ 진공 배력식 : 흡입 다기관 진공력과 대기압 이용
      ⑭ 공기 배력식 : 압축공기와 대기압 이용
   ② 동력 피스톤 : 두 장의 철판과 가죽 패킹으로 구성되어 있다.
   ③ 릴레이 밸브 및 밸브 피스톤 : 마스터 실린더에서 전달된 유압으로 공기 통로를 개폐한다.
   ④ 유압 실린더 · 피스톤 : 동력 피스톤에 연결된 작용으로 오일에 2차 압력을 가한다.

[배력식 브레이크의 원리]

2. 공기 브레이크의 구성
  1) 계통별 구분
    ① 공기 압축 계통 : 공기 압축기, 공기 탱크, 압력 조정기
    ② 제동 계통 : 브레이크 밸브, 릴레이 밸브, 브레이크 체임버
    ③ 안전 계통 : 저압 표시기, 안전 밸브, 체크 밸브
    ④ 조정 계통 : 슬랙 조정기, 브레이크 밸브, 압력 조정기

2) 공기 브레이크의 주요 구조
  ① 공기 압축기 : 압축 공기를 생산하며, 왕복 피스톤식이다.
  ② 공기 탱크 : 압축된 공기를 저장하며 안전밸브가 내부 압력을 7kg/cm² 정도로 유지시킨다.
  ③ 브레이크 밸브 : 브레이크 페달을 밟는 정도에 따라 압축공기를 릴레이 밸브로 보낸다.
  ④ 릴레이 밸브 : 압축공기를 브레이크 체임버에 공급·단속한다.
  ⑤ 브레이크 체임버 : 공기압력을 기계적 운동으로 변환한다.
  ⑥ 슬랙 조정기 : 웜기어와 웜축에 물리는 캠축을 회전시켜 라이닝과 드럼의 간극을 조정한다.
  ⑦ 슈 및 브레이크 드럼 : 캠의 작용에 의하여 브레이크 슈를 확장하고 리턴 스프링에 의하여 수축된다.
  ⑧ 체크 밸브·안전 밸브 : 공기탱크 입구 부근에 설치되어서 공기의 역류(逆流)를 방지하는 것은 체크 밸브, 탱크 내의 압력을 방출시켜 주는 것은 안전 밸브이다.

[공기 브레이크의 기본 계통]

3. 브레이크 고장 점검

1) 브레이크 라이닝과 드럼과의 간극이 클 때
  ① 브레이크 작용이 늦어진다.
  ② 브레이크 페달의 행정이 길어진다.
  ③ 브레이크 페달이 발판에 닿아 브레이크 작용이 어렵게 된다.

[유압 브레이크의 작용]

2) 브레이크 라이닝과 드럼과의 간극이 작을 때
   ① 라이닝과 드럼의 마모가 촉진된다.
   ② 베이퍼 록의 원인이 된다.
   ③ 라이닝이 타서 늘어붙는 원인이 된다.

3) 브레이크가 잘 듣지 않는 경우
   ① 회로 내의 오일 누설 및 공기의 혼입이 있을 때
   ② 라이닝에 기름, 물 등이 묻어 있을 때
   ③ 라이닝 또는 드럼의 과다한 편마모가 발생하였을 때
   ④ 라이닝과 드럼과의 간극이 너무 큰 경우
   ⑤ 브레이크 페달의 자유 간극이 너무 큰 경우

4) 브레이크가 한쪽만 듣는 원인
   ① 브레이크의 드럼 간극의 조정 불량
   ② 타이어 공기압의 불균일
   ③ 라이닝의 접촉 불량
   ④ 브레이크 드럼의 편마모

5) 브레이크 작동시 소음이 발생하는 원인
   ① 라이닝의 표면 경화
   ② 라이닝의 과대 마모

[브레이크 페달과 푸시로드]

제03장_ 건설기계 차체
출제예상문제
CHECK POINT QUESTION

1. 동력전달계통

01 다음은 클러치(cluch)가 갖추어야 할 조건들이다. 틀리는 것은?

① 동력차단이 신속히 될 것
② 구조가 간단하고 취급이 용이할 것
③ 회전부분의 평형성이 좋을 것
④ 마찰열에 대한 응집성이 좋을 것

> 클러치의 구비조건
> · 동력차단이 신속히 될 것
> · 작동이 확실할 것
> · 구조가 간단하며 점검 및 취급이 용이할 것
> · 동력이 절단된 후 수동부분에 회전타성이 적을 것
> · 방열이 잘 되고 과열되지 않을 것
> · 회전부분의 평형이 좋을 것

02 클러치 취급상의 주의사항이 아닌 것은?

① 운전 중 클러치 페달 위에 발을 얹어 놓지 말 것
② 기어 변속시 가능한 한 반클러치를 사용할 것
③ 출발할 때 클러치를 서서히 연결할 것
④ 클러치 페달을 밟고 탄력으로 주행하지 말 것

> 반 클러치를 자주 사용하면 클러치 마모가 빨라져 클러치 슬립이 일어나게 된다.

03 메인 클러치의 구성품에 해당되지 않는 것은?

① 클러치 디스크   ② 릴리스 레버
③ 어저스팅 암   ④ 릴리스 베어링

> 메인 클러치(단판인 경우)의 구성품은 클러치 디스크, 클러치 커버, 릴리스 레버, 릴리스 베어링, 와셔 등이다.

04 클러치 부품 중에서 세척유로 씻어서는 안되는 것은?

① 플라이 휠

② 압력판
③ 릴리스 레버
④ 릴리스 베어링

> 릴리스 베어링은 스러스트 볼 베어링이 내장되어 있는 케이스로 되어 있으며, 영구 주유식이므로 솔벤트 등의 세척제 속에 넣고 세척해서는 안된다.

05 클러치판의 비틀림 코일스프링의 역할은?

① 클러치판이 더욱 세게 부착되게 한다.
② 클러치가 작동시 충격을 흡수한다.
③ 클러치의 회전력을 증가시킨다.
④ 클러치판과 압력판의 마멸을 방지한다.

> 비틀림 코일 스프링(토션 스프링, 댐퍼 스프링)은 클러치 판이 플라이 휠에 접속될 때 회전충격을 흡수하는 일을 한다.

06 기계식 변속기가 장착된 건설기계에서 클러치 스프링의 장력이 약하면 어떤 현상이 발생되는가?

① 주행속도가 빨라진다.
② 기관의 회전속도가 빨라진다.
③ 기관이 정지된다.
④ 클러치가 미끄러진다.

> 클러치 스프링은 클러치 커버와 압력판 사이에 설치되어 있으며 압력판에 압력을 발생시키는 작용을 하므로 장력이 약해지면 클러치가 미끄러진다.

07 클러치 판(clutch plate)의 변형을 방지하는 것은?

① 압력판(pressure plate)
② 쿠션(cushion) 스프링
③ 토션(torsion) 스프링
④ 릴리스 레버 스프링

> 쿠션 스프링은 클러치 판의 편마멸, 변형, 파손 등의 방지를 위해 두는 것이다.

 [1. 동력전달계통] 01 ④ 02 ② 03 ③ 04 ④ 05 ② 06 ④ 07 ②

08 클러치에서 압력판의 역할로 맞는 것은?

① 클러치판을 밀어서 플라이휠에 압착시키는 역할을 한다.
② 제동 역할을 위해 설치한다.
③ 릴리스 베어링의 회전을 용이하게 한다.
④ 엔진의 동력을 받아 속도를 조절한다.

> 압력판은 클러치 스프링의 장력으로 클러치판을 플라이 휠에 압착시키는 일을 한다.

09 클러치의 작동에서 스러스트 베어링과 릴리스 레버는 어느 때 작용하는가?

① 클러치가 요동할 때만
② 클러치가 연결되는 순간에만
③ 클러치가 분리되어 있는 동안
④ 클러치가 연결되어 있는 동안

> 릴리스 레버는 릴리스 베어링에 의해 한쪽 끝 부분이 눌리면 반대쪽의 클러치판을 누르고 있는 압력판을 분리시키는 레버를 말하는 것으로 클러치가 분리되어 있는 동안 작용한다.

10 클러치 끊음이 불량한 이유가 될 수 없는 것은?

① 릴리스 레버의 마멸
② 클러치판의 흔들림
③ 페달 유격이 과대
④ 토션 스프링의 파손

> 토션 스프링(비틀림 코일 스프링, 댐퍼 스프링)은 클러치판이 플라이 휠에 접속될 때 회전 충격을 흡수하는 역할을 하는 것으로 클러치 끊음이 불량한 이유가 되지 않는다.

11 클러치 페달에 유격을 두는 이유는?

① 클러치 용량을 크게 하기 위해
② 클러치의 미끄럼을 방지하기 위해
③ 엔진출력을 증가시키기 위해
④ 엔진마력을 증가시키기 위해

> 클러치 페달의 유격(자유간극)은 페달을 밟은 후부터 릴리스 베어링(스러스트 볼 베어링이 내장되어 있는 케이스로 되어 있다.) 이 릴리스 레버에 닿을 때까지 페달이 이동한 거리를 말하는 것으로 유격이 너무 적으면 클러치가 미끄러지고 이 미끄러짐으로 인해 클러치판이 파열되어 손상된다.

12 페달에 20kg의 힘을 주었을 때 푸시로드에는 몇 kg의 힘이 작용하는가?

① 100kg ② 80kg
③ 62kg   ④ 25kg

> $5 \times x = (20 + 5) \times 20$
> $5x = 500$
> $\therefore x = 100kg$

13 마찰판식 플라이휠 클러치가 미끄러지는 원인과 관계없는 것은?

① 클러치면에 오일이 묻었다.
② 플라이휠 면이 마모되었다.
③ 클러치 페달의 유격이 없다.
④ 클러치 페달의 유격이 너무 많다.

> 클러치 페달의 유격이 적으면 미끄러짐이 일어나고, 너무 크면 클러치 차단이 불량하여 변속기의 기어를 변속할 때 소음이 발생하고 기어가 손상된다.

14 클러치를 밟아도 동력이 차단되지 않는 이유는?

① 클러치 페달의 유격이 적을 때
② 클러치 압력판의 진동이 없을 때
③ 압력판의 압력 스프링 쇠약
④ 클러치 페달의 유격 과대

> 클러치 페달의 유격이 크면 클러치 차단이 불량해진다.

15 주행 중 급가속시 기관 회전은 상승하는데 차속은 증속이 안될 때의 원인으로 틀린 것은?

① 압력 스프링의 쇠약
② 클러치 디스크 판에 기름 부착
③ 클러치 페달의 유격 과대
④ 클러치 디스크 판 마모

정답 08 ① 09 ③ 10 ④ 11 ② 12 ① 13 ④ 14 ④ 15 ③

> 출발 또는 주행 중 가속 시 엔진의 회전속도는 상승하지만 출발이 잘 안되거나 주행속도가 증속되지 않는 경우는 클러치의 미끄러짐이 있기 때문이다.

16 플라이휠 클러치판의 마모가 심하면 페달의 유격은?

① 적어진다.　　② 커진다.
③ 변화없다.　　④ 관계없다.

> 클러치 판의 마멸이 심하면 클러치가 미끄러지는 원인이 되며, 이는 페달의 유격이 적어지기 때문이다.

17 클러치의 미끄러짐은 언제 가장 현저하게 나타나는가?

① 가속시　　② 고속시
③ 공전시　　④ 저속시

> 클러치의 미끄러짐은 출발 또는 주행 중 가속 시 나타난다.

18 클러치가 연결된 상태에서 기어변속을 하면 일어나는 현상은?

① 기어에서 소리가 나고 기어가 상한다.
② 변속레버가 마모된다.
③ 클러치 디스크가 마멸된다.
④ 변속이 원활하다.

19 클러치 접속시 회전충격이 매우 큰 데 그 원인으로 다음 중 가장 적당한 것은?

① 클러치 스프링의 불량이다.
② 쿠션 스프링의 불량이다.
③ 리턴 스프링의 불량이다.
④ 댐퍼 스프링의 불량이다.

> 댐퍼 스프링(비틀림 코일 스프링, 토션 스프링)은 클러치 접속시 회전충격을 흡수하는 일을 하며, 쿠션 스프링은 클러치 판의 파손을 방지하기 위해 둔다.

20 유체 클러치에서 구동축과 피동축의 속도의 증가에 따라 현저하게 달라지는 것은?

① 와류가 증가한다.
② 와류가 감소한다.
③ 안전효율이 적어진다.
④ 클러치 효율이 높아진다.

> 유체 클러치는 오일을 사용하여 엔진의 회전력을 전달하는 매체로 엔진 동력은 회전이 낮을 때 약하고 회전수가 높을 때는 강하게 전달된다.

21 동력전달장치에서 클러치 판은 어떤 축의 스플라인에 끼어져 있는가?

① 추진축
② 차동기어 장치
③ 크랭크축
④ 변속기 입력축

> 클러치 판(클러치 디스크)은 원형 강판의 가장자리에 라이닝이 리벳으로 설치되어 있고, 중심부에는 허브가 있으며 그 내부에 변속기 입력축을 끼우기 위한 스플라인이 파져 있다.

22 유체 클러치 오일의 구비조건이 아닌 것은?

① 착화점이 높을 것　　② 비중이 클 것
③ 비점이 높을 것　　　④ 점도가 클 것

> 유체 클러치 오일의 구비조건
> • 점도가 낮고, 비중이 클 것
> • 착화점이 높을 것
> • 내산성이 클 것
> • 유동성이 좋을 것
> • 비등점이 높을 것
> • 응고점이 낮을 것
> • 윤활성이 클 것

23 다음에서 토크 변환기 오일의 구비조건 중 알맞은 것은?

① 점도가 낮을 것　　② 비중이 작을 것
③ 착화점이 낮을 것　④ 비점이 낮을 것

24 스프링 상수가 5kg/mm인 코일스프링을 2cm 압축하는데 필요한 힘은?

① 60kg　　② 120kg
③ 100kg　　④ 200kg

> 힘 = 상수 × 거리 = 5 × 20 = 100kg

정답 16 ① 17 ① 18 ① 19 ④ 20 ④ 21 ④ 22 ④ 23 ① 24 ③

25 유체 클러치의 슬립(slip) 현상에서 유속의 차는 얼마 정도인가?

① 5~10% 정도
② 2~3% 정도
③ 50% 정도
④ 20% 정도

> 유체 클러치의 펌프와 터빈 사이의 토크 비율은 미끄럼 때문에 1 : 1이 되지 못한다. 이에 따라 미끄럼 값(유속의 차)은 2~3% 정도이며, 전달 효율 η는 최대 98%정도이다.

26 펌프와 터빈의 회전속도가 같을 때의 유체 클러치의 토크 변환율은?

① 1 : 0.7   ② 1 : 0.5
③ 1 : 1   ④ 1 : 1.5

> 펌프와 터빈의 회전속도가 같을 때 유체 클러치의 토크 변환율은 1:1 이다.

27 토크 변환기는 엔진의 회전력을 몇 배로 변화하는가?

① 1~1.5배   ② 1.5~2배
③ 2~3배   ④ 3~4배

> 토크 변환기(토크 컨버터)의 회전력 변환율은 2~3:1 이며, 오일의 충돌에 의한 효율 저하를 방지하기 위해 가이드 링을 두고 있다.

28 유체 클러치에서 유체충돌(맴돌이 흐름)을 방지하는 장치는?

① 임펠러   ② 터빈
③ 플라이휠 ④ 가이드링

> 유체 클러치는 엔진 크랭크 축에 펌프 또는 임펠러를, 변속기 입력 축에 터빈 또는 러너를 설치하고, 오일의 맴돌이 흐름(와류)를 방지하기 위해 가이드 링을 두고 있다.

29 유체 클러치(Fluid coupling)에서 가이드링의 역할은?

① 와류를 감소시킨다.
② 터빈(Turbine)의 손상을 줄이는 역할을 한다.
③ 마찰을 증대시킨다.
④ 플라이 휠(fly wheel)의 마모를 감소시킨다.

30 유체 클러치에서 변속기의 입력축에 연결된 것은?

① 펌프   ② 임펠러
③ 스테이터 ④ 터빈

> 크랭크 축에 펌프(또는 임펠러), 변속기 입력 축에 터빈(또는 러너)가 연결된다.

31 토크 컨버터에서 장비에 부하가 걸리면?

① 터빈속도가 빨라지고 회전력이 증가된다.
② 터빈속도가 느리고 회전력이 증가된다.
③ 터빈속도가 빨라지고 회전력이 감소된다.
④ 터빈속도가 느리고 회전력이 감소된다.

> 토크 컨버터는 오일에 의해 엔진의 동력을 변속기로 전달하는 클러치로 작동하며, 장비에 부하가 걸리면 터빈 속도는 느려지고 회전력은 증가된다. 즉, 토크 컨버터의 경우 터빈의 속도와 회전력은 반비례 관계이다.

32 토크 컨버터의 온도 지시기는 무엇을 가리키나?

① 냉각수 온도
② 대기온도
③ 오일온도
④ 엔진 작동 온도

> 트크 컨버터는 오일에 의해 엔진의 동력을 변속기로 전달하는 클러치로 온도 지시기는 오일의 온도를 가리킨다.

33 토크 컨버터 구성요소 중 기관에 의해 직접 구동되는 것은?

① 터빈   ② 펌프
③ 스테이트 ④ 가이드 링

> 펌프는 엔진에 의해 기동되면 엔진의 동력에 의해 오일을 배출하는 원심 펌프로 작동한다.

34 장비에 부하가 걸릴 때 토크 컨버터의 터빈 속도는?

① 빨라진다.   ② 느려진다.
③ 일정하다.   ④ 관계없다.

> 장비에 부하가 걸릴 때 토크 컨버터의 터빈 속도는 느려지고 회전력은 증가한다.

 25 ② 26 ③ 27 ③ 28 ④ 29 ① 30 ④ 31 ② 32 ③ 33 ② 34 ②

35 클러치 페달의 자유간극이다. 다음 중 가장 적절한 것은?

① 0.5~1.0cm
② 2.5~5.0mm
③ 25~30mm
④ 50~70mm

🔍 클러치 페달의 자유간극은 기계식 페달의 경우 대체로 25~30mm 정도이다.

36 유압식 조작 클러치의 공기빼기 작업에 대한 설명 중 가장 알맞은 것은?

① 마스터 실린더에서 파이프를 빼고 공기를 뺀다.
② 슬레이브 실린더의 피스톤을 밀어서 공기를 뺀다.
③ 마스터 실린더의 오일탱크로 공기를 뺀다.
④ 슬레이브 실린더의 블리더 스크루를 돌려서 공기를 뺀다.

🔍 유압식 조작 클러치에서 슬레이브 실린더는 마스터 실린더에서 보내 준 유압을 피스톤과 푸시로드에 작용하여 릴리스 포크로 미는 작용을 하며, 유압 회로 내에 침입한 공기를 배출하기 위한 공기 블리더 스크루가 있다.

37 마스터 실린더 푸시로드에 작용하는 힘이 300kg이고 마스터 실린더 내에 있는 피스톤의 면적이 6cm²이다. 이 때 발생하는 유압은 몇 kg/cm² 인가?

① 30kg/cm²
② 40kg/cm²
③ 50kg/cm²
④ 60kg/cm²

🔍 유압 = 작용하는 힘 / 피스톤의 면적 = 300 / 6 = 50kg/cm²

38 클러치 허브와 축의 스플라인 부분이 마멸되면 어떠한 현상이 생기는가?

① 클러치 페달의 유격이 커진다.
② 클러치 페달의 유격이 작아진다.
③ 클러치에서 소음이 난다.
④ 클러치에 슬립이 발생한다.

39 토크 컨버터에서 오일의 흐름 방향을 바꾸어 주는 것은?

① 스테이터
② 터빈
③ 펌프
④ 변속기 축

🔍 토크 컨버터는 크랭크 축에 펌프, 변속기 입력 축에 터빈을 두고 있으며, 오일의 흐름 방향을 바꾸어주는 스테이터로 구성된다.

40 구동력에 대한 설명으로 옳은 것은?

① 구동 바퀴의 반지름에 반비례하고, 바퀴 회전력에 비례한다.
② 구동 바퀴의 반지름에 비례하고, 바퀴 회전력에 반비례한다.
③ 구동 바퀴의 반지름과 바퀴 회전력에 모두 비례한다.
④ 구동 바퀴의 반지름과 바퀴 회전력에 모두 반비례한다.

🔍 구동력은 바퀴가 차량을 미는 힘을 말하는 것으로 구동 바퀴의 반지름에 반비례하고, 바퀴 회전력에 비례한다.

41 다음 중 변속기의 필요성에 대한 설명으로 틀린 것은?

① 환향을 신속하게 할 수 있도록 한다.
② 엔진 기동 시 장비를 무부하 상태로 한다.
③ 장비의 후진 시 필요하다.
④ 기관의 회전력을 증대시킨다.

🔍 환향은 조향장치와 관련이 있다.

42 운행 중 변속 레버가 빠지는 원인에 해당되는 것은?

① 기어가 충분히 물리지 않을 때
② 클러치 조정이 불량할 때
③ 릴리스 베어링이 파손되었을 때
④ 클러치 연결이 분리되었을 때

🔍 기어가 충분히 물리지 않으면 변속 레버가 빠지는 원인이 된다.

정답 35 ③ 36 ④ 37 ③ 38 ③ 39 ① 40 ① 41 ① 42 ①

43 변속기를 저속으로 변속하면 관계되는 사항에 알맞은 것은?

① 출력축의 회전속도가 빠르게 된다.
② 출력축의 회전력은 변함이 없다.
③ 구동바퀴의 회전력은 가장 크게 된다.
④ 종감속비가 크게 된다.

> 변속기를 저속으로 하면 구동바퀴의 회전력은 커지고 이에 따라 구동력이 커진다.

44 변속기에서 기어의 백래시가 크면 다음 중 어떤 경우가 되겠는가?

① 변속시 기어의 바꿈이 잘 안된다.
② 변속시 기어의 변속이 잘된다.
③ 물린 기어가 빠지기 쉽다.
④ 물린 기어가 잘 빠지지 않는다.

> 변속기에서 기어의 백래시가 크면 기어 물림이 적어 기어가 빠지기 쉽다.

45 건설기계장비의 변속기에서 기어의 마찰소리가 나는 이유가 아닌 것은?

① 기어 백래시의 과다
② 변속기 베어링의 마모
③ 변속기의 오일 부족
④ 워엄과 워엄기어의 마모

> 변속기에 사용되는 기어는 피니언과 베벨 기어이다.

46 변속기의 싱크로메시 기구장치는?

① 고속에서 작용한다.
② 기어가 물릴 때 작용한다.
③ 저속에서 작용한다.
④ 기어가 빠질 때 작용한다.

> 동기 물림식 변속기에서 사용되는 싱크로메시 기구는 기어를 변속할 때 기어의 원뿔 부분에서 마찰력을 일으켜 주축에서 공전하는 기어의 회전속도와 주축의 회전속도를 일치시켜 기어 물림이 원활하게 이루어지도록 한다.

47 상시물림식 변속기에 대한 설명 중 알맞은 것은?

① 기어가 물리면 동력이 전달된다.
② 기어가 섭동하여 변속된다.
③ 도그(dog) 클러치가 설치되어 있다.
④ 변속시에 소음이 크다.

> 상시 물림식은 도그 클러치, 동기 물림식은 싱크로메시 기구를 두고 있다.

48 기온이 낮은 겨울에 처음 변속기어를 넣을 때 기어가 뻑뻑하게 조작되는 이유는?

① 클러치가 미끄러진다.
② 로킹볼 스프링이 약하다.
③ 기어오일이 굳어 있어서
④ 카운트 샤프트기어의 고장

49 변속 중 기어가 이중으로 물리는 것을 방지하는 것은?

① 셀렉터   ② 로크 핀
③ 인터로크   ④ 록킹 볼

> 변속기 조작 기구에는 기어가 빠지는 것을 방지하기 위해 록킹 볼과 스프링을 두고 있으며, 기어의 이중 물림을 방지하는 인터로크가 설치 되어 있다.

50 자동 변속기의 특징에 대한 설명으로 틀린 것은?

① 클러치 조작없이 출발이 가능하고, 주행 기어 변속이 불필요하다.
② 각 부분의 진동을 오일이 흡수한다.
③ 엔진의 동력 전달을 오일로 한다.
④ 연료 소비율이 수동 변속기에 비해 적다.

> 자동 변속기는 연료 소비율이 수동 변속기에 비해 크다.

51 유성기어 장치의 주요 부품은?

① 유성기어, 베벨기어, 선기어
② 선기어, 클러치기어, 헬리컬기어
③ 유성기어, 베벨기어, 클러치기어
④ 선기어, 유성기어, 링기어, 유성캐리어

정답 43 ③ 44 ③ 45 ④ 46 ② 47 ③ 48 ③ 49 ③ 50 ④ 51 ④

🔍 유성기어는 바깥쪽에 링기어, 중앙에는 선기어, 링기어와 선기어 사이에 유성기어가 들어가며 유성기어를 구동시키기 위한 유성기어캐리어로 구성된다.

🔍 유니버설 조인트(자재이음)는 변속기와 종감속 기어 사이의 구동 각도 변화를 주는 장치로 종류로는 십자형 자재이음, 플렉시블 이음, 볼 엔드 트러니언 자재이음, 등속 자재이음 등이 있다.

52 동력전달장치에서 추진축의 밸런스 웨이트에 대한 설명으로 맞는 것은?

① 추진축의 비틀림을 방지한다.
② 변속조작 시 변속을 용이하게 한다.
③ 추진축의 회전수를 높인다.
④ 추진축의 회전 시 진동을 방지한다.

🔍 추진축은 강한 비틀림을 받으면서 고속 회전하는 부분으로 이에 견딜 수 있도록 속이 빈 강관을 사용하며, 회전평형을 유지하고 회전 시 진동을 방지하기 위해 밸런스 웨이트(평형추)가 부착되어 있다.

53 추진축의 스플라인부가 마모되었을 때 두드러지게 나타나는 현상은?

① 신축작용시 추진축이 구부러진다.
② 주행 중 소음을 내고 추진축이 진동한다.
③ 차동기어의 물림이 불량하게 된다.
④ 미끄럼 현상이 일어난다.

🔍 드라이브 라인의 슬립이음은 추진축의 길이 변화를 가능하도록 두는 것으로 슬립 이음이 설치되는 스플라인 부가 마모되면 주행 중 소음을 내고 추진축이 진동한다.

54 변속기의 분류 중 선택 기어식에 속하지 않는 것은?

① 활동 기어식　② 상시 물림식
③ 점진 기어식　④ 동기 물림식

🔍 일정 기어비 변속기의 종류로는 점진 기어식, 선택 기어식, 유성 기어식이 있으며 이 중 선택 기어식에는 활동 기어식, 상시 물림식, 동기 물림식이 포함된다.

55 십자축 자재이음을 추진축 앞뒤에 둔 이유를 가장 적합하게 설명한 것은?

① 추진축의 진동을 방지하기 위하여
② 회전 각속도의 변화를 상쇄하기 위하여
③ 추진축의 굽음을 방지하기 위하여
④ 길이의 변화를 다소 가능케 하기 위하여

56 동력전달장치에서 두 축 간의 충격 완화와 각도 변화를 융통성 있게 동력 전달하는 기구는?

① 슬립 이음(slip joint)
② 유니버설 조인트(universal joint)
③ 파워 시프트(power shift)
④ 크로스 멤버(cross member)

57 슬립이음이나 유니버설 조인트에 윤활 주입으로 가장 좋은 것은?

① 유압유
② 기어오일
③ 그리스
④ 엔진오일

🔍 드라이브 라인의 구성 요소인 슬립이음이나 자재이음(유니버설 조인트)의 윤활에는 그리스를 사용한다.

58 동력전달장치에서 슬립이음(슬립 조인트)이 변화를 가능하게 하는 것은?

① 축의 길이
② 회전속도
③ 드라이브 각
④ 축의 진동

🔍 슬립이음은 변속기 주축 뒤끝에 스플라인을 통하여 설치되며, 추진축의 길이 변화를 가능하도록 하기 위해 둔다.

59 기계식 변속기가 부착된 건설기계에서 작업장 이동을 위한 주행방법으로 잘못된 것은?

① 주차 브레이크를 해제한다.
② 브레이크를 서서히 밟고 변속레버를 4단에 넣는다.
③ 클러치 페달을 밟고 변속레버를 1단에 넣는다.
④ 클러치 페달에서 발을 천천히 떼면서 가속페달을 밟는다.

정답　52 ④　53 ②　54 ③　55 ②　56 ②　57 ③　58 ①　59 ②

60 차동기어장치의 목적은?

① 선회할 때 반부동식 축이 바깥쪽 바퀴에 힘을 주도록 하기 위해서이다.
② 기어조작을 쉽게 하기 위해서이다.
③ 선회할 때 힘이 양쪽바퀴에 작용되도록 하기 위해서이다.
④ 선회할 때 바깥쪽 바퀴의 회전속도를 안쪽 바퀴보다 빠르게 하기 위해서이다.

🔍 차동기어장치는 랙과 피니언의 원리를 이용한 것으로 선회 시 바깥쪽 바퀴의 회전속도를 안쪽 바퀴보다 빠르게 하기 위해 둔다.

61 커브를 회전할 때에만 소음이 난다. 그 원인은?

① 차동 피니언의 스러스트 와셔가 너무 얇다.
② 구동 피니언의 프리로드가 크다.
③ 구동 피니언의 축방향의 유격이 크다.
④ 사이드 베어링의 마모가 심하다.

62 종감속비에 대한 설명으로 옳지 않은 것은?

① 종감속비는 구동피니언의 잇수를 링기어의 잇수로 나눈 값이다.
② 종감속비가 크면 가속 성능이 향상된다.
③ 종감속비가 크면 등판 능력이 향상된다.
④ 종감속비를 나누어 떨어지지 않은 값으로 하는 것은 이의 편 마멸을 방지하기 위한 것이다.

🔍 종감속비는 링기어의 잇수를 구동피니언의 잇수로 나눈 값으로, 종감속비를 크게 하면 가속 성능과 등판 능력은 향상되지만 고속 성능이 떨어진다.

63 변속비가 2:1, 종감속비가 5:1일 때 기관이 3200rpm이면 바퀴의 회전수는 얼마인가?

① 3200rpm
② 640rpm
③ 1600rpm
④ 320rpm

🔍 바퀴회전수 = $\dfrac{\text{엔진회전수}}{\text{변속비} \times \text{종감속비}} = \dfrac{3200}{2 \times 5} = 320\text{rpm}$

64 타이어식 건설기계의 종감속장치에서 열이 발생하고 있다. 그 원인으로 틀린 것은?

① 윤활유의 부족
② 오일의 오염
③ 종감속기어의 접촉상태 불량
④ 종감속기어의 플랜지부 과도한 조임

65 동력전달계통에서 최종적으로 구동력 증가를 하는 것은?

① 트랙모터
② 종감속기어
③ 스프로킷
④ 변속기

🔍 종감속기어는 추진축의 회전력을 직각으로 전달하며 엔진의 회전력을 최종적으로 감속시켜 구동력을 증가시킨다.

66 피니언 잇수가 6, 링기어 잇수가 30이고 추진축이 1200rpm, 왼쪽 바퀴가 200회전시 오른쪽 바퀴는 몇 회전하는가?

① 400rpm
② 240rpm
③ 280rpm
④ 140rpm

🔍 오른쪽 바퀴회전수
= 추진축 × $\dfrac{\text{피니언잇수}}{\text{링기어 잇수}}$ × 2 − 왼쪽바퀴회전수
= $1200 \times \dfrac{6}{30} \times 2 - 200 = 280$ rpm

67 차축(액슬축)에 대한 설명으로 틀린 것은?

① 차축은 바퀴를 통하여 차량의 중량을 지지하는 축이다.
② 차축의 종류에는 전부동식, 반부동식, 3/4부동식 등이 있다.
③ 유동축은 종감속기어에서 전달된 동력을 바퀴로 전달한다.
④ 3/4 부동식은 차축이 차량 하중의 1/3을 지지한다.

🔍 구동축은 종감속기어에서 전달된 동력을 바퀴로 전달하고 노면에서 받은 힘을 지지하고, 유동축은 차량을 중량만 지지한다.

정답 60 ④ 61 ① 62 ① 63 ④ 64 ④ 65 ② 66 ③ 67 ③

68 튜브리스 타이어의 장점이 아닌 것은?

① 펑크 수리가 간단하다.
② 못이 박혀도 공기가 잘 새지 않는다.
③ 고속 주행하여도 발열이 적다.
④ 타이어 수명이 길다.

> 튜브리스 타이어의 장점
> • 튜브가 없어 조금 가볍다.
> • 못 등이 박혀도 공기가 잘 새지 않는다.
> • 펑크 수리가 간단하다.
> • 고속 주행 시 발열이 적다.

69 타이어에 9.00-20-14PR로 표시된 경우 20이 의미하는 것은?

① 외경
② 내경
③ 폭
④ 높이

> 저압 타이어의 호칭 치수는 폭(inch) - 내경(안지름, inch) - 플라이 수로 표시한다.

70 타이어식 건설기계의 타이어에서 저압타이어의 안지름이 20인치, 바깥지름이 32인치, 폭이 12인치, 플라이 수가 18인 경우 표시방법은?

① 20.00-32-18PR
② 20.00-12-18PR
③ 12.00-20-18PR
④ 32.00-12-18PR

71 레이디얼 타이어에 "195/60 R14 85H"로 표시된 경우 14가 의미하는 것은?

① 타이어 폭
② 편평비
③ 하중지수
④ 타이어 내경

> 레이디얼 타이어의 표시
> • 195 : 타이어 폭(mm)
> • 60 : 편평비(%)
> • R : 레이디얼 타이어
> • 14 : 타이어 내경(inch)
> • 85 : 하중지수
> • H : 속도기호(H는 최고속도 210km/h)

72 타이어 트레드 패턴의 필요성과 관계 없는 것은?

① 타이어가 옆방향으로 미끄러지는 것을 방지한다.
② 타이어에서 발생한 열을 발산한다.
③ 트레드부에서 생긴 절상 등의 확산을 방지한다.
④ 주행 중 진동을 흡수하고 소음을 방지한다.

> 타이어 트레드 패턴의 필요성
> • 타이어 옆 방향, 전진 방향 미끄러짐 방지
> • 타이어 내부의 열 발산
> • 트레드부에 생긴 절상 등의 확대 방지
> • 구동력이나 선회 성능 향상

73 타이어식 건설기계 장비에서 평소에 비하여 조작력이 더 요구될 때(핸들이 무거울 때) 점검해야 할 사항으로 가장 거리가 먼 것은?

① 기어박스 내의 오일
② 타이어의 공기압
③ 타이어 트레드 모양
④ 앞바퀴 정렬

74 타이어의 공기압력에 관한 설명이다. 알맞은 것은?

① 공기압이 너무 낮으면 트레드 중앙부의 마멸이 많게 된다.
② 공기압력이 낮으면 수명이 길게 된다.
③ 온도가 높게 되면 공기압력도 높게 된다.
④ 공기압력이 높으면 조향핸들이 무겁게 된다.

> 공기압이 높으면 조향이 가볍고, 트레드 중앙부의 마멸이 많게 된다. 또한, 타이어어 공기압이 적정수준에서 10% 떨어지면 수명은 15% 정도 줄어든다.

75 다음 중 타이어의 강도와 내마멸성이 급격히 감소되는 임계온도는?

① 50~60℃
② 70~80℃
③ 90~100℃
④ 120~130℃

> 타이어의 임계온도는 120~130℃ 이다.

정답 68 ④ 69 ② 70 ③ 71 ④ 72 ④ 73 ③ 74 ③ 75 ④

76 타이어에서 고무로 피복된 코드를 여러 겹으로 겹친 층으로 타이어의 뼈대를 이루는 부분은?

① 카커스(carcass)
② 비드부(bead section)
③ 브레이커(breaker)
④ 숄더부(shoulder section)

> 카커스는 타이어의 뼈대가 되는 분으로 공기 압력을 견디어 일정한 체적을 유지하고 하중이나 충격에 따라 변형하여 완충작용을 한다.

77 비오는 날 고속도로에서 80km 이상으로 주행하면 무엇이 발생하여 가장 위험한가?

① 타이어 과열현상이 일어난다.
② 기관에 물이 들어가서 엔진상태가 나빠진다.
③ 별다른 이상이 생기지 않는다.
④ 노면에 수막현상이 생겨 제동조향의 효과를 상실하므로 위험하다.

> 하이드로 플래닝(수막현상)은 물이 고인 도로를 고속으로 달릴 때 일정 속도 이상이 되면 나타나는 현상이다.

78 타이어의 구조에서 노면과 직접 접촉하여 마모에 견디고 적은 슬립으로 견인력을 증대시키는 부위는?

① 브레이커(breaker)
② 비드부(bead section)
③ 트레드(tread)
④ 숄더부(shoulder section)

> 트레드는 노면과 직접 접촉하는 고무 부분이며, 카커스와 브레이커를 보호하는 부분이다.

79 무한궤도식 건설기계에서 트랙의 구성품으로 맞는 것은?

① 슈, 조인트, 실(seal), 핀, 슈볼트
② 스프로킷, 트랙롤러, 상부롤러, 아이들러
③ 슈, 스프로킷, 하부롤러, 상부롤러, 감속기
④ 슈, 링크, 부싱, 핀

> 무한궤도식 건설기계의 트랙은 링크, 핀, 부싱, 슈 등으로 구성되어 있으며 스프로킷에서 동력을 받아 구동된다.

80 트랙 프레임 위에 한쪽만 지지하거나 양쪽을 지지하는 브래킷에 1~2개가 설치되어 트랙 아이들러와 스프로킷 사이에서 트랙이 처지는 것을 방지하는 동시에 트랙의 회전위치를 정확하게 유지하는 역할을 하는 것은?

① 브레이스
② 아우터 스프링
③ 스프로킷
④ 캐리어 롤러

> 하부 주행체의 구성
> • 트랙(track) : 트랙은 작업 지역의 토질이나 작업 내용에 따라 여러 형태의 것이 사용되며 트랙 링크(Track link), 슈(Shoe), 부싱(Bushing), 핀(Pin)으로 구성되어 있다.
> • 상부 롤러(Carrier roller, 캐리어 롤러) : 프런트 아이들러(전부 유동륜)와 스프로킷(구동륜) 사이에 1~2개가 설치되어 트랙이 밑으로 처지지 않도록 받쳐주며, 트랙의 회전을 바르게 유지하는 역할을 담당한다.
> • 하부 롤러(Track roller, 트랙 롤러) : 하부 롤러는 트랙 프레임에 5~7개 정도가 설치되며, 트랙터의 전체 중량을 지지하고, 전체 중량을 균일하게 트랙에 배분한다. 또한, 트랙의 회전 위치를 바르게 유지하게 함으로써 상부 롤러와 함께 트랙의 회전을 바르게 유지하는데 관여한다.
> • 프런트 아이들러(Front idler, 전부 유동륜) : 프런트 아이들러는 트랙 프레임의 앞쪽에 설치되며, 프레임 위에서 미끄럼 운동을 할 수 있는 요크(yoke)에 설치되어 있다. 주된 기능은 트랙의 장력을 조정하면서 트랙의 진행 방향을 유도한다.
> • 롤러 가드(Roller guard) : 암석이나 자갈 등이 하부 롤러에 직접 충돌하는 것으로부터 보호하고, 트랙이 벗겨지는 것을 방지하기 위해 양쪽에 여러 개의 볼트로 고정되어 있다.
> • 평형 바(Equalizer bar) : 여러 장의 판 스프링을 겹쳐서 사용하는 형식과 상자형으로 된 형식이 있으며, 지면에서 전달되는 충격을 완화하고 좌우 트랙의 하중분포를 같게 하여 균형을 잡아준다.
> • 리코일 스프링(Recoil spring) : 안쪽의 이너 스프링과 바깥쪽의 아우터 스프링의 2중으로 된 구조로 주행 중 프런트 아이들러가 받은 충격을 완화시켜 트랙 장치의 파손을 방지하는 일을 한다.

81 무한궤도식(굴착기)에서 트랙을 분리하여야 할 경우가 아닌 것은?

① 트랙 교환시
② 트랙 롤러 교환시
③ 스프로킷 교환시
④ 아이들러 교환시

> 트랙을 분리하여야 하는 경우
> • 트랙이 벗겨졌을 때
> • 트랙을 교환하여야 할 때
> • 핀, 부싱 등을 교환하고자 할 때
> • 프런트 아이들러 및 스프로킷을 교환하고자 할 때

 정답 76 ① 77 ④ 78 ③ 79 ④ 80 ④ 81 ②

82 무한궤도식 건설기계와 관련하여 트랙 전면에서 오는 충격을 완화시키기 위해 설치한 것은?

① 하부 롤러
② 프론트 롤러
③ 상부 롤러
④ 리코일 스프링

🔍 리코일 스프링은 안쪽과 바깥쪽 스프링의 2중 구조로 주행 중 프런트 아이들러(전부 유동륜)가 받은 충격을 완화시켜 트랙 장치의 파손을 방지하는 역할을 담당한다.

83 하부 롤러, 링크 등 트랙 부품이 조기 마모되는 원인으로 가장 맞는 것은?

① 일반 객토에서 작업을 하였을 때
② 트랙장력이 너무 헐거울 때
③ 겨울철에 작업을 하였을 때
④ 트랙장력이 너무 팽팽했을 때

🔍 트랙의 장력이 너무 팽팽하면 각종 롤러 및 트랙 구성 부품의 마멸이 촉진된다.

84 무한궤도식 건설기계에서 트랙의 장력을 너무 팽팽하게 조정했을 때 미치는 영향으로 가장 거리가 먼 것은?

① 트랙 링크의 마모
② 프런트 아이들러의 마모
③ 트랙의 이탈
④ 스프로킷의 마모

🔍 일반적인 트랙의 유격은 25~40mm 정도가 정상으로, 트랙의 장력이 현저히 작으면 트랙이 이탈 될 수 있다.

85 주행장치의 스프로킷이 이상 마멸하는 원인에 해당되는 것은?

① 작동유의 부족
② 트랙의 장력 과대
③ 라이닝의 마모
④ 트랙의 유격이 클 때

🔍 트랙의 장력이 너무 크면 스프로킷의 이상 마멸이 초래된다.

86 굴착기의 스프로킷에 가까운 쪽의 롤러는 어떤 형식을 사용하는가?

① 싱글 플랜지형
② 더블 플랜지형
③ 플랫형
④ 옵셋형

🔍 하부 롤러(트랙 롤러)는 싱글 플랜지형과 더블 플랜지형이 있으며, 프런트 아이들러와 스프로킷이 있는 쪽에는 반드시 싱글 플랜지형을 사용하여야 한다.

87 무한궤도식 장비에서 프런트 아이들러의 작용에 대한 설명으로 가장 적당한 것은?

① 회전력을 발생하여 트랙에 전달한다.
② 트랙의 진로를 조정하면서 주행방향으로 트랙을 유도한다.
③ 구동력을 트랙으로 전달한다.
④ 파손을 방지하고 원활한 운전을 할 수 있도록 하여 준다.

🔍 프런트 아이들러(Front idler, 전부 유동륜)는 트랙 프레임의 앞쪽에 설치되며, 프레임 위에서 미끄럼 운동을 할 수 있는 요크(yoke)에 설치되어 있다. 주된 기능은 트랙의 장력을 조정하면서 트랙의 진행 방향을 유도한다.

88 무한궤도식 건설기계에서 트랙을 조정할 때 유의할 사항으로 가장 적절하지 않은 것은?

① 2~3회 반복 조정한다.
② 트랙을 들고 늘어지는 것을 점검한다.
③ 브레이크가 있는 장비는 브레이크를 사용한다.
④ 장비를 평지에 정차시킨다.

🔍 트랙 유격 조정 시 유의 사항
• 평탄한 지면에서 한다.
• 브레이크가 있는 경우 브레이크를 사용해서는 안 된다.
• 전진하다가 정지시켜야 한다.(후진하다가 세우면 트랙이 팽팽해진다.)
• 2~3회 반복 조정하여 양쪽 트랙의 유격을 동일하게 조정하여야 한다.
• 트랙을 들고 늘어지는 양을 점검한다.

89 무한궤도식 건설기계에서 트랙 장력 조정은?

① 스프로킷의 조정볼트로 한다.
② 긴도 조정 실린더로 한다.
③ 상부 롤러의 베어링으로 한다.
④ 하부 롤러의 시임을 조정한다.

🔍 프런트 아이들러 요크 축에 설치된 조정 실린더에 그리스를 주유하면 트랙의 유격이 적어지고, 그리스를 배출시키면 트랙의 유격이 커진다.

정답 82 ④ 83 ④ 84 ③ 85 ② 86 ① 87 ② 88 ③ 89 ②

90 무한궤도식 건설기계에서 트랙의 조정은 어느 것으로 하는가?

① 아이들러의 이동
② 하부 롤러의 이동
③ 상부 롤러의 이동
④ 스프로킷의 이동

> 무한궤도식 건설기계에서 트랙의 조정은 프런트 아이들러를 전진 및 후진시켜 실시한다.

2. 조향장치

01 건설기계의 조향장치란 무엇인가?

① 배기가스를 환기시키는 장치
② 방향전환시 동력의 원활한 전달을 위한 장치
③ 작업 중 방향을 바꾸는 장치
④ 불완전 연소가스를 순환시키는 장치

> 조향장치란 차량의 진행 방향을 운전자가 의도하는 바에 따라서 임의로 조작할 수 있는 장치를 말한다.

02 조향장치에 애커먼 장토식을 사용하는 이유를 설명한 것 중 옳은 것은?

① 바퀴가 옆으로 미끄러짐을 방지하기 위해서
② 바퀴가 동심원을 그리면서 회전할 수 있게 하기 위해서
③ 바퀴가 한쪽으로 마멸되는 것을 방지하기 위해서
④ 회전반경을 작게 하기 위해서

> 애커먼 장토식은 조향각도를 최대로 하고 선회할 때 뒷차축 연장선상의 한 점을 중심으로 동심원을 그리면서 선회하여 사이드 슬립 방지와 조향핸들 조작에 따른 저항을 감소시킬 수 있는 방식이다.

03 조향장치에 요구되는 사항이 아닌 것은?

① 주행 중 노면의 충격에 영향을 받지 않아야 한다.
② 조작이 쉽고 방향 전환이 원활하게 이루어져야 한다.
③ 고속 주행에서도 조향 핸들이 안정되어야 한다.
④ 조향 핸들의 회전과 바퀴 선회 차이가 커야 한다.

> 조향 핸들의 회전과 바퀴 선회 차이가 크지 않아야 하며, 회전 반지름이 작아 좁은 곳에서도 방향 전환을 할 수 있어야 한다.

04 조향핸들의 조작을 가볍게 하는 방법이다. 틀리는 것은?

① 타이어의 공기압을 높인다.
② 앞바퀴의 정렬을 정확히 한다.
③ 조향휠을 크게 한다.
④ 가급적 저속으로 주행한다.

> 저속 주행 시 노면과의 마찰력이 크기 때문에 상대적으로 조향 핸들의 조작이 무거워 진다.

05 다음 중 핸들이 무거울 때 점검해야 할 사항이 아닌 것은?

① 기어박스 내의 오일
② 타이어의 공기압
③ 타이어 트레드 모양
④ 앞바퀴 얼라인먼트의 불량

> 조향핸들이 무거운 이유
> • 타이어 공기압이 부족하다.
> • 조향 기어의 백래시가 작다.
> • 조향기어박스 내의 오일이 부족하다.
> • 앞바퀴 정렬 상태가 불량하다.
> • 타이어의 마멸이 과다하다.

06 다음은 건설기계의 조향 휠이 정상보다 돌리기 힘들 때 원인이다. 가장 거리가 먼 것은?

① 오일 펌프 벨트 파손
② 파워 스티어링 오일 부족
③ 오일 호스 파손
④ 타이어 공기압 과다

07 동력 조향장치의 장점으로 적합하지 않은 것은?

① 작은 조작력으로 조향 조작을 할 수 있다.
② 조향 기어비는 조작력에 관계없이 선정할 수 있다.

 90 ① [2. 조향장치] 01 ③ 02 ② 03 ④ 04 ④ 05 ③ 06 ④ 07 ④

③ 굴곡 노면에서의 충격을 흡수하여 조향핸들에 전달되는 것을 방지한다.
④ 조작이 서툴러도 엔진이 정지되지 않는다.

🔍 **동력조향장치의 장점**
- 조향 조작력이 작아도 된다.
- 조향 조작력과 관계없이 조향 기어비를 선정할 수 있다.
- 노면으로부터 충격 및 진동을 흡수한다.
- 앞바퀴의 시미(shimmy)현상을 방지할 수 있다.
- 조향 조작이 경쾌하고 신속하다.

08 지게차 조향핸들에서 바퀴까지의 조작력 전달순서로 다음 중 가장 적합한 것은?

① 핸들 – 피트먼 암 – 드래그 링크 – 조향기어 – 타이로드 – 조향암 – 바퀴
② 핸들 – 드래그 링크 – 조향기어 – 피트먼 암 – 타이로드 – 조향암 – 바퀴
③ 핸들 – 조향암 – 조향기어 – 드래그 링크 – 피트먼 암 – 타이로드 – 바퀴
④ 핸들 – 조향기어 – 피트먼 암 – 드래그 링크 – 타이로드 – 조향암 – 바퀴

🔍 조향핸들을 돌리면 그 조작력이 조향 축을 거쳐 조향기어 박스로 전달된다. 조향기어 박스에서는 감속하여 섹터 축을 회전시키고 이에 따라 피트먼 암이 원호운동을 하여 드래그 링크를 앞뒤 방향으로 이동시킨다. 이에 따라 오른쪽 바퀴나 왼쪽 바퀴가 조향 너클에 의해 선회하게 되고 타이로드를 통해 반대쪽 바퀴를 선회시켜 진행 방향을 변환시킨다.

09 기계식 조향 장치에서 조향 기어의 구성품이 아닌 것은?

① 웜 기어
② 섹터 기어
③ 조정 스크루
④ 하이포이드 기어

🔍 하이포이드 기어는 링 기어의 중심보다 구동 피니언의 중심이 10~20% 정도 낮게 설치된 스파이럴 베벨기어의 오프셋 기어로 최종감속장치에 사용된다.

10 타이어식 장비에서 앞바퀴 정렬의 역할과 거리가 먼 것은?

① 브레이크의 수명을 길게 한다.
② 타이어 마모를 최소로 한다.
③ 방향 안전성을 준다.
④ 조향핸들의 조작을 작은 힘으로 쉽게 할 수 있다.

🔍 **앞바퀴 정렬의 역할**
- 조향핸들의 조작을 확실하게 하고 안전성을 준다.(캐스터)
- 조향핸들에 복원성을 부여한다.(캐스터와 킹 핀 경사각)
- 조향핸들의 조작력을 가볍게 한다.(캠버)
- 타이어 마모를 최소로 한다.(토인)

11 일반적으로 피트먼암은 무엇을 통하여 섹터축에 설치되어 있는가?

① 볼트
② 부싱
③ 스플라인
④ 세레이션

🔍 피트먼 암은 조향핸들의 움직임을 드래그 링크로 전달하는 것으로 테이퍼 세레이션을 통하여 섹터 축에 설치되고, 반대편은 드래그 링크라 센터 링크에 연결하기 위한 볼 이음으로 되어 있다.

12 너클에 요크가 설치된 것으로 킹핀이 액슬에 고정되어 너클의 상하쪽에 베어링과 같이 움직이는 형은?

① 역엘리엇형
② 엘리엇형
③ 르모앙형
④ 마몬형

🔍 **앞 차축과 조향너클의 설치방식**
- 엘리엇형 : 요크에 조향너클이 설치
- 역엘리엇형 : 조향너클에 요크가 설치
- 마몬형 : 앞 차축 윗부분에 조향너클이 설치
- 르모앙형 : 앞 차축 아랫부분에 조향너클이 설치

13 앞액슬과 너클스핀들을 연결하는 것을 무엇이라 하는가?

① 킹핀
② 드래그링크
③ 타이로드
④ 스티어링암

🔍 킹핀은 일체 차축 조향기구에서 앞 차축과 조향너클을 연결하며 고정 볼트에 의해 앞 차축에 고정되어 있다.

정답 08 ④ 09 ④ 10 ① 11 ④ 12 ① 13 ①

14 조향핸들이 떨리는 원인과 관계없는 것은?

① 휠 베어링이 마모되었다.
② 조향기어의 백래시가 크다.
③ 킹핀과 부싱의 결합이 세다.
④ 캐스터가 규정값보다 크다.

> 조향핸들이 떨리는 원인
> • 휠 밸런스의 불평형
> • 바퀴의 비정상적인 마모
> • 쇽업쇼버의 불량
> • 조향 링키지의 헐거움
> • 현가 스프링의 쇠약함
> • 조향기어의 백래시 과다
> • 앞바퀴 정렬의 불량

15 축거 4m, 외측바퀴의 최대 회전각 30°, 내측바퀴의 최대 회전각은 32°이다. 이때 최소회전 반경은?

① 8m   ② 12m
③ 28m ④ 7.5m

> $R = \dfrac{L}{\sin\alpha} + r$
> • R : 최소회전반경
> • L : 축거
> • sinα : 바깥쪽 바퀴의 조향 각도
> $R = \dfrac{4}{\sin 30°} = \dfrac{4}{0.5} = 8m$

16 타이어식 건설기계에서 조향핸들을 1회전시켰을 때 피트먼암이 60° 움직였다면 조향기어비는?

① 6:1
② 1.6:1
③ 3:1
④ 9:1

> 조향기어비 = $\dfrac{\text{조향핸들이 움직인 각}}{\text{피트먼 암이 움직인 각}}$ 이며, 조향핸들을 1회전시켰을 때 움직인 각은 360° 이므로 조향기어비는 6:1이 된다.

17 차의 떨림이 앞바퀴에서 생길 때 무슨 조정을 하여야 하는가?

① 앞바퀴 얼라인먼트
② 좌측바퀴 얼라인먼트
③ 뒷바퀴 얼라인먼트
④ 우측바퀴 얼라인먼트

18 타이어식 건설기계 장비에서 토인에 대한 설명으로 틀린 것은?

① 토인은 좌·우 앞바퀴의 간격이 앞보다 뒤가 좁은 것이다.
② 토인은 직진성을 좋게 하고 조향을 가볍도록 한다.
③ 토인은 반드시 직진상태에서 측정해야 한다.
④ 토인 조정이 잘못되면 타이어가 편마모된다.

> 토인은 차량의 앞바퀴를 내려다보면 바퀴 중심선 상이의 거리가 앞쪽이 뒤쪽보다 약간 작게 되어 있는 것이다. 즉, 뒤보다 앞이 좁은 것이다.

19 타이어식 건설기계에서 조향 바퀴의 토인을 조정하는 곳은?

① 핸들   ② 타이로드
③ 웜 기어   ④ 드래그 링크

> 토인은 타이로드의 길이로 조정한다.

20 정(+)의 캠버이면 바퀴의 위쪽이 어느 쪽으로 기우는가?

① 바깥으로   ② 안으로
③ 뒤로   ④ 앞으로

> 바퀴의 윗부분이 바깥쪽으로 기울어진 상태를 정(+)의 캠버, 바퀴의 중심선이 수직일 때를 0의 캠버, 바퀴의 윗부분이 안쪽으로 기울어진 상태를 부(-)의 캠버라 한다.

21 캠버가 과도할 때의 마멸상태는?

① 트레드의 한쪽 모서리가 마멸된다.
② 트레드의 중심부가 마멸된다.
③ 트레드의 전반에 걸쳐 마멸된다.
④ 트레드의 양쪽 모서리가 마멸된다.

22 앞바퀴 정렬 중 캠버의 필요성에서 가장 거리가 먼 것은?

① 앞차축의 휨을 적게 한다.
② 조향휠의 조작을 가볍게 한다.
③ 조향시 바퀴의 복원력이 발생한다.

정답 14 ③ 15 ① 16 ① 17 ① 18 ① 19 ② 20 ① 21 ① 22 ③

④ 토(toe)와 관련성이 있다.

🔍 조향 시 바퀴의 복원성은 캐스터와 킹핀 경사각의 역할이다.

23 캐스터의 단위로 알맞은 것은?

① inch이다.　　② mm이다.
③ g이다　　　　④ °이다.

🔍 캐스터는 앞바퀴를 옆에서 보았을 때 수직선에 대해 조형축이 앞 또는 뒤로 기울여 설치되는 것으로 캐스터 각은 일반적으로 +1~3° 정도이다.

24 타이어식 건설기계가 평탄한 도로를 주행할 때 직진성이 떨어진다. 다음 중 가장 적당한 수정방법은?

① 캠버를 0으로 한다.
② 토인을 조정한다.
③ 부(-)의 캐스터로 한다.
④ 정(+)의 캐스터로 한다.

🔍 캐스터의 역할은 조향 바퀴에 직진성을 부여하고, 조향 시 직진 방향으로의 복원력을 주는 것으로 주행 중 직진성이 떨어진다면 정(+)의 캐스터로 수정하여야 한다.

25 타이어식 건설기계장비에서 앞바퀴 정렬 요소와 관계가 없는 것은?

① 캠버(camber)　　② 캐스터(caster)
③ 토인(toe-in)　　　④ 트레드(tread)

🔍 앞바퀴 정렬 요소는 캠버, 캐스터, 토인이다.

3. 제동장치

01 장비의 유압 브레이크는 무슨 원리를 이용한 것인가?

① 베르누이 원리　　② 아르키메데스의 원리
③ 파스칼의 원리　　④ 상대성 원리

🔍 파스칼의 원리는 "밀폐된 공간 속의 유체에 압력을 주면, 그 힘은 모든 방향으로 동일하게 작용한다."는 것으로 유압 브레이크의 작동 원리로 이용되었다.

02 브레이크의 페이드(fade) 현상이란?

① 유압이 감소되는 현상
② 브레이크오일이 회로 내에서 비등하는 현상
③ 마스터 실린더 내에서 발생하는 현상
④ 브레이크 조작을 반복할 때 마찰열의 축적으로 일어나는 현상

🔍 브레이크를 자주 사용하면 브레이크 드럼과 라이닝 사이에 과도한 마찰열이 축적되어 마찰계수가 떨어지고 브레이크가 잘 듣지 않는 현상을 페이드 현상이라 한다.

03 배기가스의 압력차를 이용한 브레이크 형식은?

① 배기 브레이크　　② 제3 브레이크
③ 유압식 브레이크　④ 진공식 배력장치

🔍 배기 브레이크는 배기의 통로를 차단하여 엔진 브레이크의 효과를 높이는 일종의 감속기이다.

04 브레이크 파이프 내부에 베이퍼 로크(vapor lock)가 생기는 원인은?

① 라이닝과 드럼 간극이 클 때
② 긴 내리막길에서 계속 브레이크를 사용 드럼이 과열되었을 때
③ 브레이크 라인이 과도하게 냉각되었을 때 과도한 냉각
④ 드럼이 편마모되었을 때

🔍 베이퍼 로크는 브레이크 회로 내의 오일이 기화하여 오일의 압력 전달 작용을 방해하는 현상으로 주로 긴 내리막길에서 과도하게 풋 브레이크를 사용할 때 나타난다.

05 브레이크 파이프 내에 베이퍼 로크가 발생하는 원인과 가장 거리가 먼 것은?

① 지나친 브레이크 조작
② 드럼의 과열
③ 잔압의 저하
④ 라이닝과 드럼의 간극 과대

🔍 베이퍼 로크의 발생원인
• 지나친 브레이크 조작
• 브레이크 드럼의 과열
• 잔압의 저하
• 브레이크 오일 변질 및 불량한 오일 사용 시

정답 23 ④ 24 ④ 25 ④ [3. 제동장치] 01 ③ 02 ④ 03 ① 04 ② 05 ④

06 유압 브레이크 회로 내의 잔압과 관계가 없는 것은?
① 베이퍼 로크를 방지한다.
② 유압회로 내에 공기가 새어드는 것을 방지한다.
③ 휠실린더에서 오일이 새는 것을 방지한다.
④ 페이드(fade) 현상이 생기는 것을 방지한다.

> 유압 브레이크 회로 내의 잔압은 마스터 실린더, 브레이크 슈 리턴 스프링의 소손에 의해 주로 나타나며 이는 베이퍼 로크 현상의 원인이 된다.

07 유압 브레이크에서 잔압을 유지시키는 것과 가장 관계가 깊은 것은?
① 피스톤   ② 실린더
③ 체크 밸브   ④ 부스터

> 체크 밸브는 브레이크 페달을 밟으면 오일이 마스터 실린더에서 휠 실린더로 나가게 하고, 페달을 놓으면 파이프 내의 유압과 피스톤 리턴 스프링의 장력이 평형이 될 때까지만 오일이 마스터 실린더 내로 복귀하도록 하여 회로 내에 잔압을 유지시켜 준다.

08 유압식 브레이크의 잔압과 관계가 있는 부품은?
① 마스터 실린더의 피스톤
② 마스터 실린더의 오일탱크
③ 마스터 실린더의 체크밸브
④ 마스터 실린더의 피스톤컵

09 브레이크를 연속하여 자주 사용하면 브레이크 드럼이 과열되어, 마찰계수가 떨어지고 브레이크가 잘 듣지 않는 것으로 짧은 시간 내에 반복조작이나, 내리막길을 내려갈 때 브레이크 효과가 나빠지는 현상은?
① 자기작동
② 페이드
③ 하이드로 플레이닝
④ 와전류

10 브레이크에 페이드(fade) 현상이 발생했을 때의 올바른 조치 방법은?
① 브레이크를 자주 밟아 준다.
② 속도를 가속한다.
③ 엔진 브레이크를 사용한다.
④ 작동을 멈추고 열을 식힌다.

> 페이드 현상은 드럼과 라이닝 사이의 마찰열로 인해 브레이크가 잘 듣지 않는 현상으로 작동을 멈추고 열을 식히는 것이 올바른 조치 방법이다.

11 대기압과 압력차를 이용한 브레이크 형식은?
① 배기 브레이크   ② 제3브레이크
③ 유압식 브레이크 ④ 진공식 배력장치

> 배력식 브레이크는 대기압과의 압력 차이를 이용한 형식으로 흡입 행정에서 발생하는 진공(부압)과 대기 압력 차이를 이용하는 진공배력식, 압축공기의 압력과 대기압 차이를 이용하는 공기배력식으로 나뉜다.

12 공기 브레이크의 장점이 아닌 것은?
① 베이퍼 로크가 일어나지 않는다.
② 브레이크 페달의 조작에 큰 힘이 든다.
③ 차량의 중량이 커도 사용할 수 있다.
④ 파이프에 누설이 있을 때 유압 브레이크보다 위험도가 적다.

> 공기 브레이크의 장점
> • 차량 중량에 제한받지 않는다.
> • 공기가 다소 누출되더라도 제동 성능이 현저하게 저하되지 않는다.
> • 베이퍼로크가 일어나지 않는다.
> • 페달 밟는 양에 따라 제동력이 조절된다.

13 브레이크에서 하이드로 백에 관한 설명으로 틀린 것은?
① 대기압과 흡기다기관 부압과의 차를 이용하였다.
② 하이드로 백에 고장이 나면 브레이크가 전혀 작동 안 된다.
③ 외부에 누출이 없는데도 브레이크 작동이 나빠지는 것은 하이드로 백 고장일 수도 있다.
④ 하이드로 백은 브레이크 계통에 설치되어 있다.

> 진공 배력식(하이드로 백) 브레이크 형식은 흡기다기관 진공과 대기 압력과의 차이를 이용한 것으로 배력 장치에 이상이 발생해도 일반적인 유압 브레이크로 작동할 수 있다.

 06 ④ 07 ③ 08 ③ 09 ② 10 ④ 11 ④ 12 ② 13 ②

14 공기 브레이크에서 공기압축기의 공기압력을 제어하는 곳은?

① 언로더 밸브
② 오리피스
③ 체크 밸브
④ 릴레이 밸브

> 공기 압축기 입구 쪽에 설치되어 있는 언로더 밸브가 압력 조정기와 함께 공기 압축기가 과다하게 작동하는 것을 방지하고, 공기 탱크 내의 공기 압력을 일정하게 제어한다.

15 공기 브레이크에서 탱크 내의 압력이 얼마 이상이 되면 압축공기가 밸브를 밀어 올리는가?

① $1~3kgf/cm^2$ 정도
② $5~7kgf/cm^2$ 정도
③ $10~13kgf/cm^2$ 정도
④ $20~25kgf/cm^2$ 정도

> 공기 탱크 내의 압력이 $5~7kgf/cm^2$ 이상이 되면 공기 탱크에서 들어온 압축공기가 스프링 장력을 이기고 밸브를 밀어 올린다.

16 브레이크 오일의 조건으로 적절하지 않은 것은?

① 점도가 적당하고 점도 지수가 클 것
② 윤활성이 있을 것
③ 화학적 안정성이 클 것
④ 빙점과 비등점이 낮을 것

> 브레이크 오일은 ①, ②, ③번 항목 외에 다음과 같은 조건을 갖추어야 한다.
> • 빙점이 낮고, 비등점이 높을 것
> • 고무 또는 금속제품을 부식, 연화시키거나 팽창시키지 않을 것
> • 침전물 발생이 없을 것

17 제동계통에서 마스터 실린더를 세척하는데 가장 좋은 세척액은?

① 경유
② 가솔린
③ 합성세제
④ 알코올

> 브레이크 부품인 마스터 실린더 및 휠 실린더 등은 분해 후 알코올 또는 세척용 오일을 사용한다.

18 브레이크 마스터 실린더의 푸시로드 길이를 길게 하면 일어나는 현상은?

① 라이닝이 팽창하여 풀리지 않는다.
② 브레이크가 듣지 않는다.
③ 브레이크에서 오일이 샌다.
④ 페달의 높이가 낮아진다.

> 푸시로드의 길이가 길어지게 되면 페달자유간극이 작아지며 라이닝이 팽창하여 풀리지 않을 수 있다.

19 유압식 브레이크 마스터 실린더의 푸시로드에 작용하는 힘이 400kg이고 마스터 실린더 내 피스톤의 단면적이 $2cm^2$일 때 유압은 몇 kg/cm^2인가?

① $100kg/cm^2$
② $200kg/cm^2$
③ $400kg/cm^2$
④ $800kg/cm^2$

> 유압 = $\dfrac{힘}{단면적}$ = $\dfrac{400}{2}$ = $200kg/cm^2$

20 브레이크 페달의 유격이 크게 되는 원인으로 적절치 않은 것은?

① 브레이크 오일에 공기가 들어 있다.
② 브레이크 페달 리턴 스프링이 약하다.
③ 브레이크 라이닝이 마멸되었다.
④ 브레이크 파이프에서 오일이 많다.

> 브레이크 페달의 유격이 크게 되는 원인
> • 페달 링크기구의 접속부 마모 시
> • 브레이크 라이닝과 드럼의 마모 시
> • 브레이크 오일 과다 시
> • 푸시로드를 짧게 조정했을 때
> • 브레이크 오일에 공기가 들어 있을 때

21 브레이크 페달의 유격은 보통 몇 mm 정도가 적당한가?

① 5~10mm   ② 10~15mm
③ 15~20mm ④ 20~30mm

> 브레이크 페달의 유격은 20~30mm가 적당하며 유격이 규정보다 초과하거나 적으면 고장의 원인이 된다.

정답 14 ① 15 ② 16 ④ 17 ④ 18 ① 19 ② 20 ② 21 ④

22 브레이크를 밟았을 때 금속성 마찰음이 생기는 원인이 아닌 것은?

① 리벳 머리의 돌출
② 마스터 실린더 오일구멍의 막힘
③ 브레이크 드럼의 풀림, 편심
④ 드럼 커버의 변형

> 마스터 실린더의 오일 구멍이 막히면 브레이크가 풀리지 않는다.

23 브레이크 작동시 핸들이 한쪽으로 쏠리는 원인이 아닌 것은?

① 브레이크 조정이 불량
② 타이어 공기압이 같지 않음
③ 마스터 실린더의 체크 밸브 작동 불량
④ 라이닝 접촉이 불량

> 마스터 실린더의 체크 밸브는 유압 브레이크에서 잔압을 유지시키는 역할을 하는 것으로 핸들이 한쪽으로 쏠리는 원인과는 관련이 없다.

24 브레이크 슈의 리턴 스프링이 약하면 휠 실린더 내의 잔압은?

① 일정하다.
② 낮아진다.
③ 알 수 없다.
④ 높아진다.

> 브레이크 슈 리턴 스프링의 장력이 약해지거나 소손되면 잔압이 저하되고 이에 따라 베이퍼 로크 현상이 발생할 수 있다.

25 브레이크를 밟았을 때 차가 한쪽 방향으로 쏠리는 원인으로 가장 거리가 먼 것은?

① 브레이크 오일회로에 공기 혼입
② 타이어의 좌·우 공기압이 틀릴 때
③ 드럼 슈에 그리스나 오일이 붙었을 때
④ 드럼의 변형

> 브레이크 오일이 부족하거나 오일 라인에 공기가 혼입되면 브레이가 듣지 않는 원인이 된다.

26 유압식 브레이크에 있어서 오일회로 내의 잔압은 얼마가 되겠는가?

① $0.1 \sim 0.3 \text{kg/cm}^2$
② $0.6 \sim 0.8 \text{kg/cm}^2$
③ $1.4 \sim 2.0 \text{kg/cm}^2$
④ $1.8 \sim 3.0 \text{kg/cm}^2$

> 피스톤 리턴 스프링은 항상 체크 밸브를 밀고 있기 때문에 이 스프링의 장력과 회로 내의 유압이 평형이 되면 체크 밸브가 시트에 밀착되어 남게되는 압력을 잔압이라 하며, 그 크기는 $0.6 \sim 0.8 \text{kg/cm}^2$이다.

27 디스크 브레이크의 장점으로 보기 힘든 것은?

① 방열성이 커 제동 성능이 안정된다.
② 부품의 평형이 좋고, 한쪽만 제동되는 일이 없다.
③ 구조가 복잡하지만 정비는 쉽다.
④ 디스크에 물이 묻어도 제동력 회복이 크다.

> 디스크 브레이크는 구조가 간단하고 부품 수가 적어 차량 무게가 줄어들 뿐 아니라 정비가 쉽다. 또한, 고속에서 반복적으로 사용해도 제동력의 변화가 적다.

28 브레이크 페달을 두 세번 밟아야만 제동이 될 때의 주요 고장 요인은?

① 체크 밸브의 고착
② 리턴 스프링의 쇠약
③ 브레이크 파이프 내에 기포 발생
④ 브레이크 오일의 과다

29 브레이크 회로 내의 공기빼기 요령이다. 틀리는 것은?

① 마스터 실린더에서 먼 바퀴의 휠 실린더로부터 순차적으로 공기를 뺀다.
② 브레이크 장치를 수리하였을 때 공기빼기를 하여야 한다.
③ 베이퍼 로크가 생기면 공기빼기를 한다.
④ 브레이크 페달을 밟으면서 공기빼기를 한다.

> 베이퍼 로크는 브레이크 회로 내의 오일이 기화하여 오일의 압력 전달 작용을 방해하는 현상으로 주로 긴 내리막길에서 과도하게 풋 브레이크를 사용할 때 나타난다.

 22 ② 23 ③ 24 ② 25 ① 26 ② 27 ③ 28 ③ 29 ③

30 브레이크가 완전히 풀리지 않을 때의 이유 중 틀린 것은?

① 부스터의 기능 불량
② 브레이크 라이닝과 드럼 간격이 좁음
③ 브레이크 레버 주차 브레이크가 걸리어 있음
④ 엔진 플라이 휠의 편마모

🔍 엔진 플라이 휠은 동력전달장치에 속한다.

31 유압 브레이크에서 브레이크 페달이 작용한 후 오일이 마스터 실린더로 되돌아오게 하는 것은?

① 리턴 스프링
② 브레이크 라이닝
③ 브레이크 드럼
④ 푸시로드

🔍 브레이크 페달을 놓으면 마스터 실린더 내의 유압이 저하되고 브레이크 슈는 리턴 스프링의 장력으로 제자리로 복귀되고 휠 실린더 내의 오일은 마스터 실린더 오일 탱크로 되돌아가 제동 작용이 풀린다.

32 브레이크가 미끄러지는 원인은 어느 것인가?

① 라이닝 마모로 간격이 많기 때문
② 부하가 크기 때문
③ 라이닝 간격이 적기 때문
④ 부하가 적기 때문

🔍 브레이크 슈에 리벳이나 접착제로 부착되어 있는 라이닝이 마모되어 간격이 많아지면 브레이크가 미끄러지는 원인이 된다.

33 공기 브레이크에서 브레이크 슈를 직접 작동시키는 것은 무엇인가?

① 릴레이 밸브
② 캠
③ 브레이크 페달
④ 브레이크 챔버

🔍 공기 브레이크에서는 푸시로드가 슬랙 조정기를 거쳐 캠을 회전시켜 브레이크 슈가 드럼에 밀착됨으로써 제동이 이루어진다.

34 브레이크가 잘 작용되지 않고 페달을 밟는데 힘이 드는 원인이 아닌 것은?

① 피스톤 로드의 조정 불량
② 타이어의 공기압의 고르지 못함
③ 라이닝에 오일 부착
④ 라이닝의 간극 조정 불량

35 제동장치에서 브레이크 드럼이 갖추어야 할 조건과 관계가 없는 것은?

① 무거워야 한다.
② 방열이 잘 되어야 한다.
③ 강성과 내마모성이 있어야 한다.
④ 정적, 동적 평형이 잡혀 있어야 한다.

🔍 브레이크 드럼의 조건
• 가벼워야 한다.
• 방열이 잘 되어야 한다.
• 강성과 내마모성이 있어야 한다.
• 정적 · 동적 평형이 잡혀 있어야 한다.

정답 30 ④ 31 ① 32 ① 33 ② 34 ② 35 ①

CHAPTER 04

Craftsman Construction Equipment Operator

건설기계 유압

Section 01 유압의 기초
Section 02 유압 기기 및 회로
Section 03 건설기계 유압 출제예상문제

SECTION 01 유압의 기초

Craftsman Construction Equipment Operator

STEP 01 유압 일반

1. 유압장치의 필요성

유압은 건설기계뿐 아니라 하역운반기계, 공작기계, 항공기, 자동차, 선박 등 각 방면에 널리 이용되며, 그 용도나 응용분야는 확대되어 가고 있다.

1) 유체의 성질

① 파스칼의 원리

밀폐된 용기 중에서 정지되어 있는 유체의 일부에 가해진 압력은 유체의 모든 부분에 그대로의 세기로 전달되어 진다. 즉, 밀폐된 용기 중에 액체를 충만시키고 상부로부터 힘 F를 가할 때 피스톤의 단면적을 A라고 하면, 액체에 가해지는 압력 $P = \dfrac{F}{A}$이다.

[파스칼의 원리]　　　　　[유압의 전달]

② 유압의 전달
  ㉮ 각 점에 작용하는 압력은 모든 방향이 같다.
  ㉯ 액체는 작용력을 감소시킬 수 있다.
  ㉰ 단면적을 변화시키면 힘을 증대시킬 수 있다.
  ㉱ 액체는 운동을 전달할 수 있다.
  ㉲ 공기는 압축되나 오일은 압축되지 않는다.
  ㉳ 유체의 압력은 면에 대해서 직각으로 작용한다.

③ 압력의 단위 : 압력의 단위는 공학에서는 일반적으로 공학기압으로서 kg/cm^2가 쓰이며, 표준기압(atm)이라 하여 수은주 760mm에 상당하는 압력 또는 바(bar) 및 밀리바(mbar) 등이 있다.
  ㉮ 1atm(표준기압) = 760mmHg = 1.01325mbar = 1.332kgf/cm^2 = 1013.25bar
  ㉯ 1at(공학기압) = 1kgf/cm^2 = 0.9678atm = 0.980665bar

2) 유압 장치의 특징
　① 유압 장치의 장점
　　㉮ 적은 동력을 이용하여 큰 힘을 얻는다.
　　㉯ 과부하의 염려가 없다.
　　㉰ 속도조절이 용이하며 무단변속이 가능하다.
　　㉱ 부하의 변동에 대해 안정하다.
　　㉲ 동력전달을 원활히 할 수 있다.
　② 유압장치의 단점
　　㉮ 오일누설의 염려가 있다.
　　㉯ 화재의 위험이 있다.
　　㉰ 온도변화에 의해 영향을 받기 쉽다.
　　㉱ 배관작업이 번잡하다.
　　㉲ 공기가 혼입되기 쉽다.

2. 유압유(작동유)

1) 유압유의 필요성과 역할
　① 작동유의 구비조건
　　㉮ 넓은 온도 범위에서 점도의 변화가 적어야 한다.
　　㉯ 점도 지수가 높아야 한다.
　　㉰ 산화에 대한 안정성이 있어야 한다.
　　㉱ 윤활성과 방청성이 있어야 한다.
　　㉲ 착화점이 높고 내부식성이어야 한다.
　　㉳ 적당한 점도, 즉 유동성을 가지고 있어야 한다.
　　㉴ 유막 끊임이 일어나기 어려워야 한다.
　　㉵ 물리적, 화학적인 변화가 없고 비압축성이어야 한다.
　　㉶ 유압 장치에 사용되는 재료에 대하여 불활성이어야 한다.
　　㉷ 거품이 적고 실(seal) 재료와의 적합성이 좋아야 한다.
　　㉸ 물, 쓰레기 등의 불순물을 신속하게 분리할 수 있는 성질을 가져야 한다.
　② 유압 회로 내의 공기 영향
　　㉮ 실린더 숨돌리기 현상이 생긴다.
　　㉯ 유압유의 열화촉진이 된다.
　　㉰ 공동현상으로 소음발생, 온도상승, 포화상태가 된다.
　③ 캐비테이션 현상(공동현상)이 발생되었을 때의 영향
　　㉮ 체적 효율이 저하된다.
　　㉯ 소음과 진동이 발생된다.
　　㉰ 저압부의 기포가 과포화 상태가 된다.
　　㉱ 기관 내에서 부분적으로 매우 높은 압력이 발생된다.

㉺ 급한 압력파가 형성된다.
㉻ 액추에이터의 효율이 저하된다.

2) 유압 작동유의 종류
① 석유계 유압유 : 윤활성과 방청성이 우수하여 일반 유압유로 많이 사용한다.
② 난연성 유압유
㉮ 물-글리콜계 : 물과 글리콜이 주성분이다.
㉯ 유화계 : 석유계 유압유에 유화제에 의해 물이 혼합된다.
㉰ 인산에스테르계 : 화학적으로 합성되었으며 패킹 및 호스를 침식한다.

3) 유압유의 온도와 사용상 주의할 점
① 작동유의 온도
㉮ 난기 운전시 오일의 온도 : 30℃
㉯ 최고 허용 오일의 온도 : 80℃
㉰ 정상적인 오일의 온도 : 40~60℃
㉱ 열화되는 오일의 온도 : 80~100℃
② 현장에서 오일의 열화를 찾아내는 방법
㉮ 유압유 색깔의 변화나 수분 및 침전물의 유무를 확인한다.
㉯ 유압유를 흔들었을 때 거품이 발생되는가를 확인한다.
㉰ 유압유에서 자극적인 악취가 발생되는가를 확인한다.
㉱ 유압유의 외관 판정 요소 : 색채, 냄새, 점도
③ 유압유의 온도가 상승(과열)하는 원인
㉮ 펌프의 효율이 불량할 때
㉯ 유압유의 노화가 있을 때
㉰ 오일 냉각기의 성능이 불량할 때
㉱ 탱크 내에 유압유가 부족할 때
㉲ 유압유의 점도가 불량할 때
㉳ 안전 밸브의 작동 압력이 너무 낮을 때
㉴ 높은 열을 갖는 물체에 유압유가 접촉될 때
㉵ 과부하로 연속 작업을 할 때
㉶ 유압유에 캐비테이션(공동현상)이 발생할 때
㉷ 유압 회로에서 유압 손실이 클 때
④ 유압유 오염의 원인
㉮ 각종 부품의 마찰에 의해 마모된 쇳조각과 작업 시 실린더로 유입된 미세 먼지
㉯ 혹한기 작동유의 급격한 온도 변화로 인한 열화 및 노화로 화학적 성질 변화
㉰ 작동유의 온도 변화로 공기와 함께 흡입된 수분과 유압유 탱크 내의 수분 유입

STEP 02 유압기호 및 용어

1. 유압 · 공기압 기호(KS B0054-1987)

※ 표시된 것의 출제빈도가 높음.

명칭	기호	용도	명칭	기호	용도
실선	———	• 주관로 • 파일럿 밸브에의 공급관로 • 전기신호선	곡선		회전운동
파선	- - - - - - -	• 파일러 조작관로 • 드레인관로 • 필터 • 밸브의 과도위치	사선		가변조작 또는 조정수단
1점쇄선	—·—·—	포위선	기타		전기
정삼각형 흑	▶	유압			온도지시 또는 온도조정
					원동기
					스프링
정삼각형 백	▷	공기압 또는 기타의 기체압			교축

명칭	기호	명칭	기호
인력조작		당김버튼	
누름버튼		누름 · 당김버튼	
레버		기름탱크 (밀폐식)	
페달		전동기	(M)
2방향페달		원동기	[M]
롤러		어큐뮬레이터	
회전형전기 액추에이터	(M)	보조 가스용기	

명칭	기호	명칭	기호
펌프 및 모터		공기탱크	
유압펌프		래치	
정용량형 모터		유압모터 (가변용량형)	
기름탱크 (통기식)		공기압모터	
압력 표시기		감압 밸브	
압력계		체크 밸브	
차압계		카운터 밸런스 밸브	
유면계		필터	
온도계		드레인 배출기	
단동 실린더		드레인 배출기 붙이 필터	

명칭	기호	명칭	기호
복동 실린더		가열기	
릴리프 밸브		온도조절기	
시퀀스 밸브		압력스위치	
무부하 밸브			
스톱밸브		가변 교축밸브	

2. 유압 관계 용어

용어	용어의 뜻
관로	작동유체를 연결하여 주는 역할을 하는 관 또는 그 계통
광물성 유압유	유압장치에 사용되는 유압유이며 석유계 유압을 말한다.
그랜드 패킹	패킹상자에 넣어 누출을 방지하는 패킹의 총칭이다.
감압 밸브	유량 또는 입구쪽 압력에 관계없이 출력쪽 압력을 입구쪽 압력보다 작은 설정 압력으로 조정하는 압력 제어 밸브
규제 흐름	유량이 미리 설정된 값으로 제어된 흐름. 다만, 펌프의 토출 이외의 것에 사용한다.
난류	유체의 점도가 적으며 치수가 비교적 큰 경우에 존재하며 수많은 불규칙한 맴돌이 등을 포함한 것과 같은 흐름이고, 유체의 마찰저항이 커지며 고체와 유체 사이의 열전도 등도 급증한다.
내압력	정격압력 이상의 압력에 견디는 것을 표시하는 압력
난연성 유압유	잘 타지 않아서 화재의 위험을 최대한 예방하는 것. 물-글리콜계, 인산에스테르계, 염소화탄화수소계, 지방산
노이즈	회로에 가해지는 신호 이외에 남아도는 불규칙 신호
데턴트	방향전환 밸브의 스풀을 전환위치 또는 중립위치에 멈추어 둘 때 외력이 가해지지 않는 한 움직이지 않게 하는 정지장치

용어	용어의 뜻
디셀러레이션 밸브	작동기를 감속 또는 증속시키기 위하여 캠 조작 등으로 유량을 서서히 변화시키는 밸브
드레인	기기의 통로나 관로에서 탱크나 매니폴드 등으로 돌아오는 액체 또는 액체가 돌아오는 현상
랩	몸체와 스풀이 겹치는 정도를 말하며, 언더랩(under lap)과 오버랩(over lap)이 있다.
릴리프 밸브	회로의 압력이 밸브의 설정값에 달하였을 때 유체의 일부 또는 전량을 빼돌려서 회로내의 압력을 설정값으로 유지시키는 압력 제어 밸브
리시트 압력	릴리프 밸브가 닫히는 압력
릴리프 붙이 감압 밸브	한쪽 방향의 흐름에는 감압 밸브를 작동하고, 역방향의 흐름에는 그 유입쪽의 압력을 감압 밸브로서의 설정 압력으로 유지시켜 주는 릴리프 밸브로서 작동하는 밸브
블리드오프방식	액추에이터로 흐르는 유량의 일부를 탱크로 분리함으로써 작동 속도를 조절하는 방식
벤트 포트	대기로 개방되어 있는 뽑기 구멍
배압	배위 또는 배위 라인의 저항(배관·기기 저항) 등으로 발행한 저항
백업링	습동부의 실에 O링 등을 사용하면 마찰저항으로 O링이 O링 홈에서 빠져나와 파손되는 일이 있다. 이를 방지할 목적으로 O링과 함께 같은 홈에 넣는 테프론 피혁 나일론제 등의 O링 보호기구를 말한다.
서보 밸브	전기 그 밖의 입력 신호에 따라 유량 또는 압력을 제어하여 주는 밸브
서보 기구	물체의 위치, 방향, 자세 등을 제어량으로 하여 목표값에 대한 임의의 변화에 따를 수 있도록 구성한 제어기구이다. 제어량이 기계적 위치일 것, 목표값이 광범위하게 변화할 것, 입력의 에너지는 적고 힘의 증폭이 될 수 있을 것, 원방제어가 많을 것 등의 특징이 있다.
시퀀스 밸브	2개 이상의 분기 회로를 갖는 회로 내에서 그의 작동순서를 회로의 압력 등에 의하여 제어하는 밸브
스로틀 밸브	조임 작용에 따라서 유량을 규제하는 밸브. 보통 압력 보상이 없는 것을 말한다.
스위블 이음	선회 가능한 관의 이음(돌림 이음)
스풀	원통 모양의 밸브
스틱	스풀이 밸브 본체에 강하게 접촉하여 작동이 무거워지는 현상
슬리브	속이 빈 원통형으로 피스톤 스풀을 등을 안내하는 라이너
서지 압력	과도적으로 상승한 압력의 최대값
어큐뮬레이터	작용유를 가압 상태에서 저장하는 용기(축압기)
액추에이터	유압 실린더나 유압 모터와 같이 유압을 기계적으로 변화시키는 작동기
오리피스	교축 통로(관에 구멍을 뚫어서 통로를 연결하는 구조가 많다.)
유량조정 밸브	배압 또는 부압에 의하여 생긴 압력의 변화에 관계없이 유량을 설정된 값으로 유지시켜 주는 유량 제어 밸브
언로더 밸브	일정한 조건으로 펌프를 무부하로 하여 주기 위하여 사용되는 밸브. 보기를 들면 계통의 압력이 설정의 값에 달하면 펌프를 무부하로 하고, 또한 계통 압력이 설정값까지 저하되면 다시 계통으로 압력 유체를 공급하여 주는 압력 제어 밸브

용어	용어의 뜻
압력제어 밸브	압력을 제어하는 밸브의 총칭
안전 밸브	기기나 관 등의 파괴를 방지하기 위하여 회로의 최고압력을 한정시키는 밸브
채터링	밸브 시트를 타격하여 소음을 발생시키는 진동 현상
체크 밸브	한쪽 방향으로만 흐름을 허용하는 밸브
파일럿 밸브	다른 밸브를 조작하기 위한 보조용 밸브
플로컨트롤 밸브	압력의 대소에 관계없이 일정한 유량을 유지하기 위한 밸브(유량제어 밸브)
포트	작동 유체 통로의 열린 부분
캐비테이션	유압이 진공에 가깝게 되어 기포가 생기며, 이것이 파괴되어 국부적 고압이나 소음을 발생시키는 현상
카운터 밸런스 밸브	추의 낙하를 방지하기 위한 밸브로서 유압을 가하여 하강시킬 경우에도 열리며, 유압을 제거하면 폐쇄된다.
크랭킹 압력	릴리프 밸브가 열리기 시작하는 압력
컷오프	펌프 출구측 압력이 설정압력에 가깝게 되었을 때 가변 토출량 제어가 작용하여 유량을 감소시키는 것

SECTION 02 유압기기 및 회로

Craftsman Construction Equipment Operator

STEP 01 유압 회로

1. 회로의 원리와 회로도

유압유에 압력을 가해 압력유를 만들거나 압력유가 지닌 에너지를 변화시키기 위해서는 여러 가지의 기기와 그들이 배관에 의해 연결되는 장치가 필요하다. 이를 유압 회로라고 하고 기관이나 모터에 의해 작동되는 펌프가 있어야 한다.

[일반적인 유압회로]

1) 단면 회로도

   기기와 관로를 단면도로 나타낸 회로도로서 기기의 작동을 설명하는데 편리하다.

2) 회식(외관) 회로도

   기기의 외형도를 배치한 회로도로서 견적도, 승인도 등 상용(商用)에 널리 사용되었다.

3) 기호 회로도

   유압기기의 제어와 기능을 간단히 표시할 수 있으며 배관이나 회로, 설계, 제작, 판매 등에 편리하다.

2. 유압 기본 회로

1) 압력 설정 회로

   모든 유압 회로의 기본이며 회로 내의 압력이 설정 압력 이상시는 릴리프 밸브가 열려 탱크로 귀환시키는 회로로서 안전측면에서도 필수적인 회로이다.

(a) 단면 회로도　(b) 회식(외관) 회로도　(c) 기호 회로도

[유압 회로도]

2) 무부하 회로

회로에서 어떤 일을 하지 않을 때 작동유를 탱크로 귀환시켜 펌프를 무부하로 만드는 회로를 말한다.
① 전환 밸브에 의한 무부하 회로 : 이 회로는 중립위치가 탠덤센터(tandem center)형인 3위치 전환 밸브를 사용하여 비교적 간단히 무부하시킬 수 있는 회로이다.
② 단락에 의한 무부하 회로(short circuit) : 펌프 송출량의 전량을 저압 그대로 탱크로 귀환시키는 회로이다.

3. 기능별 유압 회로

1) 압력제어 회로

회로의 최고압을 제어하든가 또는 회로의 일부 압력을 감압해서 작동 목적에 알맞은 압력을 얻는 회로이다. 즉, 일의 크기를 결정한다.
① 최대 압력제한 회로 : 고압과 저압의 2종류 릴리프 밸브를 사용하며 실제로 일을 하는 하강행정에는 고압용 릴리프 밸브가, 상승행정에는 저압용 릴리프 밸브가 압력을 제어하며 프레스에 잘 응용되는 회로이다.
② 감압 밸브에 의한 2압력 회로 : 2개의 실린더가 있는 유압 계통에서 1개의 실린더가 유압 회로의 계통압력보다 낮은 압력이 필요할 경우에는 감압 밸브를 사용하여 설정압력을 릴리프 밸브의 설정압력보다 낮게 조정하여 사용되는 회로이다.

[최대 압력제한 회로]

2) 속도제어 회로

유압 모터나 유압 실린더의 속도를 임의로 쉽게 제어할 수 있는 회로로서 속도는 실린더의 크기, 유량, 부하 등에 의하여 달라지며 속도제어에는 유량제어 밸브를 사용하는 것 이외에 여러 가지 방법이 있다.

① 미터인 회로(meter in circuit) : 이 회로는 유량제어 밸브를 실린더의 입구측에 설치한 회로로서, 이 밸브가 압력 보상형이면 실린더 속도는 펌프 송출량에 무관하고 일정하다.
② 미터아웃 회로(meter out circuit) : 이 회로는 유량제어 밸브를 실린더의 출구측에 설치한 회로로서 실린더에서 유출되는 유량을 제어하여 피스톤 속도를 제어하는 회로이다. 이 경우 펌프의 송출압력은 유량제어 밸브에 의한 배압과 부하저항에 따라 정해진다.
③ 블리드오프 회로(bleed off circuit) : 이 회로는 실린더 입구의 분기 회로에 유량제어 밸브를 설치하여 실린더 입구측의 불필요한 압유를 배출시켜 작동 효율을 증진시킨 회로이다.

[미터인 회로]   [미터인 회로(왕복행정제어)]

3) 어큐뮬레이터 회로

유압 회로에 어큐뮬레이터를 이용하면 압력 유지 이외에 동력의 절약, 회로의 안전, 사이클 시간 단축, 완충 작용은 물론 보조 동력원으로 사용하여 효율을 증진시킬 수 있다.
① 안전장치 회로 : 작업 실패가 발생했을 경우 어큐뮬레이터에 의하여 유압 실린더를 안전한 위치로 귀환시키는 회로이다.
② 압력유지 회로 : 동력원, 체크 밸브, 수동 조작, 4방향 밸브, 압력 스위치, 유압 실린더, 축압기로 구성된 압력 유지의 기본 회로를 말하며 압력이 설정 압력보다 낮아질 경우 펌프가 작동하게 되어 동력의 절약과 압유의 가열을 막을 수 있다.

4) 방향제어 회로

방향제어 회로는 일반적으로 압유의 흐름 방향을 제어하는 조작 끝의 회로로서 실린더나 피스톤을 임의 위치에서 고정하는 로킹 회로나 압력 스위치의 리밋 스위치 등을 사용하여 방향전환 밸브 등을 조작하는 회로를 말한다.
① 로킹 회로 : 실린더 행정 중의 임의의 위치 또는 행정 끝에서 실린더를 고정시켜 놓을 필요가 있을 때 장치 내의 압력 저하에 의하여 실린더 피스톤이 이동되는 것을 방지하는 회로를 말한다.
② 완전 로크 회로 : 유압 실린더를 로크시키고 펌프를 무부하시켰어도 피스톤 로드에 큰 외력이 가해지면 내부 누유로 인해 완전 로크가 안되므로 파일럿 조작 체크 밸브를 사용하여 확실히 정지하도록 하는 회로이다.

STEP 02 유압 기기

1. 유압유 탱크

유압유 탱크는 오일을 회로 내에 공급하거나 되돌아오는 오일을 저장하는 용기를 말하며 개방형식과 가압식(예압식)이 있다. 개방형은 탱크 안의 공기가 통기용 필터를 통해 대기와 연결되어 있는 상태로 탱크의 오일이 자유표면을 유지하기 때문에 압력의 상승이나 저하를 피할 수 있는 형식이며, 예압형은 탱크 안이 완전히 밀폐되어 압축공기나 또는 그 밖의 방법으로 언제나 일정한 압력을 가하는 형식으로 캐비테이션이나 기포발생을 막을 수 있다.

1) 탱크의 역할
① 유압 회로 내에 필요한 유량 확보
② 오일의 기포발생 방지와 기포의 소멸
③ 작동유의 온도를 적정하게 유지

2) 유압 탱크와 구비조건
① 유면은 적정위치 "F"에 가깝게 유지하여야 한다.
② 정상적인 작동에서 발생한 열을 발산할 수 있어야 한다.
③ 공기 및 이물질을 오일로부터 분리할 수 있는 구조여야 한다.
④ 배유구와 유면계가 설치되어 있어야 한다.
⑤ 흡입관과 복귀관(리턴 파이프) 사이에 격판이 설치되어 있어야 한다.
⑥ 흡입 오일을 여과시키기 위한 스트레이너가 설치되어야 한다.
⑦ 탱크의 크기는 중력에 의하여 복귀하는 유압장치 내의 모든 작동유를 받아들일 수 있는 크기로 하여야 한다.(일반적으로 유압 토출량의 2~3배)

3) 탱크에 수분이 혼입되었을 때의 영향
① 공동 현상이 발생된다.
② 작동유의 열화가 촉진된다.
③ 유압 기기의 마모를 촉진시킨다.

2. 유압 펌프

유압 펌프는 기관의 앞이나 플라이휠 및 변속기 부축에 연결되어 작동되며, 기계적 에너지를 받아서 압력을 가진 오일의 유체 에너지로 변환작용을 하는 유압 발생원으로서의 중요한 요소이다. 작업 중 큰 부하가 걸려도 토출량의 변화가 적고, 유압토출시 맥동이 적은 성능이 요구된다.

> **참고** 토출량(배출량) : 펌프 1회전당 배출량은 유량(ℓ/rev 또는 cc/rev)으로 표시하거나, 분당 토출하는 유량(ℓ/min)으로 표시한다.

1) 기어 펌프(gear pump)의 특징
① 구조가 간단하다.
② 다루기 쉽고 가격이 저렴하다.

③ 오일의 오염에 비교적 강한 편이다.
④ 펌프의 효율은 피스톤 펌프에 비하여 떨어진다.
⑤ 가변 용량형으로 만들기가 곤란하다.
⑥ 흡입 능력이 가장 크다.

[내접기어펌프]   [외접기어펌프]

2) 베인 펌프(vane pump)의 특징
　① 토출량은 이론적으로 회전속도에 비례하지만 내부 누출이 압력 및 작동유의 절대 점도의 역수에
　　 거의 비례해서 늘어나므로 그 분량만큼 토출량은 감소한다.
　② 내부 섭동 부분의 마찰에 의한 토크 손실에 의해 필요동력이 그 분량만큼 증대한다.
　③ 토출 압력의 맥동이 적다.
　④ 보수가 용이하다.
　⑤ 운전음이 낮다.

[가변용량형 베인 펌프의 작용]

3) 플런저 펌프(plunger pump)의 특성
　① 고압에 적합하며 펌프 효율이 가장 높다.
　② 가변 용량형에 적합하며, 각종 토출량 제어장치가 있어서 목적 및 용도에 따라 조정할 수 있다.
　③ 구조가 복잡하고 비싸다.

④ 오일의 오염에 극히 민감하다.
⑤ 흡입능력이 가장 낮다.

[사판식 플런저 펌프]

4) 나사 펌프(screw pump)의 특징
　① 한 쌍의 나사 달린 축의 나사부 외주가 상대 나사바닥에 접촉되어 작동된다.
　② 연속적인 펌프 작용이 된다.
　③ 토출량이 고르다.

5) 각종 펌프별 전효율
　① 기어식 펌프 : 내접 기어식 75~85%, 외접 기어식 80~88%
　② 베인식 펌프 : 보통형 80~85%, 고압형 80~88%
　③ 플런저식 펌프 : 엑셀형 90~95%, 레이디얼형 90%
　④ 나사형 펌프 : 80%

6) 유압 펌프의 비교

구분	기어 펌프	베인 펌프	플런저 펌프
구조	간단하다	간단하다	가변 용량이 가능
최고 압력(kgf/cm²)	140~210	140~175	150~350
최고 회전수(rpm)	2,000~3,000	2,000~2,700	1,000~5,000
럼프의 효율(%)	80~88	80~88	90~95
소음	중간 정도	적다	크다
자체 흡입 성능	우수	보통	약간 나쁘다
수명	중간 정도	중간 정도	같다

3. 유압제어 밸브

유압제어 밸브란 장비 작업장치의 유압 실린더와 유압 모터가 하는 일의 목적에 따라 이에 알맞은 기계적 작동을 하기 위해서 작동유의 흐름을 조절(control)하는 밸브이다.

1) 압력제어 밸브(pressure control valve, 일의 크기 제어)

압력제어 밸브는 유압 회로 내의 유압을 일정하게 유지하고 최고 압력으로 되지 않도록 제한하여 회로 내에 유압으로 인한 유압 액추에이터의 작동 순서를 제한하며, 일정한 배압을 액추에이터에 공급하는 등 유압에 관한 제어를 한다.

① 릴리프 밸브(relief valve) : 유압 펌프와 제어 밸브 사이에 설치되어 회로 내의 압력을 규정값으로 유지시키는 역할 즉, 유압장치 내의 압력을 일정하게 유지하고 최고 압력을 제어하여 회로를 보호한다.

② 리듀싱 밸브(감압 밸브, reducing valve) : 유압 회로에서 분기 회로의 압력을 주회로의 압력보다 감압시켜 다른 압력으로 나눌 수 있으며, 유압 액추에이터의 작동 순서를 제어한다.

③ 시퀀스 밸브(sequence valve) : 2개 이상의 분기 회로에서 유압 회로의 압력에 의하여 작동 순서를 제어하는 역할을 한다.

④ 언로더 밸브(unloader valve) : 유압 회로 내의 압력이 규정 압력에 도달하면 펌프에서 송출되는 모든 유량을 탱크로 리턴시켜 유압 펌프를 무부하가 되도록 하는 역할을 한다.

⑤ 카운터 밸런스 밸브(counter balance valve) : 유압 실린더 등이 자유 낙하되는 것을 방지하기 위하여 배압을 유지시키는 역할을 한다.

2) 유량제어 밸브(flow control valve, 일의 속도 제어)

유량제어 밸브는 회로에 공급되는 유량을 조절하여 액추에이터의 작동 속도를 제어하는 역할을 한다.

① 스로틀 밸브(교축 밸브) : 밸브 내 오일 통로의 단면적을 외부로부터 변환하여 점도가 달라져도 유량이 변화되지 않도록 설치한 밸브이다.

② 압력 보상 유량제어 밸브 : 밸브의 입구와 출구의 압력차가 변하여도 조정 유량은 변하지 않도록 보상 피스톤 출입구의 압력 변화를 민감하게 감지하여 미세한 운동으로 유량을 조정한다.

③ 디바이더 밸브(분류 밸브) : 디바이더 밸브는 2개의 액추에이터에 동등한 유량을 분배하여 그 속도를 제어하는 역할을 한다.

④ 슬로 리턴 밸브 : 붐 또는 암이 자중에 의해 영향을 받지 않도록 하강 속도를 제어하는 역할을 한다.

3) 방향제어 밸브(directional control valve, 일의 방향 제어)

① 체크밸브(check valve) : 작동유의 흐름을 한쪽 방향으로만 흐르도록 하고 역류를 방지하는 역할을 한다.

㉮ 인라인형 체크 밸브 : 작동유의 역류를 방지하기 위하여 회로의 중간에 설치되어 있다.

㉯ 앵글형 체크 밸브 : 작동유의 흐름을 90° 방향으로 변환시키는 역할을 한다.

② 스풀 밸브(spool valve) : 하나의 밸브 보디 외부에 여러 개의 홈이 있는 밸브로 축방향으로 이동하여 작동유의 흐름 방향을 변환시키는 역할을 한다.

③ 디셀러레이션 밸브(감속 밸브, deceleration valve) : 유압 모터, 유압 실린더의 운동 위치에 따라 캠에 의해서 작동되어 회로를 개폐시켜 속도와 방향을 변환시키는 역할을 한다.

4) 특수 밸브

① 압력 온도 보상 유량제어 밸브 : 압력 보상 유량제어 밸브와 방향 밸브를 조합한 것으로 변환 레

버의 경사각에 따라 유량이 조정되며, 중립에서는 전량이 유출된다.
② 브레이크 밸브 : 브레이크 밸브는 부하의 관성이 큰 곳에 사용하며, 관성체가 가지고 있는 관성에너지를 오일의 열에너지로 변화하여 관성체에 제동 작용의 역할을 한다. 제동력의 조정은 릴리프 밸브의 설정 압력을 변화시켜 조정하며, 체크 밸브는 유압 모터의 캐비테이션 현상을 방지하는 역할을 한다.
③ 리모트 컨트롤 밸브(원격 조작 밸브) : 대형 건설기계에서 간편하게 조작하도록 설계된 밸브로 2차 압력을 제어하는 여러 개의 감압 밸브가 1개의 케이스에 내장된 것으로 360°의 범위에서 임의의 방향으로 경사시켜 동시에 2개의 2차 압력을 별도로 제어할 수 있다.
④ 클러치 밸브 : 기중기의 권상 드럼 등의 클러치를 조작하기 위한 밸브로 기능상 체크 밸브의 누출이 없어야 한다. 만약 오일의 누출이 있으면 클러치가 느슨해져 권상 상태의 화물이 낙하하게 되므로 위험하다.
⑤ 메이크업 밸브 : 체크 밸브와 같은 작동으로 유압 실린더 내의 진공이 형성되는 것을 방지하기 위하여 유압 실린더에 부족한 오일을 공급하는 역할을 한다.

4. 액추에이터(Actuator)

액추에이터(actuator)는 유압의 에너지를 기계적 에너지로 변화시키는 장치로 직선 왕복 운동을 하는 유압 실린더와 회전 운동을 하는 유압 모터가 있다.

1) 유압 실린더(hydraulic cylinder)

유압 실린더는 유압 펌프에서 공급되는 유압에 의해서 직선 왕복 운동으로 변환시키는 역할을 한다.
① 단동(單動) 실린더 : 유압 펌프에서 피스톤의 한쪽에만 유압이 공급되어 작동하고 리턴은 자중 또는 외력에 의해서 이루어진다.
② 복동(復動) 실린더 : 유압 펌프에서 피스톤의 양쪽에 유압이 공급되어 작동되는 실린더로 건설기계에서 가장 많이 사용되며, 피스톤의 양쪽에 유압이 동시에 공급되면 작동되지 않는다.

2) 유압 모터(hydraulic motor)

유압 모터는 유압 펌프에 의해서 공급되는 유압에 의해서 회전 운동으로 변환시키는 역할을 한다.
① 기어형 모터
  ㉮ 구조가 간단하고 값이 싸며, 작동유의 공급 위치를 변화시키면 정방향의 회전이나 역방향의 회전이 자유롭다.
  ㉯ 모터의 효율은 70~90% 정도이다.
② 베인형 모터
  ㉮ 정용량형 모터로 캠링에 날개가 밀착되도록 하여 작동되며, 무단 변속기로 내구력이 크다.
  ㉯ 모터의 효율은 95% 정도이다.
③ 레이디얼 플런저 모터
  ㉮ 플런저가 회전축에 대하여 직각 방사형으로 배열되어 있는 모터로 굴착기의 스윙 모터로 사용된다.
  ㉯ 모터의 효율은 95~98% 정도이다.

④ 액시얼 플런저 모터
    ㉮ 플런저가 회전축 방향으로 배열되어 있는 모터이다.
    ㉯ 모터의 효율은 95~98% 정도이다.

5. 어큐뮬레이터(Accumulator)

어큐뮬레이터(accumulator, 축압기)는 유체 에너지를 일시 저장하여 주는 것으로 용기 내에 고압유를 압입한 것이다. 고압유를 저장하는 방법에 따라 중량에 의한 것, 스프링에 의한 것, 공기나 질소가스 등의 기체 압축성을 이용한 것이 있다.

1) 어큐뮬레이터의 용도
① 대유량의 작동유를 순간적으로 공급한다.
② 유압 펌프의 맥동을 제거한다.
③ 충격 압력을 흡수한다.
④ 압력을 보상해 준다.

2) 어큐뮬레이터의 종류(가스 오일식)
① 피스톤형 : 실린더 내의 피스톤으로 기체실과 유체실을 구분한다.
② 블래더형(고무 주머니형) : 본체 내부에 고무 주머니가 있어 기체실과 유체실을 구분한다.
③ 다이어프램형 : 본체 내부에 고무와 가죽의 막이 있어 기체실과 유체실을 구분한다.

[블래더형 어큐뮬레이터]
(Bladder type Accumulator)

[피스톤형 어큐뮬레이터]
(Piston type Accumulator)

6. 부속기기

1) 여과기
① 흡입 스트레이너 : 유압 탱크에서 비교적 큰 불순물을 제거한다.

② 필터 : 배관과 복귀 및 바이패스 회로의 미세한 불순물을 제거한다.
  ㉮ 여과지식 엘리먼트
  ㉯ 적층식 엘리먼트
  ㉰ 다공체식 엘리먼트
  ㉱ 흡착식 엘리먼트
  ㉲ 자기식 엘리먼트

[스트레이너(Strainer)의 구조]

2) 오일 냉각기

공랭식과 수랭식으로 작동유를 냉각시키며 일정 유온을 유지토록 한다.

[공랭식 오일 냉각기]   [수랭식 오일 냉각기]

3) 배관의 구분과 이음

강관, 고무 호스, 이음으로 구성되어 각 유압기기를 연결하여 회로를 구성한다.

① 강관 : 금속관에는 강관, 스테인리스강관, 알루미늄관, 구리관 등이 있으며 주로 강관이 사용되고 일반적으로는 저압($100kg/cm^2$ 이하), 중압($100kg/cm^2$ 정도), 고압($100kg/cm^2$ 이상)의 압력 단계로 분류된다.

② 고무호스 : 건설기계에 사용되는 고무 호스는 합성고무로 만든 플렉시블 호스이며 금속관으로는 배관이 어려운 부위나 장치부 상대위치가 변하는 경우 그리고 진동의 영향을 방지하고자 할 경우에 사용된다.

③ 이음
  ㉮ 나사 이음(screw joint) : 나사 이음은 유압이 $70kg/cm^2$ 이하인 압송유 관로, 복귀 관로, 드레인 관로, 흡입 관로 등에서 저압용으로 사용된다.
  ㉯ 용접 이음(welded joint) : 용접 이음은 관을 삽입하여 용접 접속하는 이음이다. 용접 작업이 완전하면 유밀성이 확실하므로 고압용의 관로용으로 사용된다.
  ㉰ 플랜지 이음(flange joint) : 플랜지 이음은 관의 끝을 플랜지에 삽입하여 용접하고 두 개의 플랜지를 볼트로 결합하는 이음인데 고압이나 저압에 상관없이 직경이 큰 관의 관로용으로서 확실한 작업을 할 수 있다.
  ㉱ 플레어 이음(flare joint) : 플레어 이음은 관의 끝부분을 원추형의 펀치로 나팔형으로 펴서 원추면에 슬리브와 너트로 조여 유밀성을 확실하게 한다.

4) 오일 실(패킹)

오일 실(seal)은 각 오일 회로에서 오일이 외부로 누출되는 것을 방지하는 역할을 한다.
① 구비 조건
　㉮ 압력에 대한 저항력이 클 것
　㉯ 작동면에 대한 내열성이 클 것
　㉰ 작동면에 대한 내마멸성이 클 것
　㉱ 정밀 가공된 금속면을 손상시키지 않을 것
　㉲ 작동 부품에 걸리는 일이 없이 잘 끼워질 것
　㉳ 피로 강도가 클 것
② 실(seal)의 종류
　㉮ 성형패킹(forming packing) : 합성고무와 합성수지로 압축 성형한 패킹이며 V형, U형, L형, J형 등이 있다.
　㉯ 메커니컬 실(mechanical seal) : 회전 축 둘레의 오일 누설을 방지하는 실이다.
　㉰ O링(O-ring) : 원형 단면의 링 모양으로 성형된 것으로 구조는 매우 간단하며, 재질은 니트릴 고무가 일반적이다.
　㉱ 오일 실(oil seal) : 압력이 가해지지 않는 회전축의 오일 누설을 막는 실로서 합성 고무의 재질이다.

제04장_ 건설기계 유압
출제예상문제

1. 유압의 기초

01 밀폐된 용기 내의 액체 일부에 가해진 압력은 어떻게 전달되나?

① 유체의 압력이 돌출 부분에서 더 세게 작용된다.
② 유체 각 부분에 다르게 전달된다.
③ 유체의 압력이 홈부분에서 더 세게 작용된다.
④ 유체 각 부분에 동시에 같은 크기로 전달된다.

> 파스칼의 원리에 따르면 밀폐된 용기 내에 액체를 가득 채우고 그 용기에 힘을 가하면 그 내부의 압력은 각면에 수직으로 작용하며, 용기 내의 어느 곳이든지 똑같은 압력으로 작용한다.

02 파스칼(pascal)의 원리 중 틀린 것은?

① 유체의 압력은 면에 대하여 직각으로 작용한다.
② 각 점의 압력은 모든 방향으로 같다.
③ 정지해 있는 유체에 힘을 가하면 단면적이 적은 곳은 속도가 느리게 전달된다.
④ 밀폐된 용기 속의 유체 일부에 가해진 압력은 각부에 똑같은 세기로 전달된다.

03 밀폐된 용기 중에 채워진 비압축성 유체의 일부에 가해진 압력은 유체의 모든 부분에 그대로의 세기로 전달되는 원리는?

① 파스칼의 원리   ② 베르누이의 원리
③ 보일샤를의 원리 ④ 아르키메데스의 원리

04 다음 중 유압의 단점이 아닌 것은?

① 고압 사용으로 인한 위험성 및 이물질에 민감하다.
② 유온의 영향에 따라 정밀한 속도와 제어가 곤란하다.
③ 전기, 전자의 조합으로 자동제어가 곤란하다.
④ 폐유에 의해 주변환경이 오염될 수 있다.

> 유압장치의 단점
> • 작동유의 누설 염려가 있다.
> • 화재의 위험이 있다.
> • 작동유는 온도의 영향에 따라 정밀한 속도와 제어가 곤란하다.
> • 배관 작업이 복잡하다.
> • 공기가 유입되기 쉽다.
> • 폐유에 의해 주변환경이 오염될 수 있다.
> • 고장 원인의 발견이 어렵고 구조가 복잡하다.
> • 고압 사용으로 인해 위험성 및 이물질에 민감하다.

05 다음은 유압장치의 장점을 기술하였다. 틀린 것은?

① 소형장치로 큰 출력을 발생한다.
② 무단변속이 가능하고 정확한 위치 제어를 할 수 있다.
③ 유온의 영향이 있어도 정밀한 속도와 제어가 가능하다.
④ 과부하에 대한 안전장치가 간단하고 정확하다.

> 유압장치의 장점
> • 과부하에 대한 안전장치가 간단하고 정확하다.
> • 무단 변속이 가능하고 정확한 위치 제어가 가능하다.
> • 부하의 변화에 대한 안정성이 크다.
> • 동력 전달이 원활하고 저속에서 큰 회전력의 기동이 용이하다.
> • 공기의 압력·유압 및 전기 신호 등으로 쉽게 원격조정이 가능하다.
> • 진동이 적고 작동이 원활하다.
> • 작동유에는 윤활성·방청성이 있어 마멸이 적고 내구성이 크다.
> • 동력의 분배와 집중이 쉽다.
> • 소형 장치로 큰 출력을 발생한다.
> • 에너지의 저장이 가능하다.

06 유압기기에 대한 단점이다. 설명 중 틀린 것은?

① 오일은 가연성 있어 화재에 위험하다.
② 회로 구성이 어렵고 누설되는 경우가 있다.
③ 오일의 온도에 따라서 점도가 변하므로 기계의 속도가 변한다.
④ 에너지의 손실이 적다.

> 유압장치의 장점 중 하나는 에너지의 저장이 가능하다는 점이다.

 [1. 유압의 기초] 01 ④ 02 ③ 03 ① 04 ③ 05 ③ 06 ④

07 유압 시스템에서 오일 제어 기능이 아닌 것은?
① 유온 제어
② 유량 제어
③ 방향 제어
④ 압력 제어

> 유압장치는 유체의 압력 에너지를 이용하여 기계적인 일을 하도록 하는 장치로 이는 유량 제어, 방향 제어, 압력 제어 등을 통해 이루어진다.

08 압력의 단위가 아닌 것은?
① psi
② kgf/cm²
③ N · m
④ kPa

> 압력의 단위로는 psi, kgf/cm², kPa, mmHg, bar, atm 등이 있다. 참고로 N · m은 토크 단위에 해당된다.

09 다음 중 압력, 힘, 면적의 관계식으로 올바른 것은?
① 압력 = 힘/면적
② 압력 = 면적 × 힘
③ 압력 = 부피/면적
④ 압력 = 부피 × 힘

> 유압은 단위 면적당 작용하는 힘의 세기를 나타내는 것으로 P = F/A 로 정의될 수 있다.(P : 유압, F : 힘, A : 단면적)

10 오리피스가 설치된 다음 그림에서 압력에 대한 설명으로 맞는 것은?

① A = B
② A > B
③ A < B
④ A와 B는 무관

> 베르누이의 정리를 이용한 것으로 A실의 압력이 B실의 압력보다 높다.

11 압력의 단위가 아닌 것은?
① GPM
② bar
③ kgf/cm²
④ psi

> GPM(gallons per minute, gal/min)이란 계통 내에서 이동되는 유체의 양을 표시할 때 사용하는 단위이다.

12 작용면적이 10cm²인 서보기구의 피스톤이 5kg/cm²의 압력으로 작용되고 있다. 이 때 서보의 작용력은?
① 45kg
② 50kg
③ 55kg
④ 60kg

> 압력 = 힘/단면적
> ∴ 힘 = 압력 × 단면적 = 5 × 10 = 50kg

13 피스톤 지름이 15mm인 유압 실린더에서 유압이 70kg/cm² 작용할 때 실린더에서 발생되는 힘은?
① 19.6kg
② 29.6kg
③ 39.6kg
④ 123.7kg

> 단면적 = πD²/4 = 3.14 × 15²/4 = 176.625 = 1.76625cm²
> ∴ 힘 = 1.76625 × 70 ≒ 123.7kg

14 다음 중에서 작동유(유압유) 속에 용해 공기가 기포로 되어 있는 상태를 무엇이라고 하는가?
① 인화 현상
② 노킹현상
③ 조기착화 현상
④ 공동현상

> 공동현상(캐비테이션)이란 유동하고 있는 액체의 압력이 국부적으로 저하되어 포화 증기 압력 또는 공기 분리 압력에 대하여 증기를 발생시키거나 용해 공기 등이 분리되어 기포를 일으키는 현상을 말한다.

15 유압장치 내에 국부적인 높은 압력과 소음 · 진동이 발생하는 현상은?
① 채터링
② 오버 랩
③ 캐비테이션
④ 하이드로 록킹

> 공동현상(캐비테이션)의 결과 유압장치 내부에 국부적인 높은 압력이 발생하여 소음과 진동 등이 발생한다.

정답 07 ① 08 ③ 09 ① 10 ② 11 ① 12 ② 13 ④ 14 ④ 15 ③

16 유압 펌프의 흡입구에서 캐비테이션(cavitation)을 방지하기 위한 방법으로 적절하지 않은 것은?

① 흡입구의 양정을 1m 이하로 한다.
② 흡입관의 굵기를 유압 본체의 연결구의 크기와 같은 것을 사용한다.
③ 펌프의 운전속도를 규정속도 이상으로 하지 않는다.
④ 하이드로릭 실린더에 부하가 걸리지 않도록 한다.

17 유체의 관로에 공기가 침입할 때 일어나는 현상이 아닌 것은?

① 공동 현상
② 유격 현상
③ 열화 촉진
④ 숨돌리기 현상

💡 유체의 관로에 공기의 유입 양이 증가하면 실린더의 숨돌리기 현상, 열화 촉진, 공동현상 등을 일으킨다.

18 유압 실린더의 숨돌리기 현상이 생겼을 때 일어나는 현상이 아닌 것은?

① 시간의 지연이 생긴다.
② 피스톤 작동이 불안정하게 된다.
③ 기름의 공급이 과대해진다.
④ 서지압이 발생한다.

💡 실린더의 숨돌리기 현상은 유압이 낮고 작동유의 공급량이 부족할 때 많이 일어난다.

19 유압 회로 내에서 서지압(Surge Pressure)이란?

① 과도적으로 발생하는 이상 압력의 최대값
② 정상적으로 발생하는 압력의 최대값
③ 정상적으로 발생하는 압력의 최소값
④ 과도적으로 발생하는 이상 압력의 최소값

💡 유체의 흐름이 제어밸브 등의 조작에 의해 급격하게 변할 때, 그 유체의 운동 에너지가 압력 에너지로 변하기 때문에 급격한 압력변동이 발생하는 데 이때 과도적으로 상승한 압력의 최대치를 서지압이라 한다.

20 유압 회로 내에 공동현상이 생길 때 어떻게 하는가?

① 유압장치의 오일온도를 높여준다.
② 유압장치의 압력변화를 없게 한다.
③ 유압장치의 과포화 상태로 한다.
④ 유압장치의 압력을 높여준다.

💡 공동현상(캐비테이션)이란 유압장치 내부에 국부적인 높은 압력이 발생하는 것으로 압력변화를 없게 해야 한다.

21 다음 중 유압 회로 내에 공기혼입이 생기는 주요 원인은?

① 고압관로의 접속부의 이완
② 온도 상승
③ 흡입라인 접속부의 이완
④ 공기 빼기 플러그의 잠김

💡 유압회로 내에 공기가 유입되는 주된 원인은 유압펌프 흡입라인의 연결부 이완 때문이다.

22 유압 회로 내에 잔압을 설정해 두는 이유로 가장 적절한 것은?

① 제동 해제 방지
② 유로 파손 방지
③ 오일 산화 방지
④ 작동 지연 방지

💡 유압회로 내에 잔압을 두는 이유
• 작동 지연을 방지한다.
• 오일의 누출을 방지한다.
• 회로 내 베이퍼 로크 발생을 방지한다.
• 회로 내로 공기 유입을 방지한다.

23 유압 작동유가 갖추어야 할 성질이 아닌 것은?

① 온도에 의한 점도 변화가 적을 것
② 거품이 적을 것
③ 방청, 방식성이 있을 것
④ 물, 먼지 등의 불순물과 혼합이 잘 될 것

💡 작동유는 물, 공기, 먼지 등을 신속하게 분리할 수 있어야 한다.

24 유압유에 요구되는 성질이 아닌 것은?

① 넓은 온도범위에서 점도변화가 적을 것
② 윤활성과 방청성이 있을 것
③ 산화 안정성이 있을 것
④ 사용되는 재료에 대하여 불활성이 아닐 것

> 유압유는 유압장치에 사용되는 재료에 대하여 불활성이어야 한다.

25 다음에서 유압 작동유가 갖추어야 할 조건으로 맞는 것은?

㉠ 압축성이 작을 것
㉡ 밀도가 작을 것
㉢ 열팽창계수가 작을 것
㉣ 체적탄성계수가 작을 것
㉤ 점도지수가 낮을 것
㉥ 발화점이 높을 것

① ㉠, ㉡, ㉢, ㉣
② ㉡, ㉢, ㉤, ㉥
③ ㉡, ㉣, ㉤, ㉥
④ ㉠, ㉡, ㉢, ㉥

> 작동유(유압유)의 구비 조건
> • 강인한 오일막(유막)을 형성하여야 한다.
> • 적당한 점도와 유동성이 있어야 한다.
> • 비중이 적당하여야 하고, 비압축성이어야 한다.
> • 인화점 및 발화점이 높아야 한다.
> • 내부식성, 점도지수, 체적 탄성계수가 커야 한다.
> • 기포 발생이 적고, 실(seal) 재료와의 적합성이 좋아야 한다.
> • 물, 공기, 먼지 등을 신속하게 분리할 수 있어야 한다.
> • 밀도가 적고, 독성과 휘발성이 없어야 한다.
> • 열팽창계수가 작아야 한다.
> • 유압장치에 사용되는 재료에 대하여 불활성이어야 한다.

26 다음 작동유에 관한 사항 중 틀리는 것은?

① 유압작동유의 점검, 급유작업은 평탄한 장소에서 한다.
② 먼지나 이물질 등이 혼합되지 않도록 주의한다.
③ 다른 제품의 작동유를 혼합 사용하지 않는다.
④ 작동유 교환시는 엔진을 공회전 상태로 하고 교환한다.

> 작동유는 난기운전을 실시한 다음 엔진을 가동을 정지하고 작동유가 냉각되기 전에 교환하여야 한다.

27 유압유의 취급에 대한 설명으로 틀린 것은?

① 오일의 선택은 운전자가 경험에 따라 임의 선택한다.
② 유량은 알맞게 하고 부족 시 보충한다.
③ 오염, 노화된 오일은 교환한다.
④ 먼지, 모래, 수분에 의한 오염방지 대책을 세운다.

> 건설기계 장비 해당 정비지침서나 제작사에서 추천하는 유압 작동유를 선택하여야 한다.

28 유압 작동유의 중요 역할이 아닌 것은?

① 일을 흡수한다.
② 부식을 방지한다.
③ 습동부를 윤활시킨다.
④ 압력에너지를 이송한다.

> 유압 작동유의 역할
> • 압력에너지를 이송하여 동력을 전달한다.
> • 윤활 및 냉각작용을 한다.
> • 부식을 방지한다.
> • 필요한 요소 사이를 밀봉(seal)한다.

29 작동유에 대한 설명으로 틀린 것은?

① 마찰부분의 윤활작용 및 냉각작용도 한다.
② 공기가 혼입되면 유압기기의 성능은 저하된다.
③ 점도지수가 낮을수록 좋다.
④ 점도는 압력 손실에 영향을 미친다.

> 점도지수란 온도 변화에 따른 오일의 점도 변화를 표시하는 지수로 작동유는 점도지수가 커야 한다.

30 유압 작동유의 주요 기능이 아닌 것은?

① 윤활 작용
② 냉각 작용
③ 압축 작용
④ 동력전달 작용

> 유압 작동유의 기능 : 윤활 작용, 냉각 작용, 동력전달 작용

31 유압유의 점검과 관계없는 것은?

① 점도
② 윤활성
③ 소포성
④ 마멸성

정답 24 ④ 25 ④ 26 ④ 27 ① 28 ① 29 ③ 30 ③ 31 ④

32 온도 변화에 따라 점도 변화가 큰 오일의 점도지수는?

① 크다.
② 작다.
③ 불변이다.
④ 점도 변화와 점도지수는 무관하다.

🔍 유체는 온도가 상승하면 점도는 저하되고, 온도가 내려가면 점도는 높아진다. 이러한 온도변화에 대해 점도 변화가 적으면 점도지수가 크고, 점도 변화가 크면 점도지수는 작다.

33 유압오일에서 온도에 따른 점도변화 정도를 표시하는 것은?

① 윤활성   ② 점도
③ 점도 지수   ④ 점도 분포

🔍 온도 변화에 따른 점도 변화의 정도를 점도지수로 나타내며, 점도지수는 40℃, 100℃에서의 동점도(動粘度)의 측정 결과에서 구한다.

34 유압유의 첨가제가 아닌 것은?

① 소포제   ② 유동점 강하제
③ 산화 방지제   ④ 점도지수 방지제

🔍 유압유의 첨가제 : 소포제, 유동점 강하제, 산화 방지제, 점도지수 향상제, 방청제, 유성 향상제

35 다음 중 건설기계에 사용하는 유압 작동유의 성질을 향상시키기 위하여 사용되는 첨가제 종류가 아닌 것은?

① 점도지수 향상제
② 산화방지제
③ 소포제
④ 유동점 향상제

🔍 유압유의 첨가제로는 유동점 강하제를 사용한다.

36 현장에서 오일의 오염도 판정 방법 중 가열한 철판 위에 오일을 떨어뜨리는 방법은 오일의 무엇을 판정하기 위한 방법인가?

① 산성도   ② 수분 함유
③ 오일의 열화   ④ 먼지나 이물질 함유

🔍 유압 작동유에 수분이 함유되면 윤활성 및 방청성이 저하되고, 산화와 열화가 촉진되며, 공동현상(캐비테이션)이 발생할 수 있다. 현장에서 이를 확인하기 위해 가열한 철판 위에 오일을 떨어뜨려 수분 함유 여부를 파악한다.

37 유압 회로 내의 유압유 점도가 너무 낮을 때 생기는 현상이 아닌 것은?

① 오일 누설에 영향이 있다.
② 펌프 효율이 떨어진다.
③ 시동 저항이 커진다.
④ 회로 압력이 떨어진다.

🔍 유압유의 점도가 증기하면 시동 저항이 커져서 유압펌프의 시동이 저하되고, 마찰 손실이 증가한다.

38 유압 작동유에 수분이 미치는 영향이 아닌 것은?

① 작동유의 윤활성을 저하시킨다.
② 작동유의 방청성을 저하시킨다.
③ 작동유의 내마모성을 향상시킨다.
④ 작동유의 산화와 열화를 촉진시킨다.

🔍 유압 작동유에 수분이 함유되면 윤활성 및 방청성이 저하되고, 산화와 열화가 촉진되며, 공동현상(캐비테이션)이 발생할 수 있다.

39 유압 작동유를 교환하고자 할 때 선택 조건으로 가장 적합한 것은?

① 유명 정유회사의 제품
② 가장 가격이 비싼 유압 작동유
③ 건설기계 장비 해당 정비지침서나 제작사에서 추천하는 유압 작동유
④ 시중에서 쉽게 구입할 수 있는 유압 작동유

40 유압유의 점도를 틀리게 설명한 것은?

① 온도가 상승하면 점도는 저하된다.
② 점성의 정도를 나타내는 척도이다.
③ 온도가 내려가면 점도는 높아진다.
④ 점성계수를 밀도로 나눈 값이다.

🔍 유압유의 점도는 점성의 정도(유체의 끈끈한 성질)를 나타내는 척도로 온도가 상승하면 점도는 저하되고, 온도가 내려가면 점도는 높아진다.

정답 32 ② 33 ③ 34 ④ 35 ④ 36 ② 37 ③ 38 ③ 39 ③ 40 ④

41 유압유에 점도가 서로 다른 2종류의 오일을 혼합하였을 경우 설명으로 맞는 것은?

① 오일첨가제의 좋은 부분만 작동하므로 오히려 더욱 좋다.
② 점도가 달라지나 사용에는 전혀 지장이 없다.
③ 혼합하여도 전혀 지장이 없다.
④ 열화 현상을 촉진시킨다.

> 유압유에 서로 다른 2종류의 오일을 혼합하면 오일의 열화현상이 촉진되므로 혼합하지 않아야 한다.

42 유압 작동유의 점도가 너무 높을 때 발생되는 현상으로 적합한 것은?

① 동력 손실의 증가
② 내부 누설의 증가
③ 펌프 효율의 증가
④ 마찰, 마모 감소

> 유압 작동유의 점도가 너무 높으면 작동유의 유동 저항이 증가하고 관 내의 마찰 손실이 커지기 때문에 유압 기기 들의 작동이 불량해지고 동력 손실이 증가한다. 이와 더불어 너무 높은 점도는 열 발생의 원인이 되고 유압이 높아지는 원인이 된다.

43 다음 [보기] 항에서 유압계통에 사용되는 오일의 점도가 너무 낮을 경우 나타날 수 있는 현상으로 모두 맞는 것은?

```
ㄱ. 펌프 효율 저하
ㄴ. 실린더 및 컨트롤 밸브에서 누출 현상
ㄷ. 계통(회로) 내의 압력저하
ㄹ. 시동시 저항 증가
```

① ㄱ, ㄴ, ㄷ
② ㄱ, ㄴ, ㄹ
③ ㄴ, ㄷ, ㄹ
④ ㄱ, ㄷ, ㄹ

> 시동 시 저항 증가 및 동력 손실의 증가는 점도가 너무 높을 때 나타날 수 있는 현상이다.

44 현장에서 오일의 열화를 찾아내는 방법이 아닌 것은?

① 색깔의 변화나 수분, 침전물의 유무 확인
② 흔들었을 때 생기는 거품이 없어지는 양상 확인
③ 자극적인 악취의 유무 확인
④ 오일을 가열했을 때 냉각되는 시간 확인

> 오일의 열화를 찾아내는 방법은 보기 중 ①, ②, ③항이다.

45 유압유의 노화촉진 원인이 아닌 것은?

① 유온이 높을 때
② 다른 오일이 혼입되었을 때
③ 수분이 혼입되었을 때
④ 플러싱을 했을 때

> 플러싱이란 유압계통의 오일장치 내에 이물질이나 슬러지 등이 생겼을 때 이를 용해하여 깨끗하게 하는 작업을 말한다.

46 플러싱 후의 처리방법으로 틀린 것은?

① 잔류 플러싱 오일을 반드시 제거하여야 한다.
② 작동유 보충은 24시간 경과 후 하는 것이 좋다.
③ 작동유 탱크 내부를 다시 청소한다.
④ 라인필터 엘리먼트를 교환한다.

> 플러싱 후에는 가능한 빨리 작동유를 넣고 수 시간 운전하여 전체 유압라인에 작동유가 공급되도록 한다.

47 유압 오일 내에 공기 기포(거품)가 형성되는 이유로 가장 적합한 것은?

① 오일 속의 수분 혼입
② 오일의 열화
③ 오일 속의 공기 혼입
④ 오일의 누설

> 유압 오일 내의 기포는 오일 속의 공기 혼입이 그 원인으로 공기의 유입량이 증가하면 실린더의 숨돌리기 현상, 열화 촉진, 공동현상(캐비테이션) 등을 일으킨다.

48 유압장치의 부품을 교환 후 다음 중 가장 우선 시행하여야 할 작업은?

① 최대부하 상태의 운전
② 유압을 점검
③ 유압장치의 공기빼기
④ 유압 오일쿨러 청소

> 유압장치의 부품 교환 후 가장 먼저 공기빼기를 해주어야 한다. 공기빼기 작업은 "엔진 기동 → 난기 운전 실시 → 각 유압 모터와 실린더를 5분 정도 천천히 반복 작동"시키는 순서로 한다.

 41 ④ 42 ① 43 ① 44 ④ 45 ④ 46 ② 47 ③ 48 ③

49 유압 회로에서 작동유의 정상온도는?

① 10~20℃
② 40~60℃
③ 112~115℃
④ 125~140℃

🔍 작동유의 사용온도와 위험온도
• 적정 온도 : 40~60℃(난기 운전 시 30℃ 이상)
• 최고 사용온도 : 80℃ 이하
• 위험 온도 : 80~100℃ 이상

50 오일 탱크 내 오일의 적정온도 범위는?

① 10~20℃ ② 30~50℃
③ 80~110℃ ④ 100~150℃

51 오일의 무게를 맞게 계산한 것은?

① 부피 ℓ에 비중을 곱하면 kg가 된다.
② 부피 ℓ에 질량을 곱하면 kg가 된다.
③ 부피 ℓ에 비중을 나누면 kg가 된다.
④ 부피 ℓ에 질량을 나누면 kg가 된다.

🔍 오일의 무게는 부피(L)에 비중을 곱하면 kg 단위로 환산된다.

52 유압장치가 작동 중 과열이 발생할 때의 원인으로 가장 적절한 것은?

① 오일의 양이 부족하다.
② 오일 펌프의 속도가 느리다.
③ 오일 압력이 낮다.
④ 오일의 증기압이 낮다.

🔍 작동유의 양이 부족하거나 점도 등이 불량하면 온도가 상승하게 되며, 과열 시에는 먼저 오일 냉각기를 점검하도록 한다.

53 그림의 유압 기호는 무엇을 표시하는가?

① 오일 쿨러 ② 유압 탱크
③ 유압 펌프 ④ 유압 모터

🔍 유압 펌프는 원 안에 작동유의 흐름 방향을 흑색삼각형으로 붙여서 나타낸다.

54 그림에서 요동형 액추에이터의 기호는?

①   ②

③   ④

🔍 ① 가변용량형 유압펌프, ② 정용량형 유압펌프, ③ 요동형 액추에이터

55 그림에서 체크 밸브를 나타낸 것은?

①   ②

③   ④

🔍 ① 체크밸브, ④ 오일탱크

56 그림의 유압기호에서 어큐뮬레이터는?

①   ②

③   ④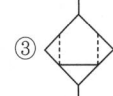

🔍 ① 어큐뮬레이터(축압기), ② 필터(일반기호), ④ 온도계

57 그림에서 드레인 배출기의 기호 표시는?

①   ②

③   ④

🔍 ② 밸브, ③ 드레인 배출기(수동배출)

정답 49 ② 50 ② 51 ① 52 ① 53 ③ 54 ③ 55 ① 56 ① 57 ③

58 정용량형 유압 펌프의 기호는?

① 정용량형 유압펌프, ② 가변용량형 유압펌프, ④ 전동기

59 가변용량형 유압 펌프의 기호 표시는?

① 가변용량형 유압펌프, ② 정용량형 유압펌프, ④ 원동기 스프링

60 유압 압력계의 기호는?

 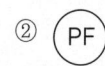

④ 압력계

61 압력 스위치를 나타내는 것은?

① 압력계, ② 스톱밸브, ③ 어큐뮬레이터, ④ 압력 스위치

62 방향전환 밸브의 조작방식에서 솔레노이드 조작 기호는?

① 단동 솔레노이드 조작, ② 스프링 조작, ③ 레버 조작, ④ 인력 조작

63 복동 실린더 양 로드형을 나타내는 유압 기호는?

① 단동 실린더 편로드형, ② 단동 실린더 양로드형, ③ 복동 실린더 편로드형, ④ 복동 실린더 양로드형

64 그림과 같은 실린더의 명칭은?

① 단동 실린더 ② 단동 다단 실린더
③ 복동 실린더 ④ 복동 다단 실린더

그림은 복동 실린더 편로드형이다.

65 다음 그림에서 일반적으로 사용하는 유압 기호로 맞는 것은?

① 체크 밸브 ② 시퀀스 밸브
③ 릴리프 밸브 ④ 리듀싱 밸브

정답 58 ① 59 ① 60 ④ 61 ④ 62 ① 63 ④ 64 ③ 65 ③

2. 유압기기 및 회로

01 유압장치의 기본적인 구성요소가 아닌 것은?

① 유압발생장치
② 유압축적장치
③ 유압제어장치
④ 유압구동장치

> 유압장치의 기본 구성요소
> · 유압발생장치 : 유압 펌프, 오일탱크 및 배관 등
> · 유압제어장치 : 방향전환밸브, 압력제어밸브, 유량조절밸브
> · 유압구동(작동)장치 : 유압 모터, 유압 실린더

02 유압장치에서 오일탱크의 구비 요건이 아닌 것은?

① 유면은 적정위치 "F"에 가깝게 유지하여야 한다.
② 발생한 열을 발산할 수 있어야 한다.
③ 공기 및 이물질을 오일로부터 분리할 수 있어야 한다.
④ 탱크의 크기는 정지할 때 되돌아오는 오일량의 용량과 동일하게 한다.

> 오일탱크의 구비 요건
> • 유면은 적정위치 "F"에 가깝게 유지하여야 한다.
> • 정상적인 작동에서 발생한 열을 발산할 수 있어야 한다.
> • 공기 및 이물질을 오일로부터 분리할 수 있는 구조여야 한다.
> • 배유구와 유면계가 설치되어 있어야 한다.
> • 흡입관과 복귀관(리턴 파이프) 사이에 격판이 설치되어 있어야 한다.
> • 흡입 오일을 여과시키기 위한 스트레이너가 설치되어야 한다.
> • 탱크의 크기는 중력에 의하여 복귀하는 유압장치 내의 모든 작동유를 받아들일 수 있는 크기로 하여야 한다.(일반적으로 유압 토출량의 2~3배)

03 다음 보기 중 유압 오일탱크의 기능으로 모두 맞는 것은?

ㄱ. 계통 내의 필요한 유량 확보
ㄴ. 격판에 의한 기포 분리 및 제거
ㄷ. 계통 내의 필요한 압력 설정
ㄹ. 스트레이너 설치로 회로 내 불순물 혼입 방지

① ㄱ, ㄴ, ㄷ
② ㄱ, ㄴ, ㄹ
③ ㄴ, ㄷ, ㄹ
④ ㄱ, ㄷ, ㄹ

04 오일탱크 내의 오일을 전부 배출시킬 때 사용하는 것은?

① 리턴 라인
② 어큐뮬레이터
③ 배플
④ 드레인 플러그

> 오일 탱크은 작동유를 모두 배출시킬 수 있는 드레인 플러그를 탱크 아래쪽에 설치하여야 한다.

05 오일탱크 관련 설명으로 틀린 것은?

① 유압유 오일을 저장한다.
② 흡입구와 리턴구는 최대한 가까이 설치한다.
③ 탱크 내부에는 격판(배플 플레이트)을 설치한다.
④ 흡입 스트레이터가 설치되어 있다.

> 흡입구는 탱크로의 리턴구(복귀구)로부터 될 수 있는 한 멀리 떨어진 위치에 설치한다.

06 일반적인 오일 탱크 내의 구성품이 아닌 것은?

① 압력 조절기
② 스트레이너
③ 드레인 플러그
④ 배플

> 작동유 탱크의 역할은 적정 유량의 확보, 적정 유온의 유지, 작동유 중의 기포 발생 및 소멸 등으로 압력 조절기는 없다.

07 유압장치의 수명 연장을 위해 가장 중요한 요소는?

① 오일 탱크의 세척 및 교환
② 오일 필터의 점검 및 교환
③ 오일 펌프의 점검 및 교환
④ 오일 쿨러의 점검 및 세척

> 유압기기 고장의 75% 정도가 작동유 속의 불순물에 의한 것으로 오일 필터의 점검 및 교환은 유압장치 수명 연장을 위해 가장 중요한 요소이다.

08 다음 중 여과기를 설치위치에 따라 분류할 때 관로용 여과기에 포함되지 않는 것은?

① 라인 여과기
② 리턴 여과기
③ 압력 여과기
④ 흡입 여과기

> 관로용 여과기는 관 계통에 사용하는 여과기이며, 펌프의 흡입 측에 설치하는 흡입 여과기는 스트레이너이다.

 [2. 유압기기 및 회로] 01 ② 02 ④ 03 ② 04 ④ 05 ② 06 ① 07 ② 08 ④

09 유압장치의 금속가루 또는 불순물을 제거하기 위한 것으로 맞게 짝지어진 것은?

① 여과기와 어큐뮬레이터
② 스크레이퍼와 필터
③ 필터와 스트레이너
④ 어큐뮬레이터와 스트레이너

🔍 유압회로의 경우 작동유를 유압펌프의 흡입 관로에 보내는 것을 스트레이너, 유압펌프의 토출관로나 작동유 탱크에 되돌아오는 통로(드레인 회로)에 사용되는 것을 필터라 한다.

10 유압 건설기계의 고압 호스가 자주 파열되는 원인으로 가장 적합한 것은?

① 유압 펌프의 고속 회전
② 오일의 점도 저하
③ 릴리프 밸브의 설정 압력 불량
④ 유압 모터의 고속 회전

🔍 릴리프 밸브는 압력 제어 밸브의 하나로 유압 회로의 압력을 설정된 압력으로 제어한다. 따라서, 릴리프 밸브의 설정 압력이 불량하면 고압 호스가 자주 파열된다.

11 필터의 여과 입도수(mesh)가 너무 높을 때 발생할 수 있는 현상으로 가장 적절한 것은?

① 캐비테이션 현상이 생긴다.
② 블로우바이 현상이 생긴다.
③ 맥동 현상이 생긴다.
④ 베이퍼 록 현상이 생긴다.

🔍 오일 여과기의 여과 입도가 너무 조밀하면(여과 입도수가 너무 높으면) 공동현상(캐비테이션)이 발생한다.

12 유압기기 장치에 사용하는 유압 호스로 가장 큰 압력에 견딜 수 있는 것은?

① 고무 호스
② 나선 와이어 브레이드
③ 와이어리스 고무 브레이드
④ 직물 브레이드

🔍 고무 호스는 압력에 따라 저압용, 중압용, 고압용으로 구분하며 유압이 증가함에 따라 와이어 브레이드 층수를 증가시킨다. 특히, 나선 와이어 브레이드는 가장 높은 압력에 견딜 수 있다.

13 호이스트형 유압 호스 연결부에 가장 많이 사용하는 것은?

① 엘보 조인트
② 니들 조인트
③ 소켓 조인트
④ 유니온 조인트

🔍 유니온 조인트는 관과 관의 연결 시 널리 사용되는 관 이음쇠의 한 종류로 호이스트형 유압호스의 연결부에 가장 많이 사용된다.

14 일반적으로 건설기계의 유압 펌프는 무엇에 의해 구동되는가?

① 엔진의 플라이 휠에 의해 구동된다.
② 변속기 P.T.O 장치에 의해 구동된다.
③ 에어 컴프레셔에 의해 구동한다.
④ 캠축에 의해 구동된다.

🔍 유압 펌프는 기관의 앞이나 플라이휠 및 변속기 축에 연결되어 작동되며, 기계적 에너지를 받아서 압력을 가진 오일의 유체 에너지로 변환작용을 하는 유압 발생원으로서의 중요한 요소이다.

15 유압 펌프의 기능을 설명한 것 중 맞는 것은?

① 유압에너지를 동력으로 전환한다.
② 원동기의 기계적 에너지를 유압에너지로 전환한다.
③ 어큐뮬레이터와 동일한 기능이다.
④ 유압 회로 내의 압력을 측정하는 기구이다.

16 유압 펌프의 토출량을 나타내는 단위는?

① ft · lb
② LPM
③ kPa
④ psi

🔍 LPM은 liter/min의 뜻을 말한다.

17 단위 시간에 이동하는 유체의 체적을 무엇이라 하는가?

① 토출압
② 드레인
③ 언더랩
④ 유량

🔍 단위 시간 당 이동하는 유체의 체적을 유량이라 한다.

 정답 09 ③ 10 ③ 11 ① 12 ② 13 ④ 14 ① 15 ② 16 ② 17 ④

18 다음 중에서 유압장치에 주로 사용되지 않는 것은?

① 베인 펌프   ② 피스톤 펌프
③ 분사 펌프   ④ 기어 펌프

🔍 유압장치에 주로 사용되는 펌프는 기어 펌프, 베인 펌프, 플런저 펌프(피스톤 펌프) 이다.

19 건설기계에 사용되는 유압 펌프의 종류가 아닌 것은?

① 베인 펌프   ② 플런저 펌프
③ 포막 펌프   ④ 기어 펌프

20 회전수가 같을 때 펌프의 토출량이 변할 수 있는 것은?

① 기어 펌프
② 정용량형 베인 펌프
③ 프로펠러 펌프
④ 가변 용량형 피스톤 펌프

🔍 토출량에 변화를 줄 수 있는 것을 가변 용량형 펌프라 하며, 베인 펌프와 플런저 펌프(피스톤 펌프)가 가변 용량형 펌프로 사용 된다.

21 구동되는 기어 펌프의 회전수가 변하였을 때 가장 적합한 것은?

① 오일 흐름의 양이 바뀐다.
② 오일 압력이 바뀐다.
③ 오일 흐름 방향이 바뀐다.
④ 회전 경사판의 각도가 바뀐다.

🔍 기어 펌프의 회전수가 변하면 오일 흐름의 양이 바뀐다. 참고로 유압 펌프의 토출량은 펌프 1회전당 배출량은 유량(ℓ/rev 또는 cc/rev)으로 표시하거나 분당 토출하는 유량(ℓ/min)으로 표시한다.

22 유압장치에서 기어 펌프의 특징이 아닌 것은?

① 구조가 다른 펌프에 비해 간단하다.
② 유압 작동유의 오염에 비교적 강한 편이다.
③ 피스톤 펌프에 비해 효율이 떨어진다.
④ 가변 용량형 펌프로 적당하다.

🔍 기어 펌프의 특징
• 구조가 간단하다.
• 다루기 쉽고 가격이 저렴하다.
• 오일의 오염에 비교적 강한 편이다.
• 펌프의 효율은 피스톤 펌프(플런저 펌프)에 비하여 떨어진다.
• 가변 용량형으로 만들기가 곤란하다.
• 흡입 능력이 가장 크다.

23 외접식 기어 펌프에서 토출된 유량 일부가 입구 쪽으로 귀환하여 토출량 감소, 축동력 증가 및 케이싱 마모 등의 원인을 유발하는 현상은?

① 폐입 현상
② 공동 현상
③ 숨돌리기 현상
④ 열화촉진 현상

24 안쪽 로터가 회전하면 바깥쪽 로터도 동시에 회전하는 유압 펌프는?

① 레이디얼 피스톤 펌프
② 사판형 피스톤 펌프
③ 액시얼 피스톤 펌프
④ 트로코이드 펌프

🔍 로터리 펌프는 기어 펌프와 같은 장점을 갖고 있는 펌프로 바깥 로터의 잇수가 1개 더 많아 내측 로터 회전 시 체적의 변화가 발생하여 펌핑작용을 할 수 있을 뿐 아니라 소형화할 수 있어 현재 가장 널리 사용되는 펌프로 일명 트로코이드 펌프라고도 한다.

25 베인 펌프의 특징 중 틀린 것은?

① 싱글형과 더블형이 있다.
② 토크(torque)가 안정되어 소음이 적다.
③ 마모가 일어나는 곳은 캠링면과 베인 선단 부분이다.
④ 베인을 캠링면에 밀착시키는 방식 중 원심력식은 소용량형에, 스프링식은 대용량형에 사용한다.

🔍 베인은 회전할 때마다 캠링 외벽에 완전밀착되어 회전저항이 적어야 펌프 수명을 연장시킬 수 있다. 이러한 이유로 원심력식은 대용량형에, 스프링식은 소용량형에 사용한다.

정답 18 ③ 19 ③ 20 ④ 21 ① 22 ④ 23 ① 24 ④ 25 ④

26 다음에서 베인 펌프의 주요 구성요소로 모두 맞는 것은?

> ㉠ 베인(vane)
> ㉡ 경사판(swash plate)
> ㉢ 격판(baffle plate)
> ㉣ 캠 링(cam ring)
> ㉤ 회전자(rotor)

① ㉠, ㉡, ㉢, ㉣   ② ㉠, ㉢, ㉣
③ ㉠, ㉢, ㉣, ㉤   ④ ㉠, ㉣, ㉤

🔍 베인 펌프의 주요 구성요소 : 포트(port), 로터(rotor), 베인(vane), 캠링(cam ring)

27 다음 유압 펌프 중 가장 높은 압력에서 사용할 수 있는 펌프는?

① 기어 펌프   ② 로터리 펌프
③ 플런저 펌프   ④ 베인 펌프

🔍 최고 압력은 베인 펌프 175kgf/cm², 기어 펌프 210kgf/cm², 플런저 펌프 350kgf/cm² 정도로 플런저 펌프가 가장 높은 압력에서 사용할 수 있다.

28 플런저식 유압 펌프의 특징이 아닌 것은?

① 기어펌프에 비해 최고 압력이 높다.
② 피스톤이 회전운동한다.
③ 축은 회전 또는 왕복 운동을 한다.
④ 가변용량이 가능하다.

🔍 플런저 펌프의 특징
• 고압에 적합하며, 펌프 효율이 가장 높다.
• 피스톤은 왕복운동, 축은 회전 또는 왕복운동을 한다.
• 가변 용량에 적합하다.
• 고압에서 작동유 누출이 적다.
• 수명이 길지만, 구조가 복잡하고 가격이 비싸다.
• 작동유의 오염에 매우 민감하다.
• 흡입 능력이 가장 낮다.

29 다음에서 가장 높은 압력을 발생시키는 유압 펌프의 형식은?

① 기어 펌프   ② 베인 펌프
③ 나사 펌프   ④ 피스톤 펌프

🔍 실린더 속에서 피스톤과 흡사한 플런저를 실린더 내에서 왕복 운동시키는 방식으로 피스톤 펌프라고도 한다.

30 맥동적 토출을 하지만 다른 펌프에 비해 일반적으로 최고압 토출이 가능하고, 펌프 효율에서도 전압력 범위가 높아 최근에 많이 사용되고 있는 펌프는?

① 피스톤 펌프   ② 베인 펌프
③ 나사 펌프   ④ 기어 펌프

31 유압 펌프 관련 용어에서 GPM이 나타내는 것은?

① 복동 실린더의 치수
② 계통 내에서 형성되는 압력의 크기
③ 흐름에 대한 저항
④ 계통 내에서 이동되는 유체(오일)의 양

🔍 GPM은 gallons per minute의 약자로 계통 내에서 이동되는 오일의 양을 분당 갤런 단위로 표현한 것이다.

32 피스톤 펌프의 장점이 아닌 것은?

① 효율이 가장 높다.
② 발생 압력이 고압이다.
③ 토출량의 범위가 넓다.
④ 구조가 간단하고 수리가 쉽다.

🔍 피스톤 펌프(플런저 펌프)는 수명이 길지만, 구조가 복잡하고 가격이 비싸다.

33 플런저 펌프의 장점과 가장 거리가 먼 것은?

① 효율이 양호하다.
② 높은 압력에 잘 견딘다.
③ 구조가 간단하다.
④ 토출량의 변화 범위가 크다.

🔍 플런저 펌프(피스톤 펌프)는 구조가 복잡하고 가격이 비싸다.

34 유압 펌프에서 토출량은?

① 펌프가 어느 체적당 용기에 가하는 체적
② 펌프가 단위 시간당 토출하는 액체의 체적

정답 26 ④ 27 ③ 28 ② 29 ④ 30 ① 31 ④ 32 ④ 33 ③ 34 ②

③ 펌프가 어느 체적당 토출하는 액체의 체적
④ 펌프가 최대시간 내에 토출하는 액체의 최대 체적

🔍 토출량이란 단위시간 동안의 유체 배출량을 말한다.

35 유압 펌프의 용량을 나타내는 방법은?

① 주어진 압력과 그 때의 오일 무게로 표시
② 주어진 속도와 그 때의 토출압력으로 표시
③ 주어진 압력과 그 때의 토출량으로 표시
④ 주어진 속도와 그 때의 점도로 표시

36 유압 펌프에서 회전수가 같을 때 토출량이 변하는 펌프는?

① 가변용량형 플런저펌프
② 정용량형 베인펌프
③ 프로펠러 펌프
④ 기어펌프

🔍 회전수가 같을 때 토출량이 변하는 펌프는 가변용량형으로 기어펌프는 가변용량형으로 만들기 곤란하고, 가변용량형이 가능한 펌프는 플런저펌프와 베인펌프이다.

37 건설기계 운전 시 갑자기 유압이 발생되지 않을 때 점검내용으로 가장 거리가 먼 것은?

① 오일 개스킷 파손 여부 점검
② 유압 실린더의 피스톤 마모 점검
③ 오일 파이프 및 호스가 파손되었는지 점검
④ 오일량 점검

🔍 유압 실린더의 피스톤이 마모되면 압축 압력이 저하되는 등의 현상이 일어나지만 갑자기 유압이 발생되지 않을 때와는 거리가 멀다.

38 펌프가 오일을 토출하지 않을 때의 원인으로 틀린 것은?

① 오일 탱크의 유면이 낮다.
② 흡입관으로 공기가 유입된다.
③ 토출측 배관 체결 볼트가 이완되었다.
④ 오일이 부족하다.

🔍 유압펌프가 오일을 토출하지 않을 때의 점검 사항
• 오일탱크에 오일이 규정량 있는지 점검
• 흡입 스트레이너 막힘 점검
• 흡입관로로 공기가 유입되는지를 점검

39 유압 펌프에서 오일이 토출될 수 있는 것은?

① 회전방향이 반대로 되어 있다.
② 흡입관 측은 스트레이너가 막혀 있다.
③ 펌프 입구에서 공기를 흡입하지 않는다.
④ 회전수가 너무 낮다.

🔍 흡입 관로에서 공기가 유입되면 오일이 토출되지 않는다.

40 펌프에서 오일은 토출되나 압력이 상승하지 않는 원인이 아닌 것은?

① 유압 회로 중 밸브나 작동체의 누유가 발생할 때
② 엔진으로부터 구동력을 전달받는 커플링이 파손되었을 때
③ 릴리프 밸브(relief valve)의 설정압이 낮거나 작동이 불량할 때
④ 펌프 내부 이상으로 누유가 발생할 때

41 펌프에서 흐름(flow ; 유량)에 대해 저항(제한)이 생기면?

① 펌프 회전수의 증가 원인이 된다.
② 압력 형성의 원인이 된다.
③ 밸브 작동 속도의 증가 원인이 된다.
④ 오일 흐름의 증가 원인이 된다.

🔍 펌프에서 유량에 대한 저항이 생기면 압력이 형성되는 원인이 된다.

42 유압 펌프의 고장 현상이 아닌 것은?

① 샤프트 실(seal)에서 오일 누설이 있다.
② 오일의 배출압력이 높다.
③ 소음이 크게 된다.
④ 오일의 흐르는 양이나 압력이 부족하다.

정답 35 ③ 36 ① 37 ② 38 ③ 39 ③ 40 ② 41 ② 42 ②

43 유압 펌프가 작동 중 소음이 발생할 때의 원인으로 틀린 것은?

① 릴리프 밸브(relief valve)에서 오일이 누유하고 있다.
② 스트레이너(strainer) 용량이 너무 작다.
③ 흡입관 접합부로부터 공기가 유입된다.
④ 엔진과 펌프축 간의 편심 오차가 크다.

> 유압 펌프에서 소음 발생의 원인
> • 오일의 양이 부족할 때
> • 오일 속에 공기가 있을 때
> • 오일의 점도가 너무 높을 때
> • 필터의 여과입도수가 너무 높을 때
> • 펌프의 회전속도가 너무 빠를 때
> • 스트레이너가 막혀 흡입용량이 너무 작을 때
> • 흡입관 접합부로부터 공기가 유입될 때
> • 엔진과 펌프축 간의 편심 오차가 클 때

44 유압 펌프에서 소음이 발생하는 원인이 아닌 것은?

① 오일의 양이 적을 때
② 펌프의 속도가 느릴 때
③ 오일 속에 공기가 들어 있을 때
④ 오일의 점도가 너무 높을 때

45 유압 펌프 내의 내부 누설은 무엇에 반비례하여 증가하는가?

① 작동유의 오염   ② 작동유의 점도
③ 작동유의 압력   ④ 작동유의 온도

> 점도가 너무 낮은 경우 내부 오일의 누설이 증가한다.

46 펌프에서 진동과 소음이 발생하고 양정과 효율이 급격히 저하되며 날개차 등에 부식을 일으키는 등 수명을 단축시키는 것은?

① 펌프의 비속도   ② 펌프의 공동현상
③ 펌프의 동력저하 ④ 펌프의 서징현상

> 공동현상(캐비테이션) : 유동하고 있는 액체의 압력이 국부적으로 저하되어 포화증기압력 또는 공기분리압력에 대하여 증기를 발생시키거나 용해공기 등이 분리되어 기포를 일으키는 현상을 말하는 것으로 펌프에서 진동과 소음이 발생하고 양정과 효율이 급격히 저하되며 날개차 등에 부식을 일으키는 등 수명을 단축시킨다.

47 유압장치에서 유압의 제어방법이 아닌 것은?

① 압력제어   ② 방향제어
③ 속도제어   ④ 유량제어

> 유압장치에서 작동유의 흐름을 조절하는 역할을 제어밸브가 담당하며, 제어밸브에는 압력제어밸브, 유량제어밸브, 방향제어밸브의 3가지 밸브가 기본회로를 이룬다.

48 유압 회로의 최고 압력을 제한하고 회로 내의 과부하를 방지하는 밸브는?

① 안전 밸브(릴리프 밸브)
② 감압 밸브(리듀싱 밸브)
③ 순차 밸브(시퀀스 밸브)
④ 무부하 밸브(언로딩 밸브)

> 릴리프 밸브는 유압회로의 압력을 설정된 압력으로 제어하는 것으로, 과잉 압력이 되면 작동유의 일부 또는 전량을 복귀 측으로 토출시켜 압력을 낮추어 유압장치의 안정과 출력조정을 겸한다. 릴리프 밸브는 유압펌프와 제어밸브 사이에 병렬로 연결된다.

49 유압 회로의 최고압력을 제어하는 밸브로서 회로의 압력을 일정하게 유지시키는 밸브는?

① 감압 밸브   ② 카운터 밸런스 밸브
③ 릴리프 밸브   ④ 무부하 밸브

50 유압으로 작동되는 작업장치에서 작업 중 힘이 떨어지는 원인으로 가장 관계가 있는 것은?

① 메인 릴리프 밸브
② 로드 체크 밸브
③ 방향 전환 밸브
④ 메이크업 밸브

> 유압으로 작동되는 작업장치에서 작업 중 힘이 떨어지는 원인은 메인 릴리프 밸브의 이상에서 비롯된다.

51 유압기기의 과부하 방지를 위한 밸브로 맞는 것은?

① 분류 밸브   ② 방향제어 밸브
③ 릴리프 밸브   ④ 스로틀 밸브

정답 ▶ 43 ① 44 ② 45 ② 46 ② 47 ③ 48 ① 49 ③ 50 ① 51 ③

52 펌프의 토출 측에 위치하여 회로 전체의 압력을 제어하는 밸브는?

① 감압 밸브　　② 카운터 밸런스 밸브
③ 릴리프 밸브　　④ 무부하 밸브

> 릴리프 밸브는 유압장치의 과부하 방지와 유압기기의 보호를 위하여 최고 압력을 규제하고 유압회로 내의 필요한 압력을 유지하도록 하는 압력제어 밸브이다.

53 직동형, 평형, 피스톤형 등의 종류가 있으며 회로의 압력을 일정하게 유지시키는 밸브는?

① 릴리프 밸브　　② 메이크업 밸브
③ 시퀀스 밸브　　④ 무부하 밸브

54 다음 보기에서 회로 내의 압력을 설정치 이하로 유지하는 밸브로만 조합된 것은?

```
㉠ 릴리프 밸브(relief valve)
㉡ 리듀싱 밸브(reducing valve)
㉢ 시퀀스 밸브(sequence valve)
㉣ 언로더 밸브(unloader valve)
```

① ㉠, ㉡, ㉣　　② ㉡, ㉢
③ ㉢, ㉣　　　　④ ㉠, ㉡, ㉢

> 시퀀스 밸브는 두 개 이상의 분기회로에서 유압회로의 압력에 의해 유압 액추에이터의 작동 순서를 제어한다.

55 압력제어 밸브는 어느 위치에서 작동하는가?

① 탱크와 펌프
② 펌프와 방향전환 밸브
③ 방향전환 밸브와 실린더
④ 실린더 내부

> 압력제어 밸브는 펌프와 제어 밸브 사이에서 작동한다.

56 유압 회로의 압력을 점검하는 위치로 가장 적당한 것은?

① 유압오일 탱크에서 유압 펌프 사이
② 유압 펌프에서 컨트롤 밸브 사이
③ 실린더에서 유압오일 탱크 사이
④ 유압오일 탱크에서 직접 점검

> 릴리프 밸브는 유압펌프와 제어밸브(컨트롤 밸브) 사이에 병렬로 연결되어 있으며, 압력을 점검하는 가장 적당한 위치는 유압펌프와 제어밸브 사이이다.

57 유압장치에서 유압조정 밸브의 조정방법은?

① 압력조정 밸브가 열리도록 하면 유압이 높아진다.
② 밸브 스프링의 장력이 커지면 유압이 낮아진다.
③ 조정 스크루를 조이면 유압이 높아진다.
④ 조정 스크루를 풀면 유압이 높아진다.

> 조정 스크루를 조이면 유압이 높아진다.

58 유압 회로 내 압력이 비정상적으로 올라가는 원인에 해당되는 것은?

① 오일 파이프 파손
② 오일의 점도 묽음
③ 오일 압력게이지 고장
④ 유압조정 밸브 고착

> 유압이 높아지는 원인
> • 유압 조절 밸브가 고착되었다.
> • 유압 조절 밸브 스프링의 장력이 너무 크다.
> • 오일의 점도가 높거나 회로가 막혔다.
> • 각 저널과 베어링의 간극이 적다.

59 유압 펌프의 압력조절 밸브 스프링 장력이 높은 것을 사용하면 나타나는 현상으로 가장 적정한 것은?

① 유압이 높아진다.　　② 유압이 낮아진다.
③ 토출량이 증가한다.　④ 토출량이 감소한다.

> 압력조절 밸브 스프링 장력이 높으면 유압이 높아지고, 장력이 약하면 유압은 낮아진다.

60 2개 이상의 분기 회로가 있을 때 순차적인 작동을 하기 위한 압력제어 밸브는?

① 감압 밸브　　② 릴리프 밸브
③ 시퀀스 밸브　④ 리듀싱 밸브

61 다음 중 분기 회로에 사용되는 밸브로 가장 적합한 항은?

> ㉠ 릴리프 밸브 ㉡ 리듀싱 밸브
> ㉢ 시퀀스 밸브 ㉣ 언로더 밸브
> ㉤ 카운터 밸런스 밸브

① ㉠, ㉡　　② ㉡, ㉢
③ ㉢, ㉣　　④ ㉣, ㉤

🔍 시퀀스 밸브는 두 개 이상의 분기회로에서 유압회로의 압력에 의해 유압 액추에이터의 작동 순서를 제어하며, 리듀싱 밸브(감압밸브)는 유량이나 1차측의 압력과 무관하게 분기회로에서 2차측 압력을 설정값까지 감압하여 사용하는 제어 밸브이다.

62 유압 회로의 압력에 의해 유압 액추에이터의 작동 순서를 제어하는 밸브는?

① 언로더 밸브　　② 시퀀스 밸브
③ 감압 밸브　　　④ 릴리프 밸브

63 두 개 이상의 분기회로에서 실린더나 모터의 작동순서를 결정하는 자동제어 밸브는?

① 리듀싱 밸브　　② 릴리프 밸브
③ 시퀀스 밸브　　④ 파일럿 체크 밸브

🔍 작동 순서를 결정하는 데 사용되는 제어밸브는 시퀀스 밸브(순차밸브)이다.

64 유압장치에서 고압 소용량, 저압 대용량 펌프를 조합 운전할 때, 작동압이 규정 압력 이상으로 상승시 동력 절감을 하기 위해 사용하는 밸브는?

① 감압 밸브　　② 릴리프 밸브
③ 시퀀스 밸브　　④ 무부하 밸브

🔍 언로더 밸브(무부하 밸브)는 일반적으로 고압 소용량의 유압펌프와 저압 대용량의 유압펌프를 조합하여 사용하는 경우에 사용되는 것으로 유압회로의 압력이 설정 압력에 도달하면 밸브가 열려 저압펌프를 무부하로 하여 작동유 탱크로 보내 동력 절감과 동시에 작동유의 온도 상승을 방지하는 작용을 한다.

65 실린더가 중력으로 인하여 제어속도 이상으로 낙하하는 것을 방지하는 밸브는?

① 방향 제어 밸브
② 리듀싱 밸브
③ 시퀀스 밸브
④ 카운터 밸런스 밸브

🔍 카운터 밸런스 밸브는 유압회로의 한쪽 방향의 흐름에 대해 설정된 배압을 발생시키고, 다른 방향의 흐름은 자유롭게 흐르도록 하는 밸브로 체크 밸브가 내장되어 있다.

66 유압 실린더의 작동 속도가 정상보다 느릴 경우 예상되는 원인으로 가장 적절한 것은?

① 계통 내의 흐름 용량이 부족하다.
② 작동유의 점도가 약간 낮아짐을 알 수 있다.
③ 작동유의 점도지수가 높다.
④ 릴리프 밸브의 조정 압력이 너무 높다.

🔍 유압의 제어방법
 • 압력 제어 : 일의 크기 제어
 • 방향 제어 : 일의 방향 제어
 • 유량 제어 : 일의 속도 제어

67 유압기기의 작동속도를 높이기 위하여 무엇을 변화시켜야 하는가?

① 유압 펌프의 토출유량을 증가시킨다.
② 유압 모터의 압력을 높인다.
③ 유압 모터의 토출압력을 높인다.
④ 유압 모터의 크기를 작게 한다.

🔍 유압의 제어방법 중 유압기기의 작동 속도는 유량의 제어를 통해 조절한다.

68 액추에이터의 운동속도를 조정하기 위하여 사용되는 밸브는?

① 방향제어 밸브　　② 온도제어 밸브
③ 유량제어 밸브　　④ 압력제어 밸브

69 유압장치에서 작동체의 속도를 바꿔주는 밸브는?

① 속도제어 밸브　　② 압력제어 밸브
③ 방향제어 밸브　　④ 유량제어 밸브

🔍 유압의 제어방법
 • 압력 제어 : 크기 제어
 • 방향 제어 : 방향 제어
 • 유량 제어 : 속도 제어

정답 61 ② 62 ② 63 ③ 64 ④ 65 ④ 66 ① 67 ① 68 ③ 69 ④

70 내경이 작은 파이프에서 미세한 유량을 조정하는 밸브는?

① 바이패스 밸브 ② 스로틀 밸브
③ 니들 밸브 ④ 압력보상 밸브

> 유량 제어 밸브는 유압기기의 속도를 임의로 또는 무단계로 조정할 수 있는 밸브로 스로틀 밸브(교축밸브), 니들 밸브, 분류 밸브 등이 있으며, 이 중 니들 밸브는 미세한 유량을 조정하는 밸브이다.

71 유량 제어 밸브가 아닌 것은?

① 속도제어 밸브
② 체크 밸브
③ 교축 밸브
④ 급속배기 밸브

> 체크밸브(check valve)는 작동유의 흐름을 한쪽 방향으로만 흐르도록 하고 역류를 방지하는 역할을 하는 방향 제어 밸브 중의 하나이다.

72 회로 내 유체의 흐르는 방향을 조절하는데 쓰이는 밸브는?

① 압력제어 밸브
② 유량제어 밸브
③ 방향제어 밸브
④ 유압 액추에이터

73 유압장치에서 방향제어밸브에 해당하는 것은?

① 셔틀 밸브 ② 릴리프 밸브
③ 시퀀스 밸브 ④ 언로더 밸브

> 릴리프 밸브, 시퀀스밸브, 언로더 밸브는 모두 압력제어 밸브에 해당한다.

74 방향제어 밸브를 동작시키는 방식이 아닌 것은?

① 수동식 ② 유압 파일럿식
③ 전자식 ④ 스프링식

> 방향 제어 밸브를 조작 방식에 따라 분류하면 수동식, 기계식(캠식), 전자식, 파일럿식(유압식) 등으로 나눌 수 있다.

75 유압 회로에서 오일의 흐름이 한 쪽 방향으로 흐르도록 하는 것은?

① 릴리프 밸브(relief valve)
② 파이롯 밸브(pilot valve)
③ 체크 밸브(check valve)
④ 오리피스 밸브(orifice valve)

> 체크밸브(check valve)는 작동유의 흐름을 한쪽 방향으로만 흐르도록 하고 역류를 방지하는 역할을 하는 방향 제어 밸브 중의 하나이다.

76 다음 유압기기 중 방향제어 밸브에 속하지 않는 것은?

① 매뉴얼 밸브(로터리형) ② 체크 밸브
③ 릴리프 밸브 ④ 스풀 밸브

> 릴리프 밸브는 유압회로의 압력을 설정된 압력으로 제어하는 압력제어 밸브에 속한다.

77 유압 회로에서 역류를 방지하고 회로 내의 잔류 압력을 유지하는 밸브는?

① 체크 밸브 ② 셔틀 밸브
③ 매뉴얼 밸브 ④ 스로틀 밸브

> 체크 밸브는 방향 제어 밸브의 하나로 작동유의 흐름을 한쪽 방향에 한정하거나 회로 내의 잔압을 유지하기 위해 사용된다.

78 오일을 한쪽 방향으로만 흐르게 하는 밸브는?

① 릴리프 밸브 ② 체크 밸브
③ 파일럿 밸브 ④ 로터리 밸브

79 일반적인 유압 실린더의 종류에 해당하지 않는 것은?

① 단동 실린더 피스톤(piston)형
② 단동 실린더 램(ram)형
③ 단동 실린더 레이디얼(radial)형
④ 복동 실린더 양로드(double rod)형

> 유압 실린더의 분류
> • 단동식 : 피스톤, 램(플런져)형
> • 복동식 : 편로드형(싱글로드형), 양로드형(더블로드형)
> • 다단식 : 행정이 긴 엘리베이터나 덤프 차량 등에 사용

정답 70 ③ 71 ② 72 ③ 73 ① 74 ④ 75 ③ 76 ③ 77 ① 78 ② 79 ③

80 유압 실린더의 움직임이 느리거나 불규칙할 때의 원인이 아닌 것은?

① 피스톤 링이 마모되었다.
② 유압유의 점도가 너무 높다.
③ 회로 내에 공기가 혼입 되고 있다.
④ 체크 밸브의 방향이 반대로 설치되어 있다.

> 유압 실린더의 속도는 유량에 의해 달라진다. 참고로 체크 밸브는 방향제어 밸브에 해당된다.

81 다음 중 유압 실린더의 내부 구성품이 아닌 것은?

① 피스톤   ② 쿠션기구
③ 유압밴드   ④ 실린더

> 유압 실린더의 구성품 : 피스톤, 피스톤 로드, 실린더, 실(seal), 쿠션기구

82 유압 실린더에서 피스톤 행정이 끝날 때 발생하는 충격을 흡수하기 위해 설치하는 장치는?

① 쿠션 기구
② 감압 장치
③ 서보 밸브
④ 안전 밸브

> 유압 실린더의 구성품 중 쿠션기구는 피스톤 행정이 끝날 때 발생하는 충격을 흡수하기 위해 설치하는 장치이다.

83 건설기계 작업장치의 유압 실린더에 충격을 방지하기 위한 실린더 쿠션장치가 설치되지 않는 것은?

① 붐 상승   ② 암(스틱) 오므림
③ 암(스틱) 펼침   ④ 버킷 펼침(덤프)

84 건설기계에 사용되는 유압 실린더의 구성 부품이 아닌 것은?

① 어큐뮬레이터   ② 로드
③ 피스톤   ④ 실(seal)

> 유압 실린더의 구성품 : 피스톤, 피스톤 로드, 실린더, 실(seal), 쿠션기구

85 유압 실린더의 로드 쪽으로 오일이 누유되는 결함이 발생하였다. 그 원인이 아닌 것은?

① 실린더 로드 패킹 손상
② 더스트 실(seal) 손상
③ 실린더 피스톤 로드의 손상
④ 실린더 피스톤 패킹 손상

86 다음 보기 중 유압 실린더에서 발생되는 실린더 자연하강현상의 발생원인으로 모두 맞는 것은?

> ㄱ. 작동압력이 높을 때
> ㄴ. 실린더 내부 마모
> ㄷ. 컨트롤 밸브의 스풀 마모
> ㄹ. 릴리프 밸브의 불량

① ㄱ, ㄴ, ㄷ
② ㄱ, ㄴ, ㄹ
③ ㄴ, ㄷ, ㄹ
④ ㄱ, ㄷ, ㄹ

> 유압 실린더 자연하강현상의 원인
> • 실린더 내부 마모
> • 컨트롤(제어) 밸브의 스풀 마모
> • 릴리프 밸브의 불량
> • 실린더 내의 피스톤 실(seal)의 마모

87 유압 실린더의 누유 검사 방법 중 틀린 것은?

① 얇은 종이를 펴서 로드에 대고 앞뒤로 움직여 본다.
② 정상적인 작동온도에서 실시한다.
③ 각 유압 실린더를 몇 번씩 작동 후 점검한다.
④ 얇은 가죽이나 V패킹으로 교환한다.

88 유압 모터와 유압 실린더의 설명으로 맞는 것은?

① 둘 다 회전운동을 한다.
② 모터는 직선운동, 실린더는 회전운동을 한다.
③ 둘 다 왕복운동을 한다.
④ 모터는 회전운동, 실린더는 직선운동을 한다.

정답 80 ④ 81 ③ 82 ① 83 ④ 84 ① 85 ④ 86 ③ 87 ④ 88 ④

> 유압 액추에이터는 유압펌프로부터 공급된 작동유의 유압에너지를 이용하여 기계적인 일, 즉 직선운동이나 회전운동으로 변환시키는 장치로 유압 모터는 회전운동, 유압 실린더는 직선운동을 한다.

89 유압장치에 사용되는 액추에이터(actuator) 중 회전운동을 하는 것은?

① 전기 모터　　② 유압 펌프
③ 유압 모터　　④ 축압기

90 보기 중 유압유의 압력에너지(힘)를 기계적 에너지(일)로 변화시키는 작용을 하는 것은?

① 유압 펌프　　② 유압 밸브
③ 어큐뮬레이터　　④ 액추에이터

> 설명은 액추에이터(작동기구)의 일반적인 내용으로 액추에이터에는 유압 모터와 유압 실린더가 있다.

91 유압 실린더를 정비할 때 주의해야 할 사항과 거리가 먼 것은?

① 분해 및 조립할 때 무리한 힘을 가하지 않는다.
② 도면을 보고 순서에 따라 분해 및 조립을 한다.
③ 쿠션기구의 작은 유압회로는 압축공기를 불어 막힘 여부를 검사한다.
④ 조립할 때 O링, 패킹에는 그리스를 발라야 한다.

> 조립할 때 O링, 패킹에 그리스를 발라서는 안 된다.

92 유압 모터의 용량을 나타내는 것은?

① 입구압력당(kgf/cm²) 토크
② 유압작동부 압력당(kgf/cm²) 토크
③ 주입된 동력(HP)
④ 체적(cm³)

> 유압 모터의 용량은 입구압력당 토크로 나타낸다.

93 유압 모터의 회전속도가 규정속도보다 느릴 경우의 원인에 해당하지 않는 것은?

① 유압 펌프의 오일 토출량 과다
② 유압유의 유입량 부족
③ 각 습동부의 마모 또는 파손
④ 오일의 내부누설

94 유압 모터의 장점이 될 수 없는 것은?

① 소형경량으로서 큰 출력을 낼 수 있다.
② 공기와 먼지 등이 침투하여도 성능에는 영향이 없다.
③ 변속, 역전의 제어도 용이하다.
④ 속도나 방향의 제어가 용이하다.

> 유압 모터의 장점
> • 무단 변속이 용이하다.
> • 소형·경량으로서 큰 출력을 낼 수 있다.
> • 변속·역전 제어도 용이하다.
> • 속도나 방향의 제어가 용이하다.

95 유압 모터의 속도는 무엇에 의해 결정되는가?

① 오일의 압력　　② 오일의 점도
③ 오일의 흐름 양　　④ 오일의 온도

> 유압의 제어방법 중 속도 제어는 유량을 제어함으로써 이루어진다.

96 피스톤 모터의 특징으로 맞는 것은?

① 효율이 낮다.
② 내부 누설이 많다.
③ 고압 작동에 적합하다.
④ 구조가 간단하다.

> 피스톤형(플런저형) 모터의 특징
> • 구조가 복잡하고 대형이며 가격이 비싸다.
> • 펌프의 최고 토출압력 및 평균효율이 가장 좋아 고압·대출력에 사용한다.
> • 레이디얼형과 액시얼형이 있다.

97 유압 모터의 단점에 해당되지 않는 것은?

① 작동유에 먼지나 공기가 침입하지 않도록 특히 보수에 주의해야 한다.
② 작동유가 누출되면 작업성능에 지장이 있다.
③ 작동유의 점도 변화에 의하여 유압 모터의 사용에 제약이 있다.
④ 릴리프 밸브를 부착하여 속도나 방향 제어하기가 곤란하다.

정답 89 ③　90 ④　91 ④　92 ①　93 ①　94 ②　95 ③　96 ③　97 ④

🔍 **유압 모터의 단점**
- 작동유의 점도변화에 의하여 유압 모터의 사용에 제약이 있다.
- 작동유가 인화하기 쉽다.
- 작동유에 먼지나 공기가 침입하지 않도록 특히 보수에 주의해야 한다.
- 공기와 먼지 등이 침투하면 성능에 영향을 준다.

98 유압 모터의 감속기 오일 수준 점검 시 유의사항을 설명한 것이다. 다음 중 틀린 것은?
① 오일 수준을 점검하기 전에 항상 오일 수준 점검 게이지 주변을 깨끗하게 청소한다.
② 오일 수준 점검 시는 오일의 정상적인 작업 온도에서 점검해야 한다.
③ 오일량이 너무 적으면 모터 유닛(unit)이 올바르게 작동하지 않거나 손상될 수 있다.
④ 오일량이 너무 많으면 모터 유닛(unit)이 과냉될 수 있다.

99 유압 구성품을 분해하기 전에 내부 압력을 제거하려면 어떻게 하는 것이 좋은가?
① 압력 밸브를 밀어 준다.
② 너트를 서서히 푼다.
③ 엔진 정지 후 조정 레버를 모든 방향으로 작동하여 압력을 제거한다.
④ 엔진 정지 후 상관없이 개방해도 좋다.

🔍 엔진을 정지한 후에도 유압 회로에는 상당기간 압력이 남아있을 수 있으며, 엔진 정지 후 조정 레버를 모든 방향으로 작동하여 압력을 제거하도록 한다. 또한 압력을 완전히 제거하기 전에는 유압 구성품이나 부품을 제거하지 않아야 한다.

100 유압 액추에이터(작업장치)를 교환하였을 경우, 반드시 해야 할 작업이 아닌 것은?
① 오일 교환
② 공기빼기 작업
③ 누유점검
④ 공회전 작업

101 유압 에너지의 저장, 충격흡수 등에 이용되는 것은?
① 축압기(accumulator)
② 스트레이너(strainer)
③ 펌프(pump)
④ 오일 탱크(oil tank)

🔍 어큐뮬레이터(accumulator, 축압기)는 유체 에너지를 일시 저장하여 주는 것으로 용기 내에 고압유를 압입한 것이다.

102 가스 압축형 축압기에 사용되는 가스는?
① 산소
② 질소
③ 아세틸렌
④ 이산화탄소

🔍 가스 압축형 축압기에 사용되는 가스로 질소로 작동유에 공기 또는 질소가스 등의 기체가 직접 접촉한다.

103 축압기의 용도로 맞지 않는 것은?
① 충격 압력의 흡수
② 보조적 압력원
③ 서지 압력(surge pressure) 발생 유도
④ 맥동류의 감쇄

🔍 **축압기(어큐뮬레이터)의 용도**
- 대유량의 작동유를 순간적으로 공급한다.
- 유압 펌프의 맥동을 제거한다.
- 충격 압력을 흡수한다.
- 압력을 보상해 준다.

104 어큐뮬레이터(축압기)의 사용 목적이 아닌 것은?
① 유압 회로 내의 압력 상승
② 충격압력 흡수
③ 유체의 맥동 감쇄
④ 압력 보상

105 유압계통에서 오일의 누설 점검시 유의사항이 아닌 것은?
① 오일의 윤활성
② 실(seal)의 마모
③ 실(seal)의 파손
④ 볼트의 이완

🔍 유압 작동부에서 오일 누설 시 가장 먼저 점검해야 할 곳은 실(seal)이며, 그외 볼트 이완 상태 등을 확인하여야 한다.

정답 98 ④ 99 ③ 100 ① 101 ① 102 ② 103 ③ 104 ① 105 ①

CHAPTER 05

Craftsman Construction Equipment Operator

법규 및 안전관리

Section 01 건설기계 관리법규
Section 02 안전관리
Section 03 법규 및 안전관리 출제예상문제

SECTION 01 건설기계 관련법규

Craftsman Construction Equipment Operator

STEP 01 건설기계 관리법

1. 총칙

1) 건설기계관리법의 목적
건설기계의 등록·검사·형식승인 및 건설기계사업과 건설기계조종사면허 등에 관한 사항을 정하여 건설기계를 효율적으로 관리하고 건설기계의 안전도를 확보하여 건설공사의 기계화를 촉진함을 목적으로 한다.

2) 용어의 정의

용어	용어의 정의
건설기계	건설공사에 사용할 수 있는 기계로서 대통령령이 정하는 것을 말한다.
건설기계사업	건설기계대여업·건설기계정비업·건설기계매매업 및 건설기계해체재활용업을 말한다.
건설기계대여업	건설기계의 대여를 업(業)으로 하는 것을 말한다.
건설기계정비업	건설기계를 분해·조립 또는 수리하고 그 부분품을 가공제작·교체하는 등 건설기계의 원활한 사용을 위한 일체의 행위(경미한 정비행위 등 국토교통부령이 정하는 것을 제외한다)를 함을 업으로 하는 것을 말한다.
건설기계매매업	중고건설기계의 매매 또는 매매의 알선과 그에 따른 등록사항에 관한 변경신고의 대행을 업으로 하는 것을 말한다.
건설기계해체재활용업	폐기 요청된 건설기계의 인수(引受), 재사용 가능한 부품의 회수, 폐기 및 그 등록말소 신청의 대행을 업으로 하는 것을 말한다.
중고건설기계	건설기계를 제작·조립 또는 수입한 자로부터 법률행위 또는 법률의 규정에 의하여 건설기계를 취득한 때부터 사실상 그 성능을 유지할 수 없을 때까지의 건설기계를 말한다.
건설기계형식	건설기계의 구조·규격 및 성능 등에 관하여 일정하게 정한 것을 말한다.

2. 등록·등록번호표와 운행

1) 등록
건설기계의 소유자는 대통령령이 정하는 바에 따라 건설기계 소유자의 주소지 또는 건설기계의 사용본거지를 관할하는 특별시장·광역시장 또는 시·도지사에게 건설기계 취득일로부터 2월(전시, 사변, 기타 이에 준하는 국가비상사태 하에서는 5일) 이내에 등록신청을 하여야 한다.

2) 등록의 말소

① 소유자의 신청으로 등록말소
  ㉮ 건설기계가 천재지변 또는 이에 준하는 사고 등으로 사용할 수 없게 되거나 멸실된 경우
  ㉯ 건설기계의 차대가 등록 시의 차대와 다른 경우
  ㉰ 건설기계가 법 규정에 따른 건설기계안전기준에 적합하지 아니하게 된 경우
  ㉱ 건설기계를 수출하는 경우
  ㉲ 건설기계를 도난당한 경우
  ㉳ 건설기계해체재활용업자에게 폐기를 요청한 경우
  ㉴ 구조적 제작결함 등으로 건설기계를 제작자 또는 판매자에게 반품한 경우
  ㉵ 건설기계를 교육·연구목적으로 사용하는 경우
  ㉶ 건설기계를 횡령 또는 편취당한 경우
② 시·도지사의 직권으로 등록말소
  ㉮ 거짓이나 그 밖의 부정한 방법으로 등록을 한 경우
  ㉯ 정기검사 명령, 수시검사 명령 또는 정비 명령에 따르지 아니한 경우
  ㉰ 건설기계를 폐기한 경우
  ㉱ 내구연한(정밀진단을 받아 연장된 경우에는 그 연장기간)을 초과한 건설기계
③ 소유자가 신청하는 경우 등록말소의 신청 기한
  ㉮ 건설기계를 도난당한 경우 : 도난당한 날부터 2개월 이내
  ㉯ 건설기계를 수출하는 경우 : 수출하는 자가 수출하기 전까지
  ㉰ 그 밖의 경우 : 사유가 발생한 날부터 30일 이내

3) 임시운행

건설기계는 등록을 한 후가 아니면 이를 사용하거나 운행하지 못한다. 다만, 등록하기 전에 일시적으로 운행할 필요가 있을 경우에는 국토교통부령이 정하는 바에 따라 임시번호표를 제작·부착하여야 하며, 이 경우 건설기계를 제작·수입·조립한 자가 번호표를 제작·부착하며 임시운행 기간은 15일을 초과할 수 없다. 단, 신개발 건설기계를 시험·연구의 목적으로 운행하는 경우 임시운행 허가기간은 3년 이내이며, 임시 운행 사유는 다음과 같은 경우이다.

① 등록신청을 하기 위하여 건설기계를 등록지로 운행하는 경우
② 신규등록검사 및 확인검사를 받기 위하여 건설기계를 검사장소로 운행하는 경우
③ 수출을 하기 위하여 건설기계를 선적지로 운행하는 경우
④ 수출을 하기 위하여 등록말소한 건설기계를 점검·정비의 목적으로 운행하는 경우
⑤ 신개발 건설기계를 시험·연구의 목적으로 운행하는 경우
⑥ 판매 또는 전시를 위하여 건설기계를 일시적으로 운행하는 경우

> **참고** 벌칙 : 미등록 건설기계를 사용하거나 운행한 자는 2년 이하의 징역이나 2천만원 이하의 벌금을 내야 한다.

4) 건설기계 등록번호표

① 등록된 건설기계에는 국토교통부령이 정하는 바에 의하여 시·도지사의 등록번호표 봉인자 지정을 받은 자에게서 등록번호표의 제작, 부착과 등록번호를 새김한 후 봉인을 받아야 한다.

② 또한, 건설기계 등록이 말소되거나 등록된 사항 중 대통령령이 정하는 사항이 변경된 때에는 등록번호표의 봉인을 뗀 후 그 번호표를 10일 이내에 시·도지사에게 반납하여야 하고 누구라도 시·도지사의 새김 명령을 받지 않고 건설기계 등록번호표를 지우거나 그 식별을 곤란하게 하는 행위를 하여서는 안된다.

5) 등록의 표지

건설기계 등록번호표에는 등록관청, 용도, 기종 및 등록번호를 표시하여야 한다. 또한, 번호표에 표시되는 모든 문자 및 외곽선은 1.5mm 튀어나와야 한다.

구분		색칠	등록번호
비사업용	관용	흰색 바탕에 검은색 문자	0001~0999
	자가용	흰색 바탕에 검은색 문자	1000~5999
대여사업용		주황색 바탕에 검은색 문자	6000~9999

6) 기종별 기호표시

표시	기종	표시	기종
01	불도저	15	콘크리트 펌프
02	굴착기	16	아스팔트 믹싱 플랜트
03	로더	17	아스팔트 피니셔
04	지게차	18	아스팔트 살포기
05	스크레이퍼	19	골재 살포기
06	덤프 트럭	20	쇄석기
07	기중기	21	공기 압축기
08	모터 그레이더	22	천공기
09	롤러	23	항타 및 항발기
10	노상 안정기	24	사리 채취기
11	콘크리트 뱃칭 플랜트	25	준설선
12	콘크리트 피니셔	26	특수 건설기계
13	콘크리트 살포기	27	타워크레인
14	콘크리트 믹서 트럭		

7) 대형 건설기계의 특별표지

다음에 해당되는 대형 건설기계는 특별표지를 부착하여야 한다.
① 길이가 16.7m를 초과하는 건설기계
② 너비가 2.5m를 초과하는 건설기계
③ 높이가 4.0m를 초과하는 건설기계

④ 최소 회전 반경이 12m를 초과하는 건설기계
⑤ 총중량(굴착기, 로더, 지게차는 운전중량)이 40톤을 초과하는 건설기계
⑥ 총중량(굴착기, 로더, 지게차는 운전중량) 상태에서 축하중이 10톤을 초과하는 건설기계

3. 검사와 구조변경

1) 건설기계검사

건설기계의 소유자는 다음의 구분에 따른 검사를 받은 후 검사증을 교부받아 항상 당해 건설기계에 비치하여야 한다.

① 신규등록검사 : 건설기계를 신규로 등록할 때 실시하는 검사
② 정기검사 : 건설공사용 건설기계로서 3년의 범위 내에서 국토교통부령이 정하는 검사유효기간이 끝난 후에 계속하여 운행하고자 할 때 실시하는 검사와 대기환경보전법에 따른 운행차의 정기검사
③ 구조변경검사 : 등록된 건설기계의 주요 구조나 원동기, 동력전달장치, 제동장치 등 주요 장치를 변경 또는 개조하였을 때 실시하는 검사(사유 발생일로부터 20일 이내에 검사를 받아야 한다)
④ 수시검사 : 성능이 불량하거나 사고가 빈발하는 건설기계의 안전성 등을 점검하기 위하여 수시로 실시하는 검사와 건설기계 소유자의 신청에 의하여 실시하는 검사

참고 건설기계의 정기검사 유효기간(특수건설기계 제외)

기종	구분	검사 유효기간	
		연식 20년 이하	연식 20년 초과
굴착기	타이어식	1년	
로더	타이어식	2년	1년
지게차	1톤 이상	2년	1년
덤프트럭	-	1년	6개월
기중기	-	1년	
모터그레이더	-	2년	1년
콘크리트 믹서트럭	-	1년	6개월
콘크리트펌프	트럭적재식	1년	6개월
아스팔트살포기	-	1년	
천공기	-	1년	
항타 및 항발기	-	1년	
타워크레인	-	6개월	
그 밖의 건설기계 (특수건설기계 제외)	-	3년	1년

2) 정기검사의 신청

① 검사 유효기간의 만료일 전후 각각 31일 이내의 기간에 신청한다.
② 건설기계 검사증 사본과 보험가입을 증명하는 서류를 시·도지사에게 제출하여야 한다.
③ 다만, 규정에 의하여 검사 대행을 하게 한 경우에는 검사 대행자에게 이를 제출하여야 한다.

3) 정기검사의 연기
   ① 검사신청기간 만료일까지 정기검사 연기 신청서를 제출한다.
   ② 연기 신청은 시·도지사 또는 검사 대행자에게 한다.
   ③ 검사 연기를 하는 경우 그 연기 기간은 6월 이내로 한다.

4) 검사소에서 검사를 받아야 하는 건설기계
   ① 덤프 트럭
   ② 콘크리트 믹서 트럭
   ③ 트럭 적재식 콘크리트 펌프
   ④ 아스팔트 살포기
   ⑤ 트럭지게차(국토교통부장관이 정하는 특수건설기계인 트럭지게차)

5) 건설기계가 위치한 장소에서 검사를 받아야 하는 건설기계
   ① 도서지역에 있는 경우
   ② 자체 중량이 40톤을 초과하는 경우
   ③ 축중이 10톤을 초과하는 경우
   ④ 너비가 2.5m를 초과하는 경우
   ⑤ 최고 속도가 35km/h 미만인 건설기계

6) 건설기계의 구조변경 및 범위
   ① 건설기계의 기종 변경, 육상 작업용 건설기계의 규격 증가 또는 적재함의 용량 증가를 위한 구조변경은 할 수 없다.
   ② 주요 구조의 변경 및 개조의 범위
      ㉮ 원동기의 형식 변경   ㉯ 동력전달 장치의 형식 변경
      ㉰ 제동 장치의 형식 변경   ㉱ 주행 장치의 형식 변경
      ㉲ 유압 장치의 형식 변경   ㉳ 조종 장치의 형식 변경
      ㉴ 조향 장치의 형식 변경   ㉵ 작업 장치의 형식 변경
      ㉶ 건설기계의 길이·너비·높이 등의 변경
      ㉷ 수상작업용 건설기계의 선체의 형식 변경

4. 건설기계 조종사

1) 조종사 면허
   ① 건설기계를 조종하려는 사람은 시장·군수 또는 구청장에게 건설기계조종사면허를 받아야 한다. 다만, 국토교통부령으로 정하는 건설기계를 조종하려는 사람은 도로교통법의 관련 조항에 따른 운전면허를 받아야 한다.
   ② 건설기계조종사면허는 국토교통부령으로 정하는 바에 따라 건설기계의 종류별로 받아야 한다.
   ③ 건설기계조종사면허를 받으려는 사람은 국가기술자격법에 따른 해당 분야의 기술자격을 취득하고 적성검사에 합격하여야 한다.
   ④ 국토교통부령으로 정하는 소형 건설기계의 건설기계조종사면허의 경우에는 시·도지사가 지정한

교육기관에서 실시하는 소형 건설기계의 조종에 관한 교육과정의 이수로 위 ③항의 국가기술자격법에 따른 기술자격의 취득을 대신할 수 있다.

 벌칙 : 조종사 면허를 받지 않고 건설기계를 조종한 자는 1년 이하의 징역 또는 1천만원 이하의 벌금에 처한다.

2) 운전면허로 조종하는 건설기계(1종 대형면허)
① 덤프 트럭
② 아스팔트 살포기
③ 노상 안정기
④ 콘크리트 믹서 트럭
⑤ 콘크리트 펌프
⑥ 천공기(트럭 적재식)
⑦ 특수 건설기계 중 국토교통부장관이 지정하는 건설기계

3) 건설기계 조종사 면허의 종류

면허의 종류	조종할 수 있는 건설기계
1. 불도저	불도저
2. 5톤 미만의 불도저	5톤 미만의 불도저
3. 굴착기	굴착기
4. 3톤 미만의 굴착기	3톤 미만의 굴착기
5. 로더	로더
6. 3톤 미만의 로더	3톤 미만의 로더
7. 5톤 미만의 로더	5톤 미만의 로더
8. 지게차	지게차
9. 3톤 미만의 지게차	3톤 미만의 지게차
10. 기중기	기중기
11. 롤러	롤러, 모터그레이더, 스크레이퍼, 아스팔트피니셔, 콘크리트피니셔, 콘크리트살포기 및 골재살포기
12. 이동식 콘크리트펌프	이동식 콘크리트펌프
13. 쇄석기	쇄석기, 아스팔트믹싱플랜트 및 콘크리트뱃칭플랜트
14. 공기압축기	공기압축기
15. 천공기	천공기(타이어식, 무한궤도식 및 굴진식 포함. 다만, 트럭적재식은 제외), 항타 및 항발기
16. 5톤 미만의 천공기	5톤 미만의 천공기(트럭적재식은 제외)
17. 준설선	준설선 및 자갈채취기
18. 타워크레인	타워크레인
19. 3톤 미만의 타워크레인	3톤 미만의 타워크레인

4) 건설기계조종사면허의 결격사유
① 18세 미만인 사람
② 건설기계 조종상의 위험과 장해를 일으킬 수 있는 정신질환자 또는 뇌전증환자로서 국토교통부령으로 정하는 사람
③ 앞을 보지 못하는 사람, 듣지 못하는 사람, 그 밖에 국토교통부령으로 정하는 장애인
④ 건설기계 조종상의 위험과 장해를 일으킬 수 있는 마약·대마·향정신성의약품 또는 알코올중독자로서 국토교통부령으로 정하는 사람
⑤ 건설기계조종사면허가 취소된 날부터 1년(거짓이나 그 밖의 부정한 방법으로 건설기계조종사면허를 받은 경우와 건설기계조종사면허의 효력정지기간 중 건설기계를 조종한 경우의 사유로 인해 취소된 경우에는 2년)이 지나지 아니하였거나 건설기계조종사면허의 효력정지처분 기간 중에 있는 사람

5) 건설기계조종사면허의 취소·정지처분 기준

위반행위	처분기준
가. 거짓이나 그 밖의 부정한 방법으로 건설기계조종사면허를 받은 경우	취소
나. 건설기계조종사면허의 효력정지기간 중 건설기계를 조종한 경우	취소
다. 건설기계조종사면허의 결격사유에 해당하게 된 경우	취소
라. 건설기계의 조종 중 고의 또는 과실로 중대한 사고를 일으킨 경우	
1) 인명피해	
① 고의로 인명피해(사망·중상·경상 등을 말한다)를 입힌 경우	취소

② 과실로 산업안전보건법에 따른 다음의 중대재해가 발생한 경우
      (1) 사망자가 1명 이상 발생한 재해
      (2) 3개월 이상의 요양이 필요한 부상자가 동시에 2명 이상 발생한 재해
      (3) 부상자 또는 직업성질병자가 동시에 10명 이상 발생한 재해
	취소

③ 그 밖의 인명피해를 입힌 경우	
(1) 사망 1명마다	면허효력정지 45일
(2) 중상 1명마다	면허효력정지 15일
(3) 경상 1명마다	면허효력정지 5일
2) 재산피해 : 피해금액 50만원마다	면허효력정지 1일 (90일을 넘지 못함)
3) 건설기계의 조종 중 고의 또는 과실로 가스공급시설을 손괴하거나 가스공급시설의 기능에 장애를 입혀 가스의 공급을 방해한 경우	면허효력정지 180일
마. 건설기계조종사면허증을 다른 사람에게 빌려 준 경우	취소
사. 법 규정을 위반하여 술에 취하거나 마약 등 약물을 투여한 상태에서 조종한 경우	
1) 술에 취한 상태(혈중알콜농도 0.03% 이상 0.08% 미만)에서 건설기계를 조종한 경우	면허효력정지 60일
2) 술에 취한 상태에서 건설기계를 조종하다가 사고로 사람을 죽게 하거나 다치게 한 경우	취소
3) 술에 만취한 상태(혈중알콜농도 0.08% 이상)에서 건설기계를 조종한 경우	취소
4) 2회 이상 술에 취한 상태에서 건설기계를 조종하여 면허효력정지를 받은 사실이 있는 사람이 다시 술에 취한 상태에서 건설기계를 조종한 경우	취소

위반행위	처분기준
5) 약물(마약, 대마, 향정신성 의약품 및 환각물질)을 투여한 상태에서 건설기계를 조종한 경우	취소
아. 정기적성검사를 받지 않고 1년이 지난 경우	취소
자. 정기적성검사 또는 수시적성검사에서 불합격한 경우	취소

6) 적성검사 기준
① 두 눈을 동시에 뜨고 잰 시력(교정시력을 포함)이 0.7 이상이고 두 눈의 시력이 각각 0.3 이상일 것
② 55데시벨(보청기를 사용하는 사람은 40데시벨)의 소리를 들을 수 있고, 언어분별력이 80퍼센트 이상일 것
③ 시각은 150도 이상일 것
④ 정신병자·지적장애인·뇌전증환자, 마약·대마·향정신성의약품, 알코올 중독자가 아닐 것

7) 건설계조종사면허증의 반납
① 건설기계조종사면허를 받은 자가 다음의 사유가 발생하는 때에는 그 사유가 발생한 날부터 10일 이내에 주소지를 관할하는 시장·군수 또는 구청장에게 그 면허증을 반납하여야 한다.
② 면허증의 반납 사유
  ㉮ 면허가 취소된 때
  ㉯ 면허의 효력이 정지된 때
  ㉰ 면허증의 재교부를 받은 후 잃어버린 면허증을 발견한 때

5. 벌칙

1) 2년 이하의 징역 또는 2천만원 이하의 벌금
① 등록되지 아니한 건설기계를 사용하거나 운행한 자
② 등록이 말소된 건설기계를 사용하거나 운행한 자
③ 시·도지사의 지정을 받지 않고 등록번호표를 제작하거나 등록번호를 새긴 자
④ 검사대행자 또는 그 소속 직원에게 재물이나 그 밖의 이익을 제공하거나 제공 의사를 표시하고 부정한 검사를 받은 자
⑤ 건설기계의 주요 구조나 원동기, 동력전달장치, 제동장치 등 주요 장치를 변경 또는 개조한 자
⑥ 무단 해체한 건설기계를 사용·운행하거나 타인에게 유상·무상으로 양도한 자
⑦ 제작결함에 따른 시정명령을 이행하지 아니한 자
⑧ 등록을 하지 아니하고 건설기계사업을 하거나 거짓으로 등록을 한 자
⑨ 등록이 취소되거나 사업의 전부 또는 일부가 정지된 건설기계사업자로서 계속하여 건설기계사업을 한 자

2) 1년 이하의 징역 또는 1천만원 이하의 벌금
① 거짓이나 그 밖의 부정한 방법으로 건설기계 등록을 한 자
② 건설기계의 등록번호를 지워 없애거나 그 식별을 곤란하게 한 자
③ 건설기계의 구조변경검사 또는 수시검사를 받지 아니한 자
④ 건설기계의 정비명령을 이행하지 아니한 자

⑤ 형식승인, 형식변경승인 또는 확인검사를 받지 아니하고 건설기계의 제작등을 한 자
⑥ 제작등을 한 건설기계의 사후관리에 관한 명령을 이행하지 아니한 자
⑦ 내구연한을 초과한 건설기계 또는 건설기계 장치 및 부품을 운행하거나 사용한 자
⑧ 내구연한을 초과한 건설기계 또는 건설기계 장치 및 부품의 운행 또는 사용을 알고도 말리지 아니하거나 운행 또는 사용을 지시한 고용주
⑨ 부품인증을 받지 아니한 건설기계 장치 및 부품을 사용한 자
⑩ 부품인증을 받지 아니한 건설기계 장치 및 부품을 건설기계에 사용하는 것을 알고도 말리지 아니하거나 사용을 지시한 고용주
⑪ 매매용 건설기계의 운행금지 등의 의무를 위반하여 매매용 건설기계를 운행하거나 사용한 자
⑫ 폐기인수 사실을 증명하는 서류의 발급을 거부하거나 거짓으로 발급한 자
⑬ 폐기요청을 받은 건설기계를 폐기하지 아니하거나 등록번호표를 폐기하지 아니한 자
⑭ 건설기계조종사면허를 받지 아니하고 건설기계를 조종한 자
⑮ 건설기계조종사면허를 거짓이나 그 밖의 부정한 방법으로 받은 자
⑯ 소형 건설기계의 조종에 관한 교육과정의 이수에 관한 증빙서류를 거짓으로 발급한 자
⑰ 술에 취하거나 마약 등 약물을 투여한 상태에서 건설기계를 조종한 자와 그러한 자가 건설기계를 조종하는 것을 알고도 말리지 아니하거나 건설기계를 조종하도록 지시한 고용주
⑱ 건설기계조종사면허가 취소되거나 건설기계조종사면허의 효력정지처분을 받은 후에도 건설기계를 계속하여 조종한 자
⑲ 건설기계를 도로나 타인의 토지에 버려둔 자

3) 300만원 이하의 과태료
① 등록번호표를 부착하지 아니하거나 봉인하지 아니한 건설기계를 운행한 자
② 건설기계의 정기검사를 받지 아니한 자
③ 건설기계임대차 등에 관한 계약서를 작성하지 아니한 자
④ 건설기계조종사의 정기적성검사 또는 수시적성검사를 받지 아니한 자
⑤ 시설 또는 업무에 관한 보고를 하지 아니하거나 거짓으로 보고한 자
⑥ 소속 공무원의 검사·질문을 거부·방해·기피한 자
⑦ 중대한 사고 발생 시 제작결함 또는 안전기준 적합여부의 조사를 위해 사고 현장을 출입하는 직원의 출입을 거부하거나 방해한 자

4) 100만원 이하의 과태료
① 수출의 이행 여부를 신고하지 아니하거나 폐기 또는 등록을 하지 아니한 자
② 건설기계에 등록번호표를 부착·봉인하지 아니하거나 등록번호를 새기지 아니한 자
③ 등록번호표를 가리거나 훼손하여 알아보기 곤란하게 한 자 또는 그러한 건설기계를 운행한 자
④ 건설기계 등록번호의 새김명령을 위반한 자
⑤ 건설기계안전기준에 적합하지 아니한 건설기계를 사용하거나 운행한 자 또는 사용하게 하거나 운행하게 한 자
⑥ 검사유효기간이 끝난 날부터 31일이 지난 건설기계를 사용하게 하거나 운행하게 한 자 또는 사용하거나 운행한 자

⑦ 특별한 사정 없이 건설기계임대차 등에 관한 계약과 관련된 자료를 제출하지 아니한 자
⑧ 법에서 정한 건설기계사업자의 의무를 위반한 자
⑨ 안전교육 등을 받지 아니하고 건설기계를 조종한 자

5) 50만원 이하의 과태료

① 등록 전 일시적으로 운행하는 건설기계에 임시번호표를 붙이지 아니하고 운행한 자
② 등록사항의 변경신고를 하지 아니하거나 거짓으로 신고한 자
③ 건설기계 등록의 말소를 신청하지 아니한 자
④ 등록번호표 제작자가 지정받은 사항에 대한 변경 사유가 있음에도 변경신고를 하지 아니하거나 거짓으로 변경신고한 자
⑤ 등록번호표의 반납 사유가 있음에도 등록번호표를 반납하지 아니한 자
⑥ 건설기계의 정비 범위를 위반하여 건설기계를 정비한 자
⑦ 건설기계사업자의 등록 사항 변경신고를 하지 아니하거나 거짓으로 신고한 자
⑧ 건설기계사업자의 지위를 승계하고도 신고를 하지 아니하거나 거짓으로 신고한 자
⑨ 건설기계를 주택가 주변의 도로·공터 등에 세워 두어 교통소통을 방해하거나 소음 등으로 주민의 조용하고 평온한 생활환경을 침해한 자

SECTION 02 안전관리

Craftsman Construction Equipment Operator

STEP 01 산업안전

1. 산업안전일반

1) 안전관리와 재해
   ① 안전사고와 재해
      ㉮ 안전사고 : 고의성이 없는 어떤 불안전한 행동이나 조건이 선행되어 발생하는 사고
      ㉯ 재해(Loss, Calamity) : 안전사고의 결과로 일어난 인명피해 및 재산의 손실
      ㉰ 무재해 사고(near accident, 아차사고) : 인명이나 물적 등 일체의 피해가 없는 사고
   ② 산업재해의 통계적 분류
      ㉮ 사망 : 업무로 인해서 목숨을 잃게 되는 경우
      ㉯ 중경상 : 부상으로 인하여 8일 이상의 노동 상실을 가져온 상해 정도
      ㉰ 경상해 : 부상으로 1일 이상 7일 이하의 노동 상실을 가져온 상해 정도
      ㉱ 무상해 사고 : 응급처치 이하의 상처로 작업에 종사하면서 치료를 받는 상해 정도
   ③ 재해예방의 4원칙 : 손실 우연의 원칙, 원인 계기의 원칙, 예방 가능의 원칙, 대책 선정의 원칙
   ④ 무재해운동의 3원칙 : 무(zero)의 원칙, 선취의 원칙, 전원참가의 원칙

2) 재해의 원인
   ① 직접원인(물적요인)
      ㉮ 불안전한 행동(행위) : 위험장소 접근, 안전장치의 기능 제거, 복장·보호구의 잘못사용, 기계·기구 잘못사용, 운전 중인 기계장치의 손질, 불안전한 속도 조작, 위험물 취급 부주의, 불안전한 상태 방치, 불안전한 자세 동작, 감독 및 연락 불충분
      ㉯ 불안전한 상태 : 물 자체 결함, 안전 방호장치 결함, 보호구의 결함, 물의 배치 및 작업장소 결함, 작업환경의 결함, 생산 공정의 결함, 경계표시·설비의 결함
   ② 간접원인
      ㉮ 기술적 원인 : 건물·기계장치 설계 불량, 구조·재료의 부적합, 생산 공정의 부적당, 점검·정비·보존 불량
      ㉯ 교육적 원인 : 안전의식의 부족, 안전수칙의 오해, 경험훈련의 미숙, 작업방법의 교육 불충분, 유해위험 작업의 교육 불충분
      ㉰ 관리적 원인 : 안전관리 조직 결함, 안전수칙 미제정, 작업준비 불충분, 인원배치 부적당, 작업지시 부적당

3) 재해율 계산

① 연천인율 : 근로자 1,000명당 1년간에 발생하는 재해자 수를 뜻한다.

$$연천인율 = \frac{재해자수}{평균\ 근로자수} \times 1,000$$

② 도수율(빈도율) : 도수율은 연 100만 근로시간당 몇 건의 재해가 발생했는가를 나타낸다.

$$도수율 = \frac{재해자수}{연간\ 총근로시간} \times 1,000,000$$

③ 연천인율과 도수율의 관계 : 연천인율과 도수율의 관계는 그 계산기준이 다르기 때문에 정확히 환산하기는 어려우나 재해발생률을 서로 비교하려 할 경우 다음 식이 성립한다.

$$연천인율 = 도수율 \times 2.4 \text{ 또는 } 도수율 = \frac{연천인율}{2.4} \times 1,000$$

④ 강도율 : 산업재해의 경중의 정도를 알기 위해 많이 사용되며, 근로시간 1,000시간당 발생한 근로손실 일수를 뜻한다.

$$강도율 = \frac{총\ 근로손실일수}{연간\ 총근로시간} \times 1,000$$

2. 안전표지와 색채

1) 안전보건표지의 색채

① 금지표지 : 바탕은 흰색, 기본모형은 빨간색, 관련 부호 및 그림은 검은색
② 경고표지 : 바탕은 노란색, 기본모형, 관련 부호 및 그림은 검은색. 다만, 인화성물질 경고, 산화성물질 경고, 폭발성물질 경고, 급성독성물질 경고, 부식성물질 경고 및 발암성 · 변이원성 · 생식독성 · 전신독성 · 호흡기과민성 물질 경고의 경우 바탕은 무색, 기본모형은 빨간색(검은색도 가능)
③ 지시표지 : 바탕은 파란색, 관련 그림은 흰색
④ 안내표지 : 바탕은 흰색, 기본모형 및 관련 부호는 녹색 또는 바탕은 녹색, 관련 부호 및 그림은 흰색
⑤ 출입금지표지 : 글자는 흰색바탕에 흑색. 단, 다음 글자는 적색
 ㉮ ○○○제조/사용/보관 중
 ㉯ 석면취급/해체 중
 ㉰ 발암물질 취급 중

2) 안전보건표지의 색채, 색도기준 및 용도

색채	색도기준	용도	사용례
빨간색	7.5R 4/14	금지	정지신호, 소화설비 및 그 장소, 유해행위의 금지
빨간색	7.5R 4/14	경고	화학물질 취급장소에서의 유해·위험 경고
노란색	5Y 8.5/12	경고	화학물질 취급장소에서의 유해·위험 경고 이외의 위험 경고, 주의표지 또는 기계방호물
파란색	2.5PB 4/10	지시	특정 행위의 지시 및 사실의 고지
녹색	2.5G 4/10	안내	비상구 및 피난소 사람 또는 차량의 통행 표시
흰색	N9.5	–	파란색 또는 녹색에 대한 보조색
검은색	N0.5	–	문자 및 빨간색 또는 노란색에 대한 보조색

3) 안전보건표지의 종류

구분								
금지표지	출입금지	보행금지	차량통행금지	사용금지	탑승금지	금연	화기금지	물체이동금지
경고표지	인화성물질경고	산화성물질경고	폭발성물질 경고	급성독성물질 경고	부식성물질경고	방사성물질경고	고압전기경고	매달린물체경고
경고표지	낙하물경고	고온 경고	저온 경고	몸균형상실 경고	레이저광선 경고	발암성·변이원성·생식독성·전신독성·호흡기 과민성물질 경고		위험장소 경고
지시표지	보안경 착용	방독마스크 착용	방진마스크 착용	보안면 착용	안전모 착용	귀마개 착용	안전화 착용	안전장갑 착용	안전복 착용
안내표지	녹십자 표지	응급구호 표지	들것	세안장치	비상용 기구	비상구	좌측비상구	우측비상구

STEP 02 작업 및 화재안전

1. 수공구 · 전동공구 사용시 주의사항

1) 스패너 렌치
   ① 스패너의 입이 너트 폭과 맞는 것을 사용하고 입이 변형된 것은 사용치 않는다.
   ② 스패너를 너트에 단단히 끼워서 앞으로 잡아 당길 때 힘이 걸리도록 한다.
   ③ 스패너를 두 개로 연결하거나 자루에 파이프를 이어 사용해서는 안 된다.
   ④ 멍키 렌치는 웜과 랙의 마모에 유의하여 물림상태를 확인한 후 사용한다.
   ⑤ 멍키 렌치는 아래 턱 방향으로 돌려서 사용한다.

[여러가지 공구]

   ⑥ 복스 렌치는 볼트, 너트 주위를 완전히 감싸게 되어 사용 중에 미끄러지지 않는다.
   ⑦ 토크 렌치는 볼트나 너트의 조임력을 규정값에 정확히 맞도록 하기 위해 사용하며, 오픈 엔드 렌치는 연료 파이프 피팅을 풀고 조일 때 사용한다.

2) 해머
   ① 자루가 꺾여질 듯 하거나 타격면이 닳아 경사진 것은 사용하지 않는다.
   ② 쐐기를 박아서 자루가 단단한 것을 사용한다.
   ③ 작업에 맞는 무게의 해머를 사용하고 또 주위상황을 확인하고 한두번 가볍게 친 다음 본격적으로 두들긴다.
   ④ 장갑이나 기름 묻은 손으로 자루를 잡지 않는다.
   ⑤ 재료에 변형이나 요철이 있을 때 해머를 타격하면 한쪽으로 튕겨서 부상당할 수 있으므로 주의한다.
   ⑥ 담금질한 것은 함부로 두들겨서는 안 된다.
   ⑦ 물건에 해머를 대고 몸의 위치를 정하여 발을 힘껏 딛고 작업한다.
   ⑧ 처음부터 크게 휘두르지 않고 목표에 잘 맞기 시작한 후 차차 크게 휘두른다.

3) 정 작업시 안전수칙
   ① 머리가 벗겨진 정은 사용하지 않는다.
   ② 정 머리에 기름이 묻어 있으면 깨끗이 닦아내고 사용한다.

③ 날끝이 결손된 것이나 둥글어진 것은 사용하지 않는다.
④ 방진안경을 착용하며 반대편의 차폐막을 설치한다.
⑤ 정 작업은 처음에는 가볍게 두들기고 목표가 정해진 후에 차츰 세게 두들긴다. 또 작업이 끝날 때에는 타격을 약하게 한다.
⑥ 담금질한 재료를 정으로 쳐서는 안 된다.
⑦ 절삭 면을 손가락으로 만지거나 절삭 칩을 손으로 제거하지 않도록 한다.

4) 연삭기 작업의 안전수칙
① 안전 커버를 떼고 작업해서는 안 된다.
② 숫돌 바퀴에 균열이 있는가 확인한다.
③ 나무 해머로 가볍게 두드려 보아 맑은 음이 나는가 확인한다. 만약 상처가 있으면 탁음이 난다.
④ 숫돌차의 과속 회전은 파괴의 원인이 되므로 유의한다.
⑤ 숫돌차의 표면이 심하게 변형된 것은 반드시 수정(dressing)해야 한다.
⑥ 받침대(rest)는 숫돌차의 중심선보다 낮게 하지 않는다. 작업 중 일감이 빨려 들어갈 위험이 있기 때문이다.
⑦ 숫돌차의 주면과 받침대와의 간격은 3mm 이내로 유지해야 한다.
⑧ 연삭 숫돌을 교환한 후에는 시운전을 3분 이상 한 후에 작업을 시작하여야 한다.
⑨ 숫돌 바퀴가 안전하게 끼워졌는지 확인한다.
⑩ 연삭기의 커버는 충분한 강도를 가진 것으로 규정된 치수의 것을 사용한다.
⑪ 숫돌차의 측면에 서서 연삭해야 하며 반드시 보호안경을 써야 한다.

2. 용접 관련 작업

1) 가스 용접 작업을 할 때의 안전수칙
① 봄베 주둥이 쇠나 몸통에 녹이 슬지 않도록 오일이나 그리스를 바르면 폭발한다.
② 토치는 반드시 작업대 위에 놓고 기름이나 그리스가 묻지 않도록 한다.
③ 가스를 완전히 멈추지 않거나 점화된 상태로 방치해 두지 말아야 한다.
④ 봄베는 던지거나 넘어뜨리지 말아야 한다.
⑤ 산소 용기의 보관 온도는 40℃ 이하로 해야 한다.
⑥ 아세틸렌 밸브를 먼저 열고 점화한 후 산소 밸브를 연다.
⑦ 점화는 성냥불로 직접하지 않으며, 반드시 소화기를 준비해야 한다.
⑧ 산소 용접할 때 역류·역화가 일어나면 빨리 산소 밸브부터 잠가야 한다.
⑨ 운반할 때에는 운반용으로 된 전용 운반차량을 사용한다.

> 참고 고압가스 용기의 도색
>
> | 가스의 종류 | 도색의 구분 | 가스의 종류 | 도색의 구분 |
> | --- | --- | --- | --- |
> | 액화석유가스(LPG) | 회색 | 산소 | 녹색(호스는 흑색 또는 녹색) |
> | 수소 | 주황색 | 아세틸렌 | 황색(호스는 적색) |

2) 산소-아세틸렌 사용할 때의 안전수칙

① 산소는 산소병에 35℃에서 150기압으로 압축 충전한다.
② 아세틸렌의 사용 압력은 1기압이며, 1.5기압 이상이면 폭발할 위험성이 있다.
③ 산소 봄베에서 산소의 누출여부를 확인하는 방법으로 가장 안전한 것은 비눗물 사용이다.
④ 산소통의 메인 밸브가 얼었을 때 40℃ 이하의 물로 녹여야 한다.
⑤ 아세틸렌 도관(호스)은 적색, 산소 도관은 흑색으로 구별한다.

3) 카바이드를 취급할 때 안전수칙

① 밀봉해서 보관한다.
② 인화성이 없는 곳에 보관한다.
③ 저장소에 전등을 설치할 경우 방폭 구조로 한다.
④ 카바이드를 습기가 있는 곳에 보관을 하면 수분과 카바이드가 작용하여 아세틸렌 가스를 발생시키고, 소석회로 변화한다.
⑤ 카바이드 저장소에는 전등 스위치가 옥내에 있으면 위험하다.

3. 운반·작업상의 안전

1) 작업시의 크레인 안전사항

① 크레인 안전 규칙에 정해진 자가 운전하도록 한다.
② 과부하 제한, 경사각의 제한, 기타 안전 수칙의 정해진 사항을 준수한다.
③ 운전자 교체시 인수인계를 확실히 하고 필요조치를 행한다.
④ 크레인 승강은 지정된 사다리를 이용하여 오르고 내린다.
⑤ 매일 작업개시 전 권과 방지 장치, 브레이크, 클러치, 컨트롤러 기능, 와이어 로프의 이상 여부 등을 점검하고, 움직일 때는 경적이나 전등을 밝힌다.
⑥ 정비 점검시는 반드시 안전표시를 부착한다.
⑦ 위로 올릴 때는 훅 화물이 중심에 똑바로 되도록 하여 움직인다.
⑧ 화물 위에 사람이 승차하지 않도록 한다.
⑨ 크레인은 신호수와 호흡을 맞춰 운반한다.
⑩ 주행, 횡행, 선회 운전 시 급격한 이동을 금한다.
⑪ 운전 중에 정지할 경우에는 컨트롤러를 정지 위치에 놓고 메인 스위치를 내린다.
⑫ 운전 중에 점검, 송유 등을 하지 않는다.
⑬ 운전실을 이탈하지 않는다. 이탈시는 필히 스위치를 내린다.

2) 작업장의 정리정돈 사항

① 작업장에 불필요한 물건이나 재료 등을 제거하여 정리정돈을 철저히 하여야 한다.
② 작업 통로상에는 통행에 지장을 초래하는 장애물을 놓아서는 안되며 용접선, 그라인더선, 제품 적재 등 작업장에 무질서하게 방치하면 발이 걸려 낙상 사고를 당한다.
③ 벽이나 기둥에 불필요한 것이 있으면 제거하여야 한다.
④ 작업대 및 캐비닛 위에 물건이 불안전하게 놓여 있다면 안전하게 정리정돈하여야 한다.
⑤ 각 공장 통로 바닥에 기름기가 없어야 하며, 기름기를 완전히 제거할 수 없을 경우에는 모래를 깔

아 낙상 사고를 방지하여야 한다.
⑥ 어두운 조명은 교체 사용하며, 제품 및 물건들을 불안전하게 적치해서는 안 된다.
⑦ 각 공장 작업장의 통로 표식을 폭 넓이 80cm 이상 황색으로 표시해야 한다.
⑧ 노후 및 퇴색한 안전표시판 및 각종 안전표시판을 교체 부착하여 안전의식을 고취시킨다.
⑨ 작업장 바닥에 기름을 흘리지 말아야 하며 흘린 기름은 즉시 제거한다.
⑩ 공구 등은 사용 후 공구함, 공구대 등 지정된 장소에 두어야 한다.
⑪ 작업이 끝나면 항상 정리정돈을 해야 한다.

3) 작업 복장의 착용 요령
① 작업 종류에 따라 규정된 복장, 안전모, 안전화 및 보호구를 착용하여야 한다.
② 복장은 몸에 알맞은 것을 착용해야 한다.(주머니가 많은 것도 좋지 않다.)
③ 작업복의 소매와 바지의 단추를 풀면 안 되며, 상의의 옷자락이 밖으로 나오지 않도록 하여 단정한 옷차림을 갖추어야 한다.
④ 수건을 허리에 차거나 어깨나 목에 걸지 않도록 한다.
⑤ 오손된 작업복이나 지나치게 기름이 묻은 작업복은 착용할 수 없다.
⑥ 신발은 가죽 제품으로 만든 튼튼한 안전화를 착용하고 장갑은 작업 용도에 따라 적합한 것을 착용한다.

4. 안전모

1) 안전모의 선택 방법
① 작업 성질에 따라 머리에 가해지는 각종 위험으로부터 보호할 수 있는 종류의 안전모를 선택해야 한다.
② 규격에 알맞고 성능 검정에 합격한 제품이어야 한다(성능 검정은 한국산업안전공단에서 실시하는 성능 시험에 합격한 제품을 말함).
③ 가볍고 성능이 우수하며 머리에 꼭 맞고 충격 흡수성이 좋아야 한다.

2) 안전모의 종류
안전모는 다음의 표와 같이 다양한 종류가 있으므로 작업 내용에 따라 선정되어야 한다. 또 안전모를 착용하였을 때의 효과를 높이기 위해서는 사용시에 벗겨지는 일이 없도록 턱끈을 확실히 조이는 등 올바른 착용 방법에 대해 작업자에게 지도하는 것이 중요하다.

종류기호	사용 구분	모체의 재질	내전압성
AB	물체의 낙하 또는 비래(날아옴) 및 추락에 의한 위험을 방지 또는 경감시키기 위한 것	합성수지	비내전압성
AE	물체의 낙하 또는 비래(날아옴)에 의한 위험을 방지 또는 경감하고, 머리 부위 감전에 의한 위험을 방지하기 위한 것	합성수지(FRP)	내전압성
ABE	물체의 낙하 또는 비래(날아옴) 및 추락에 의한 위험을 방지 또는 경감하고, 머리 부위 감전에 의한 위험을 방지하기 위한 것	합성수지(FRP)	내전압성

※ 내전압성이란 7,000V 이하의 전압에 견디는 것을 말한다.
※ FRP : Fiber Glass Reinfocest Plastic(유리섬유 강화 플라스틱)

3) 안전모의 명칭 및 규격

산업 현장에서 사용되는 안전모의 각 부품 명칭은 다음 그림과 같다. 모체는 합성수지 또는 강화 플라스틱제이며 착장제 및 턱끈은 합성면포 또는 가죽이고 충격 흡수용으로 발포성 스티로폴을 사용하며, 폭은 10mm 이상이어야 한다. 안전모의 무게는 턱끈 등의 부속품을 제외한 무게가 440g을 초과해서는 안된다.

①		모체
②		머리받침끈
③	착장체	머리고정대
④		머리받침고리
⑤		충격흡수재
⑥		턱끈
⑦		모자챙(차양)

[안전모의 명칭]

5. 기타 보호구 관련 사항

1) 보호구의 구비조건

① 착용이 간편할 것
② 작업에 방해가 되지 않도록 할 것
③ 유해 · 위험요소에 대한 방호성능이 충분할 것
④ 재료의 품질이 양호할 것
⑤ 구조와 끝마무리가 양호할 것
⑥ 외양과 외관이 양호할 것

2) 보호구의 사용원칙

① 보호구는 보호구 사용을 필요로 하는 작업에서는 반드시 착용할 것
② 보호구는 위험 대상물에 대해 충분한 보호 효과를 가질 것
③ 보호구는 착용한 사람에게 유해한 작용을 미치지 않을 것
④ 보호구는 착용이 간편하며 작업하기 쉬울 것
⑤ 보호구는 견고하며 내구성이 있고 외관도 미려할 것

3) 보호구의 종류와 적용 작업

보호구의 종류	구분	적용 작업 및 작업장
호흡용 보호구	방진마스크	분체작업, 연마작업, 광택작업, 배합작업
	방독마스크	유기용제, 유기가스, 미스트, 흄발생작업
	송기마스크, 산소호흡기, 공기호흡기	저장조, 하수구 등 청소 및 산소결핍 위험작업장
청력 보호구	귀마개, 귀덮개	소음발생 작업장

보호구의 종류	구분	적용 작업 및 작업장
안구 및 시력 보호구	전안면 보호구	강력한 분진비산작업과 유해광선 발생작업
	시력보호 안경	유해광선 발생 작업보호의와 장갑, 장화
안전화, 안전장갑	장갑	피부로 침입하는 화학물질 또는 강산성물질 취급 작업
	장화	피부로 침입하는 화학물질 또는 강산성물질 취급 작업
보호복	방열복, 방열면	고열발생 작업장
	전신보호복	강산 또는 맹독유해물질이 강력하게 비산되는 작업
	부분보호복	강산 또는 맹독유해물질이 심하게 비산되지 않는 작업
피부보호크림	-	피부염증 또는 홍반 유발 물질에 노출되는 작업장

4) 안전화 등급 및 사용 장소
　① 중작업용 안전화 : 광업, 건설업 및 철광업등에서 원료취급, 가공, 강재취급 및 강재 운반, 건설업 등에서 중량물 운반작업, 가공대상물의 중량이 큰 물체를 취급하는 작업장으로서 날카로운 물체에 의해 찔릴 우려가 있는 장소
　② 보통작업용 안전화 : 기계공업, 금속가공업, 운반, 건축업 등 공구 가공품을 손으로 취급하는 작업 및 차량 사업장, 기계 등을 운전조작하는 일반작업장으로서 날카로운 물체에 의해 찔릴 우려가 있는 장소에서 사용
　③ 경작업용 안전화 : 금속 선별, 전기제품 조립, 화학제품 선별, 반응장치 운전, 식품 가공업 등 비교적 경량의 물체를 취급하는 작업장으로서 날카로운 물체에 의해 찔릴 우려가 있는 장소에서 사용

6. 화재안전

1) 연소의 3요소
　① 가연물 : 목재, 종이 등 산소와 반응하여 발열 반응하는 물질
　② 산소공급원 : 산소, 공기 등
　③ 점화원 : 전기불꽃, 정전기불꽃, 충격마찰의 불꽃, 단열압축, 나화 및 고온표면 등

2) 소화효과
　① 냉각소화 : 냉각에 의한 소화방법, 액체의 증발잠열 또는 열용량이 큰 고체를 이용
　② 질식소화 : 산소의 공급을 차단하는 소화방법, 산소농도 저하로 인한 소화
　③ 제거소화 : 가연물을 제거하여 소화, 기체 및 액체로 인한 대화재의 경우 유일한 소화법
　④ 억제소화 : 연속적 관계의 차단 소화방법, 할로겐, 알칼리 금속 첨가로 불활성화

3) 화재등급별 소화방법

구분	A급 화재	B급 화재	C급 화재	D급 화재
명칭	일반화재	유류화재	전기화재	금속화재(Al, Mg)
주 소화효과	냉각	질식	냉각, 질식	질식

구분	A급 화재	B급 화재	C급 화재	D급 화재
적응 소화제	• 물 소화기 • 강화액 소화기	• CO_2 소화기 • 포말 소화기 • 분말 소화기 • 증발성 액체 소화기	• 유기성 소화액 • CO_2 소화기 • 분말 소화기	• 건조사 • 팽창 질석 • 팽창 진주암
구분색	백색	황색	청색	–

4) **이산화탄소(CO_2) 및 할로겐화합물 소화약제의 특징**

① 소화속도가 빠르다.
② 저장에 의한 변질이 없어 장기간 저장이 용이하다.
③ 밀폐공간에서는 질식 및 중독의 위험성 때문에 사용이 제한된다.
④ 전기 절연성이 우수하며 부식성이 없다.

5) **소화기 사용방법**

① 포말소화기 사용법
 ㉮ 노즐의 끝을 손으로 막고 통을 옆으로 눕힌다.
 ㉯ 밑의 손잡이를 잡고 소화 약액이 혼합되도록 흔든다.
 ㉰ 노점을 화점에 향하고 손을 놓는다.

② 분말소화기 사용법
 ㉮ 안전핀을 뽑는다.
 ㉯ 호스를 불꽃에 향하게 한다.
 ㉰ 레버를 힘껏 누른다.
 ㉱ 화점 부위에 접근하여 방사한다.

제05장_ 법규 및 안전관리
출제예상문제

1. 건설기계관리법

01 건설기계 등록 신청을 받을 수 있는 자는 누구인가?
① 행정안전부장관 ② 읍·면·동장
③ 서울특별시장 ④ 경찰서장

> 건설기계의 소유자가 건설기계의 등록을 할 때에는 특별시장·광역시장·도지사 또는 특별자치도지사에게 건설기계 등록신청을 하여야 한다.

02 건설기계 소유자는 건설기계 등록사항에 변경이 있을 때(전시·사변 기타 이에 준하는 비상사태하의 경우는 제외)에는 등록사항의 변경신고를 변경이 있는 날부터 며칠 이내에 하여야 하는가?
① 10일 ② 15일
③ 20일 ④ 30일

> 건설기계의 소유자는 건설기계등록사항에 변경(주소지 또는 사용본거지가 변경된 경우를 제외)이 있는 때에는 그 변경이 있는 날부터 30일(상속의 경우에는 상속개시일부터 3개월) 이내에 건설기계등록사항변경신고서와 함께 필요한 서류를 첨부하여 등록을 한 시·도지사에게 제출하여야 한다. 다만, 전시·사변 기타 이에 준하는 국가비상사태하에 있어서는 5일 이내에 하여야 한다.

03 건설기계 등록말소 사유 중 반드시 시·도지사가 직권으로 등록 말소하여야 하는 것은?
① 거짓이나 그 밖의 부정한 방법으로 등록을 한 경우
② 검사최고를 받고도 정기검사를 받지 아니한 경우
③ 건설기계를 도난당한 경우
④ 건설기계를 수출하는 경우

> 직권으로 등록을 말소해야 하는 경우
> • 거짓이나 그 밖의 부정한 방법으로 등록을 한 경우
> • 건설기계를 폐기한 경우

04 건설기계 등록의 말소를 하고자 할 때 신청서는 누구에게 제출하는가?
① 구청장
② 시·도지사
③ 국토교통부장관
④ 읍·면·동장

> 건설기계의 등록 및 등록사항에 대한 변경신고 및 등록 말소는 모두 시·도지사에게 신청하여야 한다.

05 건설기계 등록 말소 사유에 해당되지 않는 것은?
① 건설기계가 천재지변으로 멸실된 경우
② 정비 또는 개조를 목적으로 해체된 경우
③ 건설기계를 폐기한 경우
④ 건설기계의 차대가 등록시의 차대와 다른 경우

> 건설기계 등록 말소 사유(주요 사항)
> • 거짓이나 그 밖의 부정한 방법으로 등록을 한 경우(직권 말소 사항)
> • 건설기계를 폐기한 경우(직권 말소 사항)
> • 건설기계가 천재지변 또는 이에 준하는 사고 등으로 사용할 수 없게 되거나 멸실된 경우
> • 건설기계의 차대(車臺)가 등록 시의 차대와 다른 경우
> • 건설기계가 건설기계안전기준에 적합하지 아니하게 된 경우
> • 시·도지사의 정기검사 명령, 수시검사 명령 또는 정비 명령에 따르지 아니한 경우(직권 말소 사항)
> • 건설기계를 수출하는 경우
> • 건설기계를 도난당한 경우
> • 구조적 제작 결함 등으로 건설기계를 제작자 또는 판매자에게 반품한 때
> • 건설기계를 교육·연구 목적으로 사용하는 경우

06 시·도지사는 건설기계 등록원부를 건설기계의 등록을 말소한 날부터 몇 년간 보존하여야 하는가?
① 1년 ② 2년
③ 4년 ④ 10년

> 시·도지사는 건설기계등록원부를 건설기계의 등록을 말소한 날부터 10년간 보존하여야 한다.

정답 [1. 건설기계관리법] **01** ③ **02** ④ **03** ① **04** ② **05** ② **06** ④

07 건설기계의 기종별 기호 표시방법으로 맞지 않는 것은?

① 07 : 기중기
② 01 : 아스팔트 살포기
③ 03 : 로더
④ 13 : 콘크리트 살포기

🔍 01 : 불도저, 18 : 아스팔트 살포기

08 등록사항의 변경 또는 등록이전신고 대상이 아닌 것은?

① 소유자 변경
② 소유자의 주소지 변경
③ 건설기계의 소재지 변경
④ 건설기계의 사용본거지 변경

09 다음 중 건설기계 임시운행 사유가 아닌 것은?

① 등록신청을 하기 위하여 건설기계를 등록지로 운행하는 경우
② 신규등록검사를 받기 위하여 건설기계를 검사장소로 운행하는 경우
③ 신개발 건설기계를 시험 · 연구의 목적으로 운행하는 경우
④ 수리를 위해 정비업체로 운행하는 경우

🔍 미등록 건설기계의 임시운행 사유
  • 등록신청을 하기 위하여 건설기계를 등록지로 운행하는 경우
  • 신규등록검사 및 확인검사를 받기 위하여 건설기계를 검사장소로 운행하는 경우
  • 수출을 하기 위하여 건설기계를 선적지로 운행하는 경우
  • 수출을 하기 위하여 등록말소한 건설기계를 점검 · 정비의 목적으로 운행하는 경우
  • 신개발 건설기계를 시험 · 연구의 목적으로 운행하는 경우
  • 판매 또는 전시를 위하여 건설기계를 일시적으로 운행하는 경우

10 시 · 도지사로부터 등록번호표 제작 통지를 받은 건설기계 소유자는 며칠 이내에 등록번호표 제작자에게 제작 신청을 하여야 하는가?

① 3일 ② 10일
③ 20일 ④ 30일

🔍 시 · 도지사로부터 등록번호표 제작을 통지받거나 명령받은 건설기계소유자는 그 받은 날부터 3일 이내에 등록번호표제작자에게 그 통지서 또는 명령서를 제출하고 등록번호표제작을 신청하여야 한다.

11 등록번호표 제작자는 등록번호표 제작 등의 신청을 받은 날로부터 며칠 이내에 시행하여야 하는가?

① 3일 ② 5일
③ 7일 ④ 10일

🔍 등록번호표제작자는 등록번호표제작의 신청을 받은 때에는 7일 이내에 등록번호표제작을 하여야 하며, 등록번호표제작 통지(명령)서는 3년간 보존하여야 한다.

12 등록번호표의 반납 사유가 발생하였을 경우에는 며칠 이내에 반납하여야 하는가?

① 5일 ② 10일
③ 15일 ④ 30일

🔍 등록된 건설기계의 소유자는 다음의 어느 하나에 해당하는 경우에는 10일 이내에 등록번호표의 봉인을 떼어낸 후 그 등록번호표를 시 · 도지사에게 반납하여야 한다.
  • 건설기계의 등록이 말소된 경우
  • 건설기계의 등록사항 중 대통령령으로 정하는 사항이 변경된 경우
  • 등록번호표의 부착 및 봉인을 신청하는 경우

13 자가용 건설기계 등록번호표의 도색은?

① 청색판에 흰색문자
② 적색판에 흰색문자
③ 흰색판에 검은색문자
④ 녹색판에 흰색문자

🔍 건설기계의 임시번호표 및 등록번호표
  • 임시번호표(미등록 및 등록된 건설기계) : 흰색 페인트판에 검은색 문자
  • 등록번호표
    – 비사업용(관용 또는 자가용) : 흰색 바탕에 검은색 문자
    – 대여사업용 : 주황색 바탕에 검은색 문자

14 건설기계 등록번호표 중 관용에 해당하는 것은?

① 0001~0999 ② 1000~5999
③ 6000~9999 ④ 1001~4999

정답 07 ② 08 ③ 09 ④ 10 ① 11 ③ 12 ② 13 ③ 14 ①

🔍 **등록번호표의 규격**
- 재질은 알루미늄 제판
- 번호표에 표시되는 모든 문자 및 외곽선은 1.5mm 튀어나와야 한다.
- 등록번호
  - 관용 : 0001~0999
  - 자가용 : 1000~5999
  - 대여사업용 : 6000~9999

15 건설기계 적재중량을 측정할 때 측정인원은 1인당 몇 kg을 기준으로 하는가?

① 50kg ② 55kg
③ 60kg ④ 65kg

🔍 적재중량 측정 시 탑승자 1명의 체중은 65kg을 기준으로 한다.

16 건설기계사업을 영위하고자 하는 자는 누구에게 등록하여야 하는가?

① 시장·군수 또는 구청장
② 전문건설기계정비업자
③ 국토교통부장관
④ 건설기계해체활용업자

🔍 건설기계사업을 하려는 자(지방자치단체는 제외)는 사업의 종류별로 시장·군수 또는 구청장(자치구의 구청장을 말한다.)에게 등록하여야 한다.

17 건설기계대여업을 하고자 하는 자는 누구에게 등록하여야 하는가?

① 고용노동부장관
② 행정안전부장관
③ 국토교통부장관
④ 시장·군수 또는 구청장

🔍 건설기계대여업의 등록을 하려는 자는 건설기계대여업등록신청서에 관련 서류를 첨부하여 시장·군수 또는 구청장에게 제출하여야 한다.

18 건설기계정비업의 업종구분에 해당하지 않은 것은?

① 종합건설기계정비업 ② 부분건설기계정비업
③ 전문건설기계정비업 ④ 특수건설기계정비업

🔍 **건설기계사업의 종류**
- 건설기계대여업 : 일반건설기계대여업, 개별건설기계대여업
- 건설기계정비업 : 종합건설기계정비업, 부분건설기계정비업, 전문건설기계정비업
- 건설기계매매업
- 건설기계해체활용업

19 건설기계검사의 종류가 아닌 것은?

① 신규등록검사 ② 정기검사
③ 구조변경검사 ④ 예비검사

🔍 **건설기계 검사의 종류**
- 신규등록검사 : 건설기계를 신규로 등록할 때 실시하는 검사
- 정기검사 : 건설공사용 건설기계로서 3년의 범위에서 검사 유효기간이 끝난 후에 계속하여 운행하려는 경우에 실시하는 검사와 대기환경보전법 및 소음·진동관리법에 따른 운행차의 정기검사
- 구조변경검사 : 건설기계의 주요 구조를 변경하거나 개조한 경우 실시하는 검사
- 수시검사 : 성능이 불량하거나 사고가 자주 발생하는 건설기계의 안전성 등을 점검하기 위하여 수시로 실시하는 검사와 건설기계 소유자의 신청을 받아 실시하는 검사

20 건설기계로 등록된 연식 20년 이하인 덤프트럭의 정기검사유효기간은?

① 6월   ② 1년
③ 1년 6월 ④ 2년

🔍 **주요 건설기계의 정기검사 유효기간(연식 20년 이하인 경우)**
- 굴착기(타이어식) : 1년
- 로더(타이어식) : 2년
- 지게차(1톤 이상) : 2년
- 기중기(타이어식, 트럭적재식) : 1년
- 천공기, 항타 및 항발기 : 1년
- 타워크레인 : 6개월

21 타이어식 굴착기의 정기검사 유효기간은?

① 3년 ② 6월
③ 2년 ④ 1년

22 천공기의 정기검사 유효기간은?

① 6월 ② 1년
③ 2년 ④ 3년

🔍 천공기, 항타기, 항발기의 정기검사 유효기간은 연식과 관계없이 1년이다.

 15 ④ 16 ① 17 ④ 18 ④ 19 ④ 20 ② 21 ④ 22 ②

23 정기 검사대상 건설기계의 정기검사 신청기간 중 맞는 것은?

① 건설기계의 정기검사 유효기간 만료일 후 16일 이내에 신청한다.
② 건설기계의 정기검사 유효기간 만료일 전후 31일 이내에 신청한다.
③ 건설기계의 정기검사 유효기간 만료일 전 5일 이내에 신청한다.
④ 건설기계의 정기검사 유효기간 만료일 전 16일 이내에 신청한다.

🔍 건설기계의 정기검사
• 검사유효기간의 만료일 전후 각각 31일 이내에 시·도지사에게 신청
• 검사신청을 받은 시·도지사 또는 검사대행자는 신청을 받은 날부터 5일 이내에 검사일시와 검사장소를 지정하여 신청인에게 통지

24 건설기계 신규등록검사를 실시할 수 있는 자는?

① 국토교통부장관
② 군수
③ 검사대행자
④ 행정안전부장관

🔍 신규등록검사는 건설기계를 신규로 등록할 때 실시하는 검사로 검사행자가 실시한다.

25 정기검사 연기를 할 경우 연기기간은 얼마 이내인가?

① 5월
② 4월
③ 6월
④ 2월

🔍 정기검사의 연기
• 건설기계소유자는 천재지변, 건설기계의 도난, 사고발생, 압류, 1월 이상에 걸친 정비 그 밖의 부득이 한 사유로 검사신청기간 내에 검사를 신청할 수 없는 경우에는 검사신청기간 만료일까지 검사연기신청서에 연기사유를 증명할 수 있는 서류를 첨부하여 시·도지사에게 제출하여야 한다.(검사대행을 하게 한 경우에는 검사대행자에게 제출)
• 검사연기신청을 받은 시·도지사 또는 검사대행자는 그 신청일부터 5일 이내에 검사연기여부를 결정하여 신청인에게 통지하여야 하며, 검사연기 불허통지를 받은 자는 검사신청기간 만료일부터 10일 이내에 검사신청을 하여야 한다.
• 연기기간은 6월 이내로 하며, 이 경우 그 연기기간동안 검사유효기간이 연장된 것으로 본다.

26 정기검사를 받을 수 없는 사유가 발생한 경우 연기신청은 언제까지 하여야 하는가?

① 검사유효기간 만료일까지
② 검사신청기간 만료일로부터 10일 이내
③ 검사신청기간 만료일까지
④ 검사유효기간 만료일 10일 전까지

27 검사소에서 검사를 받아야 할 건설기계 중 해당 건설기계가 위치한 장소에서 검사를 할 수 있는 경우가 아닌 것은?

① 도서지역에 있는 경우
② 자체중량이 40톤을 초과하거나 축중이 10톤을 초과하는 경우
③ 너비가 2.5미터에 미달하는 경우
④ 최고속도가 시간당 35km 미만인 경우

🔍 너비가 2.5미터를 초과하는 경우 당해 건설기계가 위치한 장소에서 검사를 할 수 있다.

28 건설기계의 구조변경검사는 누구에게 신청하여야 하는가?

① 건설기계정비업소
② 자동차검사소
③ 검사대행자(건설기계검사소)
④ 건설기계해체활용업소

🔍 구조변경검사는 건설기계의 주요 구조를 변경하거나 개조한 경우 실시하는 검사로 주요구조를 변경 또는 개조한 날부터 20일 이내에 검사대행자에게 신청하여야 한다.

29 다음 중 건설기계의 구조 또는 장치를 변경하는 것과 관련이 없는 설명은?

① 건설기계정비업소에서 구조 또는 장치의 변경작업을 한다.
② 관할 시·도지사에게 구조변경 승인을 받아야 한다.
③ 구조변경 검사를 받아야 한다.
④ 구조변경 검사는 주요구조를 변경 또는 개조한 날부터 20일 이내에 신청하여야 한다.

정답 23 ② 24 ③ 25 ③ 26 ③ 27 ③ 28 ③ 29 ②

> 건설기계의 소유자가 등록된 건설기계의 주요 구조를 변경 또는 개조하고자 하는 때에는 건설기계안전기준에 적합하게 하여야 하며, 별도의 신청없이 변경 후 검사에 합격해야만 한다.

30 제작자로부터 건설기계를 구입한 자가 무상으로 사후관리를 받을 수 있는 법정기간은?

① 3월 ② 6월
③ 18월 ④ 12월

> 건설기계의 제작자는 건설기계를 판매한 날부터 12개월(당사자간에 12개월을 초과하여 별도 계약하는 경우에는 그 해당기간) 동안 무상으로 건설기계의 정비 및 정비에 필요한 부품을 공급하여야 한다.

31 건설기계관리법상 건설기계 조종사의 면허를 받을 수 있는 자는?

① 파산자로서 복권되지 아니한 자
② 사지의 활동이 정상적이 아닌 자
③ 마약 또는 알코올 중독자
④ 심신장애자

> 건설기계조종사면허의 결격사유
> • 18세 미만인 사람
> • 건설기계 조종상의 위험과 장해를 일으킬 수 있는 정신질환자 또는 뇌전증환자
> • 앞을 보지 못하는 사람, 듣지 못하는 사람, 그 밖에 국토교통부령으로 정하는 장애인
> • 건설기계 조종상의 위험과 장해를 일으킬 수 있는 마약·대마·향정신성의약품 또는 알코올중독자
> • 건설기계조종사면허가 취소된 상태이거나 효력정지처분 기간 중에 있는 사람

32 건설기계 조종사 면허에 관한 사항 중 틀린 것은?

① 시장·군수 또는 구청장에게 건설기계조종사 면허를 받아야 한다.
② 건설기계조종사면허는 건설기계의 종류별로 받아야 한다.
③ 5톤 미만의 불도저는 교육과정을 이수함으로써 기술자격의 취득을 대신할 수 있다.
④ 특수건설기계 조종은 특수조종면허를 받아야 한다.

> 특수건설기계 중 국토교통부 장관이 지정하는 건설기계는 도로교통법에 따른 운전면허를 받아서 조종할 수 있다.

33 건설기계를 운전해서는 안 되는 사람은?

① 국제운전면허증을 가진 사람
② 범칙금 납부 통고서를 교부받은 사람
③ 면허시험에 합격하고 면허증 교부 전에 있는 사람
④ 운전면허증을 분실하여 재교부 신청 중인 사람

> 면허시험에 합격했더라도 면허증을 교부 받기 전이라면 면허를 취득한 것으로 보지 않는다.

34 건설기계조종사 면허가 취소되었을 경우, 그 사유가 발생한 날로부터 며칠 이내에 면허증을 반납해야 하는가?

① 10일 이내
② 30일 이내
③ 14일 이내
④ 7일 이내

> 건설기계조종사면허를 받은 자가 다음에 해당하는 때에는 그 사유가 발생한 날부터 10일 이내에 주소지를 관할하는 시장·군수 또는 구청장에게 그 면허증을 반납하여야 한다.
> • 면허가 취소된 때
> • 면허의 효력이 정지된 때
> • 면허증의 재교부를 받은 후 잃어버린 면허증을 발견한 때

35 건설기계 조종사 면허 적성검사 기준으로 틀린 것은?

① 두 눈의 시력이 각각 0.3 이상
② 시각은 150도 이상
③ 청력은 10m의 거리에서 60데시벨을 들을 수 있을 것
④ 두 눈을 동시에 뜨고 잰 시력이 0.7 이상

> 건설기계조종사의 적성검사 기준
> • 두 눈을 동시에 뜨고 잰 시력(교정시력 포함)이 0.7이상이고 두 눈의 시력이 각각 0.3이상일 것
> • 55데시벨(보청기를 사용하는 사람은 40데시벨)의 소리를 들을 수 있고, 언어분별력이 80퍼센트 이상일 것
> • 시각은 150도 이상일 것
> • 건설기계 조종상의 위험과 장해를 일으킬 수 있는 정신질환자 또는 뇌전증환자가 아닐 것
> • 건설기계 조종상의 위험과 장해를 일으킬 수 있는 마약·대마·향정신성의약품 또는 알코올중독자가 아닐 것

정답 30 ④ 31 ① 32 ④ 33 ③ 34 ① 35 ③

36 건설기계관리법상 등록되지 아니한 건설기계를 사용하거나 운행한 자에 대한 벌칙은?

① 300만원 이하의 과태료
② 100만원 이하의 벌금
③ 1년 이하의 징역 또는 1천만원 이하의 벌금
④ 2년 이하의 징역 또는 2천만원 이하의 벌금

🔍 2년 이하의 징역 또는 2천만원 이하의 벌금
  • 등록되지 아니한 건설기계를 사용하거나 운행한 자
  • 등록이 말소된 건설기계를 사용하거나 운행한 자
  • 시·도지사의 지정을 받지 아니하고 등록번호표를 제작하거나 등록번호를 새긴 자
  • 건설기계의 주요 구조나 원동기, 동력전달장치, 제동장치 등 주요 장치를 변경 또는 개조한 자
  • 무단 해체한 건설기계를 사용·운행하거나 타인에게 유상·무상으로 양도한 자
  • 제작결함에 따른 시정명령을 이행하지 아니한 자
  • 등록을 하지 아니하고 건설기계사업을 하거나 거짓으로 등록을 한 자
  • 등록이 취소되거나 사업의 전부 또는 일부가 정지된 건설기계사업자로서 계속하여 건설기계사업을 한 자

37 건설기계 운전자가 조종 중 고의로 중상 2명, 경상 5명의 사고를 일으킬 때 면허처분 기준은?

① 취소
② 면허효력 정지 30일
③ 면허효력 정지 20일
④ 면허효력 정지 10일

🔍 건설기계조종사면허의 취소 사유
  • 거짓이나 그 밖의 부정한 방법으로 건설기계조종사면허를 받은 경우
  • 건설기계조종사면허의 효력정지기간 중 건설기계를 조종한 경우
  • 건설기계조종사면허 취득의 결격사유에 해당하게 된 경우
  • 건설기계 조종 중 고의로 사망, 중상, 경상 등을 입힌 경우
  • 건설기계 조종 중 과실로 산업안전보건법에 따른 다음의 중대재해가 발생한 경우
    – 사망자가 1명 이상 발생한 재해
    – 3개월 이상의 요양이 필요한 부상자가 동시에 2명 이상 발생한 재해
    – 부상자 또는 직업성질병자가 동시에 10명 이상 발생한 재해

38 건설기계 조종사의 면허 취소 사유 설명으로 맞는 것은?(단, 산업안전보건법에 따른 중대재해가 아닌 경우이다.)

① 과실로 인하여 1명을 사망하게 하였을 때
② 면허정지 처분을 받은 자가 그 기간 중에 건설기계를 조종한 때
③ 과실로 인하여 10명에게 경상을 입힌 때
④ 건설기계로 1천만원 이상의 재산 피해를 냈을 때

2. 산업안전일반

01 다음 중 안전보건표지의 종류가 아닌 것은?

① 안내표지
② 허가표지
③ 지시표지
④ 금지표지

🔍 안전보건표지의 종류 : 금지표지, 경고표지, 지시표지, 안내표지

02 산업안전 색채 종류 중 빨간색으로 표시되지 않는 것은?

① 방화표지
② 주의표지
③ 금지표지
④ 방향표지

🔍 안전보건표지의 색채
  • 금지표지 : 바탕은 흰색, 기본모형은 빨간색, 관련 부호 및 그림은 검은색
  • 경고표지 : 바탕은 노란색, 기본모형, 관련 부호 및 그림은 검은색. 다만, 인화성물질 경고, 산화성물질 경고, 폭발성물질 경고, 급성독성물질 경고, 부식성물질 경고 및 발암성·변이원성·생식독성·전신독성·호흡기과민성 물질 경고의 경우 바탕은 무색, 기본모형은 빨간색(검은색도 가능)
  • 지시표지 : 바탕은 파란색, 관련 그림은 흰색
  • 안내표지 : 바탕은 흰색, 기본모형 및 관련 부호는 녹색 또는 바탕은 녹색, 관련 부호 및 그림은 흰색

03 안전보건표지 중 안내표지의 바탕색으로 맞는 것은?

① 검은색
② 녹색
③ 빨간색
④ 노란색

🔍 안내표지 : 바탕은 흰색, 기본모형 및 관련 부호는 녹색 또는 바탕은 녹색, 관련 부호 및 그림은 흰색

04 산업안전 녹색표지 부착위치로서 잘못된 것은?

① 안전모의 좌·우면
② 안전완장
③ 작업복의 우측 어깨
④ 작업복의 오른쪽 가슴위치

정답 36 ④ 37 ① 38 ② [2. 산업안전일반] 01 ② 02 ② 03 ② 04 ④

05 다음 그림의 안전보건표지가 나타내는 것은?

① 녹십자 표지
② 출입금지
③ 인화성 물질경고
④ 보안경 착용

06 안전보건표지에서 그림이 표시하는 것으로 맞는 것은?

① 독극물 경고
② 폭발물 경고
③ 고압전기 경고
④ 낙하물 경고

07 안전보건표지에서 그림이 나타내는 것으로 맞는 것은?

① 비상구 표지 ② 방사선 위험 표지
③ 탑승 금지 표지 ④ 보행금지 표지

08 다음 그림은 안전보건표지의 어떠한 내용을 나타내는가?

① 지시표지 ② 금지표지
③ 경고표지 ④ 안내표지

09 다음의 안전보건표지가 나타내는 것은?

① 비상구 ② 출입금지
③ 인화성 물질 경고 ④ 보안경 착용

10 건설기계 조종사가 일반적인 작업조건에 의해 생길 수 있는 직업병은?

① 난청 ② 납 중독
③ 신경통 ④ 벤젠 중독

건설기계 조종사의 작업조건을 고려하면 소음 등에 의해 청각과 관련된 직업병이 생길 수 있다.

정답 05 ① 06 ③ 07 ④ 08 ① 09 ② 10 ①

11 산업안전에서 안전의 3요소와 가장 거리가 먼 것은?

① 관리적 요소
② 자본적 요소
③ 기술적 요소
④ 교육적 요소

> 산업안전의 3요소
> • 기술적 요소 : 설계상 결함, 장비 불량, 안전시설 미설치
> • 교육적 요소 : 안전교육 미실시, 작업태도 및 작업방법 불량
> • 관리적 요소 : 안전관리 조직 미편성, 적성을 고려하지 않은 배치, 작업환경 불량

12 다음은 재해 발생시 조치요령이다. 조치순서로 맞는 것은?

| ㉠ 운전정지 | ㉡ 2차 재해방지 |
| ㉢ 피해자 구조 | ㉣ 응급처치 |

① ㉠-㉢-㉡-㉣
② ㉠-㉢-㉣-㉡
③ ㉢-㉣-㉠-㉡
④ ㉢-㉣-㉡-㉠

> 재해발생 시 조치요령 : 운전정지 → 피해자 구조 → 응급처치 → 2차 재해방지

13 작업장에서 안전모를 쓰는 이유는?

① 작업원의 사기 진작을 위해
② 작업원의 안전을 위해
③ 작업원의 멋을 위해
④ 작업원의 합심을 위해

> 보호구를 사용하는 목적은 작업장에서의 안전을 위한 것이다.

14 감전되거나 전기화상을 입을 위험이 있는 작업에서 제일 먼저 작업자가 구비해야할 것은?

① 완강기 ② 구급차
③ 보호구 ④ 신호기

> 감전 등의 위험이 있는 작업장에서는 내전압성을 갖춘 안전모 등의 보호구를 착용하여야 한다.

15 안전작업 사항으로 잘못된 것은?

① 전기장치는 접지를 하고, 이동식 전기기구는 방호장치를 한다.
② 엔진에서 배출되는 일산화탄소에 대비한 통풍장치를 설치한다.
③ 담뱃불은 발화력이 약하므로 어느 곳에서나 흡연해도 무방하다.
④ 주요 장비 등은 조작자를 지정하여 누구나 조작하지 않도록 한다.

16 안전보호구 선택 시 유의사항으로 틀린 것은?

① 보호구 검정에 합격하고 보호성능이 보장될 것
② 착용이 용이하고 크기 등 사용자에게 편리할 것
③ 작업 행동에 방해되지 않을 것
④ 반드시 강철로 제작되어 안전 보장형일 것

> 보호구의 구비조건
> • 착용이 간편할 것
> • 작업에 방해가 되지 않도록 할 것
> • 유해 · 위험요소에 대한 방호성능이 충분할 것
> • 재료의 품질이 양호할 것
> • 구조와 끝마무리가 양호할 것
> • 외양과 외관이 양호할 것

17 안전사고와 부상의 종류에서 중상해란 어느 정도의 상해를 말하는가?

① 부상으로 1주 이상의 노동 손실을 가져온 상해정도
② 부상으로 2주 이상의 노동 손실을 가져온 상해정도
③ 부상으로 3주 이상의 노동 손실을 가져온 상해정도
④ 부상으로 4주 이상의 노동 손실을 가져온 상해정도

> 산업재해의 통상적인 분류에 의하면 중경상은 부상으로 인하여 8일 이상의 노동손실을 가져온 상해정도를 말하며, 안전사고와 부상의 종류에서 중상해란 부상으로 2주 이상의 노동손실을 가져온 상해정도를 말한다.

정답 **11** ② **12** ② **13** ② **14** ③ **15** ③ **16** ④ **17** ②

3. 공구 · 용접 · 기계기구

01 일반공구 사용법에서 안전한 사용법에 적합치 않은 것은?

① 녹이 생긴 볼트나 너트에는 오일을 넣어 스며들게 한 다음 돌린다.
② 렌치에 파이프 등의 연장대를 끼워서 사용하여서는 안된다.
③ 언제나 깨끗한 상태로 보관한다.
④ 렌치의 조정 조에 잡아당기는 힘이 가해져야 한다.

🔍 렌치는 잡아당길 수 있는 위치에서 작업하도록 하며, 렌치의 조정 조에 잡아 당기는 힘이 가해져서는 안 된다.

02 작업에 필요한 수공구의 보관에 알맞지 않는 것은?

① 공구함을 준비하여 종류와 크기별로 보관한다.
② 사용한 수공구는 방치하지 말고 소정의 장소에 보관한다.
③ 날이 있거나 뾰족한 물건은 위험하므로 뚜껑을 씌워둔다.
④ 회전숫돌은 오래 사용하기 위하여 수분이 있는 곳에 보관한다.

03 작업장에서 수공구 재해예방 대책으로 잘못된 사항은?

① 결함이 없는 안전한 공구 사용
② 공구의 올바른 사용과 취급
③ 공구는 항상 오일을 바른 후 보관
④ 작업에 알맞은 공구 사용

🔍 공구는 면 걸레로 깨끗이 닦아서 지정된 장소에 보관하여야 한다.

04 스패너, 렌치를 사용할 때의 주의사항으로 적합하지 않는 것은?

① 너트에 맞는 것을 사용한다.
② 스패너 또는 렌치는 뒤로 밀어 돌려야 한다.
③ 해머 대용으로 사용하지 않는다.
④ 무리한 힘을 가하지 않는다.

🔍 스패너나 렌치는 앞으로 잡아 당길 때 힘이 걸리도록 해야 한다.

05 수공구 사용상의 재해의 원인이 아닌 것은?

① 잘못된 공구 선택
② 사용법의 미숙지
③ 공구의 점검 소홀
④ 연마된 공구 사용

06 렌치 사용시 적합지 않는 것은?

① 너트에 맞는 것을 사용할 것
② 렌치를 몸 밖으로 밀어 움직이게 할 것
③ 해머 대용으로 사용치 말 것
④ 파이프 렌치를 사용할 때는 정지상태를 확실히 할 것

🔍 렌치는 앞으로 잡아 당길 때 힘이 걸리도록 해야 한다.

07 복스렌치가 오픈렌치보다 많이 사용되는 이유로 가장 적합한 것은?

① 볼트, 너트 주위를 완전히 감싸게 되어 있어서 사용 중 미끄러지지 않는다.
② 여러 가지 크기의 볼트, 너트에 사용할 수 있다.
③ 값이 싸며, 적은 힘으로 작업할 수 있다.
④ 가볍고, 사용하는데 양손으로 사용할 수 있다.

🔍 복스 렌치는 오픈 렌치와 규격이 동일하지만, 여러 방향에서 사용이 가능하며, 볼트나 너트 주위를 완전히 감싸게 되어 있어서 사용 중에 미끄러지지 않은 장점이 있다.

08 소켓 렌치 사용에 대한 설명으로 틀린 것은?

① 임펙트용으로 사용되므로 수작업시는 사용하지 않도록 한다.
② 큰 힘으로 조일 때 사용한다.
③ 오픈 렌치와 규격이 동일하다.
④ 사용 중 잘 미끄러지지 않는다.

🔍 소켓 렌치는 큰 힘으로 조일 때 사용하며 수작업 시 효과적으로 사용된다.

 [3. 공구 · 용접 · 기계기구] 01 ④ 02 ④ 03 ③ 04 ② 05 ④ 06 ② 07 ① 08 ①

09 수공구인 렌치를 사용할 때 지켜야 할 안전사항으로 옳은 것은?

① 볼트를 조일 때 렌치를 해머로 쳐서 조이면 강하게 조일 수 있다.
② 볼트를 풀 때 렌치를 당겨서 힘을 받도록 한다.
③ 렌치는 연장대를 끼워서 조이면 큰 힘을 조일 수 있다.
④ 볼트를 풀 때 지렛대 원리를 이용하여 렌치를 밀어서 힘이 받도록 한다.

10 스패너 작업 방법으로 안전상 올바른 것은?

① 스패너로 죄고 풀 때 항상 앞으로 당긴다.
② 스패너로 볼트를 죌 때는 앞으로 당기고 풀 때는 뒤로 민다.
③ 스패너 사용시 몸의 중심을 항상 옆으로 한다.
④ 스패너의 입이 너트의 치수보다 조금 큰 것을 사용한다.

11 드라이버 사용방법으로 틀린 것은?

① 날 끝이 홈의 폭과 길이에 맞는 것을 사용한다.
② 날 끝이 수평이어야 한다.
③ 전기작업시에는 절연된 자루를 사용한다.
④ 작은 공작물은 가능한 손으로 잡고 작업한다.

🔍 작은 크기의 부품인 경우 바이스에 고정시키고 작업하도록 한다.

12 드라이버(driver)의 올바른 사용법으로 가장 적절하지 않은 것은?

① 날 끝이 재료의 홈에 맞는 것을 사용한다.
② 공작물을 바이스(vise)에 고정시킨다.
③ 강하게 조여있는 작은 공작물은 손으로 단단히 잡고 조인다.
④ 전기작업시 절연된 손잡이를 사용한다.

13 일반적으로 장갑을 착용하고 작업을 하게 되는데, 안전을 위하여 오히려 장갑을 사용하지 않아야 하는 작업은?

① 전기 용접 작업 ② 해머 작업
③ 타이어 교환 작업 ④ 건설기계 운전

🔍 해머작업 시 장갑을 끼면 미끄러질 수 있기 때문에 장갑은 착용하지 말아야 한다.

14 해머 사용 중 사용법이 틀린 것은?

① 타격면이 닳아 경사진 것은 사용하지 않는다.
② 장갑이나 기름묻은 손으로 자루를 잡지 않는다.
③ 담금질한 것은 단단하므로 한 번에 정확히 타격한다.
④ 물건에 해머를 대고 몸의 위치를 정한다.

🔍 해머를 사용할 때는 처음에는 작게 휘두르고 차차 크게 휘두르며, 열처리 된 재료는 해머리 타격하지 않아야 한다.

15 해머 사용 시 주의사항이 아닌 것은?

① 쐐기를 박아서 자루가 단단한 것을 사용한다.
② 기름이 묻은 손으로 자루를 잡지 않는다.
③ 타격면이 닳아 경사진 것은 사용하지 않는다.
④ 처음에는 크게 휘두르고, 차차 작게 휘두른다.

🔍 처음에는 작게 휘두르고, 차차 크게 휘두른다.

16 다음 중 일반 드라이버 사용시 안전수칙으로 틀린 것은?

① 정을 대신할 때는 드라이버를 사용한다.
② 드라이버에 충격압력을 가하지 말아야 한다.
③ 자루가 쪼개졌거나 또한 허술한 드라이버는 사용하지 않는다.
④ 드라이버의 끝을 항상 양호하게 관리하여야 한다.

🔍 드라이버를 정 대신으로 사용해서는 안 된다.

17 인화성 물질이 아닌 것은?

① 아세틸렌 가스 ② 가솔린
③ 프로판 가스 ④ 산소

🔍 인화성 가스(flammable gas)
• 대기 중 산소농도가 보통인 경우에도 발화할 수 있는 가스
• 공기, 산소 또는 아산화질소와 일정 비율로 혼합될 경우 발화할 수 있는 가스

정답 09 ② 10 ① 11 ④ 12 ③ 13 ② 14 ③ 15 ④ 16 ① 17 ④

18 아세틸렌 가스 용기의 취급 방법 중 틀린 것은?

① 용기의 온도는 50℃ 이하로 유지할 것
② 용기는 반드시 세워서 보관할 것
③ 전도, 전락 방지 조치를 할 것
④ 충전용기와 빈 용기는 명확히 구분하여 각각 보관할 것

🔍 아스틸렌 가스 용기의 온도는 40℃ 이하로 유지하여야 한다.

19 다음에서 산소가스 용접기에 사용되는 용기의 도색으로 모두 맞는 것은?

㉠ 산소 - 녹색	㉡ 수소 - 흰색
㉢ 아세틸렌 - 황색	

① ㉠
② ㉡, ㉢
③ ㉠, ㉢
④ ㉠, ㉡, ㉢

🔍 용기와 도관의 색
• 산소 : 용기 녹색, 도관 녹색
• 아세틸렌 : 용기 황색, 도관 적색

20 산소 아세틸렌 가스용접에서 토치의 점화시 작업의 우선순위 설명으로 올바른 것은?

① 토치의 아세틸렌 밸브를 먼저 연다.
② 토치의 산소 밸브를 먼저 연다.
③ 산소 밸브와 아세틸렌 밸브를 동시에 연다.
④ 혼합가스밸브를 먼저 연 다음 아세틸렌 밸브를 연다.

🔍 산소 아세틸렌 가스용접에서 토치 점화 시에는 토치의 아세틸렌 밸브를 먼저 열고 점화한 후 산소 밸브을 연다.

21 용접 작업시 유해 광선으로 눈에 이상이 생겼을 때 응급처치 요령으로 적당한 것은?

① 안약을 넣고 안대를 한다.
② 온수 찜질 후 치료한다.
③ 냉수로 씻어낸 다음 치료한다.
④ 바람을 마주보고 눈을 깜박거린다.

🔍 용접 작업 시 유해광선이 눈에 들어오면 전광성 안염 등의 눈병이 발생한다. 따라서, 유해광선으로 인해 눈에 이상이 생기면 냉수로 씻어낸 후필요한 치료를 하여야 한다.

22 가스누설 검사에 가장 좋고 안전한 것은?

① 아세톤
② 비눗물
③ 순수한 물
④ 성냥불

23 연삭기의 안전한 사용방법이 아닌 것은?

① 숫돌측면 사용제한
② 보안경과 방진마스크 착용
③ 숫돌덮개 설치 후 작업
④ 숫돌과 받침대 간격 6mm 이상 유지

🔍 연삭기의 숫돌에는 직경 5cm 이상의 덮개를 씌워야 하며, 탁상용 연삭기 사용 시에는 작업받침대와 숫돌 간격을 3mm 이내로 하여야 한다.

24 일반적으로 정밀한 부속품을 세척하기 위해 가장 안전한 것은?

① 와이어 브러시
② 걸레
③ 건
④ 에어건

25 사고로 인한 재해가 가장 많이 발생할 수 있는 것은?

① 기관 ② 벨트, 풀리
③ 동력전달장치 ④ 래크

🔍 벨트, 풀리는 협착(물건에 끼워진 상태 또는 말려든 상태)에 의한 재해가 빈번하게 발생할 수 있다.

26 위험기계기구에 설치하는 방호장치가 아닌 것은?

① 급정지 장치 ② 자동전격 방지장치
③ 역화방지 장치 ④ 하중측정 장치

정답 ▶ 18 ① 19 ③ 20 ① 21 ③ 22 ② 23 ④ 24 ④ 25 ② 26 ④

27 벨트 취급에 대한 안전사항 중 틀린 것은?

① 벨트 교환시 회전을 완전히 멈춘 상태에서 한다.
② 벨트의 회전을 정지할 때 손으로 잡고서 한다.
③ 벨트의 적당한 장력을 유지하도록 한다.
④ 벨트에 기름이 묻지 않도록 한다.

> 벨트의 회전을 멈출 때 손으로 잡고서 하면 사고 우려가 있다.

28 벨트를 풀리에 걸 때는 어떤 상태에서 걸어야 하는가?

① 회전을 정지시킨 후
② 저속으로 회전할 때
③ 중속으로 회전할 때
④ 고속으로 회전할 때

29 기계에 사용되는 방호덮개 장치의 구비 조건으로 틀린 것은?

① 마모나 외부로부터 충격에 쉽게 손상되지 않을 것
② 작업자가 임의로 제거 후 사용할 수 있을 것
③ 검사나 급유조정 등 정비가 용이할 것
④ 최소의 손질로 장시간 사용할 수 있을 것

> 기계에 사용되는 방호덮개는 작업자가 임의로 제거할 수 없어야 한다.

30 기계장치의 안전관리를 위해 정지상태에서 점검하는 사항이 아닌 것은?

① 볼트·너트의 헐거움
② 스위치 및 외관상태
③ 힘이 걸린 부분의 흠집
④ 이상음 및 진동상태

31 전기 기기의 손상방지 대책에 관한 사항으로 옳은 것은?

① 퓨즈 단선시는 철선으로 연결하여 임시 사용한다.
② 퓨즈 단선시는 전선으로 연결 후 계속 사용한다.
③ 코드의 연결은 가급적 길게 한다.
④ 퓨즈 단선시 정격 퓨즈로 교체 후 사용한다.

32 다음 중 보호안경을 끼고 작업해야 하는 사항으로 가장 거리가 먼 것은?

① 산소용접 작업시
② 그라인더 작업시
③ 건설기계 장비 일상점검 작업시
④ 장비의 하부에서 점검 정비 작업시

33 보호안경을 사용하는 설명으로 맞지 않는 것은?

① 유해 광선으로부터 눈을 보호하기 위하여
② 중량물이 떨어질 때 신체를 보호하기 위하여
③ 비산되는 칩으로부터 눈을 보호하기 위하여
④ 유해 약물로부터 눈을 보호하기 위하여

> 중량물이 떨어질 때 신체를 보호하기 위해서는 안전모를 착용해야 한다.

34 작업시 보안경을 반드시 사용해야 하는 것으로 적합하지 않은 것은?

① 장비 밑에서 정비 작업할 때
② 인체에 해로운 가스가 발생하는 작업장
③ 철분, 모래 등이 날리는 작업장
④ 전기용접 및 가스용접 작업장

> 인체에 해로운 가스가 발생하는 작업장에서는 방독마스크를 착용해야 한다.

4. 작업안전·화재·운반

01 흡연으로 인한 화재를 예방하기 위한 것으로 옳은 것은?

① 금연구역으로 지정된 장소에서 흡연한다.
② 흡연장소 부근에 인화성 물질을 비치한다.
③ 배터리를 충전할 때 흡연은 가능한 삼가하되 배터리의 캡을 열고 했을 때는 관계없다.
④ 담배꽁초는 반드시 지정된 용기에 버려야 한다.

정답 27 ② 28 ① 29 ② 30 ④ 31 ④ 32 ③ 33 ② 34 ② [4. 작업안전·화재·운반] 01 ④

02 가동하고 있는 원동기에서 화재가 발생하였다. 그 소화작업으로 가장 먼저 취해야 할 안전한 방법은?

① 원인분석을 하고, 모래를 뿌린다.
② 경찰에 신고한다.
③ 점화원을 차단한다.
④ 원동기를 가속하여 팬의 바람으로 끈다.

> 화재 발생 시 우선 조치는 점화원을 차단하고 이후 화재 유형에 적합한 소화작업을 한다.

03 화상을 입었을 때 응급조치 중 가장 옳은 것은?

① 빨리 찬물에 담갔다가 아연화 연고를 바른다.
② 빨리 메틸알코올에 담근다.
③ 빨리 옥도정기를 바른다.
④ 빨리 아연화 연고를 바르고 붕대를 감는다.

> 차가운 물에 담그거나 흐르는 찬물로 화상부위를 열을 내려준 후 아연화 연고를 바른다.

04 안전적 측면에서 인화점이 낮은 연료는?

① 화재 발생 위험이 있다.
② 연소상태의 불량 원인이 된다.
③ 압력 저하 요인이 발생한다.
④ 화재 발생 부분에서 안전하다.

> 인화점이 낮다는 것은 낮은 온도에서 쉽게 불이 붙을 수 있다는 것이다.

05 다음 배출물 가스 중에서 인체에 가장 해가 없는 가스는?

① HC
② CO
③ CO_2
④ NOx

06 안전적인 측면에서 병 속에 들어 있는 약품을 냄새로 알아보고자 할 때 가장 좋은 방법은?

① 종이로 적셔서 알아본다.
② 숟가락으로 약간 떠내어 냄새를 직접 맡아본다.
③ 내용물을 조금 쏟아서 확인한다.
④ 손바람을 이용하여 확인한다.

07 방화 방지 조치로서 적합하지 않은 것은?

① 가연성 물질을 인화장소에 두지 않는다.
② 유류 취급 장소에는 방화수를 준비한다.
③ 흡연은 정해진 장소에서만 한다.
④ 화기는 정해진 장소에서만 취급한다.

> 유류 화재에는 방화사나 분말소화기, 포말소화기 등을 사용해야 한다.

08 유류 화재시 소화를 위한 방법으로 가장 거리가 먼 것은?

① 방화커튼을 이용하여 화재 진압
② 모래를 사용하여 화재 진압
③ CO_2 소화기를 이용하여 화재 진압
④ 물을 이용하여 화재 진압

09 소화작업에 대한 설명 중 틀린 것은?

① 가연물질의 공급을 차단시킨다.
② 유류화재시 표면에 물을 붓는다.
③ 산소의 공급을 차단한다.
④ 점화원을 발화점 이하의 온도로 낮춘다.

> 유류화재시 표면에 물을 부으면 유류가 물 위에 떠서 불이 더욱 확산될 수 있다.

10 소화작업의 기본 요소가 아닌 것은?

① 가연물질을 제거하면 된다.
② 산소를 차단하면 된다.
③ 점화원을 냉각시키면 된다.
④ 연료를 기화시키면 된다.

11 작업장에서 휘발유 화재가 일어났을 경우 가장 적합한 소화 방법은?

① 물 호스의 사용
② 불의 확대를 막는 덮개의 사용
③ 소다 소화기의 사용
④ 탄산가스 소화기의 사용

> 유류화재는 B급화재로 포말소화기, 이산화탄소(탄산가스) 소화기, 분말 소화기, 증발성 액체 소화기를 적용한다.

 02 ③ 03 ① 04 ① 05 ③ 06 ④ 07 ② 08 ④ 09 ② 10 ④ 11 ④

12 이산화탄소 소화기의 일반적 특징이 아닌 것은?

① 연소물의 온도를 인화점 이하로 냉각시킨다.
② 저장에 따른 변질이 없다.
③ 전기절연성이 크다.
④ 소화시 부식성이 없다.

🔍 이산화탄소 소화기의 특징
- 소화속도가 빠르다
- 저장에 의한 변질이 없어 장기간 저장이 용이하다.
- 밀폐공간에서는 질식 및 중독의 위험성 때문에 사용이 제한된다.
- 전기 절연성이 우수하며 부식성이 없다.

13 산·알칼리 소화기는 어떤 화재에 가장 적합한가?

① A급 화재   ② B급 화재
③ C급 화재   ④ D급 화재

🔍 산·알칼리 소화기는 보통화재인 A급 화재에 사용한다.

14 전기시설과 관련된 화재로 분류되는 것은?

① A급 화재
② B급 화재
③ C급 화재
④ D급 화재

🔍 화재의 등급
- A급 화재 : 일반화재
- B급 화재 : 유류, 가스화재
- C급 화재 : 전기화재
- D급 화재 : 금속화재(Al, Mg)

15 전기화재 소화시 가장 좋은 소화기는?

① 모래   ② 물
③ 이산화탄소   ④ 포말소화기

🔍 전기화재 시에는 유기성 소화액, 이산화탄소 소화기 등을 사용한다.

16 건설기계에는 소화기를 사용이 편리한 곳에 비치하도록 되어 있다. 다음 중 어떤 종류의 소화기가 가장 적합한가?

① A급 화재소화기   ② 포말 B소화기
③ ABC소화기   ④ 포말소화기

🔍 ABC소화기는 금속화재를 제외한 모든 화재에 적용할 수 있다.

17 폭발의 우려가 있는 가스 또는 분진을 발생하는 장소에서 지켜야 할 일에 속하지 않는 것은?

① 불연성 재료의 사용금지
② 화기의 사용금지
③ 인화성 물질 사용금지
④ 점화의 원인이 될 수 있는 기계사용 금지

🔍 폭발의 우려가 있는 가스 또는 분진이 발생되는 장소에서는 점화원 및 인화성 물질을 될 수 있는 것들을 사용하지 말아야 한다.

18 다음 중 옳지 못한 것은?

① 전등 삿갓은 종이 및 연소하기 쉬운 것을 사용치 말 것
② 기름 묻은 걸레는 정해진 용기에 보관하여야 한다.
③ 흡연은 정해진 장소에서 할 것
④ 쓰고 남은 기름은 하수구에 버릴 것

19 기계 및 기계장치를 불안전하게 취급할 때 사고가 발생하는 원인을 든 것으로 틀린 것은?

① 안전장치 및 보호장치가 잘 되어 있지 않을 때
② 적합한 공구를 사용하지 않을 때
③ 정리 정돈 및 조명장치가 잘 되어 있지 않을 때
④ 기계 및 기계장치가 너무 넓은 장소에 설치되어 있을 때

20 작업상의 안전수칙으로 적합하지 않은 것은?

① 차를 받칠 때는 안전 잭이나 고임목으로 고인다.
② 벨트 등의 회전부위에 주의한다.
③ 배터리액이 눈에 들어갔을 때는 알칼리유로 씻는다.
④ 기관 시동시에는 소화기를 비치한다.

🔍 배터리액은 묽은 황산으로 눈에 들어가면 물로 세척하고 전문의의 치료를 받아야 한다.

정답 12 ① 13 ① 14 ③ 15 ③ 16 ③ 17 ① 18 ④ 19 ④ 20 ③

21 다음 중 건설기계 작업장에서 갖추어야 할 안전용품과 관계가 먼 것은?

① 응급용 의약품 ② 방청용 오일
③ 소화용구 ④ 지혈제

22 작업개시 전 운전자의 조치사항으로 가장 거리가 먼 것은?

① 점검에 필요한 점검내용을 숙지한다.
② 운전하는 장비의 사양을 숙지 및 고장나기 쉬운 곳을 파악하여야 한다.
③ 장비의 이상 유무를 작업 전에 항상 점검하여야 한다.
④ 주행로 상의 복수의 장비가 있을 때는 충돌방지를 위하여 주행로 양측에 콘크리트 옹벽을 친다.

23 야간작업을 할 경우 안전운전 방법으로 틀린 것은?

① 작업장에는 조명이 불필요하고 통로만 조명시설을 한다.
② 전조등 또는 기타 조명장치를 이용한다.
③ 원근감이 불명확해지므로 조명장치를 이용한다.
④ 지면의 고저감의 착각을 일으키기 쉬우므로 안전속도로 운전한다.

> 야간작업 시는 작업장 통로 뿐만 아니라 작업장에도 충분한 조명시설을 해야 한다.

24 안전한 작업을 하기 위하여 작업복장을 선정할 때의 유의사항으로 가장 거리가 먼 것은?

① 착용자의 취미, 기호 등을 감안하여 적절한 스타일을 선정한다.
② 화기사용 장소에서는 방염성, 불연성의 것을 사용하도록 한다.
③ 상의의 끝이나 바지자락 등이 기계에 말려 들어갈 위험이 없도록 한다.
④ 작업복은 몸에 맞고 동작이 편하도록 제작한다.

> 작업 복장은 착용자의 취미, 기호 등이 아니라 안전에 우선을 두어야 한다.

25 작업장에서의 복장에 대하여 유의할 사항으로 틀린 것은?

① 상의의 옷자락이 밖으로 나오지 않도록 한다.
② 작업복은 몸에 맞는 것을 입는다.
③ 기름이 묻은 작업복은 될 수 있는 한 입지 않는다.
④ 수건은 허리춤에 끼거나 목에 감는다.

26 안전사항으로 운전 및 정비 작업시의 작업복으로 적당치 않은 것은?

① 점퍼형으로 상의 옷자락을 여밀 수 있는 것
② 작업용구 등을 넣기 위해 호주머니가 많은 것
③ 소매를 오무려 붙이도록 되어 있는 것
④ 소매를 손목까지 가릴 수 있는 것

> 작업복은 가급적 호주머니를 최소화해야 한다.

27 안전작업은 복장의 착용상태에 따라 달라진다. 다음에서 권장사항이 되지 않는 것은?

① 땀을 닦기 위한 수건이나 손수건을 허리나 목에 걸고 작업해서는 안 된다.
② 옷소매는 되도록 폭이 좁게 된 것이나, 단추가 달린 것은 되도록 피한다.
③ 물체 추락의 우려가 있는 작업장에서는 아무리 덥더라도 작업모를 착용해야 한다.
④ 복장을 단정하게 하기 위해 넥타이를 꼭 매야 한다.

28 다음 중 작업복의 조건으로서 가장 알맞은 것은?

① 작업자의 편안함을 위하여 자율적인 것이 좋다.
② 도면, 공구 등을 넣어야 하므로 주머니가 많아야 한다.
③ 작업에 지장이 없는 한 손발이 노출되는 것이 간편하고 좋다.
④ 주머니가 적고 팔이나 발이 노출되지 않는 것이 좋다.

 21 ② 22 ④ 23 ① 24 ① 25 ④ 26 ② 27 ④ 28 ④

29 물품을 운반할 때 주의할 사항으로 틀린 것은?

① 가벼운 화물은 규정보다 많이 적재하여도 된다.
② 긴 물건을 쌓을 때는 끝에 표시를 한다.
③ 정밀한 물품은 상자에 넣고 쌓는다.
④ 가벼운 것을 위에 무거운 것을 밑에 쌓는다.

> 가벼운 화물이더라도 규정에 따라 적재하여야 한다.

30 안전작업 측면에서 장갑을 착용하고 해도 가장 무리가 없는 작업은?

① 연삭 작업을 할 때
② 무거운 물건을 들 때
③ 해머 작업을 할 때
④ 정밀기계 작업을 할 때

> 장갑을 착용해서는 안 되는 작업
> • 연삭 작업
> • 해머 작업
> • 드릴 작업
> • 정밀기계 작업

31 인양 물체의 중심을 측정하여 인양하여야 한다. 다음 중 잘못된 것은?

① 와이어 로프나 매달기용 체인이 벗겨질 우려가 있으면 되도록 높이 인양한다.
② 인양 물체를 서서히 올려 지상 약 30cm 지점에서 정지 확인한다.
③ 인양 물체의 중심이 높으면 물체가 기울 수 있다.
④ 형상이 복잡한 물체의 무게 중심을 목측한다.

> 와이어 로프나 매달기용 체인이 벗겨질 우려가 있으면 작업을 중지하고 필요한 조치를 하여야 한다.

32 공장에서 엔진 등 중량물을 이동하려고 한다. 가장 좋은 방법은?

① 여러 사람이 들고 조용히 움직인다.
② 체인 블록이나 호이스트를 사용한다.
③ 로프로 묶고 살며시 잡아 당긴다.
④ 지렛대를 이용하여 움직인다.

> 중량물은 인력운반이 금지되며, 체인 블록이나 호이스트를 사용해서 운반하여야 한다.

정답 29 ① 30 ② 31 ① 32 ②

CHAPTER 06

Craftsman Drilling Equipment Operator

천공기 작업장치

Section 01 천공기(Drilling Equipment)
Section 02 천공기 출제예상문제

SECTION 01 천공기 (Drilling Equipment)

Craftsman Drilling Equipment Operator

STEP 01 천공기 작업장치

1. 천공기 분류

천공기(Drilling Equipment)는 지반이나 암반에 구멍을 뚫는 기계를 말하며 천공 방식에 따라 충격식과 회전식으로 구분되고, 충격식은 유압을 추진력으로 하는 THD(Top Hammer Drilling)와 공기압을 추진력으로 하는 DTH(Down The Hole Hammer Drilling)로 구분한다.

[천공 방식에 따른 구분]

구분	종류 및 특징
충격식 (타격식)	• 비트에 충격을 주어 암석을 파쇄하여 천공하는 방식으로 스토퍼(stoper), 잭해머(jack hammer), 레그드릴(leg drill), 드리프터(drifter), 크롤러 드릴(crawler drill), 점보드릴(jumbo drill) 등이 해당된다. • 충격식은 천공 속도는 빠르지만, 깊은 천공이나 큰 구멍의 천공은 기술적으로 곤란하다는 단점을 갖고 있다.
회전식	• 보링머신(boring machine), 어스오거(earth auger), 실드머신(shield machine), 어스드릴(earth drill) 베노토(benoto) 굴착기, 로터리 케이싱 드라이버(rotary casing driver), 로드 헤더(road header), 리버스 써큘레이션 드릴(reverse circulation drill) 등이 있다. • 천공 속도는 느리지만 천공 길이(깊이)가 깊다는 장점이 있다.

1) THD(Top Hammer Drilling)

① 추진력이 유압으로 핵심 유압부품인 드리프터(drifter)에서 발생되는 회전력과 타격력이 로드와 드릴비트를 통해 암반면에 전달되어 암반을 파쇄하는 천공작업 방식이다.

② 천공장이 증가하면 익스텐션 로드(extension rod)를 드리프터 아래에 추가로 부착하여 연속적인 천공작업이 가능하지만, 익스텐션 로드가 길어질수록 드리프터에서 제공하는 타격 에너지가 암반면에 전달되는 비율이 감소하므로 천공장이 길어짐에 따라 천공효율 및 천공속도가 점차 떨어지게 된다.

③ 경암 또는 연암에서 비교적 저심도 작업(최대 40m, 대부분 20m 미만)과 소구경(Ø50~127mm) 작업에 사용되며, 국내에서는 주로 터널면 발파 혹은 노천광산과 암반사면의 벤치발파용 천공작업에 사용되고 있다.

2) DTH(Down The Hole Hammer Drilling)

① THD와 마찬가지로 추진력, 회전력, 타격력을 모두 이용하며, 압축공기 피스톤이 비트를 직접 타격하기 때문에 에너지 전달 손실이 적다.

② 공압 해머가 로드 하부에 장착되어 비트 직상부에서 드릴비트를 직접 타격하여 암반에 충격 에너지를 전달하므로 천공 깊이와 상관없이 비교적 일정한 타격력을 암반에 전달할 수 있다.

③ 경암 또는 연암에서 비교적 깊은 천공 깊이(최대 4,000m, 대부분 50~80m 미만)와 중간 구경 (Ø100~178mm)의 천공작업에 사용되며, 국내에서는 주로 지하수 개발에 사용되고 있다.

3) RD(Rotary Drilling)

① 3가지 천공법 중 가장 규모가 큰 형태로 타격력 없이 회전력과 추진력만으로 천공작업을 수행하는 방식으로 추진력과 회전력은 지상의 드릴 리그(drill rig)의 자중과 대형 유압장비를 통해 제공된다.

② 연암 천공작업에 많이 사용되고 있으며, 대심도 작업(최대 2~3km, 대부분 1km 미만)과 대구경 (Ø100~610 mm) 작업에 사용되는데, 주로 석유와 가스개발 목적의 자원개발용 혹은 대심도 지열개발용으로 사용되고 있다.

③ 지상의 RD 리그는 천공 기능뿐만 아니라 시추, 저장, 이송 기능을 포함해야 하므로, 플랜트 규모의 구조물로 건설된다.

[천공기의 일반적인 구조]

2. 천공기의 범위 및 구조

1) 건설기계관리법상 천공기의 범위 등

① 건설기계의 범위 : 천공장치를 가진 자주식인 것
② 구조 및 형식 : 무한 궤도식, 타이어식 또는 굴진식 등 스스로 이동이 가능한 것으로서 수평 또는 수직으로 천공할 수 있는 장치를 장착한 기계가 이에 속한다.

2) 기종별 규격의 표시

① 크롤러식 : 착암기의 중량(kg)과 매분당 공기 토출량(m^3/min) 및 유압 펌프 토출량(ℓ/min)
② 크롤러 점보식 : 프레트롤 단수와 착암기 대수(O단×O대)
③ 실드 머신 : 최대 굴착직경(mm)

④ 터널 보링 머신 : 최대 굴착직경(mm)
⑤ 오거 등 : 최대 천공직경(mm)

[무한궤도식 천공기]

3) 천공기의 일반적인 구성

천공기는 일반적으로 장비의 이동 역할을 하는 하부 주행체(undercarriage), 엔진과 유압시스템 그리고 제어모듈을 탑재하는 상부 동력시스템, 토사와 암석에 천공작업을 수행하는 천공모듈, 그리고 운전실로 구성된다.

① 제어모듈 : 천공모듈의 천공위치, 천공자세, 천공모드 등의 전반적인 천공작업을 제어한다.
② 천공모듈 : 천공리그모듈과 천공공구로 구성된다.
　㉮ 천공리그모듈 : 회전과 타격운동을 발생하는 모듈로서 천공장비의 붐(boom)에 장착되며 자동 로드 탈부착 시스템, 드리프터(drifter), 마스트(mast) 등으로 구성된다.
　㉯ 천공공구 : 천공리그모듈에서 가해지는 회전과 타격 에너지를 암반이나 지표면에 전달하여 암석을 천공하는 소모성 부품으로 섕크 아답터(shank adapter), 커플링(coupling), 익스텐션 로드(extension rod), 드릴 비트(drill bit)로 구성된다.

> **참고** 드리프터(drifter)
> • 드리프터는 유압에 의해 내부의 피스톤을 왕복 운동시키는 장치이며, 그 내부는 피스톤과 섕크 아답터 등으로 구성된다.
> • 피스톤은 전방의 섕크 아답터를 연속적으로 타격하고, 이로 인해 발생된 에너지는 섕크 아답터에 연결된 익스텐션 로드와 드릴 비트에 차례로 전달되어 암반 굴착에 필요한 에너지를 암반면에 전달하게 된다. 이렇게 전달된 타격 에너지로 인해 암반은 파쇄되고, 비트의 회전에 의해 분쇄되며, 에어 플러싱을 통하여 천공홀 밖으로 배출된다.

3. 천공기 작업장치 기능

1) 락 드릴(rock drill)

① 주행 장비에 대형의 유압 드리프터(drifter)가 장착되어 여러 각도로 암반 천공이 가능하고 소음이나 분진 발생이 적어 광산이나 채석장 등에서 사용된다.

② 붐은 유압으로 작동되며 붐 위에는 가이드 셸(guide shell)이 설치되어 있고 드리프터가 가이드 셸 위에서 운동한다.

③ 드리프터(drifter)에는 암질의 급격한 변화에 따른 재밍(jamming, 천공 비트가 고착되는 현상)이 발생되는 것을 방지하기 위해 안티 재밍장치(anti-jamming)가 설치되어 있고 타격력과 타격횟수를 자동으로 조절하는 스트로크 조절장치(stroke adjuster)가 설치되어 있다.

④ 작업장치 각 부의 기능
　㉮ 피드 실린더 : 착암기를 상하로 이동시킨다.
　㉯ 피드 상하 실린더 : 피드 전체를 상하로 이동시킨다.
　㉰ 피드 각도 실린더 : 피드 전체를 앞뒤로 각도 조절한다.
　㉱ 이동용 활차 : 피드 실린더 작동시 착암기의 상하이동을 원활하게 한다.
　㉲ 인장 이완 체인 : 착암기의 상하이동시 체인의 긴장을 조절하는 기능을 한다.

[크롤러에 장착된 락 드릴(Crawler-mounted rock drill)]

2) 어스 드릴(earth drill)

① 기중기에 부착되어 어스 드릴을 탑재한 상태로 사용되고 있다. 작업장치로는 구동기어, 캐리바(carry bar) 및 드릴링 버킷(drilling bucket)으로 구성되어 있다.

② 동력전달순서는 엔진에서 클러치 및 변속기를 거쳐 작업장치인 구동기어에 전달된다. 구동기어의 동력은 캐리바(carry bar)로 전달되며 캐리바의 회전 및 상하운동은 드릴링 버킷에 전달되고 버킷은 지면 아래 방향으로 움직이며 회전운동하여 지반을 천공한다.

③ 진동과 소음이 거의 없고 굴착 능력이 우수하여 공사비가 저렴하나 표층의 토질이 연약하고 지하 수위가 높은 사질 지반일 경우 천공시 천공벽이 무너질 우려가 있다.

[어스 드릴(earth drill)]

3) 어스 오거(earth auger)

① 크롤러식 차대에 오거(auger) 등 천공 작업장치를 부착한 구조로 여러 형태의 스크루(screw) 비트를 끝에 설치하고 스크루 로드를 유압모터 또는 전기모터로 회전시켜 지중을 천공하면서 흙을 배출하는 장치이다.

② 작업장치는 리더, 전동모터 또는 유압모터, 오거(스크루 로드 및 스크루 비트) 등으로 구성되며 구동축의 수에 따라 일축식, 이축식, 다축식으로 나누어진다.

㉮ 리더(leader) : 오거를 정확한 천공 위치와 각도로 지중에 들어갈 수 있도록 안내하는 기능을 하며 고정형과 회전형이 있다.

㉯ 전동모터 또는 유압모터 : 감속기와 결합되어 있고 오거를 구동시킨다. 구비조건은 충격과 비틀림에 강하고 연결시 중공축 내로 이물질이 침입하지 않도록 패킹이 되어 있어야 한다.

[어스 오거(earth auger)의 구조]

 크롤러식 천공기 : 무한궤도 차대에 천공장치를 설치한 천공기를 말하며 종류로는 락 드릴(rock drill), 어스 드릴(earth drill), 어스 오거(earth auger) 등이 있다.

4) 점보 드릴(jumbo drill equipment)
① 이동식 주행차대에 다수의 천공기를 부착하여 한 번에 많은 구멍을 뚫는 건설기계이다.
② 다수의 붐 선단에 착암기인 드리프터(drifter)가 장착되어 유압 또는 공기압 등에 의해 자유자재로 빠르게 필요한 위치로 이동할 수 있어 터널 등의 협소한 작업공간에서 고속 천공이 가능하다.
③ 종류에는 드리프터(drifter), 레그(leg), 래더(ladder), 샤프트 점보 드릴(shaft jumbo drill)이 있다.

[2붐, 4붐의 점보 드릴]

5) 실드 머신(실드굴진기, shiele shield machine)
① 터널을 커터 헤드로 굴착하면서 굴착된 갱부를 실드로 복공하는 굴착기계이다. 실드 굴진기 전면에 절삭할 수 있는 커터헤드(cutter head)를 설치하고 회전하면서 전진시켜 접촉되는 앞면을 절삭하고 절삭된 토사를 실드 굴진기로 끌어내며 벨트 컨베이어(belt conveyor) 등의 운반기계를 이용하여 배출시킨다.
② 커터헤드로 접촉되는 부분이 밀착하여 절삭되므로 굴착속도가 빨라 공기 단축과 공사비용을 절감시킬 수 있으며 연약 지반 등의 굴착에 우수한 성능을 발휘한다.
③ 지지 및 절삭방식
  ㉮ 지지 방식 : 중앙축식, 중간지지식, 주변지지식
  ㉯ 절삭 방식 : 회전절삭방식, 요동절삭방식

6) 터널 보링 머신(TBM, tunnel boring machine)
① 직접 암벽에 접촉 회전시켜 전단면을 연속적으로 절삭 파쇄하여 쇄석을 연속적으로 굴착, 기계의 뒤쪽으로 반출하면서 굴진하는 장비이다.
② 전단면 굴착의 경우는 터널 보링 머신을 사용하고 자유단면 굴착에는 암 보링 머신(arm boring machine)을 사용한다. 커터헤드를 회전시켜 압착 및 절삭기구로 암반을 원형의 단면으로 굴착하는 것이다.
③ 종류로는 압착형과 절삭형이 있으며 압착형의 경우 다수의 롤러커터를 원형의 커터헤드에 설치한 방식이다. 압착형과 절삭형 커터의 경우 직경 7m 이하를 사용하고 8m 이상인 경우 대단면 확대기 방식을 사용한다.

④ 절삭형의 경우는 공작물을 회전시키지 않고 절삭날을 회전시켜 암반을 절삭하는 방식이다.

[터널 보링 머신과 굴착 단면도]

7) 로드 헤더(road header)
① 로드 헤더는 부분단면 굴착기 또는 자유단면 굴착기로 불리며, TBM과 달리 단면 형상에 따른 큰 제약이 없이 터널을 굴착할 수 있는 기계 굴착장비이다.
② 로드 헤더 전방에 장착되어 실제 암반을 굴착하는 커팅헤드에는 TBM의 디스크커터(disc cutter)와 달리 텅스텐 카바이드(tungsten carbide) 재료로 구성된 픽커터(pick cutter)가 사용된다.
③ 로드 헤더는 압축강도가 최대 170MPa인 경암 굴착도 가능하지만, 일반적으로 픽커터의 절삭성능과 내마모성의 한계로 인하여 압축강도가 100MPa 이하인 연암 조건에서 효과적이다.
④ 로드 헤더의 구성
　㉮ 전방부 : 굴착작업과 직접적인 관련이 있는 부분으로서 커팅헤드, 붐, 버력처리를 위한 로딩테이블(loading table)로 구성
　㉯ 중앙부 : 로드헤더의 이동과 운영을 위한 설비와 동력 설비가 포함
　㉰ 후방부 : 외부로의 버력(refuse, 광물 성분이 섞이지 않은 잡돌) 반출을 위한 체인 컨베이어(chain conveyor)와 같은 버력 반출 시스템으로 구성
⑤ 커팅헤드(cutting head) : 로드 헤더의 굴착성능을 좌우하는 가장 중요한 부분으로 회전방향에 따라 종방향 커팅헤드와 횡방향 커팅헤드로 구분된다.
　㉮ 종방향(axial) 커팅헤드 : 붐의 방향과 커팅헤드의 중심축 방향이 일치하는 것으로, 굴착방향과 회전방향이 같기 때문에 픽커터의 배열설계가 용이하며, 굴착속도가 낮기 때문에 픽커터의 소모가 상대적으로 적다.

[종방향(axial) 커팅헤드를 장착한 로드 헤더]

㉯ 횡방향(transverse) 커팅헤드 : 붐 방향과 커팅헤드의 중심축 방향이 직각을 이루는 것으로 암반 굴착 시 반력의 대부분이 몸체 방향으로 작용하기 때문에 안정적이며, 경암이나 비균질 암반에서 상대적으로 굴착성능 변화가 작다.

[횡방향(transverse) 커팅헤드를 장착한 로드 헤더]

8) 리버스 써큘레이션 드릴(reverse circulation drill)

① 정순환 천공기로 공경이 1m를 초과하는 구멍을 천공하게 되면 공내를 상승하는 압력수의 유속이 낮아져 굴착토사를 상승 배출하는데 충분한 유속을 얻을 수 없어 천공효율이 낮아지므로 이를 역으로 이용하는 방식 즉, 드릴파이프를 통하여 굴착된 토사와 물을 빨아올리는 역순환 방식의 천공기이다.
② 1950년대 독일에서 개발되어 우리나라에서는 1972년 남해고속도로공사에서 사용된 것이 처음이라 한다.
③ 굴착토를 배출시키는 방식에 따라 석션식과 공기식으로 구분된다.
  ㉮ 석션식(suction type) : 지상의 진공펌프에 의해 이수(泥水, 흙탕물)를 흡인(suction)하여 배출하는 방식
  ㉯ 공기식(air lift type) : 드릴파이프 끝 부근의 노즐을 통하여 압축공기를 불어 넣어 드릴파이프 내의 이수와 혼합시켜 이수의 비중과 드릴파이프 외측의 비중 차이에 의해 이수를 상향하게 하여 굴착토를 배출시키는 방식

> **리버스 써큘레이션 드릴의 장점**
> • 어스드릴이나 베노토 굴착기에 비하여 대구경(3~6m) 장척의 천공이 가능하다.
> • 무소음, 무진동으로 암반의 굴착이 가능하다.

9) 베노토(benoto) 굴착기

① 프랑스의 베노토(Sodiete Benoto)사에서 1934년에 개발한 기초공사용 대구경굴착기이다.
② 어스드릴과 달리 대구경의 케이싱을 좌우로 요동케 하여 압입시키고, 그 내부를 해머 그랩(hammer grab)이라고 불리우는 특수한 버킷(bucket)에 의해 굴착함으로써 외주에 케이싱을 가진 대구경의 구멍을 천공하는 기계이다.
③ 베노토 굴착기에 의해 천공된 곳에 철근을 거치하고 콘크리트를 타설함으로써 모든 케이싱 부분에 대구경의 철근콘크리트말뚝을 조성하므로 이 공법을 베노토 공법 또는 올케이싱(all casing) 공법이라고도 부른다.

10) 로터리 케이싱 드라이버(rotary casing driver)

① 로터리 케이싱 드라이버는 베노토 굴착기를 개량한 것이다.
② 튜빙머신(tubing machine)이 케이싱 튜브(casing tube)를 360° 선회시키면서 압입하고, 그 내부를 해머그랩(hammer grab)으로 굴착함으로써 외주에 대구경(Ø1,000~2,000mm)의 케이싱을 갖는 구멍을 천공하는 올케이싱공법(all casing method)에 사용된다.
② 전석, 사력 등이 혼합된 경질지반이나 암반 및 지중에 콘크리트구조물이나 PC파일 등 장해물이 남아 있는 지반의 천공이 가능하며, 톱다운(top down)공법으로 시공하는 건축물이나 철탑 또는 교량 등을 교체하기 위하여 기존의 기초가 있는 곳에 현장타설말뚝을 설치할 때는 탁월한 효과가 있다.

STEP 02 항타 및 항발기(pile driver)

1. 항타 및 항발기의 개요

공장에서 미리 제작한 강관 또는 콘크리트 파일을 박거나 뽑는데 사용하는 기계로서 기초공사용의 대표적인 기종이다. 항타 및 항발기는 기중기 탑재식이 일반적이며 해머의 종류에는 드롭해머(drop hammer), 디젤해머(diesel hammer), 증기해머(steam hammer), 유압해머(hydraulic hammer), 진동해머(vibro hammer) 등이 있다.

[디젤 말뚝 해머의 구조]

[항발기(pile driver)]

2. 분류 및 용도

1) 분류

① 구조에 따른 분류 : 단동식, 복동식, 차동식, 진동식
② 동력원의 종류에 따른 분류 : 수압식, 증기압식, 공기압식, 디젤엔진식 등
③ 시공 대상에 따른 분류
  ㉠ 기성파일 시공 : 공장에서 이미 제작된 파일을 소정의 각도로 정확히 타설하는 시공이다.

　　　　㉯ 현장타설 시공 : 땅 속에 구멍을 파고 굴착한 그 안에 파일을 매입하는 시공이다.
　　④ 말뚝의 타입 방식에 따른 분류
　　　　㉮ 추의 낙하에너지에 의해 타격력만으로 타입시키는 것
　　　　㉯ 타격에 의한 소음진동문제를 해결하기 위해 미리 굴착해 놓은 구멍에 말뚝을 타입시키는 것
　　　　㉰ 말뚝의 중공부를 통하여 굴착하면서 말뚝을 타입시키는 것 등
2) 용도
　　① 항타기 : 파일 박는 기계
　　② 항발기 : 파일 뽑는 기계
3) 건설기계관리법 시행령 상의 규정
　　현행 건설기계관리법 시행령 상의 규정에 따르면 항타 및 항발기는 "원동기를 가진 것으로 해머 또는 뽑는 장치의 중량이 0.5톤 이상인 것"으로 규정되어 있다.

3. 항타기 및 항발기 해머의 종류

1) 드롭해머(drop hammer)
　　① 와이어로프 끝에 매어 단 철재의 중추(monkey)를 윈치에 의해 끌어 올리고 이를 적당한 높이에서 낙하시켜 얻는 타격에너지에 의해 각종 말뚝을 박는 항타기이다.
　　② 드롭해머의 크기는 추의 무게로 나타내며, 말뚝중량의 1~3배 정도가 좋지만, 최근에는 거의 찾아볼 수 없다.
　　③ 드롭해머의 장점
　　　　㉮ 설비의 규모가 작으므로 경비가 적게 든다.
　　　　㉯ 조작이 간단하다.
　　　　㉰ 낙하높이를 변화시킴에 따라서 타격 에너지를 바꿀 수 있다.
　　④ 드롭해머의 단점
　　　　㉮ 작업속도가 느리다.
　　　　㉯ 해머를 너무 높이 들어올릴 경우 파일을 파손시킬 위험이 있다.
　　　　㉰ 해머에 의한 큰 진동으로 인하여 이웃 건물에 피해를 줄 수 있다.
　　　　㉱ 수중에서 파일 작업이 불가능하다.
2) 증기해머(steam hammer)
　　① 작동유체인 증기에 의한 램(ram)의 타격력으로 항타하는 항타기이다.
　　② 작동유체의 작용에 따라 단동식과 복동식으로 구분된다.
　　　　㉮ 단동식 : 실린더 내에 수증기를 유입시켜 피스톤 로드(piston rod) 하단에 무거운 램(ram)이 장착된 피스톤을 상승시킨 후, 피스톤의 상사점에서 작동유체를 배출시킴으로써 자중에 의해 하강하는 램의 타격력으로 항타
　　　　㉯ 복동식 : 피스톤이 상승할 때는 물론 하강할 때도 작동유체를 유입시켜 램의 타격력을 상승시키도록 한 것

> **참고** 에어해머(air hammer)
> - 증기해머와 같은 원리를 이용하는 기동해머로 압축공기를 작동유체로 사용한 것이다.
> - 뉴매틱해머(pneumatic hammer)라고도 부른다.
> - 주로 대규모 공사에 사용한다.

3) 디젤해머(diesel hammer)
   ① 기동해머의 결점을 보완하기 위하여 1938년 독일에서 발명한 것으로 2사이클 디젤엔진의 작동원리를 해머 내부에 도입한 것이다.
   ② 보일러나 공기압축기(air compressor)와 같은 부속설비를 필요로 하지 않고 피스톤인 램이 낙하하는 하중과 경유의 폭발력이 함께 타격력이 되므로 타입능률이 좋아 건설현장에서 많이 사용되어 왔으나, 소음이 크고 배기가스의 공해가 있어 요즈음 시가지에서는 거의 사용이 제한되고 있다.

4) 유압해머(hydraulic hammer)
   ① 기동해머와 같은 원리로 작동되는 항타기로 작동유체로는 유압유를 사용하며 유압실린더(hydraulic cylinder) 내에 유압유를 유입시켜 피스톤을 상승시킨 후, 적당한 위치에서 유압유를 배출시킴으로써 피스톤 로드에 연결된 램을 자유낙하시켜 그 타격력으로 항타한다.
   ② 단동식과 복동식으로 구분되며, 보통 램(ram)의 중량으로 규격이 표시되는데 국내에서는 4~13톤급이 제작되고 있다.
   ③ 유압해머의 장점
      ㉮ 디젤해머에 비해 타격력이 크다.
      ㉯ 램의 낙하 조절이 가능하다.
      ㉰ 폭발소음과 배기가스의 배출이 없다.
      ㉱ 연약한 지반에서도 항타가 가능하다.

5) 진동해머(vibro hammer)
   ① 소련에서 개발되어 1950년경부터 실용화된 항타·항발기로 바이브로(vibro)라고도 불리운다.
   ② 말뚝에 진동을 가하여 자중과 해머의 중량에 의해 항타하기 때문에 선단의 관입저항이 작은 강시판(steel sheet pile)이나 강관 또는 H형강말뚝(H-steal pile)을 타입하거나 인발할 때 매우 유효하게 사용되고 있다.
   ③ 진동해머의 크기는 모터의 출력(kW), 또는 기진력(톤)으로 규격을 표시하며, 본체는 완충장치, 기진기, 척(chuck) 등으로 구성된다.
   ④ 진동수에 따른 용도
      ㉮ 고주파형 : 진동수 1,000~1,300vpm 정도로 주로 강관이나 강시판의 타입에 사용
      ㉯ 저주파형 : 진동수 400~600vpm 정도로 샌드드레인(sand drain)이나 샌드콤팩션파일(sand compaction pile)공법에서 모래 기둥을 조성하거나 현장타설말뚝공법에서 표층 케이싱(casing)의 설치나 인발에 사용

 참고 vpm
Vibration per minute의 약어로 분당 진동수를 의미한다.

STEP 03 시추기

1. 시추기의 개요
시추(boring)란 지각 내부의 여러 지식을 얻기 위하여 또는 석유·천연가스·온천·지하수 등을 채취하기 위해 지각 속에 구멍을 뚫는 일을 말한다. 이러한 작업을 위해 사용되는 시추기는 회전, 급진 장치를 갖춘 천공장치(스위블 헤드), 권상장치(호이스트), 변속기, 원동기 등으로 구성되어 있다.

2. 시추작업 관련 사항

1) 시추 목적에 의한 시추의 분류
   ① 탐광을 위한 시추
   ② 통기를 목적으로 하는 시추
   ③ 발파공을 목적으로 하는 시추
   ④ 배수공을 목적으로 하는 시추
   ⑤ 가스배출을 목적으로 하는 시추
   ⑥ 토목공사에서 그라우트공을 위한 시추
   ⑦ 지하수를 위한 시추
   ⑧ 온천 및 지열개발을 위한 시추
   ⑨ 석탄 또는 석유의 탐사를 위한 시추
   ⑩ 금속 및 비금속의 탐광을 위한 시추

2) 공벽보호관(casing pipe)의 기능
   ① 시추공의 유지 및 시공벽의 붕괴방지
   ② 지하수의 유입 방지
   ③ 일정한 시추공경의 유지

3) 시추작업 시 공곡(시추공의 휨) 발생의 원인
   ① 기계 설치가 불량할 때
   ② 비트에 무리한 압력이 가해졌을 때
   ③ 암석의 변화가 심하고 암석 절리의 경사가 심할 때

4) 시추펌프 취급시 주의사항
   ① 각 부 주유장소의 점검 및 보충
   ② 각 부분 볼트 및 너트의 점검 및 정확한 죔 확인
   ③ 겨울철 펌프 내부 및 호스 배관 등의 동파 방지

5) 재질에 따른 비트(bit)의 종류
   ① 비트는 굴착기구의 최선단에 설치되어 직접 지반을 굴착하는 것으로 시추에 사용되는 기구 중 가장 중요한 역할을 한다. 시추목적이나 지반 상태에 따라서 여러 가지 비트를 구분하여 사용하며 재질, 형상, 성능도 비트에 따라 다르므로 각각의 비트의 특징을 충분히 파악하고 구분하여 사용하는 것이 경제적으로 굴착에 효과가 높다.

② 비트는 재질에 따라 비트는 재질에 따라 메탈 비트와 다이아몬드 비트로 나누어지며 메탈 비트는 지하수 개발 시에 많이 사용하며, 스핀들 회전속도가 느리고 급수의 양을 많이 보내어 작업을 한다. 다이아몬드 비트는 경암, 극경암층에 사용되며, 회전속도가 빠르고, 이수의 급수를 적게 보내어 작업을 한다.

재질 구분		종류
메탈 비트	크라운 비트	–
	논코어 비트	리밍 비트, 쓰리윙 비트, 로즈 비트, 초핑 비트, 플랫 비트
다이아몬드 비트	코어 비트	서페이스 비트, 임프레그네트 비트
	논코어 비트	파일럿 비트, 콘케이브 비트, 테이퍼 비트

 다이아몬드 리밍쉘(reaming shell)
다이아몬드 비트로 뚫은 시추공을 넓히는 기구를 말하며, 다이아몬드 비트를 사용할 때에는 반드시 사용되는 것으로 일반적으로는 리머(reamer)라 부른다.

6) 다이아몬드 비트의 단점
① 점착성 지질에 대해선 메탈 크라운보다 능률이 떨어질 때가 많다.
② 현장에서 다이아몬드의 재박음이 불가능하고 재박음 되어도 상당한 시간이 소요된다.
③ 지질에 적용되는 비트의 종류와 굴착조건(회전, 급압, 송수 등)의 선정에 주의가 필요하다.
④ 다이아몬드는 충격에 약하며 서페이스 타입은 자갈층 굴진이 불가능하다.
⑤ 고속 회전 시추기계가 필요하다.

7) 비트의 종류 및 크기

종류	공경(surface bit)	코어경(impregment bit)
NX	75.5mm	54.7mm
BX	59.9mm	42.0mm
AX	48.0mm	30.0mm
EX	37.7mm	21.5mm

8) 시추 로드(drill rod)
① 시추 로드는 구멍을 뚫는데 사용하는 파이프로 비트에 회전굴착의 힘을 전달하며, 그 끝에 비트(bit)를 붙이고 시추를 한다.
② 로드는 시추기로 회전과 추력을 주어 이것을 최하부의 비트에 전달하는 축인 동시에 비트 끝을 냉각시키거나 공내의 슬러지를 지상으로 운반하기 위한 물을 비트에 보내는 송수관의 역할을 한다.
③ 로드의 회전수는 비트의 지름, 비트의 종류, 지층 등에 따라 달라지며 다음과 같이 조정한다.
　㉮ 단단한 바위(경암)일 때는 회전수를 늦추고, 연한 바위(연암)일 때는 회전수를 빠르게 한다.
　㉯ 작은 지름의 구멍은 회전수를 빠르게 하고, 큰 구멍의 지름은 회전수를 느리게 한다.

9) 로드(rod) 취급상의 주의
   ① 로드를 지상에 던지거나 손상시키는 일이 없도록 하여야 하며, 지상에 놓을 대는 반드시 침목 위에 올려놓는다.
   ② 나사 부분을 상하지 않도록 하여야 한다.
   ③ 로드를 세울 때는 반드시 커플링 쪽을 아래로 하고 두께 2~3cm의 판자 위에 놓아야 한다.
   ④ 렌치를 거는 위치는 로드 끝에서 10cm 떨어진 위에 걸도록 한다.
   ⑤ 나사 부분은 항상 깨끗하게 보존하여야 한다. 이물질이 부착되거나 더러운 것은 물이나 경유로 씻어내고 그리스를 발라둔다.
   ⑥ 테이퍼 부분을 상하지 않도록 하여야 한다. 손상된 테이퍼는 수정구 등으로 각도를 수정하여 보관하도록 한다.

10) 접속구 및 보호구
   ① 커플링(Coupling) : 로드와 로드를 연결하는 것으로 외경은 로드와 같으며, 중심에 구멍이 뚫려 있고 나사가 나와 있다. 로드 커플링의 모양은 로드의 형태에 따라 달라진다.(로드의 양끝이 암나사일 경우 커플링의 양끝은 모두 숫나사)
   ② 헤드(Head) : 보호관의 머리에 있는 장치이며 나사의 보호 및 보호관을 박아 넣을 때 타격을 받는데 사용한다.
   ③ 슈(Shoe) : 보호관의 끝부분에 부착하여 나사를 보호하는 동시에 보호관이 들어가기 쉽게 끝이 뾰족하게 되어있는 특수 공구이다.
   ④ 부싱(Bushing) : 로드와 보호관의 접속장치이며 로드 쪽은 암나사, 보호관 쪽은 숫나사로 되어 있다.

> **참고** 이완 커플링
> 시추작업 도중 로드 굵기가 서로 다른 것을 서로 연결해야 할 때 사용하는 연결구로서 로드 직경이 서로 다르고 양쪽이 숫나사로 된 것이다.

제06장_ 천공기 작업장치 출제예상문제

01 등록 건설기계의 기종별 표시 방법 중 맞지 않는 것은?

① 02 : 굴착기
② 07 : 기중기
③ 23 : 천공기
④ 27 : 타워크레인

> 천공기 : 22, 항타 및 항발기 : 23

02 THD(Top Hammer Drilling)에 관한 설명으로 옳은 것은?

① 유압을 추진력으로 하며 드리프터(drifter)에서 발생되는 회전력과 타격력으로 천공한다.
② 압축공기 피스톤이 비트를 직접 타격하기 때문에 에너지 전달 손실이 적다.
③ 경암 또는 연암에서 비교적 깊은 천공 깊이와 중간 구경의 천공작업에 사용된다.
④ 타격력 없이 회전력과 추진력만으로 천공작업을 수행하는 방식이다.

> THD(Top Hammer Drilling)는 추진력이 유압으로 핵심 유압부품인 드리프터(drifter)에서 발생되는 회전력과 타격력이 로드와 드릴비트를 통해 암반면에 전달되어 암반을 파쇄하는 천공작업 방식이다.

03 천공방법 중 비트(bit)에 충격을 주어 암석을 파쇄하여 천공하는 방식은 무엇인가?

① 회전식
② 충격식
③ 발파식
④ 이수식

> 천공기(Drilling Equipment)는 지반이나 암반에 구멍을 뚫는 기계를 말하며 천공 방식에 따라 충격식과 회전식으로 구분되고, 충격식은 유압을 추진력으로 하는 THD(Top Hammer Drilling)와 공기압을 추진력으로 하는 DTH(Down The Hole Hammer Drilling)로 구분한다.

04 다음 중 충격식 천공기에 해당되지 않는 것은?

① 잭해머(jack hammer)
② 드리프터(drifter)
③ 스토퍼(stoper)
④ 어스오거(earth auger)

> 천공기의 종류
> • 충격식 : 스토퍼, 잭해머, 레그(leg)드릴, 드리프터, 크롤러 드릴, 점보드릴
> • 회전식 : 보링머신, 어스오거, 실드머신, 어스드릴 베노토 굴착기, 로터리 케이싱 드라이버, 로드 헤더, 리버스 써큘레이션 드릴

05 천공기에 대한 설명으로 잘못된 것은?

① 구멍을 뚫는 방식에 따라 충격식과 회전식으로 구분한다.
② 충격식은 깊은 천공이나 큰 구멍의 천공이 기술적으로 곤란하다.
③ 천공 속도는 일반적으로 회전식에 비해 충격식이 빠르다.
④ 충격식 중 DTH(Down The Hole Hammer)는 유압을 추진력으로 한다.

> DTH(Down The Hole Hammer)는 공압 해머가 로드 하부에 장착되어 비트 직상부에서 드릴비트를 직접 타격하여 암반에 충격 에너지를 전달하므로 천공 깊이와 상관없이 비교적 일정한 타격력을 암반에 전달할 수 있다.

06 회전식과 충격식 천공기에 대한 설명으로 옳은 것은?

① 천공속도는 회전식이 빠르다.
② 천공깊이(길이)는 충격식이 크다.
③ 깊은 천공이나 대구경 천공에는 회전식이 적합하다.
④ 오거, 실드머신은 충격식에 해당된다.

> 충격식은 천공속도는 빠르지만 깊은 천공이나 대구경 천공은 기술적으로 곤란하다.

 01 ③ 02 ① 03 ② 04 ④ 05 ④ 06 ③

07 THD 및 DTH와 같은 충격식 천공기가 천공을 위해 사용하는 힘을 보기에서 모두 고른 것은 무엇인가?

| ㉮ 추진력 | ㉯ 회전력 | ㉰ 타격력 |

① ㉮
② ㉮, ㉰
③ ㉯, ㉰
④ ㉮, ㉯, ㉰

🔍 THD나 DTH는 추진력, 회전력, 타격력을 모두 이용하며, RD(Rotary Drilling)는 회전력과 추진력만으로 천공작업을 수행한다.

08 건설기계관리법령상 천공기의 범위 및 규격에 대한 설명으로 옳지 않은 것은?

① 천공장치를 가진 자주식인 것을 말한다.
② 무한 궤도식, 타이어식 또는 굴진식 등 스스로 이동이 가능한 것이어야 한다.
③ 실드 머신의 규격은 최대 천공직경으로 표시한다.
④ 크롤러 점보식의 규격은 프레트롤 단수와 착암기 대수로 표시한다.

🔍 실드 머신의 규격은 최대 굴착직경으로 표시한다.

09 천공 작업 시의 소모성 부품에 해당되지 않는 것은?

① 섕크 아답터(shank adapter)
② 커플링(coupling)
③ 익스텐션 로드(extension rod)
④ 슈(Shoe)

🔍 섕크 아답터(shank adapter), 커플링(coupling), 익스텐션 로드(extension rod), 드릴 비트(drill bit) 등으로 구성되는 천공공구는 소모성 부품에 해당된다.

10 다음 중 드리프터(drifter)의 구성부품으로 가장 거리가 먼 것은?

① 비트
② 피스톤
③ 어큐뮬레이터
④ 회전모터

🔍 핵심 유압부품인 드리프터(drifter)에서 발생되는 회전력과 타격력이 로드와 드릴비트를 통해 암반면에 전달되어 암반을 파쇄한다.

11 RD(Rotary Drilling)에 대한 설명으로 틀린 것은?

① 추진력, 회전력, 타격력을 모두 이용하여 천공작업을 수행하는 방식이다.
② 주로 석유와 가스개발 목적의 자원개발 혹은 대심도 지열개발용으로 사용되고 있다.
③ 지상의 RD 리그는 플랜트 규모의 구조물로 건설된다.
④ THD나 DTH에 비해 일반적으로 규모가 크다.

🔍 THD나 DTH는 추진력, 회전력, 타격력을 모두 이용하여 천공작업을 수행하지만, RD(Rotary Drilling)는 회전력과 추진력만으로 천공작업을 수행하는 방식이다.

12 천공기 기종 중 터널 보링 머신의 규격으로 알맞은 것은?

① 설비의 동력
② 착암기 중량
③ 착암기 대수
④ 최대 굴착직경

🔍 실드 머신 및 터널 보링 머신의 규격은 최대 굴착직경이다.

13 크롤러식 천공기의 규격과 가장 거리가 먼 것은?

① 착암기의 중량
② 최대 굴착직경
③ 매분당 공기 토출량
④ 유압 펌프 토출량

🔍 기종별 규격의 표시
• 크롤러식 : 착암기의 중량(kg)과 매분당 공기 토출량(m^3/min) 및 유압 펌프 토출량(l/min)
• 크롤러 점보식 : 프레트롤 단수와 착암기 대수(O단×O대)
• 실드 머신 : 최대 굴착직경(mm)
• 터널 보링 머신 : 최대 굴착직경(mm)
• 오거 등 : 최대 천공직경(mm)

14 타격 실린더와 회전용 오일모터 및 기어박스로 구성되며 타격력과 회전력을 발생시키는 장치는?

① 스크루 로드(screw rod)
② 드리프터(drifter)
③ 리더(leader)
④ 가이드 셸(guide shell)

🔍 유압식 드리프터가 가이드 셸 위에서 운동하며 타격력과 회전력을 발생시킨다.

정답 07 ④ 08 ③ 09 ④ 10 ① 11 ① 12 ④ 13 ② 14 ②

15 천공작업 시 로드를 잡아주어 일정 위치에 천공을 가능하게 하며, 천공시 발생하는 분진을 모아주는 장치는?

① 집진기(dust collector)
② 피드 모터(feed motor)
③ 가이드 셸(guide shell)
④ 센트럴라이저(centralizer)

> 센트럴라이저(centralizer)는 천공작업시 로드를 잡아주고 천공시 발생하는 분진을 모아주는 장치이다.

16 천공 시 발생하는 분진 등을 여과시키는 장치는?

① 집진기(dust collector)
② 자동로드 교환장치(auto rod changer)
③ 센트럴라이저(centralizer)
④ 피드 모터(feed motor)

> • 센트럴라이저 : 분진을 모아주는 장치
> • 집진기 : 분진을 여과시키는 장치

17 락 드릴의 작업장치에 대한 설명으로 틀린 것은?

① 피드 실린더는 피드 전체를 상하로 이동시킨다.
② 피드 각도 실린더는 피드 전체를 앞뒤로 각도 조절한다.
③ 이동용 활차는 피드 실린더 작동시 착암기의 상하이동을 원활하게 한다.
④ 인장 이완 체인은 착암기의 상하이동시 체인의 긴장을 조절하는 기능을 한다.

> • 피드 실린더 : 착암기를 상하로 이동시킨다.
> • 피드 상하 실린더 : 피드 전체를 상하로 이동시킨다.

18 어스 드릴(earth drill)의 동력전달순서로 알맞은 것은?

① 엔진 → 캐리바 → 클러치/변속기 → 구동기어 → 드릴링 버킷
② 엔진 → 캐리바 → 구동기어 → 클러치/변속기 → 드릴링 버킷
③ 엔진 → 클러치/변속기 → 캐리바 → 구동기어 → 드릴링 버킷
④ 엔진 → 클러치/변속기 → 구동기어 → 캐리바 → 드릴링 버킷

> 엔진에서 클러치 및 변속기를 거쳐 작업장치인 구동기어에 전달된다. 구동기어의 동력은 캐리바(carry bar)로 전달되며 캐리바의 회전 및 상하운동은 드릴링 버킷에 전달되고 버킷은 지면 아래 방향으로 움직이며 회전운동하여 지반을 천공한다.

19 어스 드릴(earth drill)에 대한 설명으로 틀린 것은?

① 작업장치는 구동기어, 캐리바 및 드릴링 버킷으로 구성되어 있다.
② 진동과 소음이 거의 없다.
③ 굴착 능력이 우수하지만 공사비가 비싸다.
④ 사질 지반일 경우 천공시 천공벽이 무너질 우려가 있다.

> 어스 드릴은 굴착 능력이 우수하며 공사비가 저렴하다.

20 다음의 내용이 설명하고 있는 것은?

> 다수의 붐 선단에 착암기인 드리프터(drifter)가 장착되어 유압 또는 공기압 등에 의해 자유자재로 빠르게 필요한 위치로 이동할 수 있어 터널 등의 협소한 작업공간에서 고속 천공이 가능하다.

① 어스 드릴
② 록 드릴
③ 점보 드릴
④ 터널 보링머신

> 점보 드릴(jumbo drill equipment)은 이동식 주행차대에 다수의 천공기를 부착하여 한 번에 많은 구멍을 뚫는 건설기계이다.

21 실드 머신(shield machine)의 지지방식이 아닌 것은?

① 고정식   ② 중앙축식
③ 중간지지식   ④ 주변지지식

> 실드 머신의 지지 및 절삭방식
> • 지지 방식 : 중앙축식, 중간지지식, 주변지지식
> • 절삭 방식 : 회전절삭방식, 요동절삭방식

 정답 15 ④ 16 ① 17 ① 18 ④ 19 ③ 20 ③ 21 ①

22 로드 헤더(road header)에 설명으로 틀린 것은?

① 부분단면 굴착기 또는 자유단면 굴착기로 불리는 터널 굴착장비이다.
② 터널 보링머신과 동일하게 단면 형상에 따라 천공작업에 제약을 받는다.
③ 커팅헤드(cutting head)에는 종방향 커팅헤드와 횡방향 커팅헤드가 있다.
④ 횡방향 커팅헤드는 붐 방향과 커팅헤드의 중심축 방향이 직각을 이루고 있다.

🔍 로드 헤더(road header)는 부분단면 굴착기 또는 자유단면 굴착기로 불리며, TBM과 달리 단면 형상에 따른 큰 제약이 없이 터널을 굴착할 수 있는 기계 굴착장비이다.

23 로드 헤더(road header)의 커팅헤드(cutting head)에 대한 설명으로 틀린 것은?

① 회전 방향에 따라 종방향 커팅헤드와 횡방향 커팅헤드로 구분된다.
② 커팅헤드는 로드 헤더의 굴착성능을 좌우하는 가장 중요한 부분이다.
③ 횡방향 커팅헤드는 붐 방향과 커팅헤드의 중심축 방향이 직각을 이루고 있다.
④ 종방향 커팅헤드는 굴착방향과 회전방향이 반대이다.

🔍 종방향(axial) 커팅헤드는 붐의 방향과 커팅헤드의 중심축 방향이 일치하는 것으로, 굴착방향과 회전방향이 같기 때문에 픽커터의 배열설계가 용이하다.

24 로드 헤더(road header)의 횡방향(transverse) 커팅헤드에 대한 설명으로 옳은 것은?

① 암반 굴착 시 반력의 대부분이 몸체 방향으로 작용하기 때문에 안정적이다.
② 굴착속도가 낮기 때문에 픽커터의 소모가 종방향 커팅헤드에 비해 상대적으로 적다.
③ 붐의 방향과 커팅헤드의 중심축 방향이 일치한다.
④ 굴착방향과 회전방향이 같기 때문에 픽커터의 배열설계가 용이하다.

🔍 횡방향(transverse) 커팅헤드는 붐 방향과 커팅헤드의 중심축 방향이 직각을 이루는 것으로 암반 굴착 시 반력의 대부분이 몸체 방향으로 작용하기 때문에 안정적이며, 경암이나 비균질 암반에서 상대적으로 굴착성능 변화가 작다.

25 다음 내용의 괄호 안에 들어갈 내용으로 옳은 것은?

> 로드 헤더(road header) 전방에 장착되어 실제 암반을 굴착하는 커팅헤드에는 텅스텐 카바이드(tungsten carbide) 재료로 구성된 (   )가 사용된다.

① 디스크 커터(disc cutter)
② 픽 커터(pick cutter)
③ 드릴링 버킷(drilling bucket)
④ 드리프터(drifter)

🔍 터널 보링머신(TBM)은 디스크 커터(disc cutter), 로드 헤더(road header)는 텅스텐 카바이드(tungsten carbide) 재료로 구성된 픽 커터(pick cutter)가 사용된다.

26 드릴 파이프를 통하여 굴착된 토사와 물을 빨아올리는 역순환 방식의 천공기는?

① 실드 머신(shield machine)
② 어스 오거(earth auger)
③ 리버스 써큘레이션 드릴(reverse circulation drill)
④ 어스 드릴(earth drill)

🔍 리버스 써큘레이션 드릴(reverse circulation drill)은 정순환 천공기로 공경이 1m를 초과하는 구멍을 천공하게 되면 공내를 상승하는 압력수의 유속이 낮아져 굴착토사를 상승 배출하는데 충분한 유속을 얻을 수 없어 천공효율이 낮아지므로 이를 역으로 이용하는 방식 즉 드릴파이프를 통하여 굴착된 토사와 물을 빨아올리는 역순환 방식의 천공기이다.

27 리버스 써큘레이션 드릴(reverse circulation drill)에 대한 설명으로 틀린 것은?

① 역순환 방식의 천공기이다.
② 석션식(suction type)과 공기식(air lift t-ype)으로 구분된다.
③ 무소음, 무진동으로 암반의 굴착이 가능하다.
④ 대구경 장척의 천공이 불가능하다.

🔍 리버스 써큘레이션 드릴은 어스드릴이나 베노토 굴착기에 비하여 대구경(3~6m) 장척의 천공이 가능하다.

정답 22 ② 23 ④ 24 ① 25 ② 26 ③ 27 ④

28 항타기에서 측면 진동이 일어나는 원인으로 거리가 먼 것은?

① 파일이 만곡되었을 때
② 파일이 직각으로 박힐 때
③ 파일과 해머가 일직선이 아닐 때
④ 비트가 직각이 되지 않을 때

29 다음의 내용은 어떤 장비에 대한 설명인가?

> 대구경의 케이싱을 좌우로 요동케 하여 압입시키고, 그 내부를 해머 그랩(hammer grab)이라고 불리우는 특수한 버킷(bucket)에 의해 굴착함으로써 외주에 케이싱을 가진 대구경의 구멍을 천공하는 기계이다.

① 터널 보링 머신(tunnel boring machine)
② 로드 헤더(road header)
③ 베노토(benoto) 굴착기
④ 로터리 케이싱 드라이버(rotary casing driver)

> 베노토 굴착기는 어스드릴과 달리 대구경의 케이싱을 좌우로 요동케 하여 압입시키고, 그 내부를 해머 그랩(hammer grab)이라고 불리우는 특수한 버킷(bucket)에 의해 굴착함으로써 외주에 케이싱을 가진 대구경의 구멍을 천공하는 기계이다.

30 항타 작업을 할 때 바운싱(bouncing)이 일어나는 원인과 가장 거리가 먼 것은?

① 파일이 장애물과 접촉할 때
② 증기 또는 공기량을 약하게 사용할 때
③ 2중 작동 해머를 사용할 때
④ 가벼운 해머를 사용할 때

> 항타 작업 시 바운싱(bouncing)은 앞·뒤가 동시에 같은 방향으로 진동하는 상태를 말하며 증기 또는 공기량을 많이 사용할 때 일어난다.

31 항타기 작업에서 바운싱(bouncing)이 일어나는 원인은?

① 파일이 무거울 때
② 가벼운 해머를 사용할 때
③ 항타의 간격이 일정하지 않을 때
④ 파일이 수직으로 박히지 않았을 때

> 항타 작업 시 바운싱(bouncing)의 원인
> • 파일이 장애물과 접촉할 때
> • 증기 또는 공기량을 많이 사용할 때
> • 2중 작동 해머를 사용할 때
> • 가벼운 해머를 사용할 때

32 항타기 작업 중 스프링잉(springing)은 무엇을 뜻하는가?

① 해머의 작동
② 스프링 장치의 서징 현상
③ 파일의 과대한 측면 진동
④ 붐의 흔들림

> 스프링잉(springing)은 파일의 측면 진동현상을 말한다.

33 항타기 작업 중 스프링잉(springing)이 일어나는 원인과 가장 거리가 먼 것은?

① 파일이 만곡되었을 때
② 파일과 해머의 정렬이 불량 할 때
③ 비트가 직각이 아닐 때
④ 파일이 무거울 때

> 파일의 무게는 스프링잉(springing) 현상과 거리가 멀다.

34 항타 및 항발기의 종류에 해당되지 않는 것은?

① 드롭해머(drop hammer)
② 디젤해머(diesel hammer)
③ 진동해머(vibro hammer)
④ 벨트해머(belt hammer)

> 항타 및 항발기는 기중기 탑재식이 일반적이며 해머의 종류에는 드롭해머(drop hammer), 디젤해머(diesel hammer), 증기해머(steam hammer), 유압해머(hydraulic hammer), 진동해머(vibro hammer) 등이 있다.

35 항타 및 항발기의 구조에 따른 분류에 해당되지 않는 것은?

① 단동식　② 복동식
③ 양동식　④ 진동식

> 구조에 따른 분류 : 단동식, 복동식, 차동식, 진동식

28 ② 29 ③ 30 ② 31 ② 32 ③ 33 ④ 34 ④ 35 ③

36 건설기계관리법령상 항타 및 항발기는 중량이 몇 톤 이상인 것을 말하는가?

① 0.5톤
② 1톤
③ 3톤
④ 5톤

> 현행 건설기계관리법 시행령 상의 규정에 따르면 항타 및 항발기는 "원동기를 가진 것으로 해머 또는 뽑는 장치의 중량이 0.5톤 이상인 것"으로 규정되어 있다.

37 드롭해머(drop hammer) 장점에 대한 설명으로 틀린 것은?

① 설비의 규모가 작으므로 경비가 적게 든다.
② 수중에서 파일 작업이 가능하다.
③ 낙하높이를 변화시킴에 따라서 타격 에너지를 바꿀 수 있다.
④ 조작이 간단하다.

> 드롭해머의 단점
> • 작업속도가 느리다.
> • 해머를 너무 높이 들어 올림으로써 파일을 파손시킬 위험이 있다.
> • 해머에 의한 큰 진동으로 인하여 이웃 건물에 피해를 줄 수 있다.
> • 수중에서 파일 작업이 불가능하다.

38 증기해머와 같은 원리를 이용하는 기동해머로 뉴매틱해머(pneumatic hammer)로도 불리는 해머는?

① 드롭해머(drop hammer)
② 디젤해머(diesel hammer)
③ 공기해머(air hammer)
④ 유압해머(hydraulic hammer)

> 에어해머(air hammer)
> • 증기해머와 같은 원리를 이용하는 기동해머로 압축공기를 작동유체로 사용한 것이다.
> • 뉴매틱해머(pneumatic hammer)라고도 부른다.
> • 주로 대규모 공사에 사용한다.

39 디젤해머(diesel hammer)는 어떤 원리를 이용한 장비인가?

① 2사이클 디젤기관
② 3사이클 디젤기관
③ 5사이클 디젤기관
④ 7사이클 디젤기관

> 디젤해머(diesel hammer)는 기동해머의 결점을 보완하기 위하여 1938년 독일에서 발명한 것으로 2사이클 디젤엔진의 작동원리를 해머 내부에 도입한 것이다.

40 유압해머(hydraulic hammer)의 설명으로 틀린 것은?

① 디젤해머에 비해 타격력이 크다.
② 램의 낙하 조절이 가능하다.
③ 폭발소음과 배기가스의 배출이 없다.
④ 연약한 지반에서는 항타가 불가능하다.

> 유압해머는 단동식과 복동식으로 구분되며, 연약한 지반에서도 항타가 가능하다.

41 진동해머(vibro hammer)에 대한 설명으로 틀린 것은?

① 말뚝에 진동을 가하여 자중과 해머의 중량에 의해 항타한다.
② 일반적으로 램(ram)의 중량으로 규격이 표시된다.
③ 진동해머의 본체는 완충장치, 기진기, 척(chuck) 등으로 구성된다.
④ 진동수 1,000~1,300vpm 정도의 고주파형은 주로 강관이나 강시판의 타입에 사용한다.

> 진동해머의 크기는 모터의 출력(kW), 또는 기진력(톤)으로 규격을 표시한다.

42 도로에서 파일 항타, 굴착작업 중 지하에 매설된 전력케이블 피복이 손상되었을 때 전력 공급에 파급되는 영향 중 가장 적합한 것은?

① 케이블이 절단되어도 전력공급에는 지장이 없다.
② 케이블은 외피 및 내부에 철그물망으로 되어 있어 절대로 절단되지 않는다.
③ 케이블을 보호하는 관은 손상이 되어도 전력공급에는 지장이 없으므로 별도의 조치는 필요 없다.
④ 케이블에 충격 또는 손상이 가해지면 전력 공급이 차단되거나 일정 시일 경과 후 부식 등으로 전력 공급이 중단될 수 있다.

정답 36 ① 37 ② 38 ③ 39 ① 40 ④ 41 ② 42 ④

43 다음 중 회전식 시추기의 주요구성 장치가 아닌 것은?

① 원동기
② 변속기
③ 천공장치
④ 운송장치

> 시추기는 회전, 급진 장치를 갖춘 천공장치(스위블 헤드), 권상장치(호이스트), 변속기, 원동기 등으로 구성되어 있다.

44 일반적인 육상 시추에서 주로 사용하는 펌프의 형식은?

① 왕복형 펌프
② 베인형 에어 펌프
③ 분사 펌프
④ 축류형 펌프

45 시추 목적에 의한 시추의 분류에 해당되지 않는 것은?

① 탐광을 위한시추
② 통기를 목적으로 하는 시추
③ 발파공을 목적으로 하는 시추
④ 장비시험을 위한 시추

> 시추목적에 의한 시추의 분류
> • 탐광을 위한 시추
> • 통기를 목적으로 하는 시추
> • 발파공을 목적으로 하는 시추
> • 배수공을 목적으로 하는 시추
> • 가스배출을 목적으로 하는 시추
> • 토목공사에서 그라우트공을 위한 시추
> • 지하수를 위한 시추
> • 온천 및 지열개발을 위한 시추
> • 석탄 또는 석유의 탐사를 위한 시추
> • 금속 및 비금속의 탐광을 위한 시추

46 시추작업 중 로드 끝에 장착하여 채취되는 토사, 광물시료를 채취할 수 있는 장비를 무엇이라 하는가?

① 가이드 셸(guide shell)
② 코어배럴(Core barrel)
③ 리더(leader)
④ 드리프터(drifter)

> 시추작업 중 로드 끝에 장착하여 채취되는 토사, 광물시료를 채취할 수 있는 장비를 코어배럴(Core barrel)이라 한다.

47 시추공 공벽에 단층, 수맥, 등 갈라진 틈에 시멘트 몰탈을 주입하여 오염수 유입을 방지하기 위한 작업은?

① 그라우팅(Grouting)
② 인케이싱(In Casing)
③ 바운싱(bouncing)
④ 스프링잉(springing)

> • 인케이싱(In Casing) : 시추공 누수 및 붕괴방지를 위하여 관을 설치하는 작업
> • 바운싱(bouncing) : 앞·뒤가 동시에 같은 방향으로 진동하는 상태
> • 스프링잉(springing) : 파일의 측면 진동 현상

48 천공작업 시 암질의 급격한 변화에 따라 드리프터(drifter)의 회전 압력이 급격히 변화됨으로써 천공 비트가 고착되는 현상을 방지하는 장치는?

① 재밍 조정장치(ajuster jamming system)
② 로드 취출장치(storke ajuster)
③ 재밍 방지장치(anti jamming system)
④ 자동로드 교환장치(auto rod changer)

> 드리프터(drifter)에는 암질의 급격한 변화에 따른 재밍(jamming, 천공 비트가 고착되는 현상)이 발생되는 것을 방지하기 위해 안티 재밍장치(anti-jamming)가 설치되어 있고 타격력과 타격횟수를 자동으로 조절하는 스트로크 조절장치(stroke adjuster)가 설치되어 있다.

49 오거(스크루 로드 및 스크루 비트)를 소정의 각도와 정확한 천공 위치로 땅 속에 들어 갈 수 있도록 안내하는 기능을 하는 장치는?

① 드리프터(drifter)
② 붐(boom)
③ 리더(leader)
④ 가이드 셸(guide shell)

> 장치 설명
> • 가이드 셸 : 드리프터를 목적하는 위치까지 이동시키기 위한 레일
> • 붐 : 장비를 움직이지 않고 천공하고자 하는 위치까지 이동시키는 장치
> • 드리프터 : 타격력과 회전력을 발생시키는 장치

정답 43 ④ 44 ① 45 ④ 46 ② 47 ① 48 ③ 49 ③

50 설치된 드롭해머와 오거를 상승·하강시키는 장치는?

① 활차(top sheave)
② 붐(boom)
③ 리더(leader)
④ 아우트리거(outrigger)

> 리더는 오거를 소정의 각도와 정확한 천공 위치로 지중에 관입될 수 있도록 안내하는 기능을 한다.

51 디젤해머의 장점이 아닌 것은?

① 기동력이 우수하다.
② 큰 타격력을 얻을 수 있다.
③ 연료비가 적다.
④ 타격음이 조용하다.

> 디젤해머는 폭발력을 이용하여 땅 속에 파일을 박는 것으로 큰 타격력을 얻을 수 있고 연료비가 적게 들어 경제적이다.

52 다음 그림의 수신호가 의미하는 것은?

오른손으로 왼손을 감싸 2, 3회 약하게 흔든다.

① 작업 완료
② 물건 걸기
③ 기다려라
④ 천천히 이동

53 천공기 운전기사는 작업 시 누구의 지시에 따라서 천공기 작업을 해야 하는가?

① 현장소장
② 비계반장
③ 굴착기
④ 스크레이퍼

54 다음의 건설기계 중 천공기 면허로 조종할 수 있는 장비는?

① 로더
② 항타 및 항발기
③ 굴착기
④ 스크레이퍼

> 천공기 면허로 조종할 수 있는 건설기계
> • 타이어식, 무한궤도식 및 굴진식 포함하는 천공기(트럭적재식은 제외)
> • 항타 및 항발기

55 다음 중 수평 천공기로 대표적인 기계는?

① 항타 및 항발기
② 어스 오거
③ 어스 드릴
④ 점보 드릴

> 수평 천공기의 대표적인 기계는 점보 드릴이며, 수직 천공기의 대표적인 기계는 항타 및 항발기이다.

56 다음 천공기 중 회전식 천공방식이 아닌 것은?

① 오거
② 어스 드릴
③ 터널 보링 머신
④ 점보 드릴

> 천공방식에 따른 분류
> • 회전식 : 오거, 실드 굴진기, 터널 보링 머신, 어스 드릴
> • 충격식 : 점보식, 드리프터

57 초기 천공작업 시에 최상의 상태에서 천공이 가능하도록 하는 장치는?

① 플러싱(flushing)
② 언로드(un-load)
③ 자리잡기(collaring)
④ 로드 체인저

> 자리잡기 : 초기 천공작업 시 천공 구멍의 자리를 잡는 장치

58 가이드 셀 위의 드리프터를 체인을 이용하여 전진 및 후진시키는 유압장치는?

① 피드모터
② 드리프터
③ 주행모터
④ 리더

> 피드 모터는 체인을 이용하여 드리프터를 전진 및 후진시키는 유압장치이다.

정답 50 ③ 51 ④ 52 ③ 53 ② 54 ② 55 ④ 56 ④ 57 ③ 58 ①

59 붐의 끝단에 부착되어 가이드와 연결하여 주는 장치는?

① 재밍
② 덤프 크레비스
③ 피드모터
④ 가이드 셀

> 덤프 크레비스 : 붐의 끝에 부착되어 가이드와 연결시켜 준다.

60 천공작업 시 천공 비트가 고착되는 현상을 방지하는 안티 재밍장치가 설치되는 곳은?

① 가이드 셀
② 피드모터
③ 오일쿨러
④ 드리프터

> 드리프터 : 안티 재밍장치와 스트로크 조절장치가 설치되어 있다.

61 기초공사용 말뚝을 박거나 뽑는 장치를 갖춘 기계는?

① 점보 드릴
② 실드 굴진기
③ 터널 보링 머신
④ 항타 및 항발기

> 장치 설명
> • 항타기 : 말뚝을 박는 기계
> • 항발기 : 말뚝을 뽑는 기계

62 항타기는 가스 배관과의 수평거리가 (   ) m 이상 되는 곳에 설치해야 하는가?

① 2m
② 3m
③ 4m
④ 5m

> 항타기는 가스 배관과의 거리가 2m 이상 되는 곳에 설치하여야 한다.

63 항타기로 파일을 박을 때 주의사항이 아닌 것은?

① 가스 배관과의 수평거리 30cm 이내에서는 파일을 박아서는 안 된다.
② 파일을 뺀 자리는 충분히 메꾸어야 한다.
③ 공사 착공 전에 도시가스 사업자와 안전조치에 관해 상호 확인하여야 한다.
④ 가스 배관의 위치를 확인한 경우 표지판을 설치하지 않아도 된다.

64 회전식 천공기에 대한 설명으로 틀린 것은?

① 소음과 진동이 적고 작업의 능률이 높다.
② 보링기계, 어스 오거, 어스 드릴 등이 있다.
③ 스크루 비트를 끝에 설치하고 회전시켜 지중을 천공한다.
④ 사질 기반의 천공이 가능하다.

> 사질 기반의 경우 천공 시 공벽이 무너지기 쉽다.

65 항타 작업에 사용되는 디젤해머의 규격은 무엇으로 표시하는가?

① 모터의 출력(kW)
② 램의 중량(kg)
③ 기진력(t)
④ 해머의 체적(m^3)

66 다이아몬드 비트 중 논코어 비트에 속하지 않는 것은?

① 콘케이브 비트
② 임프레그네트 비트
③ 파일럿 비트
④ 테이퍼 비트

67 시추공의 공곡(시추공의 휨)의 방지대책으로 올바르지 못한 것은?

① 절삭이 양호한 비트(bit)를 사용한다.
② 코어튜브(core tube)는 가능하면 짧은 것을 사용한다.
③ 송수량을 많게 하여 슬라임(slime) 배제를 양호하게 한다.
④ 적정한 비트 회전수와 하중에 따라 무리하지 않게 굴착한다.

68 파일 드라이버(기둥박기) 작업시 어댑터에 의하여 붐 포인트에 연결되어 수직으로 설치되어 있으며 해머를 안내하는 것은?

① 리더(leader)
② 스트랩
③ 새들 블록
④ 디퍼트립

 59 ② 60 ④ 61 ④ 62 ① 63 ④ 64 ④ 65 ② 66 ② 67 ② 68 ①

🔍 파일 드라이버 작업
- 리더 : 어댑터에 의하여 붐 포인트에 연결되어 수직으로 설치되어 있으며 해머를 안내한다.
- 스트랩 : 리더의 진동을 방지하고 수직 상태를 유지하도록 한다.

69 파일 끝의 길이는 파일 지름의 몇 배 정도로 가공하는 것이 좋은가?

① 1.0 ~ 1.5배　　② 1.5 ~ 2.0배
③ 2.0 ~ 2.5배　　④ 2.5 ~ 3.0배

🔍 파일 끝의 길이는 파일 지름의 1.5 ~ 2.0배 정도로 가공한다.

70 회전식 천공기의 특징으로 적합한 설명은?

① 천공 속도는 늦지만 천공 깊이(길이)는 길다.
② 천공 속도는 빠르지만 깊은 천공은 곤란하다.
③ 천공 속도가 늦지만 수중 천공이 가능하다.
④ 천공 속도는 빠르지만 대구경 천공이 가능하다.

🔍 회전식 천공기는 일반적으로 천공 속도가 늦지만 천공 깊이(길이)가 길다는 장점이 있다.

71 다음 사항 중 틀린 내용은?

① 어스 드릴은 기성 말뚝을 들어 올리는 장치가 없다.
② 어스 드릴은 기동성이 양호하고 진동과 소음이 거의 없다.
③ 항타 및 항발기는 기성 말뚝을 올려 세우는 장치가 장착되어 있다.
④ 항타 및 항발기는 기성 말뚝을 들어 올리는 장치가 없다.

🔍 항타 및 항발기는 들어 올려 세우는 장치가 장착되어 있다.

72 다음 중 다이아몬드 비트의 종류가 아닌 것은?

① 파일럿 비트　　② 콘케이브 비트
③ 테이퍼 비트　　④ 트리콘 비트

🔍 다이아몬드 비트의 종류
- 코어 비트 : 서페이스 비트, 임프레그네트 비트
- 논코어 비트 : 파일럿 비트, 콘케이브 비트, 테이퍼 비트

73 회전식 시추의 비트의 형태로서 회전운동과 전단운동에 의하여 암편을 쉽게 제거 할 수 있어 장공 및 유전 시추용에 사용하는 비트는?

① 쵸빙 비트
② 메탈 비트
③ 트리콘 비트
④ 케이싱 비트

🔍 트리콘 비트(Three cone bit)는 3개의 기어 잇모양이 맞물려 회전운동과 전단운동을 함께하는 비트로 장공 및 유전시추 외에도 사력층, 온천시추 등에 많이 쓰인다.

74 다이아몬드 비트에 대한 설명으로 옳은 것은?

① 현장에서 다이아몬드의 재박음이 가능하다.
② 점착성 지질에 대해선 메탈 크라운보다 능률이 떨어질 때가 많다.
③ 충격에 강하며 서페이스 타입은 자갈층 굴진에 효과적이다.
④ 고속 회전 시추기계가 필요없다.

🔍 다이아몬드 비트의 단점
- 점착성 지질에 대해선 메탈 크라운보다 능률이 떨어질 때가 많다.
- 현장에서 다이아몬드의 재박음이 불가능하고 재박음 되어도 상당한 시간이 소요된다.
- 지질에 적용되는 비트의 종류와 굴착조건(회전, 급압, 송수 등)의 선정에 주의가 필요하다.
- 다이아몬드는 충격에 약하며 서페이스 타입은 자갈층 굴진이 불가능하다.
- 고속 회전 시추기계가 필요하다.

75 다음 중 비트의 규격(지름)이 가장 큰 것은?

① NX　　② BX
③ AX　　④ EX

🔍 비트의 지름 크기 : NX 〉 BX 〉 AX 〉 EX

76 시추 로드(drill rod)의 회전수 조정을 위한 고려사항과 가장 거리가 먼 것은?

① 비트의 지름　　② 비트의 종류
③ 비트의 길이　　④ 지층의 상태

🔍 로드의 회전수는 비트의 지름, 비트의 종류, 지층 등에 따라 달라진다.

정답　69 ②　70 ①　71 ④　72 ④　73 ③　74 ②　75 ①　76 ③

77 시추 로드(drill rod)에 대한 설명으로 틀린 것은?

① 시추 로드는 구멍을 뚫는데 사용하는 파이프로 비트에 회전굴착의 힘을 전달한다.
② 단단한 바위일 때는 회전수를 빠르게, 연한 바위일 때는 회전수를 느리게 한다.
③ 작은 지름의 구멍은 회전수를 빠르게 하고, 큰 구멍의 지름은 회전수를 느리게 한다.
④ 시추 로드의 끝에 비트(bit)를 붙이고 시추를 한다.

🔍 단단한 바위(경암)일 때는 회전수를 늦추고, 연한 바위(연암)일 때는 회전수를 빠르게 한다.

78 로드와 보호관의 접속장치이며, 로드 쪽은 암나사, 보호관 쪽은 수나사로 되어 있는 드라이브 파이프의 접속구는 어느 것인가?

① 커플링(Coupling)
② 헤드(Head)
③ 슈(Shoe)
④ 부싱(Bushing)

🔍 접속구 및 보호구
• 커플링(Coupling) : 로드와 로드를 연결하는 것으로 중심에 구멍이 뚫려 있고 나사가 나와 있다.
• 헤드(Head) : 보호관의 머리에 있는 장치이며 나사의 보호 및 보호관을 박아 넣을 때 타격을 받는데 사용한다.
• 슈(Shoe) : 보호관의 끝부분에 부착하여 나사를 보호하는 동시에 보호관이 들어가기 쉽게 끝이 뾰족하게 되어있는 특수 공구이다.
• 부싱(Bushing) : 로드와 보호관의 접속장치이며 로드 쪽은 암나사, 보호관 쪽은 숫나사로 되어 있다.

79 시추작업 중 로드의 굵기가 서로 다른 것을 연결할 때 사용하는 연결구는 무엇인가?

① 이완 커플링(Coupling)
② 헤드(Head)
③ 슈(Shoe)
④ 부싱(Bushing)

🔍 커플링(Coupling)은 로드와 로드를 연결하는 것으로 외경은 로드와 같으며, 중심에 구멍이 뚫려 있고 나사가 나와 있다. 또한, 이완 커플링은 시추작업 도중 로드 굵기가 서로 다른 것을 서로 연결해야 할 때 사용하는 연결구로 로드 직경이 서로 다르고 양쪽이 숫나사로 된 것이다.

80 시추작업에서 로드나 케이싱을 타입하거나 뺄 때 드라이브 해머의 충격을 받는 쇠로서 원통의 중앙부에 로드나 케이싱이 접속될 수 있도록 암나사로 되어있는 기구는?

① 슈(shoe)
② 커플링(coupling)
③ 부싱(bushing)
④ 노킹블록(knocking block)

81 디젤 항타기의 타격 횟수는 분당 몇 회 이상 되어야 하는가?

① 10회   ② 20회
③ 30회   ④ 40회

🔍 디젤파일해머식 항타 및 항발기의 타격횟수는 분당 40회 이상이어야 하고, 타격횟수의 최대값과 최소값을 차체에 표시하여야 한다.

82 진동식 항타 및 항발기의 진동기 진동수는 분당 몇 회 이상이어야 하는가?

① 200회   ② 300회
③ 400회   ④ 500회

🔍 진동파일해머식 항타 및 항발기의 진동기의 진동수는 분당 500회 이상이어야 한다.

83 건설기계관련법상 오거(auger)장치에 대한 설명으로 틀린 것은?

① 오거스크루는 굴착시의 비틀림 및 충격에 대하여 견딜 수 있어야 한다.
② 리더는 균열, 변형 등 손상이 없어야 하며, 리더의 후면지지대(백스테이 등)는 작동이 원활하여야 한다.
③ 굴착한 토사가 스크루에 의하여 쉽게 배출되지 않은 구조이어야 한다.
④ 리더 및 본체의 기울기표시장치는 조종사가 확인하기 쉬운 위치에 설치하여야 한다.

🔍 굴착한 토사가 스크루에 의하여 쉽게 배출되는 구조여야 한다.

정답 77 ② 78 ④ 79 ① 80 ④ 81 ④ 82 ④ 83 ③

84 착암기에 대한 설명으로 틀린 것은?

① 점보식 천공기는 착암기의 천공위치를 상하 또는 좌우로 쉽게 조절할 수 없는 구조이어야 한다.
② 착암기를 지지하는 붐은 천공 시 진동에 견딜 수 있도록 균열, 만곡 및 절단된 곳이 없어야 한다.
③ 착암기의 로드는 충분한 내구성을 가진 재질로 제작되어야 한다.
④ 유압식의 경우 천공작업이 가능하도록 압력 및 유량을 유지하여야 한다.

🔍 점보식 천공기는 착암기의 천공위치를 상하 또는 좌우로 쉽게 조절할 수 있는 구조여야 한다.

85 항타기 및 항발기 선정 시의 검토사항과 가장 거리가 먼 것은?

① 말뚝의 종류 및 형상
② 시공법 및 현장지반 등 작업장 주변사항
③ 말뚝 및 항타기의 중량
④ 작업 비용 및 소요 시간

🔍 항타기 및 항발기 선정 시 검토사항
- 말뚝의 종류 및 형상
- 타격력과 말뚝의 지지력
- 시공법 및 현장지반 등 작업장 주변사항
- 말뚝 및 항타기의 중량
- 작업량 및 공기

86 항타기 및 항발기의 사용 전 점검사항과 가장 거리가 먼 것은?

① 본체 연결부의 풀림 또는 손상유무
② 권상용 와이어로프, 로프차 및 풀리장치의 부착 상태 이상 유무
③ 권상장치 브레이크 및 쐐기장치 기능의 이상 유무
④ 각 부의 그리스 주입 및 점검

🔍 항타기 및 항발기의 사용 전 점검사항
- 본체 연결부의 풀림 또는 손상유무
- 권상용 와이어로프, 로프차 및 풀리장치의 부착 상태 이상 유무
- 권상장치 브레이크 및 쐐기장치 기능의 이상 유무
- 권상기 설치 상태의 이상 유무
- 버팀의 설치 방법 및 고정상태의 이상 유무

87 유압식 드리프터(hydraulic drifter)에 의한 천공작업의 작업 수행 과정과 가장 거리가 먼 것은?

① 회전(rotation)
② 타격(blow)
③ 이송(feed)
④ 적재(dunp)

🔍 유압식 크롤러드릴의 천공 작업 장치는 유압식 드리프터(hydraulic drifter)에 의해 회전, 타격, 이송으로 천공작업을 수행하며 천공 후 발생되는 암석 가루는 엔진에 부착된 공기 압축기의 압력에 의해 밖으로 배출하는 블로워 작업을 한다.

88 도로터널, 철도터널, 수로터널 및 지하 저장고 등 암반천공 공사에 주로 사용하는 점보드릴(jumbo drill)의 천공작업 동력은 무엇으로 하는가?

① 전기 모터
② 유압 모터
③ 유압 실린더
④ 공압 모터

🔍 점보드릴의 천공작업 동력은 전기 모터로 하며, 주행 장치는 엔진과 유압 주행모터로 한다.

89 드리프터(drifter) 장치 구성에 해당되지 않는 것은?

① 프런트 헤드
② 충격 완충장치
③ 타격장치 및 회전장치
④ 가이드 셀

🔍 가이드 셀(guide shell)은 유압으로 작동되는 붐 위에 설치되어 있으며, 드리프터는 가이드 셀 위에서 운동한다.

90 드리프터(drifter)의 타격, 피드 및 회전 압력 조정 시 잘못된 압력 세팅으로 나타날 수 있는 현상과 가장 거리가 먼 것은?

① 천공 홀의 직진성을 나쁘게 한다.
② 드리프터에서 공타를 유발하지 않는다.
③ 비트와 로드의 마모 및 손상을 유발할 수 있다.
④ 장비 및 드리프터 부품의 과도한 외력을 유발할 수 있다.

🔍 압력이 잘못 세팅되면 드리프터(drifter)에서 공타를 유발할 수 있다.

정답 84 ① 85 ④ 86 ④ 87 ④ 88 ① 89 ④ 90 ②

91 천공기의 드리프터(drifter) 보관 시 유의사항으로 적당하지 않은 것은?

① 모든 연결부에 적절한 플러그 또는 캡으로 막는다
② 드리프터는 습도가 높은 곳에서 보관한다.
③ 드리프터를 철저히 청소하고 그리스를 제거한다.
④ 어큐뮬레이터에서 가스를 완전히 배출한다.

> 드리프(drifter)터 보관 유의사항
> • 모든 연결부에 적절한 플러그 또는 캡으로 막는다.
> • 드리프터를 철저히 청소하고 그리스를 제거한다.
> • 플래싱 매체와 접촉되는 프런트 헤드 부분을 철저히 청소하고 습도가 높은 곳을 피해야 한다. 청소 후 부품들에 유압유로 방청한다.
> • 어큐뮬레이터에서 가스를 완전히 배출한다.
> • 드리프터는 건조한 장소에서 보관한다.
> • 장기 보관 후 재사용시 각 부품에 윤활막을 형성한 다음 몇 차례 공타를 실시하여 이상소음 유무를 확인하고 정상 천공을 실시한다.

92 천공기의 소모성 자재 중 드리프터(drifter)에 직접 연결되어 회전력과 타격력 그리고 이송력을 전달하는 것은?

① 테이퍼 로드(taper rod)
② 연결 슬리브(extension sleeve)
③ 섕크로드 어댑터(shank adapter)
④ 스레드 로드(thread rod)

> 섕크로드 어댑터(shank adapter)는 공압 또는 유압식 드리프터(drifter)에 직접 연결되어 회전력과 타격력 그리고 이송력을 전달하는 것으로 드리프터 제작 회사별 연결 기어의 형태와 기어의 숫자가 달라 드리프터 제작사의 사양을 확인 후 사용해야 한다.

93 점보 드릴(jumbo drill)의 특징에 대한 설명으로 틀린 것은?

① 천공속도가 공압식에 비해 3배 이상 빠르다.
② 터널 천공현장을 넓게 효율적으로 사용할 수 있다.
③ 암질 변화에 따른 공법 변경이 어렵다.
④ 천공 각도 수정이 용이하다.

> 점보 드릴의 장점
> • 천공속도가 공압식에 비해 3배 이상 빠르다.
> • 터널 천공현장을 넓게 효율적으로 사용할 수 있다.
> • 암질 변화에 따른 공법 변경이 용이하다.
> • 천공 각도 수정이 용이하다.
> • 록 볼트 천공과 삽입, 조립 작업을 할 수 있다.
> • 발파용 화약 장약이 용이하다.
> • 자동 천공장치를 부착할 수 있다.
> • 천공 작업장 분진 발생이 적다.
> • 터널 지보공 설치 보조 업무를 수행할 수 있다.
> • 공압식 착암기에 비해 작업이 안전하다.
> • 천공 단면과 장비의 거리가 멀기 때문에 천공 중 단면 붕괴 시 사고 위험이 없다.

94 천공기 작업과 관련한 환경관리계획의 수립 내용으로 틀린 것은?

① 장비는 배기 발생이 적은 장비를 선정하고, 주기적으로 점검한다.
② 비교적 소음, 진동이 적은 유압 해머를 사용하여 항타한다.
③ 현장주변의 살수를 자주 실시하여 비산먼지를 예방한다.
④ 장비의 폐유는 일반 하수 시설을 통해 처리한다.

> 장비의 폐유는 지정폐기물 보관표지가 있는 곳에 폐유를 수집 · 운반 · 처리하여야 한다.

95 항타 및 항발 작업 시 안전판 설치와 관련한 내용으로 틀린 것은?

① 안전판을 설치하고 아우트리거(outrigger)를 고정한다.
② 통상적으로 안전판은 가로 800mm, 세로 800mm, 두께 20mm 이상의 것을 사용한다.
③ 안전판으로 목재를 사용 할 때에는 두께가 100mm 이상이어야 한다.
④ 안전판은 수평이고 단단한 지반에서 좌우 아우트리거 실린더 아래 중심에 설치하고 아우트리거 레버를 이용하여 안전판에 접지시킨다.

> 항타항발기의 사양에 따라 안전판의 규격은 다를 수 있으나 통상적으로 안전판은 가로 800mm, 세로 800mm, 두께 20mm 이상의 것을 사용하며 목재 사용 시는 두께가 200mm 이상이어야 한다.

정답 91 ② 92 ③ 93 ③ 94 ④ 95 ③

CHAPTER 07

Craftsman Drilling Equipment Operator

CBT 대비 적중모의고사

제1회 적중모의고사

01 건설기계를 주택가 주변에 세워 두어 교통소통을 방해하거나 소음 등으로 주민의 생활 환경을 침해한 자에 대한 벌칙은?

① 200만원 이하의 벌금
② 100만원 이하의 벌금
③ 100만원 이하의 과태료
④ 50만원 이하의 과태료

> 건설기계를 주택가 주변에 세워 두어 교통소통을 방해하거나 소음 등으로 주민의 생활 환경을 침해한 경우 건설기계관리법령에 따라 50만원 이하의 과태료가 부과된다.

02 음주 상태(혈중알코올농도 0.03% 이상 0.08% 미만)에서 건설기계를 조종한 자에 대한 면허 효력정지 처분 기간은?

① 20일 ② 30일
③ 40일 ④ 60일

> 술에 만취된 상태(혈중알코올농도 0.08% 이상)로 건설기계를 조종한 경우 면허 취소, 술에 취한 상태(혈중알코올농도 0.03% 이상 0.08% 미만)로 건설기계를 조종한 경우는 60일 동안 면허 효력이 정지된다.

03 건설기계의 수시검사 대상이 아닌 것은?

① 소유자가 수시검사를 신청한 건설기계
② 사고가 자주 발생하는 건설기계
③ 성능이 불량한 건설기계
④ 구조를 변경한 건설기계

> 건설기계의 검사 종류
> • 신규 등록검사 : 건설기계를 신규로 등록할 때 실시하는 검사
> • 정기검사 : 건설공사용 건설기계로서 3년의 범위에서 국토교통부령으로 정하는 검사유효기간이 끝난 후에 계속하여 운행하려는 경우에 실시하는 검사와 대기환경보전법 및 소음 · 진동관리법에 따른 운행차의 정기검사
> • 구조변경검사 : 건설기계의 주요 구조를 변경하거나 개조한 경우 실시하는 검사
> • 수시검사 : 성능이 불량하거나 사고가 자주 발생하는 건설기계의 안전성 등을 점검하기 위하여 수시로 실시하는 검사와 건설기계 소유자의 신청을 받아 실시하는 검사

04 특별표지판을 부착하지 않아도 되는 건설기계는?

① 최소회전반경이 13m 인 건설기계
② 길이가 17m 인 건설기계
③ 너비가 3m 인 건설기계
④ 높이가 3m 인 건설기계

> 특별표지 부착대상 대형건설기계
> • 길이가 16.7m를 초과하는 건설기계
> • 너비가 2.5m를 초과하는 건설기계
> • 높이가 4.0m를 초과하는 건설기계
> • 최소회전반경이 12m를 초과하는 건설기계
> • 총중량이 40톤을 초과하는 건설기계
> • 총중량 상태에서 축하중이 10톤을 초과하는 건설기계

05 건설기계 운전중량 산정 시 조종사 1명의 체중으로 맞는 것은?

① 50kg
② 55kg
③ 60kg
④ 65kg

> 건설기계의 "운전중량"이란 자체중량에 건설기계의 조종에 필요한 최소의 조종사가 탑승한 상태의 중량을 말하며, 조종사 1명의 체중은 65킬로그램으로 본다.

06 1종 대형자동차 면허로 조종할 수 없는 건설기계는?

① 콘크리트펌프
② 노상안정기
③ 아스팔트살포기
④ 타이어식 기중기

> 1종 대형면허로 운전할 수 있는 건설기계의 종류
> • 덤프트럭, 아스팔트살포기, 노상안정기
> • 콘크리트믹서트럭, 콘크리트펌프, 천공기(트럭 적재식)
> • 콘크리트믹서트레일러, 아스팔트콘크리트재생기
> • 도로보수트럭, 3톤 미만의 지게차

07 건설기계 소유자는 건설기계를 도난당한 날로부터 얼마 이내에 등록 말소를 신청해야 하는가?

① 30일 이내
② 2개월 이내
③ 3개월 이내
④ 6개월 이내

> 등록말소의 신청 기한
> • 건설기계를 도난당한 경우 : 도난당한 날부터 2개월 이내
> • 건설기계를 수출하는 경우 : 수출하는 자가 수출하기 전까지
> • 그 밖의 경우 : 사유가 발생한 날부터 30일 이내

08 건설기계정비업 등록을 하지 아니한 자가 할 수 있는 정비 범위가 아닌 것은?

① 오일의 보충
② 창유리의 교환
③ 제동장치 수리
④ 트랙의 장력 조정

> 건설기계정비업의 범위에서 제외되는 행위
> • 오일의 보충
> • 에어클리너엘리먼트 및 휠터류의 교환
> • 배터리·전구의 교환
> • 타이어의 점검·정비 및 트랙의 장력 조정
> • 창유리의 교환

09 건설기계 등록신청에 대한 기준으로 맞는 것은?(단, 전시·사변 등 국가비상사태하의 경우 제외)

① 시·군·구청장에게 취득한 날로부터 10일 이내 등록신청을 한다.
② 시·도지사에게 취득한 날로부터 15일 이내에 등록신청을 한다.
③ 시·군·구청장에게 취득한 날로부터 1개월 이내에 등록신청을 한다.
④ 시·도지사에게 취득한 날로부터 2개월 이내에 등록신청을 한다.

> 건설기계등록신청은 건설기계를 취득한 날(판매를 목적으로 수입된 건설기계의 경우에는 판매한 날)부터 2개월 이내에 하여야 한다. 다만, 전시·사변 기타 이에 준하는 국가비상사태에 있어서는 5일 이내에 신청하여야 한다.

10 건설기계조종사의 면허를 받은 사람이 조종사면허증의 반납 사유가 발생한 경우 며칠 이내에 주소지를 관할하는 시장·군수 또는 구청장에게 면허증을 반납하여야 하는가?

① 2월 이내   ② 30일 이내
③ 20일 이내   ④ 10일 이내

> 건설기계조종사면허를 받은 자가 면허가 취소된 때, 면허의 효력이 정지된 때 또는 면허증의 재교부를 받은 후 잃어버린 면허증을 발견한 때에는 그 사유가 발생한 날부터 10일 이내에 주소지를 관할하는 시장·군수 또는 구청장에게 그 면허증을 반납하여야 한다.

11 기관 과열의 원인이 아닌 것은?

① 히터 스위치 고장
② 수온 조절기의 고장
③ 헐거워진 냉각 팬 벨트
④ 물 통로 내의 물 때(scale)

> 기관의 냉각장치는 기관 과열(overheat)을 방지하고, 적당한 온도로 유지하기 위한 장치로, 냉각장치와 관련하여 문제가 생기면 기관이 과열된다.

12 디젤기관에 사용되는 연료의 구비조건으로 옳은 것은?

① 점도가 높고 약간의 수분이 섞여 있을 것
② 황의 함유량이 클 것
③ 착화점이 높을 것
④ 발열량이 클 것

> 디젤 연료의 구비 조건
> • 착화성 좋고, 적당한 점도여야 한다.
> • 인화점이 높아야 한다.
> • 불순물과 유황분이 없어야 한다.
> • 연소 후 카본 생성이 적어야 한다.
> • 발열량이 커야 한다.

13 전조등의 형식 중 내부에 불활성 가스가 들어 있으며, 광도의 변화가 적은 것은?

① 로우 빔식   ② 하이 빔식
③ 실드 빔식   ④ 세미 실드 빔식

🔍 **실드 빔형 전조등**
- 렌즈, 반사경 및 필라멘트가 일체로 된 형식이다.
- 내부에 불활성 가스가 들어 있다.
- 반사경이 흐려지는 일이 없다.
- 광도의 변화가 적다.
- 필라멘트가 끊어지면 램프 전체를 교환하여야 한다.

14 기관에 사용되는 일체식 실린더의 특징이 아닌 것은?

① 냉각수 누출 우려가 적다.
② 라이너 형식보다 내마모성이 높다.
③ 부품수가 적고 중량이 가볍다.
④ 강성 및 강도가 크다.

🔍 **일체식 실린더의 특징**
- 가스 블로바이 및 냉각수 누출의 우려가 적다.
- 부품 수가 적고 무게(중량)가 가볍다.
- 가공성, 강성 및 강도가 양호하다.
- 실린더 수가 많은 경우 실린더 사이 간격을 좁힐 수 있어 소형화가 가능하다.
- 정비성이 떨어지고, 라이너식에 비해 내마모성이 저하된다.

15 직류 발전기 구성품이 아닌 것은?

① 로터 코일과 실리콘 다이오드
② 전기자 코일과 정류자
③ 계철과 계자철심
④ 계자 코일과 브러시

🔍 로터 코일과 실리콘 다이오드는 교류(AC) 발전기의 구성품으로 특히 실리콘 다이오드는 교류 발전기에서 교류를 직류로 바꾸어 주는 역할을 한다.

16 납산 축전지에서 격리판의 역할은?

① 전해액의 증발을 방지한다.
② 과산화납으로 변화되는 것을 방지한다.
③ 전해액의 화학작용을 방지한다.
④ 음극판과 양극판의 절연성을 높인다.

🔍 축전지 격리판은 양극판과 음극판 사이에 끼워져 양쪽 극판의 단락을 방지하는 것으로 비전도성이어야 한다.

17 기관의 윤활장치에서 엔진오일의 여과 방식이 아닌 것은?

① 전류식   ② 샨트식
③ 합류식   ④ 분류식

🔍 **엔진오일 여과 방식**
- 분류식 : 오일펌프에서 나온 오일의 일부를 여과하고 나머지는 윤활부로 그냥 보낸다.
- 전류식 : 오일펌프에서 나온 오일의 전부가 여과기를 거쳐 여과된 다음 윤활부로 보내지게 된다.
- 샨트식 : 펌프에 보내지는 오일의 일부만을 여과하지만 여과된 오일이 오일 팬으로 돌아오지 않고 윤활부에 공급된다.

18 습식 공기 청정기에 대한 설명이 아닌 것은?

① 청정효율은 공기량이 증가할수록 높아지며, 회전속도가 빠르면 효율이 좋아진다.
② 흡입 공기는 오일로 적셔진 여과망을 통과시켜 여과시킨다.
③ 공기청정기 케이스 밑에는 일정한 양의 오일이 들어 있다.
④ 공기청정기는 일정기간 사용 후 무조건 신품으로 교환해야 한다.

🔍 일정기간 사용 후 신품으로 교환하는 것은 건식 청정기이다.

19 기동전동기에서 전기자 철심을 여러 층으로 겹쳐서 만드는 이유는?

① 자력선 감소   ② 소형 경량화
③ 맴돌이 전류 감소   ④ 온도 상승 촉진

🔍 전기자 철심(core)은 자력선을 잘 통과시키고 맴돌이 전류를 감소시키기 위해 두께 0.35~1.0mm의 얇은 철판을 각각 절연하여 겹쳐 만든다.

20 기관에서 연료 펌프로부터 보내진 고압의 연료를 미세한 안개 모양으로 연소실에 분사하는 부품은?

① 분사노즐   ② 커먼레일
③ 분사펌프   ④ 공급펌프

🔍 분사펌프로부터 압송된 연료는 분사노즐을 통해 연소실에 분사된다.

21 유체의 압력에 영향을 주는 요소로 가장 관계가 적은 것은?

① 유체의 점도
② 관로의 직경
③ 유체의 흐름량
④ 작동유 탱크 용량

🔍 유체의 압력에 영향을 주는 요소로는 유체의 점도, 관로의 직경, 유체의 흐름량 및 유체의 속도, 유체의 온도 및 밀도 등이 있다.

22 유압 모터의 회전속도가 규정속도 보다 느릴 경우, 그 원인이 아닌 것은?

① 유압 펌프의 오일 토출량 과다
② 각 작동부의 마모 또는 파손
③ 유압유의 유입량 부족
④ 오일의 내부 누설

🔍 유압 모터란 펌프로부터 토출된 유압유를 받아들여 구동축을 회전시키는 것으로 유압 펌프의 오일 토출량은 유압 모터의 회전속도와 비례한다. 따라서, 유압 펌프의 오일 토출량이 적은 경우 유압 모터의 회전속도가 규정속도 보다 느려진다.

23 건설기계 작업 중 유압회로 내의 유압이 상승되지 않을 때의 점검사항으로 적합하지 않은 것은?

① 오일탱크의 오일량 점검
② 오일이 누출되는지 점검
③ 펌프로부터 유압이 발생되는지 점검
④ 자기탐상법에 의한 작업장치의 균열 점검

🔍 자기탐상법은 비파괴시험의 한 종류로 강자성의 미세입자를 이용하여 제품 표면 및 표면 인접 부위의 내부 결함을 발견하기 위해 사용된다.

24 유압회로 내의 압력이 설정압력에 도달하면 펌프에서 토출된 오일을 전부 탱크로 회송시켜 펌프를 무부하로 운전시키는데 사용하는 밸브는?

① 체크 밸브(check valve)
② 시퀀스 밸브(squence valve)
③ 언로더 밸브(unloader valve)
④ 카운터 밸런스 밸브(counter balance valve)

🔍 • 체크밸브 : 유압 회로에서 역류를 방지하고 회로 내의 잔류 압력을 유지하는 밸브
• 시퀀스 밸브 : 2개 이상의 분기 회로에서 유압회로의 압력에 의하여 작동 순서를 제어하는 밸브
• 언로더 밸브(무부하 밸브) : 유압 회로 내의 압력이 규정 압력에 도달하면 펌프에서 송출되는 모든 유량을 탱크로 리턴시켜 유압 펌프를 무부하가 되도록 하는 밸브
• 카운터 밸런스 밸브 : 유압 실린더 등이 자유 낙하되는 것을 방지하기 위하여 배압을 유지시키는 밸브

25 유압장치의 장점이 아닌 것은?

① 속도제어가 용이하다.
② 힘의 연속적 제어가 용이하다.
③ 온도의 영향을 많이 받는다.
④ 윤활성, 내마멸성, 방청성이 좋다.

🔍 작동유가 온도의 영향을 받기 쉽다는 점은 유압장치의 단점에 해당한다.

26 작동유에 수분이 혼입되었을 때 나타나는 현상이 아닌 것은?

① 윤활능력 저하
② 작동유의 열화 촉진
③ 유압 기기의 마모 촉진
④ 오일 탱크의 오버플로우

🔍 작동유에 수분이 혼입되었을 때의 영향
• 공동 현상이 발생된다.
• 윤활능력이 저하된다.
• 작동유의 열화가 촉진된다.
• 유압기기의 마모를 촉진시킨다.

27 유압회로에서 오일을 한쪽 방향으로만 흐르도록 하는 밸브는?

① 릴리프 밸브(relief valve)
② 파이롯 밸브(pilot valve)
③ 체크 밸브(check valve)
④ 오리피스 밸브(orifice valve)

🔍 체크밸브는 유압 회로에서 역류를 방지하고 회로 내의 잔류 압력을 유지하는 밸브이다.

28 유압유(작동유)의 온도상승 원인에 해당하지 않는 것은?

① 작동유의 점도가 너무 높을 때
② 유압모터 내에서 내부마찰이 발생될 때
③ 유압회로 내의 작동압력이 너무 낮을 때
④ 유압회로 내에서 공동현상이 발생될 때

🔍 유압회로 내의 작동압력이 너무 높거나 유압유가 부족할 때, 유압유가 노화 되었을 때 유압유의 온도가 올라간다.

29 축압기(Accumulator)의 사용목적이 아닌 것은?

① 압력 보상
② 유체의 맥동 감쇄
③ 유압회로 내 압력제어
④ 보조 동력원으로 사용

🔍 유압회로 내의 압력제어는 펌프의 작동 상태와 릴리프 밸브의 조정으로 가능하다.

30 유압펌프의 종류에 포함되지 않는 것은?

① 기어 펌프
② 진공 펌프
③ 베인 펌프
④ 플런저 펌프

🔍 유압펌프는 기계적 에너지를 유압 에너지로 변환시키는 것으로 종류에는 기어 펌프, 베인 펌프, 플런저식 펌프, 나사 펌프가 있다.

31 먼지가 많은 장소에서 착용하여야 하는 마스크는?

① 방독 마스크
② 산소 마스크
③ 방진 마스크
④ 일반 마스크

🔍 호흡용 보호구과 적용 작업
• 방진마스크 : 분체·연마·광택·배합작업
• 방독마스크 : 유기용제, 가스, 미스트, 흄발생작업
• 송풍(송기)마스크 : 저장조, 하수구 등 산소결핍 위험작업장

32 아크용접에서 눈을 보호하기 위한 보안경 선택으로 맞는 것은?

① 도수 안경
② 방진 안경
③ 차광용 안경
④ 실험실용 안경

🔍 산소용접작업 등과 같이 자외선, 적외선 및 강력한 가시광선이 발생하는 장소에서는 용접용 차광 보안경을 착용하여야 한다.

33 전장품을 안전하게 보호하는 퓨즈의 사용법으로 틀린 것은?

① 퓨즈가 없으면 임시로 철사를 감아서 사용한다.
② 회로에 맞는 전류 용량의 퓨즈를 사용한다.
③ 오래되어 산화된 퓨즈는 미리 교환한다.
④ 과열되어 끊어진 퓨즈는 과열된 원인을 먼저 수리한다.

🔍 퓨즈는 일정한 값 이상의 전류가 흐르면 용단되는 것으로 회로 및 기기를 보호하는 가장 간단한 전류자동차단기이다. 따라서, 퓨즈는 적합한 제품을 사용하여야 한다.

34 정비작업 시 안전에 위배 되는 것은?

① 깨끗하고 먼지가 없는 작업환경을 조성한다.
② 회전 부분에 옷이나 손이 닿지 않도록 한다.
③ 연료를 채운 상태에서 연료통을 용접한다.
④ 가연성 물질을 취급 시 소화기를 준비한다.

🔍 연료를 채운 상태에서 연료통을 용접하면 용접 시 발생하는 불꽃 등으로 인해 폭발 및 화재의 위험이 있다.

35 망치(hammer) 작업시 옳은 것은?

① 망치자루의 가운데 부분을 잡아 놓치지 않도록 할 것
② 손은 다치지 않게 장갑을 착용할 것
③ 타격할 때 처음과 마지막에 힘을 많이 가하지 말 것
④ 열처리된 재료는 반드시 해머작업을 할 것

🔍 망치(해머) 작업 시 안전관리
• 손잡이에 금이 갔거나 망치 머리가 손상된 것은 사용하지 않는다.
• 장갑을 낀 손이나 기름이 묻은 손으로 작업하지 않는다.
• 사용할 때 처음과 마지막에는 힘을 너무 가하지 않는다.
• 망치를 휘두르기 전에 반드시 주위를 살핀다.
• 사용 중에도 자주 망치의 상태를 조사한다.
• 불꽃이 생기거나 파편이 생길 수 있는 작업에서는 반드시 보호 안경을 써야 한다.
• 좁은 곳에나 발판이 불안한 곳에서 망치 작업을 해서는 안된다.
• 망치 자루는 전문적인 기술자가 교환해야 한다.
• 재료나 물체의 요철이나 경사진 면은 특별히 주의하여야 한다.
• 망치의 공동 작업시에는 호흡에 맞추어야 한다.
• 열처리된 것을 망치로 때리면 튀기 쉽고 부러진다.

36 다음 중 현장에서 작업자가 작업 안전상 꼭 알아두어야 할 사항은?

① 장비의 가격
② 종업원의 작업환경
③ 종업원의 기술 정도
④ 안전 규칙 및 수칙

37 산업체에서 안전을 지킴으로서 얻을 수 있는 이점과 가장 거리가 먼 것은?

① 직장의 신뢰도를 높여준다.
② 직장 상·하 동료 간 인간관계 개선 효과도 기대된다.
③ 기업의 투자 경비가 늘어난다.
④ 사내 안전수칙이 준수되어 질서유지가 실현된다.

🔍 안전관리란 재해로부터 인간의 생명과 재산을 보존하기 위한 계획적이고 체계적인 제반 활동을 의미한다.

38 안전작업 사항으로 잘못된 것은?

① 전기장치는 접지를 하고 이동식 전기기구는 방호장치를 설치한다.
② 엔진에서 배출되는 일산화탄소에 대비한 통풍 장치를 설치한다.
③ 담뱃불은 발화력이 약하므로 제한 장소 없이 흡연해도 무방하다.
④ 주요장비 등은 조작자를 지정하여 아무나 조작하지 않도록 한다.

39 유류화재 시 소화용으로 가장 거리가 먼 것은?

① 물
② 소화기
③ 모래
④ 흙

🔍 유류화재는 B급 화재로 포말 소화기, CO_2 소화기, 분말 소화기, 증발성 액체 소화기 등을 사용하여 화재를 진압해야 하며, 물을 사용하면 더 위험해진다.

40 작업장에서 공동 작업으로 물건을 들어 이동할 때 잘못된 것은?

① 힘의 균형을 유지하여 이동 할 것
② 불안전한 물건은 드는 방법에 주의할 것
③ 보조를 맞추어 들도록 할 것
④ 운반도중 상대방에게 무리하게 힘을 가할 것

41 항타 및 항발의 안전작업을 위하여 점검할 사항이 아닌 것은?

① 파일의 수평도
② 작업현장 지반상태
③ 매설물 존재여부
④ 가공선도

42 휠구동식의 건설기계에서 기계식 조향장치에 사용되는 구성품이 아닌 것은?

① 하이포이드 기어   ② 타이로드 엔드
③ 섹터 기어   ④ 웜 기어

🔍 하이포이드 기어는 베벨 기어, 스파이럴 베벨 기어, 웜 기어와 함께 종감속 기어의 한 종류이다.

43 유압 해머(hydraulic hammer)에 대한 설명으로 틀린 것은?

① 디젤 해머에 비해 타격력이 크다.
② 램의 낙하 조절이 가능하다.
③ 폭발소음이 크고 배기가스를 배출한다.
④ 연약한 지반에서도 항타가 가능하다.

🔍 유압 해머는 작동유체로는 유압유를 사용하는 해머로 폭발소음과 배기가스의 배출이 없다.

44 타이어식 건설장비에서 조향 바퀴의 얼라인먼트 요소와 관계없는 것은?

① 캠버   ② 부스터
③ 토인   ④ 캐스터

🔍 조향장치의 앞바퀴 정렬에는 토인(toe-in), 캠버(camber), 캐스터(caster) 등이 포함된다.

45 앞바퀴 정렬 요소 중 캠버의 필요성에 대한 설명으로 거리가 먼 것은?

① 앞차축의 휨을 적게 한다.
② 조향휠의 조작을 가볍게 한다.
③ 조향시 바퀴의 복원력이 발생한다.
④ 토(toe)와 관련성이 있다.

> 캠버(camber)는 앞바퀴가 하중을 받을 때 아래로 벌어지는 것을 방지하고, 핸들 조작을 가볍게 하며, 수직방향 하중에 의해 앞차축의 휨을 방지한다. 참고로 조향시 바퀴의 복원력을 주는 것은 캐스터(caster)이다.

46 디젤해머는 어떤 원리를 이용한 장비 인가?

① 2사이클 디젤기관
② 3사이클 디젤기관
③ 5사이클 디젤기관
④ 7사이클 디젤기관

> 디젤해머(diesel hammer)는 기동해머의 결점을 보완하기 위하여 독일에서 발명한 것으로 2사이클 디젤엔진의 작동원리를 해머 내부에 도입한 것이다.

47 로드와 보호관의 접속장치이며 로드 쪽은 암나사, 보호관 쪽은 숫나사로 되어 있는 접속구는?

① 커플링(Coupling)   ② 헤드(Head)
③ 슈(Shoe)   ④ 부싱(Bushing)

> 접속구 및 보호구
> • 커플링(Coupling) : 로드와 로드를 연결하는 것으로 외경은 로드와 같으며, 중심에 구멍이 뚫려 있고 나사가 나와 있다. 로드 커플링의 모양은 로드의 형태에 따라 달라진다.(로드의 양끝이 암나사일 경우 커플링의 양끝은 모두 숫나사)
> • 헤드(Head) : 보호관의 머리에 있는 장치이며 나사의 보호 및 보호관을 박아 넣을 때 타격을 받는데 사용한다.
> • 슈(Shoe) : 보호관의 끝부분에 부착하여 나사를 보호하는 동시에 보호관이 들어가기 쉽게 끝이 뾰족하게 되어있는 특수공구이다.
> • 부싱(Bushing) : 로드와 보호관의 접속장치이며 로드 쪽은 암나사, 보호관 쪽은 숫나사로 되어 있다.

48 항타 작업을 할 때 바운싱(bouncing)현상이 발생하는 원인과 거리가 먼 것은?

① 파일이 장애물과 접촉할 때
② 증기 또는 공기량을 약하게 사용할 때
③ 2중 작동 해머를 사용할 때
④ 가벼운 해머를 사용할 때

> 항타 작업 시 바운싱(bouncing)은 앞・뒤가 동시에 같은 방향으로 진동하는 상태를 말하며 증기 또는 공기량을 많이 사용할 때 일어난다.

49 항타 및 항발 작업 시 케이싱을 사용 할 때의 장점이 아닌 것은?

① 홀 벽의 무너짐을 방지 한다.
② 수직도가 향상 된다.
③ 천공속도가 빠르다.
④ 홀 벽이 깨끗하다.

> 케이싱(casing)이란 시추공 누수 및 붕괴방지를 위하여 공 내부에 설치하는 관(파이프)을 말한다.

50 천공기를 구성하는 기계장치가 아닌 것은?

① 드리프터
② 자동변속기
③ 집진기
④ 콤프레샤

51 다음 중 비트의 규격(지름)이 가장 작은 것은?

① NX   ② BX
③ EX   ④ AX

> 비트의 지름 크기 : NX 〉 BX 〉 AX 〉 EX

52 항타기의 이동에 대한 설명으로 틀린 것은?

① 말뚝을 매단 상태로 이동하지 않는다.
② 작업 후 이동시는 해머를 맨 위로 올린 상태로 이동한다.
③ 작업 후 이동시는 서서히 이동한다.
④ 주행과 선회는 서서히 한다.

> 항타기를 이동할 때는 반드시 해머와 리더를 내리고 이동하여야 한다.

53 〈다음〉이 설명하는 것은?

> 굴착구멍 속에 물을 넣고 드릴 파이프를 통하여 토사를 흙탕물과 함께 흡상시키는 것으로 흙탕물을 역으로 순환시키는 방식이 이용된다.

① 어스 드릴(earth drill)
② 리버스 서큘레이션 드릴(reverse circulation drill)
③ 유압 해머(hydraulic hammer)
④ 진동 파일 드라이버(vibration pile driver)

🔍 리버스 서큘레이션 드릴은 정순환 천공기로 공경이 1m를 초과하는 구멍을 천공하게 되면 공내를 상승하는 압력수의 유속이 낮아져 굴착토사를 상승 배출하는데 충분한 유속을 얻을 수 없어 천공효율이 낮아지므로 이를 역으로 이용하는 방식이다. 즉, 드릴파이프를 통하여 굴착된 토사와 물을 빨아올리는 역순환 방식의 천공기이다.

54 회전식 천공기가 아닌 것은?

① 오거
② 실드 굴진기
③ 터널 보링머신
④ 크롤러 드릴

🔍 천공 방식에 따른 구분

구분	종류 및 특징
충격식	• 비트에 충격을 주어 암석을 파쇄하여 천공하는 방식으로 스토퍼(stoper), 잭해머(jack hammer), 레그드릴(leg drill), 드리프터(drifter), 크롤러 드릴(crawler drill), 점보드릴(jumbo drill) 등이 해당된다. • 충격식은 천공 속도는 빠르지만, 깊은 천공이나 큰 구멍의 천공은 기술적으로 곤란하다는 단점을 갖고 있다.
회전식	• 보링머신(boring machine), 어스오거(earth auger), 실드머신(shield machine), 어스드릴(earth drill) 베노토(benoto) 굴착기, 로타리 케이싱 드라이버(rotary casing driver), 로드 헤더(road header), 리버스 써큘레이션 드릴(reverse circulation drill) 등이 있다. • 천공 속도는 느리지만 천공 길이(깊이)가 깊다는 장점이 있다.

55 천공기 사용 전 점검사항이 아닌 것은?

① 기계의 종류 및 능력 확인
② 브레이크 작동상태 점검
③ 운전석 내부 청결 확인
④ 포크 및 굴착 장비 확인

🔍 천공기(Drilling Equipment)는 지반이나 암반에 구멍을 뚫는 기계를 말하여 천공 방식에 따라 충격식과 회전식으로 구분된다.

56 종감속기어 장치에서 서로 물리고 있는 기어 사이의 틈새를 가리키는 것으로 가장 적합한 것은?

① 토크
② 백래시
③ 플랭크
④ 디퍼렌셜

🔍 한 쌍의 기어를 맞물렸을 때 서로 물리고 있는 기어 사이의 틈새를 백래시(backlash)라 하며, 백래시가 너무 적으면 윤활이 불충분하여 마찰이 커지고, 너무 크면 기어의 맞물림이 나빠져 기어가 파손되기 쉽다.

57 건설기계관리법령상 항타 및 항발기는 해머 또는 뽑는 장치의 중량이 몇 톤 이상인 것을 말하는가?

① 3톤
② 1톤
③ 0.5톤
④ 0.1톤

🔍 현행 건설기계관리법 시행령 상의 규정에 따르면 항타 및 항발기는 "원동기를 가진 것으로 해머 또는 뽑는 장치의 중량이 0.5톤 이상인 것"으로 규정되어 있다.

58 안티재밍(ANTI JAMMING)장치의 설명으로 옳은 것은?

① 천공작업 시 암반에 로드의 끼임 현상을 방지하는 기능
② 천공작업 시 토출되는 압축공기의 양을 조절하는 기능
③ 천공작업 시 연료 소모량을 줄이는 기능
④ 천공작업 시 자재 소모량을 줄여주는 기능

🔍 드리프터(drifter)에는 암질의 급격한 변화에 따른 재밍(jamming, 천공 비트가 고착되는 현상)이 발생되는 것을 방지하기 위해 안티 재밍장치(anti-jamming)가 설치되어 있고 타격력과 타격횟수를 자동으로 조절하는 스트로크 조절장치(stroke adjuster)가 설치되어 있다.

59 슬립이음과 자재이음을 설치하는 곳은?

① 드라이브 라인
② 종 감속 기어
③ 차동 기어
④ 유성 기어

> 슬립이음은 추진축의 길이 방향에 변화를 주기 위해 사용되며, 자재이음은 각도 변화에 대응하기 위해 설치되는 것으로 모두 드라이브 라인에 설치한다.

60 천공기 로드의 회전속도에 대한 설명으로 틀린 것은?

① 단단한 암석은 회전속도를 늦춘다.
② 연한 암석은 회전속도를 빠르게 한다.
③ 작은 지름의 구경은 회전속도를 빠르게 한다.
④ 암질과 비트의 구멍 상태와 회전속도는 관계가 없다.

> 로드의 회전수는 비트의 지름, 비트의 종류, 지층의 상태 등에 따라 달라진다.

정답 제1회 적중모의고사

01 ④	02 ④	03 ④	04 ④	05 ④
06 ④	07 ②	08 ③	09 ④	10 ④
11 ①	12 ④	13 ③	14 ②	15 ①
16 ④	17 ③	18 ④	19 ③	20 ①
21 ④	22 ①	23 ④	24 ③	25 ③
26 ④	27 ③	28 ③	29 ③	30 ②
31 ③	32 ③	33 ①	34 ③	35 ③
36 ④	37 ③	38 ③	39 ①	40 ④
41 ①	42 ①	43 ③	44 ①	45 ③
46 ①	47 ④	48 ②	49 ③	50 ②
51 ③	52 ②	53 ②	54 ④	55 ④
56 ②	57 ③	58 ①	59 ①	60 ④

제2회 적중모의고사

QUESTIONS FROM PREVIOUS TESTS

01 건설기계의 출장검사가 허용되는 경우가 아닌 것은?

① 도서지역에 있는 건설기계
② 너비가 2.0미터를 초과하는 건설기계
③ 최고속도가 시간당 35킬로미터 미만인 건설기계
④ 자체중량이 40톤을 초과하거나 축중이 10톤을 초과하는 건설기계

> 출장검사가 허용되는 경우
> • 도서지역에 있는 경우
> • 자체중량이 40톤을 초과하거나 축중이 10톤을 초과하는 경우
> • 너비가 2.5m를 초과하는 경우
> • 최고속도가 시간당 35km 미만인 경우

02 건설기계관리법령상 정기검사 유효기간이 3년인 건설기계는?(단, 연식 20년 이하인 경우에 한한다.)

① 덤프트럭   ② 천공기
③ 타이어식 로더   ④ 무한궤도식 굴착기

> 주요 건설기계의 정기검사 유효기간(특수건설기계 제외)

색채	용도	사용례
굴착기(타이어식)	1년	
로더(타이어식)	2년	1년
지게차(1톤 이상)	2년	1년
덤프트럭	1년	6개월
기중기	1년	
천공기	1년	
항타 및 항발기	1년	
타워크레인	6개월	
그 밖의 건설기계	3년	1년

※ 무한궤도식 굴착기는 그 밖의 건설기계에 해당된다.

03 건설기계의 연료 주입구는 배기관의 끝으로부터 얼마 이상 떨어져 설치하여야 하는가?

① 5cm   ② 10cm
③ 30cm   ④ 50cm

> 건설기계의 연료탱크, 주입구 및 가스배출구
> • 연료탱크, 연료펌프, 연료배관 및 각종 이음장치에서 연료가 새지 아니할 것
> • 연료 주입구 부근에는 사용하는 연료의 종류를 표시하여야 하며, 연료 등의 용제에 의하여 쉽게 지워지지 아니할 것
> • 노출된 전기단자 및 전기개폐기로부터 20cm 이상 떨어져 있을 것(연료탱크는 제외)
> • 연료 주입구는 배기관의 끝으로부터 30cm 이상 떨어져 있을 것
> • 연료탱크는 벽 또는 보호판 등으로 조종석과 분리되는 구조일 것
> • 연료탱크는 건설기계 차체에 견고하게 고정되어 있을 것
> • 경유를 연료로 사용하는 건설기계의 조속기는 연료의 분사량을 조작할 수 없도록 봉인되어 있을 것

04 건설기계조종사의 면허취소 사유에 해당하는 것은? (단, 산업안전보건법에 따른 중대재해가 아닌 경우이다.)

① 과실로 인하여 1명을 사망하게 하였을 경우
② 면허의 효력정지기간 중 건설기계를 조종한 경우
③ 과실로 인하여 10명에게 경상을 입힌 경우
④ 건설기계로 1천만원 이상의 재산 피해를 냈을 경우

> 건설기계조종사의 면허취소
> • 거짓이나 그 밖의 부정한 방법으로 건설기계조종사면허를 받은 경우
> • 건설기계조종사면허의 효력정지기간 중 건설기계를 조종한 경우
> • 면허 취득의 결격사유에 해당하게 된 경우
> • 고의로 인명피해(사망, 중상, 경상을 말함)를 입힌 경우
> • 과실로 산업안전보건법에 따른 중대재해가 발생한 경우
> • 건설기계조종사면허증을 다른 사람에게 빌려 준 경우
> • 술에 취한(혈중알코올농도 0.03% 이상 0.08% 미만)상태에서 건설기계를 조종하다가 사고로 사람을 죽게하거나 다치게 한 경우
> • 만취상태(혈중알코올농도 0.08% 이상)에서 건설기계를 조종한 경우
> • 2회 이상 술에 취한 상태에서 건설기계를 조종하여 면허효력정지를 받은 사실이 있는 사람이 다시 술에 취한 상태에서 건설기계를 조종한 경우
> • 마약, 대마, 향정신성 의약품 및 환각물질을 투여한 상태에서 건설기계를 조종한 경우
> • 정기적성검사를 받지 않고 1년이 지난 경우
> • 정기적성검사 또는 수시적성검사에서 불합격한 경우

05 정기검사에 불합격한 건설기계의 정비명령 기간으로 옳은 것은?

① 7일 이내
② 10일 이내
③ 15일 이내
④ 31일 이내

> 검사에 불합격된 건설기계에 대하여는 31일 이내의 기간을 정하여 해당 건설기계의 소유자에게 검사를 완료한 날(검사를 대행하게 한 경우에는 검사결과를 보고받은 날)부터 10일 이내에 정비명령을 하여야 한다.

06 시·도지사가 지정한 교육기관에서 당해 건설기계의 조종에 관한 교육과정을 이수한 경우 건설기계조종사 면허를 받은 것으로 보는 소형 건설기계는?

① 5톤 미만의 불도저
② 5톤 미만의 지게차
③ 5톤 미만의 굴착기
④ 5톤 미만의 타워크레인

> 교육과정을 이수한 경우 면허를 받은 것으로 보는 소형 건설기계
> • 5톤 미만의 불도저   • 5톤 미만의 로더
> • 3톤 미만의 지게차   • 3톤 미만의 굴착기
> • 3톤 미만의 타워크레인 • 공기압축기
> • 이동식 콘크리트펌프 • 쇄석기
> • 준설선
> • 5톤 미만의 천공기(트럭적재식은 제외)

07 소유자의 신청이나 시·도지사의 직권으로 건설기계의 등록을 말소할 수 있는 경우가 아닌 것은?

① 건설기계를 수출하는 경우
② 건설기계를 도난당한 경우
③ 건설기계 정기검사에 불합격된 경우
④ 건설기계의 차대가 등록 시의 차대와 다른 경우

> 등록의 말소 사유(주요 사항)
> • 거짓이나 그 밖의 부정한 방법으로 등록을 한 경우(시·도지사 직권 말소)
> • 건설기계가 천재지변 또는 이에 준하는 사고 등으로 사용할 수 없게 되거나 멸실된 경우
> • 건설기계의 차대(車臺)가 등록 시의 차대와 다른 경우
> • 건설기계안전기준에 적합하지 아니하게 된 경우
> • 시·도지사의 정기검사 명령, 수시검사 명령 또는 정비 명령에 따르지 아니한 경우(시·도지사 직권 말소)
> • 건설기계를 수출하는 경우
> • 건설기계를 도난당한 경우
> • 건설기계를 폐기한 경우(시·도지사 직권 말소)
> • 구조적 제작 결함 등으로 건설기계를 제작자 또는 판매자에게 반품한 때
> • 건설기계를 교육·연구 목적으로 사용하는 경우

08 건설기계조종사면허를 받지 아니하고 건설기계를 조종한 자에 대한 벌칙 기준은?

① 2년 이하의 징역 또는 1천만 원 이하의 벌금
② 1년 이하의 징역 또는 1천만 원 이하의 벌금
③ 2백만 원 이하의 벌금
④ 1백만 원 이하의 벌금

> 1년 이하의 징역 또는 1천만원 이하의 벌금(주요사항)
> • 거짓이나 그 밖의 부정한 방법으로 건설기계 등록을 한 자
> • 건설기계의 등록번호를 지워 없애거나 그 식별을 곤란하게 한 자
> • 법에서 정한 건설기계의 구조변경검사 또는 수시검사를 받지 아니한 자
> • 건설기계의 정비명령을 이행하지 아니한 자
> • 건설기계조종사면허를 받지 아니하고 건설기계를 조종한 자
> • 건설기계조종사면허를 거짓이나 그 밖의 부정한 방법으로 받은 자
> • 건설기계조종사면허가 취소되거나 건설기계조종사면허의 효력정지처분을 받은 후에도 건설기계를 계속하여 조종한 자
> • 건설기계를 도로나 타인의 토지에 버려둔 자

09 등록번호표를 가리거나 훼손하여 알아보기 곤란하게 한 자 또는 그러한 건설기계를 운행한 자에 대한 처벌은?

① 100만원 이하의 과태료
② 300만원 이하의 과태료
③ 1년 이하의 징역 또는 1천만원 이하의 벌금
④ 2년 이하의 징역 또는 2천만원 이하의 벌금

> • 등록번호표를 부착하지 아니하거나 봉인하지 아니한 건설기계를 운행한 자 : 300만원 이상
> • 건설기계에 등록번호표를 부착·봉인하지 아니하거나 등록번호를 새기지 아니한 자 : 100만원 이상
> • 등록번호표를 가리거나 훼손하여 알아보기 곤란하게 한 자 또는 그러한 건설기계를 운행한 자 : 100만원 이상

10 건설기계관리법상 건설기계의 구조를 변경할 수 있는 범위에 해당되는 것은?

① 원동기의 형식 변경
② 건설기계의 기종 변경
③ 육상작업용 건설기계의 규격을 증가시키기 위한 구조 변경
④ 육상작업용 건설기계의 적재함 용량을 증가시키기 위한 구조 변경

> 구조의 변경 및 개조의 범위
> • 원동기 · 동력전달장치 · 제동장치 · 주행장치 · 유압장치 · 조종장치 · 조향장치 · 작업장치의 형식변경. 다만, 가공작업을 수반하지 아니하고 작업장치를 선택부착하는 경우에는 작업장치의 형식변경으로 보지 아니한다.
> • 건설기계의 길이 · 너비 · 높이 등의 변경
> • 수상작업용 건설기계의 선체의 형식변경
> ※다만, 건설기계의 기종변경, 육상작업용 건설기계규격의 증가 또는 적재함의 용량증가를 위한 구조변경은 이를 할 수 없다.

11 다음 중 윤활유의 기능으로 모두 옳은 것은?

① 마찰감소, 스러스트작용, 밀봉작용, 냉각작용
② 마멸방지, 수분흡수, 밀봉작용, 마찰증대
③ 마찰감소, 마멸방지, 밀봉작용, 냉각작용
④ 마찰증대, 냉각작용, 스러스트작용, 응력분산

> 윤활유의 기능 : 감마(마찰감소), 냉각, 세척, 밀봉, 부식방지, 소음완화, 응력분산

12 열에너지를 기계적 에너지로 변환시켜 주는 장치는?

① 펌프   ② 모터
③ 엔진   ④ 밸브

> 엔진은 열에너지를 기계적 에너지로 바꾸는 장치로, 기계적인 동력을 발생시키기 위해 연료를 연소시킨다.

13 디젤기관에서 압축압력이 저하되는 가장 큰 원인은?

① 냉각수 부족   ② 엔진오일 과다
③ 기어오일의 열화 ④ 피스톤 링의 마모

> 실린더 벽이 마모되거나 피스톤 링이 마모되면 압축압력이 저하되어 블로바이 현상이나 오일의 희석, 피스톤 슬랩 현상이 일어난다.

14 노킹이 발생되었을 때 디젤기관에 미치는 영향이 아닌 것은?

① 배기가스의 온도가 상승한다.
② 연소실 온도가 상승한다.
③ 엔진에 손상이 발생할 수 있다.
④ 출력이 저하된다.

> 노킹이 발생하면 화염속도가 빨라져 연소실 온도가 상승하고, 불완전연소가 일어나 배기가스 온도는 낮아진다.

15 수온조절기의 종류가 아닌 것은?

① 벨로즈 형식   ② 펠릿 형식
③ 바이메탈 형식   ④ 마몬 형식

> 수온조절기에는 바이메탈형, 벨로즈형, 펠릿형 등이 있으며, 현재는 펠릿형 이외에는 사용하지 않고 있다. 펠릿형은 수온이 규정 온도까지 높아지면 펠릿 안의 왁스가 팽창하여 밸브가 열리는 방식이다.

16 디젤엔진의 연소실에는 연료가 어떤 상태로 공급되는가?

① 기화기와 같은 기구를 사용하여 연료를 공급한다.
② 노즐로 연료를 안개와 같이 분사한다.
③ 가솔린 엔진과 동일한 연료 공급펌프로 공급한다.
④ 액체 상태로 공급한다.

> 디젤 엔진은 공기만을 압축하므로 노즐에서 연료를 안개 상태로 하여 연소실에 분사한다.

17 크랭크축의 비틀림 진동에 대한 설명 중 틀린 것은?

① 각 실린더의 회전력 변동이 클수록 커진다.
② 크랭크축이 길수록 커진다.
③ 강성이 클수록 커진다.
④ 회전부분의 질량이 클수록 커진다.

> 크랭크축의 비틀림 진동은 각 실린더의 크랭크 회전력이 클수록, 회전부분의 질량이 클수록, 크랭크 축이 길수록, 강성이 작을수록 커진다.

18 건설기계 운전 작업 중 온도 게이지가 "H" 위치에 근접되어 있다. 운전자가 취해야 할 조치로 가장 알맞은 것은?

① 작업을 계속해도 무방하다.
② 잠시 작업을 중단하고 휴식을 취한 후 다시 작업한다.

③ 윤활유를 즉시 보충하고 계속 작업한다.
④ 작업을 중단하고 냉각수 계통을 점검한다.

🔍 온도 게이지가 "H" 위치에 근접한 경우 작업을 중단하고 냉각수 계통을 점검하여야 한다.

19 4행정 사이클 기관에 주로 사용되고 있는 오일펌프는?

① 원심식과 플런저식
② 기어식과 플런저식
③ 로터리식과 기어식
④ 로터리식과 나사식

🔍 4행정 사이클 기관에 주로 사용되는 오일펌프는 로터리식과 기어식이다.

20 전기자 철심을 두께 0.35~1.0mm의 얇은 철판을 각각 절연하여 겹쳐 만든 주된 이유는?

① 열 발산을 방지하기 위해
② 코일의 발열 방지를 위해
③ 맴돌이 전류를 감소시키기 위해
④ 자력선의 통과를 차단시키기 위해

🔍 전기자 철심(core)은 자력선을 잘 통과시키고 맴돌이 전류를 감소시키기 위해 두께 0.35~1.0mm의 얇은 철판을 각각 절연하여 겹쳐 만든다.

21 전조등의 구성품으로 틀린 것은?

① 전구
② 렌즈
③ 반사경
④ 플래셔 유닛

🔍 플래셔 유닛은 방향지시등의 구성품으로 전자열선식, 축전기식, 수은식, 바이메탈식 등이 있다.

22 일반적인 축전지 터미널의 식별법으로 적합하지 않은 것은?

① (+), (−) 의 표시로 구분한다.
② 터미널의 요철로 구분한다.
③ 굵고 가는 것으로 구분한다.
④ 적색과 흑색 등 색으로 구분한다.

🔍 축전지 터미널의 식별
 • 양극 : (+) 또는 (P), 적색, 직경이 굵음
 • 음극 : (−) 또는 (N), 흑색, 직경이 얇음

23 교류 발전기에서 높은 전압으로부터 다이오드를 보호하는 구성품은 어느 것인가?

① 콘덴서
② 필드 코일
③ 정류기
④ 로터

🔍 교류(AC) 발전기에서 높은 전압으로부터 다이오드를 보호하는 것은 콘덴서이다.

24 변속기의 필요성과 관계가 없는 것은?

① 시동 시 장비를 무부하 상태로 한다.
② 기관의 회전력을 증대시킨다.
③ 장비의 후진 시 필요로 한다.
④ 환향을 빠르게 한다.

🔍 변속기의 필요성
 • 엔진을 무부하 상태로 유지하기 위해
 • 엔진의 회전력(토크) 증대를 위해
 • 주행속도를 증감속하게 하기 위해
 • 후진이 가능하게 하기 위해

25 트랙 슈의 종류가 아닌 것은?

① 고무 슈
② 4중 돌기 슈
③ 3중 돌기 슈
④ 반이중 돌기 슈

🔍 트랙 슈의 종류에는 일반(단일 돌기) 슈, 2중 돌기 슈, 3중 돌기 슈, 세미(반) 2중 돌기 슈, 암반용 슈, 스노우 슈, 평활 슈, 습지용 슈, 고무 슈 등이 있다.

26 유압회로에 사용되는 유압밸브의 역할이 아닌 것은?

① 일의 관성을 제어한다.
② 일의 방향을 변환시킨다.
③ 일의 속도를 제어한다.
④ 일의 크기를 조정한다.

🔍 유압밸브
 • 압력제어 밸브 : 일의 크기 조정(릴리프 밸브, 감압 밸브, 시퀀스 밸브, 언로더 밸브, 카운터 밸런스 밸브)
 • 유량제어 밸브 : 일의 속도 제어(스로틀 밸브, 압력보상 유량 제어 밸브 등)
 • 방향제어 밸브 : 일의 방향을 변환(체크 밸브, 스풀 밸브, 감속 밸브)

27 유압기기의 단점으로 틀린 것은?

① 에너지 손실이 적다.
② 오일은 가연성이므로 화재위험이 있다.
③ 회로구성이 어렵고 누설되는 경우가 있다.
④ 오일은 온도변화에 따라 점도가 변하여 기계의 작동속도가 변한다.

🔍 유압기기의 단점
- 고압 사용으로 인한 위험성 및 이물질에 민감하다.
- 폐유에 의한 환경 오염 우려가 있다.
- 유압 장치의 점검이 어렵다.
- 작동유의 온도 영향으로 정밀한 속도와 제어가 어렵다. 즉, 작동유 온도에 따라 속도가 변화한다.
- 고장 원인의 발견이 어렵고 구조가 복잡하다.
- 작동유가 높은 압력이 될 때는 누설의 우려가 있다.

28 유압 실린더의 종류에 해당하지 않은 것은?

① 복동 실린더 싱글로드형
② 복동 실린더 더블로드형
③ 단동 실린더 배플형
④ 단동 실린더 램형

🔍 구조 및 동작방식에 따른 유압 실린더의 종류
- 단동 실린더 : 램형, 다이어프램형(비실린더형)
- 복동 실린더 : 싱글로드형, 더블로드형

29 순차 작동 밸브라고도 하며, 각 유압 실린더를 일정한 순서로 순차 작동시키고자 할 때 사용하는 것은?

① 릴리프 밸브
② 감압 밸브
③ 시퀀스 밸브
④ 언로더 밸브

🔍 유압밸브
- 릴리프 밸브 : 유압 펌프와 제어 밸브 사이에 설치되어 회로 내의 압력을 규정값으로 유지
- 감압 밸브 : 유압 회로에서 분기 회로의 압력을 주회로의 압력보다 감압
- 시퀀스 밸브 : 2개 이상의 분기 회로에서 유압 회로의 압력에 의하여 작동 순서를 제어
- 언로더 밸브 : 유압회로의 압력이 설정압력에 이르면 펌프로부터 전유량을 직접 탱크로 리턴시켜 펌프를 무부하

30 건설기계의 작동유 탱크 역할로 틀린 것은?

① 유온을 적정하게 유지하는 역할을 한다.
② 작동유를 저장한다.
③ 오일 내 이물질의 침전작용을 한다.
④ 유압을 적정하게 유지하는 역할을 한다.

🔍 유압을 적정하게 유지하는 것은 릴리프 밸브를 통해 이루어진다.

31 불안전한 조명, 불안전한 환경, 방호장치의 결함으로 인하여 오는 산업재해 요인은?

① 지적 요인
② 물적 요인
③ 신체적 요인
④ 정신적 요인

🔍 재해의 직접원인과 간접원인
- 직접원인(물적 요인) : 불안전한 행동 및 불안전한 상태
- 간접원인 : 기술적 원인, 교육적 원인, 관리적 원인

32 산업 재해의 통상적인 분류 중 통계적 분류에 대한 설명으로 틀린 것은?

① 사망 : 업무로 인해서 목숨을 잃게 되는 경우
② 중경상 : 부상으로 인하여 30일 이상의 노동 상실을 가져온 상해 정도
③ 경상해 : 부상으로 1일 이상 7일 이하의 노동 상실을 가져온 상해 정도
④ 무상해 사고 : 응급처치 이하의 상처로 작업에 종사하면서 치료를 받는 상해 정도

🔍 중경상은 부상으로 인하여 8일 이상의 노동 상실을 가져온 상해 정도를 말한다.

33 안전표지의 종류 중 안내표지에 속하지 않는 것은?

① 녹십자표지
② 응급구호표지
③ 비상구
④ 출입금지

🔍 안내표지의 종류

401 녹십자 표지	402 응급구호 표지	403 들것	404 세안장치
405 비상구	406 비상구	407 좌측비상구	408 우측비상구

34 전기화재에 적합하며 화재 때 화점에 분사하는 소화기로 산소를 차단하는 소화기는?

① 포말 소화기
② 이산화탄소 소화기
③ 분말 소화기
④ 증발 소화기

> 포말 소화기는 유류화재에 적합하지만 이산화탄소 소화기는 유류와 전기화재 모두에 사용되는 소화기이다.

35 다음 중 가스누설 검사에 가장 좋고 안전한 것은?

① 아세톤
② 성냥불
③ 순수한 물
④ 비눗물

> 가스누출 여부 및 위치는 비눗물로 확인 · 점검한다.

36 건설기계 작업 시 주의사항으로 틀린 것은?

① 운전석을 떠날 경우에는 기관을 정지시킨다.
② 작업 시에는 항상 사람의 접근에 특별히 주의한다.
③ 주행 시는 가능한 한 평탄한 지면으로 주행한다.
④ 후진 시는 후진 후 사람 및 장애물 등을 확인한다.

> 후진 시는 후진하기 전에 사람 및 장애물 등을 확인해야 한다.

37 기계의 회전부분(기어, 벨트, 체인)에 덮개를 설치하는 이유는?

① 좋은 품질의 제품을 얻기 위하여
② 회전부분의 속도를 높이기 위하여
③ 제품의 제작과정을 숨기기 위하여
④ 회전부분과 신체의 접촉을 방지하기 위하여

> 회전부분의 덮개는 안전사고를 예방하기 위해 설치된다.

38 일반적인 보호구의 구비조건으로 맞지 않는 것은?

① 착용이 간편할 것
② 햇볕에 잘 열화 될 것
③ 재료의 품질이 양호할 것
④ 위험 유해 요소에 대한 방호성능이 충분할 것

> 열화란 재료의 품질이 떨어지는 현상이다.

39 수공구 사용방법으로 옳지 않은 것은?

① 좋은 공구를 사용할 것
② 해머의 쐐기 유무를 확인할 것
③ 스패너는 너트에 잘 맞는 것을 사용할 것
④ 해머의 사용면이 넓고 얇아진 것을 사용할 것

> 해머 작업 시 절대로 장갑을 착용해서는 안 되며, 사용면이 마모되어 얇아지고 경사진 것은 사용하지 않아야 한다.

40 줄 작업시 주의사항으로 틀린 것은?

① 줄은 반드시 자루를 끼워서 사용한다.
② 줄은 반드시 바이스 등에 올려놓아야 한다.
③ 줄은 부러지기 쉬우므로 절대로 두드리거나 충격을 주어서는 안 된다.
④ 줄은 사용하기 전에 균열의 유무를 충분히 점검하여야 한다.

> 줄은 다듬질 공구로 바이스 등에 올려놓아서는 안 되며 공구함 등에 넣어 사용하여야 한다.

41 로드 헤더(road header)의 특징으로 거리가 먼 것은?

① 원격 조작이 불가능하다.
② 발파작업 없이 연속 굴착이 가능하다.
③ 로드 헤더 고장 시 현장 전체 작업이 중단된다.
④ 동력은 전동기와 유압을 사용한다.

> 로드 헤더(road header)는 TBM과 달리 단면 형상에 따른 큰 제약이 없이 터널을 굴착할 수 있는 기계 굴착장비로 원격 조작이 가능한 장비이다.

42 항타 및 항발기의 종류가 아닌 것은?

① 드롭 해머　　② 디젤 해머
③ 유압 해머　　④ 벨트 해머

> 항타 및 항발기는 기중기 탑재식이 일반적이며 해머의 종류에는 드롭해머(drop hammer), 디젤해머(diesel hammer), 증기해머(steam hammer), 유압해머(hydraulic hammer), 진동해머(vibro hammer) 등이 있다.

43 터널 장비 중 실드 머신(Shield Machine)의 규격은?

① 설비 동력　　② 착암기의 중량
③ 최대 굴착직경　　④ 분당공기 소비량

> 기종별 규격의 표시
> - 크롤러식 : 착암기의 중량(kg)과 매분당 공기 토출량(m³/min) 및 유압 펌프 토출량(l/min)
> - 크롤러 점보식 : 프레트롤 단수와 착암기 대수(O단×O대)
> - 실드 머신 : 최대 굴착직경(mm)
> - 터널 보링 머신 : 최대 굴착직경(mm)
> - 오거 등 : 최대 천공직경(mm)

44 TBM(Tunnel Boring Machine)공법에 대한 특징 중 틀린 것은?

① 발파를 하지 않는다.
② 시가지에서의 암반 굴착이 가능하다.
③ 굴착 지름의 변위량이 적다.
④ 중량이 비교적 가벼워 수송, 현지 조립시에 큰 비용이 발생되지 않는다.

> 터널 보링 머신은 직접 암벽에 접촉 회전시켜 전단면을 연속적으로 절삭 파쇄하여 쇄석을 연속적으로 굴착, 기계의 뒤쪽으로 반출하면서 굴진하는 장비로 중량이 무거워 수송 및 현지 조립 시에 큰 비용이 발생한다.

45 파일 드라이버(Pile Driver)로 오거(Auger) 작업 시 안전 사항이 아닌 것은?

① 작업장은 안내원을 배치하고 출입 금지 펜스를 설치한다.
② 아웃 트리거로 장비를 수평으로 지지한다.
③ 장비의 설치 지반은 간극 없이 적당한 두께의 철판을 깐다.
④ 오거에 붙은 흙을 제거 할 때는 오거를 회전하면서 제거한다.

> 오거 날에 쌓인 흙은 회전을 멈춘 후 보조 작업자가 삽을 이용하여 제거한다.

46 크롤러 드릴의 트랙링크의 이탈 원인이 아닌 것은?

① 아이들러 마모
② 트랙 슈판 마모
③ 트랙링크 장력부족
④ 트랙링크 마모

> 트랙의 이탈 원인
> - 상·하부 롤러, 프런트 아들러, 스프로킷, 트랙 부싱 및 핀의 마모가 클 때
> - 트랙링크의 장력이 부족할 때(트랙의 유격이 너무 클 때)
> - 트랙의 정렬이 불량할 때(프런트 아이들러와 스프로킷의 중심이 일치하지 않을 때)
> - 고속 주행 시 급선회 했을 때
> - 경사지에서 작업 할 때

47 드리프터의 구성부품으로 가장 거리가 먼 것은?

① 비트　　② 피스톤
③ 어큐뮬레이터　　④ 회전모터

> 드리프터(drifter)는 유압에 의해 내부의 피스톤을 왕복 운동시키는 장치로 그 내부는 피스톤과 섕크 아답터 등으로 구성되며 드리프터에서 발생되는 회전력과 타격력이 로드와 드릴비트를 통해 암반면에 전달되어 암반을 파쇄한다.

48 지열 시추시 완성된 시추공에 투입(설치) 된 지열교환 폴리에틸렌(PE) 파이프의 수압 테스트에 관한 설명으로 옳은 것은?

① 테스트 중 파이프 파열 방지를 위하여 물을 반만 채운다.
② 테스트 중 파이프 파열 방지를 위하여 바이패스 밸브를 설치한다.
③ 압력계 펌프가 설치된 반대편은 누수가 없도록 밀폐 하여야 한다.
④ 테스트 용수는 파이프 내부부식 및 압력저하 방지를 위하여 부동액을 주입 하여야 한다.

> 지중열교환용 PE 파이프 수압시험은 배관 말단부에 캡 또는 플랜지 밀폐 마감하여 관정에 삽입하기 전에 7~8 kgf/cm² 압력으로 2시간 동안 수행한다.

49 천공기 로드의 회전수 조정에 대한 설명으로 틀린 것은?

① 경암(단단한 바위)일 때는 회전수를 늦춘다.
② 연암(연한 바위)일 때는 회전수를 빠르게 한다.
③ 작은 지름의 구멍은 회전수를 빠르게 한다.
④ 암질과 비트 구경은 회전수와 관련이 없다.

🔍 로드의 회전수는 비트의 지름, 비트의 종류, 지층의 성질 등에 따라 달라진다.

50 공벽 보호관(Casing)의 기능에 대한 설명으로 틀린 것은?

① 시추된 공벽의 붕괴 방지
② 지하수의 유입 방지
③ 시추공벽에 여과막 형성
④ 시추공경(Drilling Hole) 유지

🔍 공벽보호관(casing pipe)의 기능
• 시추공의 유지 및 시공벽의 붕괴 방지
• 지하수의 유입 방지
• 일정한 시추공경의 유지

51 DTH(Down The Hole Hammer)에 관한 설명으로 옳은 것은?

① 압축공기 피스톤이 비트를 직접 타격하므로 에너지 전달 손실이 적다.
② 유압 피스톤이 작동하므로 연결 로드로부터 에너지 손실이 많다.
③ 로드로 타격력을 전달하므로 나사 부분의 마모가 크다.
④ 로드 연결부분에 슬리브를 사용하므로 슬리브 마모가 크다.

🔍 DTH은 THD와 마찬가지로 추진력, 회전력, 타격력을 모두 이용하며, 압축공기 피스톤이 비트를 직접 타격하기 때문에 에너지 전달 손실이 적다.

52 락드릴 천공작업시 소모성 자재가 아닌 것은?

① 비트
② 섕크아답터
③ 로드
④ 슈판

🔍 천공공구는 천공리그모듈에서 가해지는 회전과 타격 에너지를 암반이나 지표면에 전달하여 암석을 천공하는 소모성 부품으로서 섕크 아답터(shank adapter), 커플링(coupling), 익스텐션 로드(extension rod), 드릴 비트(drill bit)로 구성된다.

53 천공방법 중 비트에 충격을 주어 암석을 파쇄하여 천공하는 것은?

① 회전식
② 충격식
③ 발파식
④ 이수식

🔍 충격식
• 비트에 충격을 주어 암석을 파쇄하여 천공하는 방식으로 스토퍼(stoper), 잭해머(jack hammer), 레그드릴(leg drill), 드리프터(drifter), 크롤러 드릴(crawler drill), 점보드릴(jumbo drill) 등이 해당된다.
• 충격식은 천공 속도는 빠르지만, 깊은 천공이나 큰 구멍의 천공은 기술적으로 곤란하다는 단점을 갖고 있다.

54 커터 헤드, 구동부, 메인 빔, 그리퍼, 루프 서포트 등으로 구성 되어 있으며 양질의 암반에서 천공속도가 빠르며 빔에 의해 굴착방향이 조정되는 것은?

① 실드형 TBM(Tunnel Boring Machine)
② 커터형 TBM(Tunnel Boring Machine)
③ 롤러형 TBM(Tunnel Boring Machine)
④ 오픈형 TBM(Tunnel Boring Machine)

🔍 오픈형 TBM(Open TBM)은 텅스텐 탄소 비트로 된 롤러 비트(디스크)가 장착된 회전식 커터 헤드가 막장면을 가압하며, V-자형 효과(notch effect)를 이용하여 암석을 제거한다. 굴착을 위한 추진력은 터널 벽 쪽의 암반에 방사상으로 밀어주는 그리퍼(gripper) 또는 베어링 패드(bearing pads)에 의한 반력을 이용한다.

55 파일 드라이버의 리더 수직도를 확인 할 수 있는 것은?

① 온도계
② 오일 압력계
③ 각도계
④ 충전계

🔍 각도계(각도기)를 이용하여 항타 및 항발기의 리더 수직도를 점검할 수 있으며, 이는 작업 전 장비점검 사항 중 하나이다.

56 시추기 작업 후 점검 사항이 아닌 것은?

① 시추기의 누유, 누수 상태 점검
② 시추기의 엔진 마력 점검
③ 시추기의 연료, 엔진오일, 유압유 점검
④ 시추기의 그리스 주입 점검

57 유압식 크롤러 드릴 엔진오일의 교환 주기 확인방법으로 가장 적합한 것은?

① 매뉴얼 지침서의 정보를 따른다.
② 오일의 인화점을 확인한다.
③ 기포 분리성을 확인한다.
④ 오일의 유동점을 확인한다.

🔍 엔진 오일의 교환 주기는 제작사의 장비 지침서의 정보에 따르도록 한다.

58 천공기 드리프터와 연결되는 자재부품의 연결 순서로 맞는 것은?

① 드리프터 → 섕크 → 슬리브 → 비트 → 로드
② 드리프터 → 슬리브 → 섕크 → 로드 → 비트
③ 드리프터 → 섕크 → 슬리브 → 로드 → 비트
④ 드리프터 → 섕크 → 로드 → 슬리브 → 비트

🔍 드리프터의 피스톤은 전방의 섕크 아답터를 연속적으로 타격하고, 이로 인해 발생된 에너지는 섕크 아답터에 연결된 익스텐션 로드와 드릴 비트에 차례로 전달되어 암반 굴착에 필요한 에너지를 암반면에 전달하게 된다. 이렇게 전달된 타격 에너지로 인해 암반은 파쇄되고, 비트의 회전에 의해 분쇄되며, 에어 플러싱을 통하여 천공 홀 밖으로 배출된다.

59 터널 발파 후 제일 먼저 해야 할 안전작업은?

① 가스 제거 작업
② 낙석 제거 작업
③ 록 볼트(Rock Bolt)작업
④ 몰탈 숏크리트(Shotcrete)작업

🔍 터널 발파 후에는 가스 및 부석에 의한 위험을 우선적으로 제거해야 한다.

60 다음 유압식 천공기의 유압오일 요소 중 가장 중요한 것은?

① 무게　　② 제작사
③ 점도　　④ 가격

🔍 유압유에서 가장 중요한 것은 점도로 유압유는 넓은 온도 범위에서 점도의 변화가 적어야 한다.

정답 제2회 적중모의고사

01 ②	02 ④	03 ③	04 ②	05 ④
06 ①	07 ③	08 ②	09 ①	10 ①
11 ③	12 ③	13 ④	14 ①	15 ④
16 ②	17 ③	18 ④	19 ③	20 ③
21 ④	22 ②	23 ①	24 ④	25 ②
26 ①	27 ①	28 ③	29 ③	30 ④
31 ②	32 ②	33 ③	34 ②	35 ④
36 ④	37 ④	38 ②	39 ④	40 ②
41 ①	42 ④	43 ③	44 ④	45 ④
46 ②	47 ①	48 ③	49 ④	50 ③
51 ①	52 ④	53 ②	54 ④	55 ③
56 ②	57 ①	58 ③	59 ①	60 ③

제3회 적중모의고사

QUESTIONS FROM PREVIOUS TESTS

01 건설기계 등록사항 변경이 있을 때, 소유자는 건설기계 등록사항 변경신고서를 누구에게 제출하여야 하는가?

① 관할검사소장
② 고용노동부 장관
③ 행정안전부장관
④ 시 · 도지사

> 건설기계의 소유자는 건설기계등록사항에 변경(주소지 또는 사용본거지가 변경된 경우를 제외)이 있는 때에는 그 변경이 있은 날부터 30일(상속의 경우에는 상속개시일부터 3개월)이내에 건설기계등록사항변경신고서에 법령이 정한 서류를 첨부하여 등록을 한 시 · 도지사에게 제출하여야 한다. 다만, 전시 · 사변 기타 이에 준하는 국가비상사태 하에 있어서는 5일 이내에 하여야 한다.

02 건설기계관리법령상 특별 표지판을 부착하여야 할 건설기계의 범위에 해당하지 않는 것은?

① 높이가 4미터를 초과하는 건설기계
② 길이가 10미터를 초과하는 건설기계
③ 총중량이 40톤을 초과하는 건설기계
④ 최소회전반경이 12미터를 초과하는 건설기계

> 특별 표지판 부착 대상 대형건설기계
> • 길이가 16.7미터를 초과하는 건설기계
> • 너비가 2.5미터를 초과하는 건설기계
> • 높이가 4.0미터를 초과하는 건설기계
> • 최소회전반경이 12미터를 초과하는 건설기계
> • 총중량이 40톤을 초과하는 건설기계
> • 총중량 상태에서 축하중이 10톤을 초과하는 건설기계

03 건설기계의 정기검사 유효기간이 1년이 되는 것은 신규등록일로 부터 몇 년 이상 경과되었을 때 인가?

① 5년   ② 10년
③ 15년   ④ 20년

> 신규등록일(수입된 중고건설기계의 경우에는 제작연도의 12월 31일)부터 20년 이상 경과된 경우 검사유효기간은 1년(타워크레인은 6개월)으로 한다.

04 건설기계조종사 면허가 취소되었을 경우 그 사유가 발생한 날부터 며칠 이내에 면허증을 반납해야 하는가?

① 7일 이내   ② 10일 이내
③ 14일 이내   ④ 30일 이내

> 건설기계조종사면허를 받은 자가 면허가 취소된 때, 면허의 효력이 정지된 때, 면허증의 재교부를 받은 후 잃어버린 면허증을 발견한 때에는 그 사유가 발생한 날부터 10일 이내에 주소지를 관할하는 시장 · 군수 또는 구청장에게 그 면허증을 반납하여야 한다.

05 건설기계조종사의 면허취소 사유에 해당되는 것은?

① 고의로 인명피해를 입힌 경우
② 과실로 가스공급시설을 손괴한 경우
③ 재산피해를 입힌 경우
④ 혈중알코올농도 0.05%의 음주상태로 건설기계를 조종한 경우

> 건설기계조종사의 면허 취소 사유
> • 건설기계 조종 중 고의로 사망, 중상, 경상 등을 입힌 경우
> • 건설기계 조종 중 과실로 산업안전보건법에 따른 다음의 중대재해가 발생한 경우
>   – 사망자가 1명 이상 발생한 재해
>   – 3개월 이상의 요양이 필요한 부상자가 동시에 2명 이상 발생한 재해
>   – 부상자 또는 직업성질병자가 동시에 10명 이상 발생한 재해

06 건설기계의 정기검사신청기간 내에 정기검사를 받은 경우, 다음 정기검사 유효기간의 산정방법으로 옳은 것은?

① 정기검사를 받은 날부터 기산한다.
② 정기검사를 받은 날의 다음날부터 기산한다.
③ 종전 검사유효기간 만료일부터 기산한다.
④ 종전 검사유효기간 만료일의 다음날부터 기산한다.

> 신규등록 후의 최초 유효기간의 산정은 등록일부터 기산하며, 건설기계의 정기검사신청기간 내에 정기검사를 받은 경우, 다음 정기검사 유효기간은 종전 검사유효기간 만료일의 다음날부터 기산한다.

07 소유자의 신청이나 시·도지사의 직권으로 건설기계의 등록을 말소할 수 있는 경우가 아닌 것은?

① 건설기계를 수출하는 경우
② 건설기계를 도난당한 경우
③ 건설기계 정기검사에 불합격된 경우
④ 건설기계의 차대가 등록 시의 차대와 다른 경우

🔍 등록의 말소 사유(주요 사항)
- 거짓이나 그 밖의 부정한 방법으로 등록을 한 경우(시·도지사 직권 말소)
- 건설기계가 천재지변 또는 이에 준하는 사고 등으로 사용할 수 없게 되거나 멸실된 경우
- 건설기계의 차대(車臺)가 등록 시의 차대와 다른 경우
- 건설기계안전기준에 적합하지 아니하게 된 경우
- 시·도지사의 정기검사 명령, 수시검사 명령 또는 정비 명령에 따르지 아니한 경우(시·도지사 직권 말소)
- 건설기계를 수출하는 경우
- 건설기계를 도난당한 경우
- 건설기계를 폐기한 경우(시·도지사 직권 말소)
- 구조적 제작 결함 등으로 건설기계를 제작자 또는 판매자에게 반품한 때
- 건설기계를 교육·연구 목적으로 사용하는 경우

08 건설기계관리법상 건설기계를 도로나 타인의 토지에 버려둔 자에 대한 벌칙 기준은?

① 2년 이하의 징역 또는 1천만 원 이하의 벌금
② 1년 이하의 징역 또는 1천만 원 이하의 벌금
③ 2백만 원 이하의 벌금
④ 1백만 원 이하의 벌금

🔍 1년 이하의 징역 또는 1천만원 이하의 벌금(주요 사항)
- 거짓이나 그 밖의 부정한 방법으로 건설기계 등록을 한 자
- 건설기계의 등록번호를 지워 없애거나 그 식별을 곤란하게 한 자
- 법에서 정한 건설기계의 구조변경검사 또는 수시검사를 받지 아니한 자
- 건설기계의 정비명령을 이행하지 아니한 자
- 건설기계조종사면허를 받지 아니하고 건설기계를 조종한 자
- 건설기계조종사면허를 거짓이나 그 밖의 부정한 방법으로 받은 자
- 건설기계조종사면허가 취소되거나 건설기계조종사면허의 효력정지처분을 받은 후에도 건설기계를 계속하여 조종한 자
- 건설기계를 도로나 타인의 토지에 버려둔 자

09 등록번호표를 부착하지 아니하거나 봉인하지 아니한 건설기계를 운행한 자에 대한 처벌은?

① 100만원 이하의 과태료
② 300만원 이하의 과태료
③ 1년 이하의 징역 또는 1천만원 이하의 벌금
④ 2년 이하의 징역 또는 2천만원 이하의 벌금

🔍 300만원 이하의 과태료(주요 사항)
- 등록번호표를 부착하지 아니하거나 봉인하지 아니한 건설기계를 운행한 자
- 건설기계의 정기검사를 받지 아니한 자
- 건설기계조종사의 정기적성검사 또는 수시적성검사를 받지 아니한 자
- 소속 공무원의 검사·질문을 거부·방해·기피한 자
- 중대한 사고 발생 시 제작결함 또는 안전기준 적합여부의 조사를 위해 사고 현장을 출입하는 직원의 출입을 거부하거나 방해한 자

10 건설기계관리법상 건설기계의 구조를 변경할 수 있는 범위에 해당되는 것은?

① 원동기의 형식 변경
② 건설기계의 기종 변경
③ 육상작업용 건설기계의 규격을 증가시키기 위한 구조 변경
④ 육상작업용 건설기계의 적재함 용량을 증가시키기 위한 구조 변경

🔍 구조의 변경 및 개조의 범위
- 원동기·동력전달장치·제동장치·주행장치·유압장치·조종장치·조향장치·작업장치의 형식변경. 다만, 가공작업을 수반하지 아니하고 작업장치를 선택부착하는 경우에는 작업장치의 형식변경으로 보지 아니한다.
- 건설기계의 길이·너비·높이 등의 변경
- 수상작업용 건설기계의 선체의 형식변경
※다만, 건설기계의 기종변경, 육상작업용 건설기계규격의 증가 또는 적재함의 용량증가를 위한 구조변경은 이를 할 수 없다.

11 실린더와 피스톤 사이에 유막을 형성하여 압축 및 연소가스가 누설되지 않도록 기밀을 유지하는 작용으로 옳은 것은?

① 밀봉작용   ② 감마작용
③ 냉각작용   ④ 방청작용

🔍 윤활유의 기능 : 감마(마찰감소 및 마멸방지), 냉각, 세척, 밀봉, 부식 방지, 소음완화, 응력분산

12 교류 발전기의 부품이 아닌 것은?

① 다이오드   ② 슬립링
③ 스테이터 코일 ④ 전류 조정기

교류 및 직류 발전기의 조정기
- 교류 : 전압 조정기
- 직류 : 컷 아웃 릴레이, 전압 조정기, 전류 조정기

13 기관에 사용되는 여과장치가 아닌 것은?

① 공기청정기　　② 오일 필터
③ 오일 스트레이너　④ 인젝션 타이머

인젝션 타이머는 연료의 분사시기를 조정한다.

14 기관의 동력을 전달하는 계통의 순서를 바르게 나타낸 것은?

① 피스톤 → 커넥팅로드 → 클러치 → 크랭크축
② 피스톤 → 클러치 → 크랭크축 → 커넥팅로드
③ 피스톤 → 크랭크축 → 커넥팅로드 → 클러치
④ 피스톤 → 커넥팅로드 → 크랭크축 → 클러치

피스톤을 미는 힘이 커넥팅로드에 전달되고 커넥팅로드를 지나 크랭크축에 동력을 전달한다. 또한 크랭크축은 플라이휠을 통해 클러치에 전달한다. 참고로 커넥팅로드는 피스톤의 상하왕복운동을 크랭크축의 회전운동으로 변환시키는 역할을 한다.

15 4행정 사이클 기관의 행정 순서로 맞는 것은?

① 압축 → 동력 → 흡입 → 배기
② 흡입 → 동력 → 압축 → 배기
③ 압축 → 흡입 → 동력 → 배기
④ 흡입 → 압축 → 동력 → 배기

기계학적 사이클의 분류
- 4행정 사이클 기관 : 흡입, 압축, 폭발(동력), 배기 등 4개 작용을 피스톤이 4행정하고 크랭크 축이 2회전하여 동력을 발생하는 기관
- 2행정 사이클 기관 : 흡입, 압축, 폭발(동력), 배기 등 4개 작용을 피스톤 2행정에 마치고 크랭크 축이 1회전에 동력을 얻는 기관

16 건설기계에 주로 사용되는 기동전동기로 맞는 것은?

① 직류분권 전동기　② 직류직권 전동기
③ 직류복권 전동기　④ 교류 전동기

건설기계에는 축전지를 전원으로 하는 직류직권 전동기가 사용되고 있다.

17 퓨즈에 대한 설명 중 틀린 것은?

① 퓨즈는 정격용량을 사용한다.
② 퓨즈 용량은 A로 표시한다.
③ 퓨즈는 가는 구리선으로 대용된다.
④ 퓨즈는 표면이 산화되면 끊어지기 쉽다.

퓨즈는 주석(Sn), 납(Pb), 창연(Bi, 비스무트), 카드뮴(Cd)의 합금으로 만들어지며, 구리선으로 대용해서는 안 된다.

18 가압식 라디에이터의 장점으로 틀린 것은?

① 방열기를 작게 할 수 있다.
② 냉각수의 비등점을 높일 수 있다.
③ 냉각수의 순환속도가 빠르다.
④ 냉각장치의 효율을 높일 수 있다.

가압식 라디에이터는 일정 온도의 압력까지는 스프링이 작용하는 뚜껑을 마련하여 물이 새어 나가지 못하게 한 라디에이터로, 오버히트가 쉽게 일어나지 않는 구조이다.

19 건설기계 운전 작업 후 탱크에 연료를 가득 채워주는 이유와 가장 관련이 적은 것은?

① 다음의 작업을 준비하기 위해서
② 연료의 기포방지를 위해서
③ 연료탱크에 수분이 생기는 것을 방지하기 위해서
④ 연료의 압력을 높이기 위해서

작업 후 탱크에 연료를 가득 채워주는 이유는 보기 준 ①, ②, ③항이며, 특히 겨울철에는 공기 중의 수분이 응축되어 물이 생기기 때문에 연료를 가득 채워두어야 한다.

20 축전지 내부의 충·방전 작용으로 가장 알맞은 것은?

① 화학 작용　　② 탄성 작용
③ 물리 작용　　④ 기계 작용

전류의 3대 작용
- 발열작용 : 도체 내를 전류가 흐를 때 도체의 저항에 의해 열이 발생하는 현상으로 전구, 전열기 등에 이용된다.
- 자기작용 : 도체에 전류가 흐르면 그 주변 공간에는 자기현상이 발생한다. 전동기, 발전기, 변압기 등에 이용된다.
- 화학작용 : 전해액에 전류가 흐르면 화학작용이 발생한다. 축전지의 충·방전에 이용된다.

21 유압유의 온도가 과열되었을 때 유압계통에 미치는 영향으로 틀린 것은?

① 온도변화에 의해 유압기기가 열변형 되기 쉽다.
② 오일의 점도 저하에 의해 누유 되기 쉽다.
③ 유압펌프의 효율이 높아진다.
④ 오일의 열화를 촉진한다.

> 정상적인 오일의 온도는 대략 40~60℃ 정도로 유압유가 과열 되면 펌프의 효율이 불량해 진다.

22 유압실린더 등의 중력에 의한 자유낙하 방지를 위해 배압을 유지하는 압력제어 밸브는?

① 감압 밸브
② 시퀀스 밸브
③ 언로더 밸브
④ 카운터 밸런스 밸브

> 압력제어 밸브(일의 크기 제어)
> • 릴리프 밸브 : 유압 펌프와 제어 밸브 사이에 설치, 유압장치 내의 압력을 일정하게 유지하고 최고 압력을 제어하여 회로를 보호한다.
> • 감압 밸브(리듀싱 밸브) : 분기 회로의 압력을 주회로의 압력보다 감압시켜 다른 압력으로 나눌 수 있으며, 유압 액추에이터의 작동 순서를 제어한다.
> • 시퀀스 밸브 : 2개 이상의 분기 회로에서 유압 회로의 압력에 의하여 작동 순서를 제어하는 역할을 한다.
> • 언로더 밸브 : 유압 회로 내의 압력이 규정 압력에 도달하면 펌프에서 송출되는 모든 유량을 탱크로 리턴시켜 유압 펌프를 무부하가 되도록 하는 역할을 한다.
> • 카운터 밸런스 밸브 : 유압실린더 등이 자유 낙하되는 것을 방지하기 위하여 배압을 유지시키는 역할을 한다.

23 유압장치에서 오일 여과기에 걸러지는 오염 물질의 발생 원인으로 가장 거리가 먼 것은?

① 유압장치의 조립과정에서 먼지 및 이물질 혼입
② 작동중인 기관의 내부 마찰에 의하여 생긴 금속가루 혼입
③ 유압장치를 수리하기 위하여 해체하였을 때 외부로 부터 이물질 혼입
④ 유압유를 장기간 사용함에 있어 고온·고압 하에서 산화생성물이 생김

> 유압장치 오염 물질의 발생 원인
> • 제조 중 조립과정에서 유입, 단조 용접 열처리 과정에서의 산화물찌꺼기, 주물 중 모래가 기름에 끼어든 경우
> • 공기 중의 먼지 침입, 작동유 공급 시 공급장치에 의한 오염, 보수나 수리 시 유압장치를 해체 했을 경우 외부에서 이물질 유입
> • 펌프 마찰에 의한 금속가루, 나사나 기계적 연결부의 진동이나 마찰에 의한 금속가루
> • 작동유 노화에 의한 산화생성물

24 유압장치에서 일일 점검사항이 아닌 것은?

① 필터의 오염 여부 점검
② 탱크의 오일량 점검
③ 호스의 손상 여부 점검
④ 이음 부분의 누유 점검

> 오일 필터류의 점검 및 교환은 분기 단위(매 500시간)로 진행한다.

25 유압유 관내에 공기가 혼입되었을 때 일어날 수 있는 현상이 아닌 것은?

① 공동현상
② 기화현상
③ 열화현상
④ 숨 돌리기 현상

> 유체의 관로에 공기의 유입 양이 증가하면 실린더의 숨돌리기 현상, 열화 촉진, 공동현상 등을 일으킨다.

26 축압기(어큐뮬레이터)의 기능과 관계가 없는 것은?

① 충격 압력 흡수
② 유압 에너지 축적
③ 릴리프 밸브 제어
④ 유압 펌프의 맥동 흡수

> 축압기(어큐뮬레이터)의 기능
> • 대유량의 작동유를 순간적으로 공급한다.
> • 유압 펌프의 맥동을 제거한다.
> • 충격 압력을 흡수한다.
> • 압력을 보상해 준다.

27 유압유의 압력을 제어하는 밸브가 아닌 것은?

① 릴리프 밸브　② 체크 밸브
③ 리듀싱 밸브　④ 시퀀스 밸브

> 유압밸브
> • 압력제어 밸브 : 일의 크기 조정(릴리프 밸브, 감압 밸브, 시퀀스 밸브, 언로더 밸브, 카운터 밸런스 밸브)
> • 유량제어 밸브 : 일의 속도 제어(스로틀 밸브, 압력보상 유량제어 밸브 등)
> • 방향제어 밸브 : 일의 방향을 변환(체크 밸브, 스풀 밸브, 감속 밸브)

28 유체 에너지를 이용하여 외부에 기계적인 일을 하는 유압기기는?

① 유압모터　② 근접 스위치
③ 유압 탱크　④ 기동 전동기

> 유압실린더는 직선왕복운동을 통해, 유압모터는 회전운동을 통해 유압 에너지를 기계적 에너지로 변환시킨다.

29 유압장치 내부에 국부적으로 높은 압력이 발생하여 소음과 진동이 발생하는 현상은?

① 노이즈　② 벤트포트
③ 캐비테이션　④ 오리피스

> 유압이 진공에 가까워짐으로서 기포가 생기며 이로 인해 국부적인 고압이나 소음이 발생하는 현상을 캐비테이션(공동현상)이라 한다.

30 유압장치에 주로 사용하는 펌프형식이 아닌 것은?

① 베인 펌프　② 플런저 펌프
③ 분사 펌프　④ 기어 펌프

> 유압장치에 주로 사용하는 펌프형식에는 기어 펌프, 베인 펌프, 플런저 펌프, 나사 펌프가 있다.

31 다음 중 재해발생 원인이 아닌 것은?

① 잘못된 작업방법
② 관리감독 소홀
③ 방호장치의 기능제거
④ 작업 장치 회전반경 내 출입금지

> 재해를 예방하기 위해 작업 장치 회전반경 내에 출입을 금지하여야 한다.

32 안전하게 공구를 취급하는 방법으로 적합하지 않은 것은?

① 공구를 사용한 후 제자리에 정리하여 둔다.
② 끝 부분이 예리한 공구 등을 주머니에 넣고 작업을 하여서는 안 된다.
③ 공구를 사용 전에 손잡이에 묻은 기름 등은 닦아내어야 한다.
④ 숙달이 되면 옆 작업자에게 공구를 던져서 전달하여 작업능률을 올린다.

> 공구의 전달은 손에서 손으로 옮겨야 하며, 던져서 전달하는 등의 행위를 금한다.

33 공구 및 장비 사용에 대한 설명으로 틀린 것은?

① 공구는 사용 후 공구상자에 넣어 보관한다.
② 볼트와 너트는 가능한 소켓 렌치로 작업한다.
③ 토크 렌치는 볼트와 너트를 푸는데 사용한다.
④ 마이크로미터를 보관할 때는 직사광선에 노출시키지 않는다.

> 토크 렌치는 볼트, 너트, 스크루 등을 규정된 값으로 조일 때 사용하는 정밀 측정 공구로 다수의 볼트에 토크를 주어 나사산의 파손이나 탈락을 방지하는 용도로 사용된다.

34 안전모에 대한 설명으로 바르지 못한 것은?

① 알맞은 규격으로 성능시험에 합격품이어야 한다.
② 구멍을 뚫어서 통풍이 잘되게 하여 착용한다.
③ 각종 위험으로부터 보호할 수 있는 종류의 안전모를 선택해야 한다.
④ 가볍고 성능이 우수하며 머리에 꼭 맞고 충격흡수성이 좋아야 한다.

> 안전모는 착장체 및 턱끈의 설치 또는 안전등, 보안면 등을 붙이기 위한 구멍을 제외하고는 모체에 어떠한 구멍도 없어야 한다.

35 작업장에서 작업복을 착용하는 이유로 가장 옳은 것은?

① 작업장의 질서를 확립시키기 위해서
② 작업자의 직책과 직급을 알리기 위해서
③ 재해로부터 작업자의 몸을 보호하기 위해서
④ 작업자의 복장 통일을 위해서

> 작업장에서 착용하는 작업복은 재해로부터 작업자의 몸을 보호하기 위한 보호구로 보아야 한다.

36 중량물 운반작업 시 착용하여야 할 안전화로 가장 적절한 것은?

① 중 작업용
② 보통 작업용
③ 경 작업용
④ 절연용

> 안전화의 등급 및 사용장소
> • 중작업용 안전화 : 광업, 건설업 및 철광업 등에서 원료취급, 가공, 강재취급 및 강재 운반, 건설업 등에서 중량물 운반작업, 가공대상물의 중량이 큰 물체를 취급하는 작업장으로서 날카로운 물체에 의해 찔릴 우려가 있는 장소에서 사용
> • 보통작업용 안전화 : 기계공업, 금속가공업, 운반, 건축업 등 공구 가공품을 손으로 취급하는 작업 및 차량 사업장, 기계 등을 운전조작하는 일반작업장으로서 날카로운 물체에 의해 찔릴 우려가 있는 장소에서 사용
> • 경작업용 안전화 : 금속 선별, 전기제품 조립, 화학제품 선별, 반응장치 운전, 식품 가공업 등 비교적 경량의 물체를 취급하는 작업장으로서 날카로운 물체에 의해 찔릴 우려가 있는 장소에서 사용

37 작업 시 보안경 착용에 대한 설명으로 틀린 것은?

① 가스 용접 할 때는 보안경을 착용해야 한다.
② 절단하거나 깎는 작업을 할 때는 보안경을 착용해서는 안 된다.
③ 아크 용접할 때는 보안경을 착용해야 한다.
④ 특수 용접할 때는 보안경을 착용해야 한다.

> 절단하거나 깎는 작업을 할 때에는 안면 및 눈을 보호할 수 있는 보호구를 착용하여야 한다.

38 구동 벨트를 점검할 때 기관의 상태는?

① 공회전 상태
② 급가속 상태
③ 정지 상태
④ 급감속 상태

> 구동 벨트를 걸거나 벗길 때, 점검할 때 기관은 반드시 정지 상태여야 한다.

39 사고를 일으킬 수 있는 직접적인 재해의 원인은?

① 기술적 원인
② 교육적 원인
③ 작업관리의 원인
④ 불안전한 행동의 원인

> 사고의 직접 원인
> • 불안전한 행동(행위) : 위험장소 접근, 안전장치의 기능 제거, 복장 보호구의 잘못사용, 기계·기구 잘못사용, 운전 중인 기계장치의 손질, 불안전한 속도 조작, 위험물 취급 부주의, 불안전한 상태 방치, 불안전한 자세 동작, 감독 및 연락 불충분
> • 불안전한 상태 : 물 자체 결함, 안전 방호장치 결함, 보호구의 결함, 물의 배치 및 작업장소 결함, 작업환경의 결함, 생산 공정의 결함, 경계표시·설비의 결함

40 안전수칙을 지킴으로 발생될 수 있는 효과로 거리가 가장 먼 것은?

① 기업의 신뢰도를 높여준다.
② 기업의 이직률이 감소된다.
③ 기업의 투자경비가 늘어난다.
④ 상하 동료 간의 인간관계가 개선된다.

> 안전수칙을 지키는 행위가 기업의 투자경비 증가를 가져오지는 않는다. 또한, 안전을 위한 제반 경비의 사용은 단기적으로는 경비가 늘어날 수 있지만, 장기적으로는 재해에 따른 손실을 감소시킴으로써 비용의 절감 효과를 가져올 수 있다.

41 천공 작업의 종류 인장응력, 전단응력 및 휨모멘트에 저항할 수 있는 보강재를 지반 내에 비교적 촘촘한 간격으로 삽입하여 사면의 안전과 지반의 변위를 억제하는 작업은?

① 어스 앵커링(earth anchoring) 작업
② 쏘일 네일링(soil nailing) 작업
③ 할암(rock splitting) 작업
④ 락 볼트(rock bolting) 작업

> 천공 작업의 종류
> • 어스 앵커링(earth anchoring) : 흙 속에 구멍을 뚫고 그 속에 PC강선을 매입하는 작업
> • 쏘일 네일링(soil nailing) : 보강재를 지반 내에 비교적 촘촘한 간격으로 삽입하여 사면의 안전과 지반의 변위를 억제하는 작업
> • 할암(rock splitting) : 착암기 또는 드릴을 이용하여 암반을 천공하는 후 암반 파쇄기를 삽입하여 암반을 파쇄시키는 작업
> • 락 볼트(rock bolting) : 벽면에 구멍을 뚫고 볼트를 끼워 암반을 보강하고 낙석을 방지하는 작업

42 운동 방식에 의한 천공기의 분류로 적합하지 않은 것은?

① 타격식 ② 회전식
③ 유압식 ④ 타격회전식

🔍 천공기의 분류
- 운동 방식에 의한 분류 : 타격식, 회전식, 타격회전식
- 천공 방향에 의한 분류 : 드리프터(수평 천공), 싱커(하향 천공), 스토퍼(상향 천공)

43 락 드릴(rock drill) 작업 시 드리프터(drifter) 타격, 피드 및 모터 회전 압력의 설정이 적절하지 않은 경우 나타날 수 있는 결과가 아닌 것은?

① 천공 홀의 직전성이 나빠지게 된다.
② 비트와 로드의 마모 및 파손 우려가 있다.
③ 장비 및 드리프터 부품의 과도한 외력을 유발할 수 있다.
④ 드리프터의 공타 유발이 감소하게 된다.

🔍 드리프터(drifter) 타격, 피드 및 모터 회전 압력의 설정이 적절하지 않은 경우 보기 ①, ②, ③항 외에도 드리프터의 공타를 유발하게 된다.

44 드리프터(drifter)에 천공자재를 연결하는 순서로 옳은 것은?

① 드리프터 - 연결 로드 - 연결 슬리브 - 섕크로드 어댑터 - 비트
② 드리프터 - 연결 슬리브 - 섕크로드 어댑터 - 연결 로드 - 비트
③ 드리프터 - 섕크로드 어댑터 - 연결 슬리브 - 연결 로드 - 비트
④ 드리프터 - 연결 슬리브 - 연결 로드 - 섕크로드 어댑터 - 비트

🔍 천공자재는 드리프터 - 섕크로드 어댑터 - 연결 슬리브 - 연결 로드 - 비트의 순으로 연결한다.

45 천공기의 이론상 주행 경사각으로 옳은 것은?

① 10° ② 30°
③ 15° ④ 20°

🔍 천공기의 이론상 최대 주행 경사각은 30°이며, 실제 주행 시에는 20°를 넘지 않는 것이 좋다.

46 천공 작업 중 암석가루에 구멍이 막혀, 천공 구멍에 로드와 비트가 매립되는 현상을 무엇이라 하는가?

① 바운싱(bouncing) ② 스프링잉(springing)
③ 재밍(jamming) ④ 인케이싱(In Casing)

🔍
- 바운싱(bouncing) : 앞·뒤가 동시에 같은 방향으로 진동하는 상태
- 스프링잉(springing) : 파일의 측면 진동 현상
- 인케이싱(In Casing) : 시추공 누수 및 붕괴방지를 위하여 관을 설치하는 작업

47 천공작업 시의 타격 압력 및 로드 회전수 조정과 관련된 설명으로 옳은 것은?

① 타격 압력은 일반적으로 경암이나 대구경인 경우에는 낮게 조절한다.
② 타격 압력은 최대 120kgf/cm² 이하로 한다.
③ 로드 회전수는 일반적으로 연암이나 소구경 천공일 때 빠른 회전이 되도록 조정한다.
④ 로드 회전수는 암질이나 비트 구경과는 관계가 없다.

🔍 천공작업 시 타격 압력 및 로드 회전수 조정
- 타격 압력은 일반적으로 경암이나 대구경인 경우에는 높게, 연암이나 소구경의 경우에는 낮게 조절해야 한다.
- 타격 압력은 최소 120kgf/cm2 이상으로 하여야 하며, 너무 낮은 압력은 드리프터의 수명을 단축시킨다.
- 적당한 로드 회전수는 암질, 비트 구경에 따라서 차이가 있다.
- 로드 회전수는 일반적으로 경암이나 대구경의 작업일 경우에는 늦은 속도로 하고, 연암이나 소구경 천공일 때에는 빠른 회전이 되게 조정한다.

48 천공 비트의 종류 중 비트와 로드가 하나로 제작되어 소형 착압기 등에 사용되는 비트는?

① 버튼 비트(button bit)
② 크로스 비트(cross bit)
③ 카 비트(car bit)
④ 인서트 비트(insert bit)

🔍 인서트 비트(insert bit)는 비트와 로드가 일체형으로 비트를 2~3회 재생하여 사용하면 로드도 같이 폐기시켜야 하는 비경제성으로 인해 최근에는 사용하지 않는 비트이다. 참고로 최근 가장 많이 사용되는 천공 비트는 버튼 비트(button bit)이다.

49 항타항발기 작업 시 파일(Pile)을 매다는 각도로 옳은 것은?

① 20° 이하 ② 15° 이하
③ 10° 이하 ④ 5° 이하

> 항타항발기에서 파일(Pile)을 매다는 각도는 10° 이하에서 작업하여야 한다.

50 천공작업 시 로드를 잡아주어 일정 위치에 천공을 가능하게 하며, 천공시 발생하는 분진을 모아주는 장치는?

① 센트럴라이저 ② 피드 모터
③ 가이드 셀   ④ 집진기

> 센트럴라이저(centralizer)는 천공작업 시 로드를 잡아주고 천공 시 발생하는 분진을 모아주는 장치이며, 집진기는 분진을 여과시키는 장치이다.

51 건설기계 안전기준에 관한 규칙과 관련하여 천공기에 대한 틀린 것은?

① 무한궤도식 천공기의 기동륜을 구동하는 모터는 1개로 좌우를 동시에 구동할 수 있는 구조여야 한다.
② 무한궤도식 천공기의 드리프터 지지붐은 유압장치에 의하여 상하 또는 좌우로 이동할 수 있는 구조이어야 한다.
③ 점보식 천공기는 착암기의 천공위치를 상하 또는 좌우로 쉽게 조절할 수 있는 구조이어야 한다.
④ 천공기의 차체에는 대기압하에서 천공기가 단위시간당 소비하는 공기량 및 필요한 공기압을 표시하여야 한다.

> 무한궤도식 천공기의 기동륜을 구동하는 모터는 2개로서 좌우를 각각 독립하여 구동할 수 있는 구조여야 한다.

52 디젤파일해머식 항타 및 항발기의 타격회수 기준으로 옳은 것은?

① 분당 10회 이상 ② 분당 20회 이상
③ 분당 30회 이상 ④ 분당 40회 이상

> 항타 및 항발기
> • 디젤파일해머식 항타 및 항발기의 타격회수는 분당 40회 이상이어야 하고, 타격회수의 최대값과 최소값을 차체에 표시하여야 한다.
> • 진동파일해머식 항타 및 항발기의 진동기의 진동수는 분당 500회 이상이어야 한다.

53 다음 중 유압해머(hydraulic hammer)에 대한 설명으로 틀린 것은?

① 디젤해머에 비해 타격력이 작다.
② 램(ram)의 낙하 조절이 가능하다.
③ 폭발소음과 배기가스의 배출이 없다.
④ 연약한 지반에서도 항타가 가능하다.

> 유압해머(hydraulic hammer)는 유압실린더 내에 유압유를 주입시켜 피스톤을 상승시킨 후 적당한 위치에서 유압유를 배출시켜 램(ram)의 자유낙하에 의해 항타하는 해머로 디젤해머에 비해 타격력이 크다.

54 진동해머(vibro hammer)의 진동수 단위로 옳은 것은?

① VPM ② RPM
③ GPM ④ LPM

> 단위의 개념
> • VPM : vibration per minute, 분당 진동수
> • RPM : revolutions per minute, 분당 엔진 회전수
> • GPM : gallon per minute, 분당 유압 토출량
> • LPM : liter per minute, 분당 유압 토출량

55 시추기 로드(rod) 취급과 관련하여 주의해야 할 사항으로 틀린 것은?

① 로드를 지상에 놓을 때는 반드시 침목 위에 올려놓는다.
② 로드를 세울 때는 반드시 커플링 쪽을 아래로 하고 두께 2~3cm의 판자 위에 놓아야 한다.
③ 나사 부분에 이물질이 부착되면 물이나 경유로 씻어내고 엔진오일을 발라둔다
④ 손상된 테이퍼는 수정구 등으로 각도를 수정하여 보관하도록 한다.

> 나사 부분은 항상 깨끗하게 보존하여야 하며, 이물질이 부착되거나 더러운 것은 물이나 경유로 씻어내고 그리스를 발라둔다.

56 항타기 작업 중 스프링잉(springing)이 일어나는 원인과 가장 거리가 먼 것은?

① 파일이 만곡되었을 때
② 파일과 해머의 정렬이 불량할 때
③ 파일의 무게가 가벼울 때
④ 비트가 직각이 아닐 때

> 항타 작업 중의 스프링잉(springing)은 파일의 과대한 측면 진동현상을 말하는 파일(pile)의 무게와는 관련이 적다.

57 다음 중 에어해머(air hammer)에 대한 설명으로 틀린 것은?

① 증기해머와 같은 원리를 이용하는 기동해머이다.
② 압축공기를 작동유체로 사용한다.
③ 뉴매틱해머(pneumatic hammer)라고도 부른다.
④ 주로 소규모 공사에 이용된다.

> 에어해머(공기해머)는 주로 대규모 공사에 이용한다.

58 다음 중 항타기 또는 항발기를 조립하는 경우 점검해야 하는 사항이 아닌 것은?

① 비상정지장치의 작동 상태 이상 유무
② 권상용 와이어로프·드럼 및 도르래의 부착 상태의 이상 유무
③ 권상장치의 브레이크 및 쐐기장치 기능의 이상 유무
④ 권상기의 설치상태의 이상 유무

> 항타기 또는 항발기 조립 시 점검 사항
> • 본체 연결부의 풀림 또는 손상의 유무
> • 권상용 와이어로프·드럼 및 도르래의 부착상태의 이상 유무
> • 권상장치의 브레이크 및 쐐기장치 기능의 이상 유무
> • 권상기의 설치상태의 이상 유무
> • 버팀의 방법 및 고정상태의 이상 유무

59 항타기 및 항발기에 사용하는 권상용 와이어로프의 사용금지 기준으로 틀린 것은?

① 이음매가 있는 것
② 열과 전기 충격에 의해 손상된 것
③ 지름의 감소가 공칭지름의 7%를 초과하는 것
④ 와이어로프의 한 꼬임에서 끊어진 소선의 수가 7% 이상인 것

> 권상용 와이어로프의 사용금지 기준
> • 이음매가 있는 것
> • 와이어로프의 한 꼬임에서 끊어진 소선의 수가 10%인 것
> • 지름의 감소가 공칭지름의 7%를 초과하는 것
> • 꼬인 것
> • 심하게 변형되거나 부식된 것
> • 열과 전기충격에 의해 손상된 것

60 시추 로드(drill rod)의 회전수 조정을 위한 고려 사항과 가장 거리가 먼 것은?

① 비트의 지름   ② 비트의 길이
③ 비트의 종류   ④ 지층의 상태

> 로드의 회전수는 비트의 지름, 비트의 종류, 지층의 상태 등에 따라 달라진다.

정답 제3회 적중모의고사

01 ④	02 ②	03 ④	04 ②	05 ①
06 ④	07 ③	08 ②	09 ②	10 ①
11 ①	12 ④	13 ④	14 ④	15 ④
16 ②	17 ③	18 ③	19 ④	20 ①
21 ③	22 ④	23 ②	24 ①	25 ②
26 ③	27 ②	28 ①	29 ③	30 ②
31 ④	32 ②	33 ②	34 ②	35 ③
36 ①	37 ②	38 ③	39 ④	40 ③
41 ②	42 ③	43 ④	44 ②	45 ②
46 ③	47 ③	48 ④	49 ③	50 ①
51 ①	52 ④	53 ①	54 ①	55 ③
56 ③	57 ④	58 ①	59 ④	60 ②

제4회 적중모의고사

01 건설기계의 등록이 말소된 경우 등록번호표는 며칠 이내에 시·도지사에게 반납하여야 하는가?

① 10일 ② 30일
③ 3개월 ④ 6개월

🔍 건설기계 등록이 말소되거나 등록된 사항 중 대통령령이 정하는 사항이 변경된 때에는 등록번호표의 봉인을 뗀 후 그 번호표를 10일 이내에 시·도지사에게 반납하여야 한다.

02 대형 건설기계 특별표지 부착 대상 기준으로 틀린 것은?

① 길이가 16.7m를 초과하는 건설기계
② 너비가 2.5m를 초과하는 건설기계
③ 높이가 4.0m를 초과하는 건설기계
④ 총중량이 20톤을 초과하는 건설기계

🔍 특별표지 부착 대상 대형건설기계
 • 길이가 16.7m를 초과하는 건설기계
 • 너비가 2.5m를 초과하는 건설기계
 • 높이가 4.0m를 초과하는 건설기계
 • 최소회전반경이 12m를 초과하는 건설기계
 • 총중량이 40톤을 초과하는 건설기계
 • 총중량 상태에서 축하중이 10톤을 초과하는 건설기계

03 건설기계 검사의 종류가 아닌 것은?

① 신규등록검사 ② 정기검사
③ 임시검사 ④ 수시검사

🔍 건설기계 검사
 • 신규등록검사 : 건설기계를 신규로 등록할 때 실시하는 검사
 • 정기검사 : 건설공사용 건설기계로서 3년의 범위 내에서 국토교통부령이 정하는 검사유효기간이 끝난 후에 계속하여 운행하고자 할 때 실시하는 검사와 대기환경보전법에 따른 운행차의 정기검사
 • 구조변경검사 : 등록된 건설기계의 주요 구조를 변경 또는 개조하였을 때 실시하는 검사(사유발 생일로부터 20일 이내에 검사)
 • 수시검사 : 성능이 불량하거나 사고가 빈발하는 건설기계의 안전성 등을 점검하기 위하여 수시로 실시하는 검사와 건설기계 소유자의 신청에 의하여 실시하는 검사

04 건설기계등록번호표의 유형별 도색으로 틀린 것은?

① 자가용 : 흰색 바탕에 검은색 문자
② 대여사업용 : 주황색 바탕에 검은색 문자
③ 관용 : 흰색 바탕에 검은색 문자
④ 임시용 : 주황색 바탕에 검은색 문자

🔍 미등록 건설기계 및 등록된 건설기계의 임시번호표
 • 번호표 크기 : 가로 520mm×세로 110mm
 • 재질 : 목판
 • 색칠 : 흰색 페인트판에 검은색 문자

05 다음 중 건설기계조종사면허가 취소되는 경우는?(단, 산업안전보건법에 따른 중대재해가 아닌 경우이다.)

① 고의로 사람을 다치게 한 경우
② 과실로 1명을 사망하게 한 경우
③ 과실로 3명에게 중상을 입힌 경우
④ 과실로 10명에게 경상을 입힌 경우

🔍 건설기계조종사 면허의 취소 사유
 • 거짓이나 그 밖의 부정한 방법으로 건설기계조종사면허를 받은 경우
 • 건설기계조종사면허의 효력정지기간 중 건설기계를 조종한 경우
 • 건설기계조종사면허의 결격사유에 해당하게 된 경우
 • 건설기계 조종 중 고의로 사망, 중상, 경상 등을 입힌 경우
 • 건설기계 조종 중 과실로 산업안전보건법에 따른 다음의 중대재해가 발생한 경우
  - 사망자가 1명 이상 발생한 재해
  - 3개월 이상의 요양이 필요한 부상자가 동시에 2명 이상 발생한 재해
  - 부상자 또는 직업성질병자가 동시에 10명 이상 발생한 재해

06 건설기계조종사면허의 효력정지처분을 받은 후에도 건설기계를 계속하여 조종한 자에 대한 벌칙은?

① 2년 이하의 징역 또는 2천만원 이하의 벌금
② 1년 이하의 징역 또는 1천만원 이하의 벌금
③ 200만원 이하의 벌금
④ 100만원 이하의 벌금

🔍 **1년 이하의 징역 또는 1천만원 이하의 벌금(주요사항)**
- 거짓이나 그 밖의 부정한 방법으로 건설기계 등록을 한 자
- 건설기계의 등록번호를 지워 없애거나 그 식별을 곤란하게 한 자
- 법에서 정한 건설기계의 구조변경검사 또는 수시검사를 받지 아니한 자
- 건설기계의 정비명령을 이행하지 아니한 자
- 폐기요청을 받은 건설기계를 폐기하지 아니하거나 등록번호표를 폐기하지 아니한 자
- 건설기계조종사면허를 받지 아니하고 건설기계를 조종한 자
- 건설기계조종사면허를 거짓이나 그 밖의 부정한 방법으로 받은 자
- 건설기계조종사면허가 취소되거나 건설기계조종사면허의 효력정지처분을 받은 후에도 건설기계를 계속하여 조종한 자
- 건설기계를 도로나 타인의 토지에 버려둔 자

07 건설기계의 임시운행은 며칠을 초과할 수 없는가? (단, 신개발 건설기계를 시험·연구의 목적으로 운행하는 경우는 제외한다.)

① 5일 ② 10일
③ 15일 ④ 30일

🔍 임시운행 허가기간은 15일을 초과할 수 없다. 단, 신개발 건설기계를 시험·연구의 목적으로 운행하는 경우 임시운행 허가기간은 3년 이내이다.

08 폐기요청을 받은 건설기계를 폐기하지 아니하거나 등록번호표를 폐기하지 아니한 자에 대한 벌칙은?

① 2년 이하의 징역 또는 2천만원 이하의 벌금
② 1년 이하의 징역 또는 1천만원 이하의 벌금
③ 200만원 이하의 벌금
④ 100만원 이하의 벌금

🔍 문제 6번 해설 참조

09 건설기계조종사면허의 적성검사 기준에 해당되지 않는 것은?

① 두 눈을 뜨고 잰 시력이 0.7 이상이고 두 눈의 시력이 각각 0.3 이상일 것
② 55데시벨(보청기를 사용하는 사람은 40데시벨)의 소리를 들을 수 있을 것
③ 시각은 150도 이상일 것
④ 언어분별력이 50% 이상일 것

🔍 **적성검사 기준**
- 두 눈을 동시에 뜨고 잰 시력(교정시력 포함)이 0.7 이상이고 두 눈의 시력이 각각 0.3 이상일 것
- 55데시벨(보청기를 사용하는 사람은 40데시벨)의 소리를 들을 수 있고, 언어분별력이 80퍼센트 이상일 것
- 시각은 150도 이상일 것
- 정신병자·지적장애인·뇌전증환자, 마약·대마·향정신성의약품, 알코올 중독자가 아닐 것

10 건설기계관리법상 중상이란?

① 5일 미만의 치료를 요하는 진단이 있는 경우
② 3주 이상의 치료를 요하는 진단이 있는 경우
③ 3주 미만의 치료를 요하는 진단이 있는 경우
④ 7일 이상의 치료를 요하는 진단이 있는 경우

🔍 건설기계관리법상 중상은 3주 이상의 치료를 요하는 진단이 있을 때를 말하며, 경상은 3주 미만의 치료를 요하는 진단이 있는 경우를 말한다.

11 직접분사식 연소실에 대한 설명으로 옳지 않은 것은?

① 실린더 헤드의 구조가 복잡하다.
② 연료의 분사압력이 높다.
③ 열효율이 높다.
④ 연소실 체적에 대한 표면적이 작기 때문에 냉각 손실이 적다.

🔍 직접분사식 연소실은 단실식으로 실린더 헤드의 구조가 간단하기 때문에 열변형이 적다.

12 기관이 작동 중 라디에이터 캡 쪽으로 물이 상승하면서 연소가스가 누출될 때 원인으로 맞는 것은?

① 분사 노즐의 동와셔가 불량하다.
② 라디에이터 캡이 불량하다.
③ 물 펌프에 누설이 생겼다.
④ 실린더 헤드에 균열이 생겼다.

🔍 압력식 라디에이터 캡은 기관 냉각장치에서 냉각수 비등점을 올리기 위한 것으로 기관 작동 중에 라디에이터 캡으로 물이 상승하면서 연소가스가 누축되면 그 원인은 실린더 헤드에 균열이 생겼기 때문이다.

13 축전지의 용량에 대한 설명으로 옳은 것은?

① 전해액의 양과는 관계가 없다.
② 극판의 수와 관련이 있으며 극판의 크기와는 관계가 없다.
③ 방전 전류에 방전 시간을 곱한 것이다.
④ 격리판의 개수와 관계가 있다.

🔍 축전지의 용량은 극판의 크기, 극판의 개수 및 황산(전해액)의 양에 의해 결정된다.

14 퓨즈에 대한 설명 중 틀린 것은?

① 퓨즈는 정격용량을 사용한다.
② 퓨즈 용량은 A로 표시한다.
③ 퓨즈는 가는 구리선으로 대용된다.
④ 퓨즈는 표면이 산화되면 끊어지기 쉽다.

🔍 퓨즈는 일정한 값 이상의 전류가 흐르면 용단되는 것으로 회로 및 기기를 보호하는 가장 간단한 전류자동차단기로 납과 주석의 합금으로 만든다.

15 직권식 기동 전동기의 전기자 코일과 계자 코일은 전원에 대해 어떻게 접속되어 있는가?

① 전기자 코일은 직렬, 계자 코일은 병렬로 접속
② 모두 직렬로 접속
③ 모두 병렬로 접속
④ 전기자 코일은 병렬, 계자 코일은 직렬로 접속

🔍 직권식은 전기자 코일과 계자 코일이 직렬로 접속되어 있으며, 분권식은 병렬, 복권식은 직·병렬로 연결되어 있다.

16 충전계기의 확인 및 점검은 어느 때 하여야 하는가?

① 운전 중일 때
② 주간 및 월간 점검 때
③ 필요한 때에
④ 기관 ON 및 운전 중일 때

🔍 충전 상태는 배터리 충전 경고등을 통해 확인할 수 있다. 시동 스위치를 ON한 후 배터리 충전 경고등이 점등되고, 엔진 가동 시에도 계속 점등 상태를 유지하고 있다면 충전회로에 이상이 있는 것으로 점검을 하여야 한다.

17 동력전달장치에서 추진축의 각도 변화를 가능하게 하는 기구는?

① 슬립 조인트
② 유니버셜 조인트
③ 파워 시프트
④ 크로스 멤버

🔍 유니버설 조인트(자재이음, universal joint)
 • 양 축이 동일평면 내에 있고, 그 축선이 30° 이하의 각도로 교차하는 경우에 사용되는 축 이음으로서 훅 조인트라고도 한다.
 • 양 축단에 각각 요크(yoke)를 부착하고, 이것을 십자형의 핀으로 자유로이 회전할 수 있도록 연결한 축 이음이다.

18 건설기계에서 사용되는 윤활유 여과방식에 해당되지 않는 것은?

① 분류식   ② 전류식
③ 복합식   ④ 합류식

🔍 엔진오일의 여과방식
 • 분류식 : 오일 펌프에서 나온 오일의 일부를 여과하고 나머지는 윤활부로 그냥 보낸다.
 • 전류식 : 오일 펌프에서 나온 오일 전부가 여과기를 거쳐 여과된 다음 윤활부로 가게 된다.
 • 샨트식(조합식, 복합식) : 펌프에 보내지는 오일의 일부만을 여과하지만 여과된 오일이 오일 팬으로 돌아오지 않고 윤활부에 공급된다.

19 크랭크축 베어링의 윤활유로 사용되는 것은?

① 엔진오일   ② 그리스
③ 오일리스 베어링 ④ 외부 윤활유

🔍 크랭크축 베어링은 윤활장치에서 공급되는 엔진오일에 의해 윤활되며, 엔진오일은 오일펌프에 의해 오일 통로를 거쳐 크랭크축 - 메인 - 베어링에 공급된다.

20 건설기계 기관에서 사용하는 윤활유의 구비 성질로 볼 수 없는 것은?

① 인화점 및 발화점이 높을 것
② 비중이 적당할 것
③ 열전도가 양호할 것
④ 산화에 대한 저항이 작을 것

🔍 윤활유의 구비 성질
- 인화점 및 발화점이 높을 것
- 비중이 적당할 것
- 열전도가 양호할 것
- 산화에 대한 저항이 클 것(내산성)
- 점도와 온도의 관계가 좋을 것
- 카본 생성이 적을 것
- 강인한 유막을 형성할 것

21 건설기계에 사용되는 유압 펌프의 종류가 아닌 것은?

① 기어 펌프　　② 플런저 펌프
③ 베인 펌프　　④ 디젤 펌프

🔍 유압 펌프의 종류
- 기어 펌프 : 구조가 간단하고, 흡입 능력이 가장 크다.
- 베인 펌프 : 보수가 용이하고, 토출 압력의 맥동이 적다.
- 플런저 펌프 : 고압에 적합하며, 펌프 효율이 가장 좋다.

22 다음 유압펌프 중 가장 높은 압력 조건에 사용할 수 있는 펌프는?

① 기어 펌프　　② 로터리 펌프
③ 플런저 펌프　　④ 베인 펌프

🔍 플런저 펌프(plunger pump)의 특성
- 고압(150~350kgf/cm²)에 적합하며 펌프 효율이 가장 높다.
- 가변 용량형에 적합하며, 각종 토출량 제어장치가 있어서 목적 및 용도에 따라 조정할 수 있다.
- 구조가 복잡하고 비싸다.
- 오일의 오염에 극히 민감하다.
- 흡입능력이 가장 낮다.

23 그림과 같은 실린더의 명칭은?

① 단동 실린더 편로드형
② 단동 실린더 양로드형
③ 복동 실린더 편로드형
④ 복동 실린더 양로드형

🔍 그림의 실린더는 복동 실린더 편로드형을 나타내고 있다. 참고로 위쪽의 연결부가 1개면 단동, 그림처럼 2개면 복동이며, 실린더의 좌·우로 로드가 모두 있으면 양로드형, 그림과 같이 1개만 있으면 편로드형이다.

24 유량이나 1차 측의 압력과 무관하게 분기회로에서 2차 측 압력을 설정값까지 감압하여 사용하는 제어 밸브는?

① 시퀀스 밸브
② 감압 밸브
③ 언로더 밸브
④ 카운터 밸런스 밸브

🔍
- 시퀀스 밸브 : 2개 이상의 분기 회로가 있을 때 순차적인 작동을 하기 위한 압력제어 밸브
- 리듀싱 밸브(감압 밸브) : 유압 회로에서 분기 회로의 압력을 주회로의 압력보다 감압시켜 사용하는 제어 밸브
- 언로더 밸브 : 유압회로의 압력이 설정압력에 이르면 펌프로부터 전체 유량을 직접 탱크로 복귀시켜 펌프를 무부하로 상태로 유지
- 카운터 밸런스 밸브 : 실린더가 중력으로 인하여 제어속도 이상으로 낙하하는 것을 방지

25 2개 이상의 분기 회로에서 유압 회로의 압력에 의하여 작동순서를 제어하기 위해 사용되는 밸브는?

① 카운터 밸런스 밸브
② 언로더 밸브
③ 릴리프 밸브
④ 시퀀스 밸브

🔍
- 시퀀스 밸브 : 2개 이상의 분기 회로가 있을 때 순차적인 작동을 하기 위한 압력제어 밸브
- 릴리프 밸브 : 유압 회로의 최고 압력을 제한하고 회로 내의 과부하를 방지

26 작동유(유압유) 속에 용해 공기가 기포로 되어 있는 상태를 무엇이라고 하는가?

① 인화 현상　　② 노킹현상
③ 조기착화 현상　　④ 공동현상

🔍 공동현상(캐비테이션)이란 유동하고 있는 액체의 압력이 국부적으로 저하되어 포화 증기 압력 또는 공기 분리 압력에 대하여 증기를 발생시키거나 용해 공기 등이 분리되어 기포를 일으키는 현상을 말한다.

27 유압모터의 단점에 해당되지 않는 것은?

① 작동유에 먼지나 공기가 침입하지 않도록 특히 보수에 주의해야 한다.
② 작동유가 누출되면 작업 성능에 지장이 있다.
③ 작동유의 점도변화에 의하여 유압모터의 사용에 제약이 있다.
④ 릴리프 밸브를 부착하여 속도나 방향제어하기가 곤란하다.

> 릴리프 밸브는 회로내의 압력이 과도하게 상승하는 것을 방지하고 항상 일정한 압력을 유지하는 밸브로 유압펌프와 제어 밸브 사이에 설치되어 있다.

28 유압제어 밸브 중 속도제어 밸브의 역할에 대한 설명으로 틀린 것은?

① 회로에 공급되는 유량을 조절한다.
② 작동유의 흐름을 한쪽 방향으로만 흐르도록 한다.
③ 액추에이터의 작동 속도를 제어한다.
④ 스로틀 밸브는 속도제어 밸브이다.

> 작동유의 흐름을 한쪽 방향으로만 흐르도록 하고 역류를 방지하는 역할을 하는 것은 체크밸브(check valve)로 방향제어에 해당된다.

29 유압회로 내의 유압유 점도가 너무 낮을 때 생기는 현상이 아닌 것은?

① 오일이 누설될 수 있다.
② 유압펌프의 효율이 저하된다.
③ 시동 저항이 커진다.
④ 회로의 압력이 저하된다.

> 오일 점도가 낮을 경우 나타나는 현상
> • 펌프 효율 저하
> • 액추에이터의 효율 저하
> • 회로 내의 누유
> • 유압 저하
> • 유압장치 각 부의 누유

30 액추에이터의 운동속도를 조정하기 위하여 사용되는 밸브는?

① 압력제어 밸브   ② 온도제어 밸브
③ 유량제어 밸브   ④ 방향제어 밸브

> 밸브의 역할
> • 압력제어 밸브 : 일의 크기를 조절한다.
> • 방향제어 밸브 : 일의 방향을 조절한다.
> • 유량제어 밸브 : 일의 속도를 조절한다.

31 안전·보건표지의 색채 기준 중 응급 구호 장비가 있는 장소를 알리는 색채는?

① 빨간색   ② 노란색
③ 녹색   ④ 흰색

> 안전보건표지의 색채 및 용도

색채	용도	사용례
빨간색	금지	정지신호, 소화설비 및 그 장소, 유해행위의 금지
	경고	화학물질 취급장소에서의 유해·위험 경고
노란색	경고	화학물질 취급장소에서의 유해·위험 경고 이외의 위험 경고, 주의 표지 또는 기계방호물
파란색	지시	특정 행위의 지시 및 사실의 고지
녹색	안내	비상구 및 피난소, 사람 또는 차량의 통행 표시
흰색	–	파란색 또는 녹색에 대한 보조색
검은색		문자 및 빨간색 또는 노란색에 대한 보조색

32 벨트 취급에 대한 안전사항 중 틀린 것은?

① 벨트 교환시 회전을 완전히 멈춘 상태에서 한다.
② 벨트의 회전을 정지할 때 손으로 잡고서 한다.
③ 벨트의 적당한 장력을 유지하도록 한다.
④ 벨트에 기름이 묻지 않도록 한다.

> 벨트의 회전을 멈출 때 손으로 잡고서 하면 사고 우려가 있다.

33 작업장에서 휘발유 화재가 일어났을 경우 가장 적합한 소화 방법은?

① 탄산가스 소화기의 사용
② 불의 확대를 막는 덮개의 사용
③ 소다 소화기의 사용
④ 물 호스의 사용

🔍 유류화재는 B급화재로 포말소화기, 이산화탄소(탄산가스) 소화기, 분말 소화기, 증발성 액체 소화기를 적용한다.

34 안전제일에서 가장 먼저 선행되어야 할 이념으로 맞는 것은?

① 재산 보호　　② 생산성 향상
③ 신뢰성 향상　　④ 인명 보호

🔍 안전의 제1목표는 인명을 보호하는 것이다.

35 산업체에서 안전을 지킴으로서 얻을 수 있는 이점과 가장 거리가 먼 것은?

① 직장의 신뢰도를 높여준다.
② 직장 상·하 동료 간 인간관계 개선 효과도 기대된다.
③ 기업의 투자 경비가 늘어난다.
④ 사내 안전수칙이 준수되어 질서유지가 실현된다.

🔍 안전관리란 재해로부터 인간의 생명과 재산을 보존하기 위한 계획적이고 체계적인 제반 활동을 의미한다.

36 재해의 원인 중 인적 원인에 해당되는 것은?

① 안전 방호장치 결함　② 위험물 취급 부주의
③ 작업환경의 결함　　④ 보호구의 결함

🔍 재해의 직접원인
• 불안전한 행동(행위, 인적원인) : 위험장소 접근, 안전장치의 기능 제거, 복장·보호구의 잘못사용, 기계·기구 잘못사용, 운전 중인 기계장치의 손질, 불안전한 속도 조작, 위험물 취급 부주의, 불안전한 상태 방치, 불안전한 자세 동작, 감독 및 연락 불충분
• 불안전한 상태 : 물 자체 결함, 안전 방호장치 결함, 보호구의 결함, 물의 배치 및 작업장소 결함, 작업환경의 결함, 생산 공정의 결함, 경계표시·설비의 결함

37 수공구 사용시 안전수칙으로 바르지 못한 것은?

① 톱 작업은 밀 때 절삭되게 작업한다.
② 줄 작업으로 생긴 쇳가루는 브러시로 털어 낸다.
③ 해머작업은 미끄러짐을 방지하기 위해서 반드시 면장갑을 끼고 작업한다.
④ 조정 렌치는 조정조가 있는 부분에 힘을 받지 않게 하여 사용한다.

🔍 장갑을 착용하면 안 되는 작업 : 해머작업, 연삭작업, 드릴작업, 정밀기계작업

38 산소-아세틸렌 가스 용접 작업 시의 재해로 거리가 먼 것은?

① 고온과 불티에 의해 화재의 우려가 있다.
② 용접 시 발생하는 유해광선에 의해 눈질환의 우려가 있다.
③ 충전부 접촉에 의한 감전재해의 우려가 있다.
④ 용접 작업 중 화구에 불을 붙이는 순간 화염이 뻗치면서 화상을 입을 수 있다.

🔍 산소-아세틸렌 가스 용접은 아세틸렌과 산호의 혼합물을 토치 끝부분에서 연소시켜 접합하는 용접으로 감전재해와는 거리가 멀다.

39 반드시 건설기계정비업체에서 정비하여야 하는 것은?

① 오일의 보충
② 배터리의 교환
③ 창유리의 교환
④ 엔진 탈·부착 및 정비

🔍 엔진의 탈·부착 및 정비는 반드시 건설기계정비업체를 통해 정비하여야 한다.

40 연삭 작업 시 반드시 착용해야 하는 보호구는?

① 방독면　　② 장갑
③ 보안경　　④ 마스크

🔍 물체가 날아 흩어질 위험이 있는 작업을 하는 경우에는 보안경을 반드시 착용하여야 한다.

41 항타기 및 항발기를 선정할 경우의 검토 사항으로 가장 거리가 먼 것은?

① 말뚝의 종류 및 형상
② 타격력과 말뚝의 지지력
③ 시공법 및 현장 지반 등의 작업장 주변 사항
④ 작업 비용 및 작업 인력 배치 현황

> 항타기 및 항발기를 선정 시 검토사항
> • 말뚝의 종류 및 형상
> • 타격력과 말뚝의 지지력
> • 시공법 및 현장 지반 등 작업장 주변 사항
> • 말뚝 및 항타기의 중량
> • 작업량 및 공기

42 로드와 보호관의 접속장치이며 로드 쪽은 암나사, 보호관 쪽은 수나사로 되어 있는 드라이브 파이프의 접속구는 어느 것인가?

① 커플링(coupling)
② 헤드(head)
③ 슈(shoe)
④ 부싱(bushing)

> 접속구 및 보호구
> • 커플링(coupling) : 로드와 로드를 연결하는 것으로 외경은 로드와 같으며 로드 커플링의 모양은 로드의 형태에 따라 달라진다.
> • 헤드(head) : 보호관의 머리에 있는 장치이며 나사의 보호 및 보호관을 박아 넣을 때 타격을 받는데 사용한다.
> • 슈(shoe) : 보호관의 끝부분에 부착하여 나사를 보호하는 동시에 보호관이 들어가기 쉽게 끝이 뾰족하게 되어있는 특수공구이다.
> • 부싱(bushing) : 로드와 보호관의 접속장치이며 로드 쪽은 암나사, 보호관 쪽은 숫나사로 되어 있다.

43 시추작업에서 로드나 케이싱을 타입하거나 뺄 때 드라이브 해머의 충격을 받는 쇠로써 원통의 중앙부에 로드나 케이싱이 접속될 수 있도록 암나사로 되어있는 기구는?

① 슈(shoe)
② 커플링(coupling)
③ 부싱(bushing)
④ 노킹 블록(knocking block)

> 노킹블록(knocking block)은 드라이브 해머의 타격을 받는 쇠붙이로, 시추용 로드 또는 케이싱 튜브 사이에 접속하여 사용한다.

44 로드(rod) 또는 코어 배럴(core barrel) 하단에 연결한 비트(bit)에 적당한 압력을 가하여 회전을 시켜 그때의 급압(給壓)과 회전력에 의해 지층을 뚫어 원형의 시추공을 굴착하는 시추방법은 무엇인가?

① 회전식 시추
② 충격식 시추
③ 회전충격식 시추
④ 관 시추

> 코어 배럴(core barrel)은 비트에 의해서 원래 지반에서 분리된 코어를 수용하고 회수하는 부분으로 단일관, 2중관, 3중관으로 되어있으며, 회전식 시추기에 사용된다.

45 천공 작업 중 암석가루에 구멍이 막히는 상태를 무엇이라 하는가?

① 스프링잉(springing)
② 로드 재밍(rod jamming)
③ 바운싱(bouncing)
④ 케이싱(casing)

> 천공 작업 중 암석가루에 구멍이 막히는 상태를 로드 재밍(rod jamming)이라 하며, 로드 재밍의 원인은 암질이 고르지 못한 다공질암이나 암석결이 고르지 못하고 구멍이나 크랙이 있는 암반이다.

46 천공기의 굴착 작업에 사용되는 순환 장치에 해당되지 않은 것은?

① 셰일 쉐이커(shale shaker)
② 디샌더(desander)
③ 케이싱(casing)
④ 디실터(desilter)

> 굴착 작업 시 머드 재생을 위한 순환 장치는 회수라인을 통해 전달되는 머드에 포함된 암석, 모래 및 가스 등을 제거하여 머드를 재생하기 위한 셰일 쉐이커(shale shaker), 가스제거기(degasser), 디샌더(desander), 디실터(desilter), 머드 클리너(mud cleaner)를 포함한다.

47 다음 유압식 천공기의 유압오일 요소 중 가장 중요한 것은?

① 무게
② 제작사
③ 점도
④ 가격

> 유압유에서 가장 중요한 것은 점도로 유압유는 넓은 온도 범위에서 점도의 변화가 적어야 한다.

48 항타 및 항발기의 작업과 관련한 주의사항으로 옳지 않은 것은?

① 지반 평탄 작업 및 침하 방지조치를 실시한다.
② 항타 할 때 반드시 우드 캡을 씌운다.
③ 수직도 밖에서 작업한다.
④ 작업 시 붐을 상승시키지 않는다.

> 항타 및 항발기의 작업 시에는 설계기준 또는 말뚝길이의 1/200 이하의 수직도를 유지하여야 한다. 또한, 이를 유지하기 위해 장비자체의 경사계 및 트랜싯 등을 활용하여 수직도를 관리하여야 한다.

49 2사이클 디젤엔진의 작동원리를 해머 내부에 도입한 것은?

① 디젤해머　② 드롭해머
③ 유압해머　④ 증기해머

> 디젤해머(diesel hammer)는 기동해머의 결점을 보완하기 위하여 2사이클 디젤엔진의 작동원리를 해머 내부에 도입한 것이다.

50 다음 천공기 중 회전식 천공방식이 아닌 것은?

① 오거　② 어스 드릴
③ 터널 보링 머신　④ 점보 드릴

> 천공방식에 따른 분류
> • 회전식 : 오거, 쉴드 굴진기, 터널 보링 머신, 어스 드릴
> • 충격식 : 점보드릴, 드리프터

51 천공기에서 센트럴라이저(centralizer)의 주된 역할은?

① 천공 시 발생되는 암석 가루 중 미분 가루를 모으는 장치이다.
② 천공 시 로드의 흔들림을 방지하기 위한 장치이다.
③ 오거를 정확한 천공 위치로 땅속에 들어갈 수 있도록 안내하는 장치이다.
④ 드리프터를 목적하는 위치까지 이동시키기 위한 레일장치이다.

> 센트럴라이저(centralizer)는 가이드 앞부분에서 크램핑 실린더와 같이 로드와 슬리브의 연결교환과 천공 시 로드의 흔들림을 방지하기 위한 장치로, 유압 실린더가 장착되어 있으면 클램프의 작동으로 그리스 주입개소도 있다. 부가적으로 천공 시 발생하는 분진을 모아주는 기능도 담당한다.

52 드롭해머(drop hammer)의 장점에 대한 설명으로 틀린 것은?

① 설비의 규모가 복잡하다.
② 수중에서 파일 작업이 불가능하다.
③ 낙하 높이를 변화시킴에 따라서 타격 에너지를 바꿀 수 있다.
④ 조작이 간단하다.

> 드롭해머의 장점
> • 설비의 규모가 작으므로 경비가 적게 든다.
> • 조작이 간단하다.
> • 낙하높이를 변화시킴에 따라서 타격 에너지를 바꿀 수 있다.

53 도로터널, 철도터널, 수로터널 및 지하 저장고 등의 암반천공 공사에 사용하는 천공기로 주행 장치에 따라 무한궤도식, 휠식, 레일식이 있는 장치는?

① 유압식 크롤러 드릴(crawler drill)
② 점보드릴(jumbo drill)
③ 레그 드릴(leg drill)
④ 공압식 크롤러 드릴(crawler drill)

> • 레그 드릴 : 경사면 천공 작업용으로 주로 인력으로 밀착하면서 천공하는 기계로 석탄 및 광산 채굴에 사용된다.
> • 크롤러 드릴 : 광산, 석산에서 대형 암반을 천공하여 다이너마이트 발파 작업용으로 주로 사용하며, 유압식과 공압식이 있다.
> • 점보 드릴 : 도로터널, 철도터널, 수로 터널 및 지하 저장고 등 암반천공 공사에 사용되며 무한궤도식, 휠식, 레일식이 있다.

54 지열 시추 시 열 교환 폴리에틸렌 파이프에 미리 물을 채우는 이유로 가장 적당한 것은?

① 폴리에틸렌 파이프의 원활한 삽입을 위한 준비 작업이다.
② 파이프 호스 연결 소켓 설치 등을 위한 준비 작업이다.
③ 천공과 케이싱을 원활하게 진행하기 위한 준비 작업이다.
④ 폴리에틸렌 파이프의 누수 여부를 확인하기 위한 것이다.

> 지열 시추 시 열 교환 폴리에틸렌 파이프를 삽입 할 때에는 지하수에 의한 부력을 상쇄시키기 위하여 배관 안에 물을 채워서 설치한다. 이는 파이프의 원활한 삽입을 위한 작업이다.

55 천공 자재에 따른 확인 사항으로 적절하지 않은 것은?

① 드리프터 – 제작 회사별 사양을 확인한다.
② 섕크로드 어댑터 – 타격력과 이송력 등의 제원을 확인한다.
③ 연결 슬리브 – 연결 스크루를 확인한다.
④ 비트 – 비트의 종류와 직경을 확인한다.

🔍 섕크로드 어댑터는 드리프터에 직접 연결되어 회전력과 타격력 그리고 이송력을 전달하는 것으로 드리프터 제작회사별 연결 기어의 형태와 기어의 숫자가 달라 드리프터 제작사의 사양(기어 형태와 기어 숫자)을 확인 후 사용해야 한다.

56 항발기에 대한 설명으로 옳은 것은?

① 파일 만을 뽑는데 사용되는 건설기계이다.
② 널말뚝, 파일 등을 뽑는데 사용되는 건설기계이다.
③ 파일 등을 때려 넣는데 사용되는 건설기계이다.
④ 터널 등을 굴착할 때 사용되는 건설기계이다.

🔍 항발기는 주로 가설(假設)용에 사용된 널말뚝, 파일 등을 뽑는데 사용되는 기계를 말한다.

57 시추 작업에 있어 코어가 필요 없을 때 사용되는 비트는?

① 메탈 비트   ② 다이아몬드 비트
③ 트리콘 비트 ④ 윙 비트

🔍 비트의 종류
• 메탈 비트 : 절삭 날이 초경합금으로 되어 있으며 주로 연약 지반의 시추작업에 사용된다.
• 다이아몬드 비트 : 다이아몬드가 절삭면에 박혀 사용하는 보링 용도이며 주로 굳은 지반이나 암반 시추시 사용된다.
• 트리콘 비트 : 3개의 원뿔모양의 롤러로 코어가 필요 없을 때 사용한다.
• 윙 비트 : 메탈 비트의 일종으로 초경팁이 비트날에 박혀있어 경사면의 연약층 작업에 사용된다
• 에어 해머비트 : 일종의 해머 비트라고 하며 압축 공기의 힘을 해머를 이용하여 사용한다.

58 시추시 로드의 회전수에 대한 설명으로 틀린 것은?

① 단단한 바위(경암)일 때는 회전수를 늦춘다.
② 작은 지름의 구멍은 회전수를 빠르게 한다.
③ 연한 바위(연암)일 때는 회전수를 빠르게 한다.
④ 로드의 회전수는 비트의 지름과 관계가 없다.

🔍 로드의 회전수는 비트의 지름, 비트의 종류, 지층 등에 따라 달라진다.

59 2줄 걸이로 하물을 인양 시 인양각도가 커지면 로프에 걸리는 장력은?

① 감소한다.   ② 증가한다.
③ 변화가 없다.   ④ 장소에 따라 다르다.

🔍 2줄 걸이로 하물을 인양 시 인양각도가 커지면 커질수록 로프에 걸리는 장력은 증가한다. 이와 반대로 각도가 작아지면 작아질수록 로프에 걸리는 장력은 감소하게 된다.

60 드리프터(drifter)의 보관 시 유의사항으로 틀린 것은?

① 모든 연결부에 적절한 플러그 또는 캡으로 막는다.
② 드리프터를 철저히 청소하고 그리스를 제거한다.
③ 어큐뮬레이터의 가스는 충만시킨다.
④ 드리프터는 건조한 장소에서 보관한다.

🔍 드리프터 보관 시에는 어큐뮬레이터에서 가스를 완전히 배출하도록 한다.

정답 제4회 적중모의고사

01 ①	02 ④	03 ③	04 ④	05 ①
06 ②	07 ③	08 ②	09 ④	10 ②
11 ①	12 ④	13 ③	14 ③	15 ②
16 ④	17 ②	18 ④	19 ①	20 ④
21 ④	22 ③	23 ②	24 ②	25 ④
26 ④	27 ④	28 ②	29 ③	30 ④
31 ②	32 ②	33 ①	34 ④	35 ③
36 ②	37 ③	38 ③	39 ④	40 ④
41 ④	42 ④	43 ④	44 ①	45 ②
46 ③	47 ③	48 ③	49 ①	50 ④
51 ②	52 ①	53 ②	54 ①	55 ②
56 ②	57 ③	58 ④	59 ②	60 ③

제5회 적중모의고사

01 다음 중 건설기계조종사면허의 반납 사유가 아닌 것은?

① 면허가 취소된 때
② 면허의 효력이 정지된 때
③ 주소지가 변경된 때
④ 면허증의 재교부를 받은 후 잃어버린 면허증을 발견한 때

🔍 건설기계조종사면허를 받은 자가 보기의 ①, ②, ④항에 해당하는 사유가 발생하는 때에는 그 사유가 발생한 날부터 10일 이내에 주소지를 관할하는 시장·군수 또는 구청장에게 그 면허증을 반납하여야 한다.

02 성능이 불량하거나 사고가 자주 발생하는 건설기계의 안전성 등을 점검하기 위한 검사는?

① 신규등록검사
② 정기검사
③ 수시검사
④ 임시검사

🔍 건설기계의 검사 종류
• 신규 등록검사 : 건설기계를 신규로 등록할 때 실시하는 검사
• 정기검사 : 건설공사용 건설기계로서 3년의 범위에서 국토교통부령으로 정하는 검사유효기간이 끝난 후에 계속하여 운행하려는 경우에 실시하는 검사와 운행차의 정기검사
• 구조변경검사 : 주요 구조나 원동기, 동력전달장치, 제동장치 등 주요 장치를 변경 또는 개조하였을 때 실시하는 검사
• 수시검사: 성능이 불량하거나 사고가 자주 발생하는 건설기계의 안전성 등을 점검하기 위하여 수시로 실시하는 검사와 건설기계 소유자의 신청을 받아 실시하는 검사

03 건설기계조종사 면허의 결격 사유에 해당되지 않는 사람은?

① 18세 미만인 사람
② 정신질환자 또는 뇌전증환자
③ 알코올중독자
④ 파산자로서 복권되지 않은 사람

🔍 건설기계조종사면허의 결격사유
• 18세 미만인 사람
• 건설기계 조종상의 위험과 장해를 일으킬 수 있는 정신질환자 또는 뇌전증환자로서 국토교통부령으로 정하는 사람
• 앞을 보지 못하는 사람, 듣지 못하는 사람, 그 밖에 국토교통부령으로 정하는 장애인
• 건설기계 조종상의 위험과 장해를 일으킬 수 있는 마약·대마·향정신성의약품 또는 알코올중독자로서 국토교통부령으로 정하는 사람
• 건설기계조종사면허가 취소된 날부터 1년(거짓이나 그 밖의 부정한 방법으로 건설기계조종사면허를 받아서 취소된 경우와 건설기계조종사면허의 효력정지기간 중 건설기계를 조종하여 취소된 경우에는 2년)이 지나지 아니하였거나 건설기계조종사면허의 효력정지처분 기간 중에 있는 사람

04 건설기계조종사면허 취득을 위한 적성검사 기준으로 틀린 것은?

① 두 눈을 동시에 뜨고 잰 시력이 0.7 이상일 것
② 보청기를 사용하는 사람은 40데시벨의 소리를 들을 수 있을 것
③ 시각은 150도 이상일 것
④ 언어분별력이 50% 이상일 것

🔍 건설기계조종사의 적성검사 기준
• 두 눈을 동시에 뜨고 잰 시력(교정시력 포함)이 0.7 이상이고 두 눈의 시력이 각각 0.3 이상일 것
• 55데시벨(보청기를 사용하는 사람은 40데시벨)의 소리를 들을 수 있고, 언어분별력이 80% 이상일 것
• 시각은 150도 이상일 것
• 건설기계 조종상의 위험과 장해를 일으킬 수 있는 정신질환자 또는 뇌전증환자가 아닐 것
• 건설기계 조종상의 위험과 장해를 일으킬 수 있는 마약·대마·향정신성의약품 또는 알코올중독자가 아닐 것

05 건설기계의 등록이 말소된 경우 그 등록번호표는 누구에게 반납하여야 하는가?

① 시·도지사
② 국토교통부장관
③ 구청장
④ 경찰서장

🔍 건설기계의 등록이 말소되거나 등록사항 중 대통령령으로 정하는 사항이 변경된 경우, 등록번호표의 부착 및 봉인을 신청하는 경우 등록된 건설기계의 소유자는 10일 이내에 등록번호표의 봉인을 떼어낸 후 그 등록번호표를 시·도지사에게 반납하여야 한다.

06 건설기계 운전 중 과실로 사망 1명의 인명피해를 입힌 운전자에 대한 면허 처분기준은?(단, 산업안전보건법에 따른 중대재해가 아닌 경우이다.)

① 면허효력 정지 45일
② 면허효력 정지 30일
③ 면허효력 정지 15일
④ 면허효력 정지 5일

🔍 인명피해에 따른 면허효력 정지기간
• 사망 1명마다 : 면허효력 정지 45일
• 중상 1명마다 : 면허효력 정지 15일
• 경상 1명마다 : 면허효력 정지 5일

07 신개발 건설기계를 시험·연구 목적으로 운행하는 경우가 아닌 건설기계의 임시운행 기간은 최대 얼마인가?

① 5일 ② 10일
③ 15일 ④ 30일

🔍 건설기계는 등록을 한 후가 아니면 이를 사용하거나 운행하지 못한다. 다만, 등록하기 전에 일시적으로 운행할 필요가 있을 경우에는 국토교통부령이 정하는 바에 따라 임시번호표를 제작·부착하여야 하며, 이 경우 건설기계를 제작·수입·조립한 자가 번호표를 제작·부착하며 임시운행 기간은 15일을 초과할 수 없다.

08 건설기계관리법령상 건설기계검사의 종류에 해당하지 않는 것은?

① 신규등록검사
② 정기검사
③ 임시검사
④ 구조변경검사

🔍 건설기계검사의 종류 : 신규등록검사, 정기검사, 구조변경검사, 수시검사

09 건설기계관리법령상 폐기요청을 받은 건설기계를 폐기하지 아니하거나 등록번호표를 폐기하지 아니한 자에 대한 벌칙은?

① 2년 이하의 징역 2천만원 이하의 벌금
② 1년 이하의 징역 1천만원 이하의 벌금
③ 500만원 이하의 벌금
④ 100만원 이하의 과태료

🔍 1년 이하의 징역 또는 1천만원 이하의 벌금(주요사항)
• 거짓이나 그 밖의 부정한 방법으로 건설기계 등록을 한 자
• 건설기계의 등록번호를 지워 없애거나 그 식별을 곤란하게 한 자
• 건설기계의 구조변경검사 또는 수시검사를 받지 아니한 자
• 건설기계의 정비명령을 이행하지 아니한 자
• 폐기요청을 받은 건설기계를 폐기하지 아니하거나 등록번호표를 폐기하지 아니한 자
• 건설기계조종사면허를 받지 아니하고 건설기계를 조종한 자
• 건설기계조종사면허를 거짓이나 그 밖의 부정한 방법으로 받은 자
• 건설기계조종사면허가 취소되거나 건설기계조종사면허의 효력정지처분을 받은 후에도 건설기계를 계속하여 조종한 자
• 건설기계를 도로나 타인의 토지에 버려둔 자

10 특별표지판 부착 대상인 대형 건설기계가 아닌 것은?

① 길이가 17m인 건설기계
② 너비가 3m인 건설기계
③ 높이가 4m인 건설기계
④ 총중량 45톤인 건설기계

🔍 특별표지판 부착 대상 대형 건설기계
• 길이가 16.7m를 초과하는 건설기계
• 너비가 2.5m를 초과하는 건설기계
• 높이가 4.0m를 초과하는 건설기계
• 최소회전반경이 12m를 초과하는 건설기계
• 총중량이 40톤을 초과하는 건설기계
• 총중량 상태에서 축하중이 10톤을 초과하는 건설기계

11 윤활유의 작용으로 틀린 것은?

① 감마작용 ② 냉각작용
③ 밀봉작용 ④ 압축작용

🔍 윤활유의 7대 기능 : 감마작용, 냉각작용, 세척작용, 밀봉작용, 부식방지작용, 소음완화작용, 응력분산작용

12 다음 중 압력 제어 밸브에 속하지 않는 것은?

① 릴리프 밸브 ② 시퀀스 밸브
③ 스로틀 밸브 ④ 카운터밸런스 밸브

🔍 유압제어 밸브의 구분
• 압력제어 밸브(일의 크기) : 릴리프 밸브, 리듀싱(감압) 밸브, 시퀀스 밸브, 언로더 밸브, 카운터 밸런스 밸브
• 유량제어 밸브(일의 속도) : 스로틀(교축) 밸브, 압력보상 유량제어 밸브, 디바이더(분류) 밸브, 슬로 리턴 밸브
• 방향제어 밸브(일의 방향) : 체크 밸브, 스풀 밸브, 디셀러레이션(감속) 밸브

13 다음 중 감압(리듀싱) 밸브에 대한 설명으로 틀린 것은?

① 상시 폐쇄 상태로 되어 있다.
② 유압장치에서 회로 일부의 압력을 릴리프 밸브의 설정압력 이하로 하고 싶을 때 사용한다.
③ 입구의 주회로에서 출구의 감압회로로 유압유가 흐른다.
④ 출구의 압력이 감압밸브의 설정 압력보다 높아지면 밸브가 작동하여 유로를 닫는다.

> 감압밸브는 상시 개방 상태에 있다가 출구의 압력이 감압밸브의 설정 압력보다 높아지면 밸브가 작동하여 유로를 닫는다.

14 부동액의 구비조건으로 틀린 것은?

① 침전물의 발생이 없을 것
② 물과 쉽게 혼합될 것
③ 부식성이 없을 것
④ 비등점이 물보다 낮을 것

> 부동액의 구비조건
> • 물과 잘 혼합할 것
> • 침전물이 없을 것
> • 휘발성이 없고 순환성이 좋을 것
> • 부식성이 없고 팽창계수가 적을 것
> • 비등점이 물보다 높고, 빙점은 물보다 낮을 것

15 터보차저는 무엇에 의해 구동되는가?

① 엔진의 배기가스에 의해 구동된다.
② 엔진의 흡입가스에 의해 구동된다.
③ 엔진의 열에 의해 구동된다.
④ 엔진의 동력으로 구동된다.

> 터보차저
> • 4행정 기관에서 실린더 내에 공기의 충전 효율을 증가시켜 주기 위해서 두고 있다.
> • 배기가스 압력에 의해 작동된다.
> • 10,000~15,000rpm 정도의 속도로 고속 회전을 한다.
> • 기관 전체 중량은 10~15%가 무거워진다.
> • 기관의 출력은 35~45% 증대된다.

16 디젤기관에서 주행 중 시동이 꺼지는 원인으로 거리가 먼 것은?

① 연료필터가 막힘
② 연료탱크에 물이 유입
③ 프라이밍 펌프 불량
④ 연료 연결파이프의 누설

> 프라이밍 펌프는 엔진이 정지되었을 때 연료 탱크의 연료를 연료분사 펌프까지 공급하거나 연료라인 내의 공기빼기 등에 사용하는 수동용 펌프이다.

17 직접분사식 디젤기관의 특징 설명으로 틀린 것은?

① 열효율이 높고 시동이 쉽다.
② 다른 방식에 비해 노크가 적다.
③ 냉각에 의한 열손실이 적다.
④ 분사노즐의 상태와 연료의 질에 민감하다.

> 직접분사식의 단점
> • 분사압력이 높아 분사 펌프와 노즐 등의 수명이 짧다.
> • 분사노즐의 상태와 연료의 질에 민감하다.
> • 노크가 일어나기 쉽다.

18 무한궤도식 장비에서 프런트 아이들러의 기능으로 가장 적당한 것은?

① 회전력을 발생하여 트랙에 전달한다.
② 트랙의 진로를 조정하면서 주행방향으로 트랙을 유도한다.
③ 구동력을 트랙으로 전달한다.
④ 파손을 방지하고 원활한 운전을 가능하게 한다.

> 프런트 아이들러(전부 유동륜)는 트랙 프레임의 앞쪽에 설치되며, 프레임 위에서 미끄럼 운동을 할 수 있는 요크(yoke)에 설치되어 있다. 주된 기능은 트랙의 장력을 조정하면서 트랙의 진행 방향을 유도한다.

19 환향장치가 하는 역할은?

① 제동을 쉽게 하는 장치이다.
② 분사압력 증대 장치이다.
③ 분사 시기를 조정하는 장치이다.
④ 장비의 진행 방향을 바꾸는 장치이다.

> 조향(환향)장치는 건설기계의 주행 방향을 바꾸기 위한 조종장치로 조향핸들을 회전시켜 앞바퀴를 조향하는 구조로 되어있다.

20 건설기계를 야간에 운행하거나 작업할 때 켜야 하는 등화는?

① 후미등
② 제동등
③ 전조등
④ 방향지시등

> 전조등은 야간 운행 및 야간 작업시 전방을 비추는 등화이며 램프 유닛(lamp unit)과 이 유닛을 차 체에 부착하여 조정하는 기구로 되어 있다. 또한, 램프 유닛은 전구와 반사경 및 렌즈로 구성된다.

21 축전지의 전해액은?

① 묽은황산
② 증류수
③ 냉각수
④ 오일

22 12V 축전지 2개를 연결하여 24V의 전압을 얻으려면 어떻게 연결해야 하는가?

① A - C
② B - C
③ B - D
④ A - B

> 12V 축전지 2개를 연결하여 24V의 전압을 얻기 위해서는 12V 축전지 2개를 직렬로 연결하여야 하며, 직렬연결은 다른 극(+극은 -극과) 연결한다.

23 직권식 전동기의 전기자코일과 계자코일은 전원에 어떻게 접속되어 있는가?

① 직렬로 접속되어 있다.
② 병렬로 접속되어 있다.
③ 전기자코일은 직렬, 계자코일은 병렬로 접속되어 있다.
④ 전기자코일은 병렬, 계자코일은 직렬로 접속되어 있다.

> 전기자코일과 계자코일은 직권식 전동기에서 직렬, 분권식 전동기에서 병렬로 접속되어 있다.

24 다음 중 교류 발전기의 부품이 아닌 것은?

① 다이오드
② 슬립링
③ 스테이터 코일
④ 전류 조정기

> 직류(DC) 발전기는 조정기로 컷 아웃 릴레이, 전압 조정기, 전류 조정기가 모두 있지만, 교류(AC) 발전기의 조정기는 전압 조정기 뿐이다.

25 건설기계의 유압펌프는 무엇에 의해 구동되는가?

① 에어 컴프레셔에 의해 구동
② 플라이 휠에 의해 구동
③ 캠 축에 의해 구동
④ 변속기 P.T.P 장치에 의해 구동

> 유압펌프는 기관의 앞이나 플라이휠 및 변속기 축에 연결되어 작동되며, 기계적 에너지를 받아서 압력을 가진 오일의 유체 에너지로 변환작용을 하는 유압 발생원으로서의 중요한 요소이다.

26 방향전환 밸브의 조작 방식에서 단동 솔레노이드 기호로 맞는 것은?

> ① 단동 솔레노이드 조작, ② 스프링 조작, ③ 레버 조작, ④ 인력 조작

27 유압회로의 작동유 점도가 너무 클 때 일어나는 현상이 아닌 것은?

① 관 내의 마찰손실이 커진다.
② 동력손실이 커진다.
③ 열 발생의 원인이 된다.
④ 유압이 낮아진다.

> 점도가 너무 높을 경우
> • 관내 저항에 의한 압력증가
> • 동력손실 증가
> • 내부마찰 증가와 온도상승
> • 작동의 비활성

28 잔류탄소의 변화는 유압유의 무엇을 예측하는 척도인가?

① 노화   ② 산화
③ 열화   ④ 유화

🔍 작동유가 유압회로에 부착되어 열화하면서 탄소질의 물질이 발생한다. 즉, 작동유에 포함되는 잔류탄소의 변화를 통해 유압유의 열화를 예측할 수 있다.

29 유압오일 내에 공기 기포가 형성되는 이유로 가장 적합한 것은?

① 오일 속의 수분 혼입
② 오일의 열화
③ 오일 속의 공기 혼입
④ 오일의 누설

🔍 유압오일 내의 기포는 오일 속의 공기 혼입이 그 원인으로 공기의 유입량이 증가하면 실린더의 숨돌리기 현상, 열화 촉진, 공동현상(캐비테이션) 등을 일으킨다.

30 다음 중 기관의 실린더 수가 많을 때의 장점에 해당되지 않는 것은?

① 가속이 원활하고 신속하다.
② 연료 소비가 적고 큰 동력을 얻을 수 있다.
③ 기관의 진동이 적다.
④ 저속 회전이 용이하고 큰 동력을 얻은 수 있다.

🔍 실린더 수가 많으면 배기량이 많아지고 출력도 좋아지지만, 연료 소비 또한 증가한다.

31 교류(AC) 발전기에서 전류가 발생되는 곳은?

① 스테이터   ② 전기자
③ 로터   ④ 정류자

🔍 교류(AC) 발전기에서는 스테이터, 직류(DC) 발전기에서는 전기자(아마추어)가 전류를 발생시키는 곳이다.

32 밸브 간극을 측정하는 게이지는?

① 필러 게이지   ② 마이크로미터
③ 깊이 게이지   ④ 다이얼 게이지

🔍 밸브 간극은 캠과 밸브 리프트 사이에 필러 게이지(간극 게이지)를 넣고 측정한다.

33 산소-아세틸렌 가스용접에 의해 발생하는 재해에 해당하지 않는 것은?

① 감전   ② 화재
③ 가스점화   ④ 폭발

🔍 산소-아세틸렌 가스용접은 산소와 아세틸렌이 화합할 때 발생하는 고열을 이용하여 금속을 용접, 절단하는 것으로 전기를 사용하지 않기 때문에 감전 재해의 우려는 없다.

34 작업자의 신체 부위가 위험한계 내로 접근하였을 때 기계적인 작용에 의하여 접근을 못하도록 하는 방호장치는?

① 위치제한형 방호장치
② 접근거부형 방호장치
③ 접근반응형 방호장치
④ 감지형 방호장치

🔍 방호장치의 구분
- 위치제한형 : 작업자의 신체 부위가 위험한계 밖에 있도록 기계의 조작장치를 위험한 작업점에서 안전거리 이상 떨어지게 하거나 조작장치를 양손으로 동시 조작하게 함으로써 위험한계에 접근하는 것을 제한하는 방호장치
- 접근거부형 : 작업자의 신체 부위가 위험한계 내로 접근하였을 때 기계적인 작용에 의해 접근을 못하도록 저지하는 방호장치
- 접근반응형 : 작업자의 신체 부위가 위험한계 또는 그 인접한 거리 내로 들어오면 이를 감지하여 그 즉시 기계의 동작을 정지시키고 경보등을 발하는 방호장치
- 포집형 : 위험장소에 설치하여 위험원이 비산하거나 튀는 것을 포집하여 작업자로부터 위험원을 차단하는 방호장치
- 감지형 : 이상온도, 이상기압, 과부하 등 기계의 부하가 안전한계치를 초과하는 경우 이를 감지하고 자동으로 안전상태가 되도록 조정하거나 기계의 작동을 중지시키는 방호장치

35 드릴 작업에서 공작물과 드릴이 함께 회전하기 쉬운 때는?

① 작업이 처음 시작될 때
② 구멍을 중간쯤 뚫었을 때
③ 구멍 뚫기 작업이 거의 끝날 때
④ 드릴 핸들에 약간의 힘을 주었을 때

🔍 드릴 머신에서 구멍을 뚫을 때 가공물이 드릴과 함께 회전하기 쉬운 때는 구멍 뚫기 작업이 거의 끝날 때이다.

36 다음 중 자연재해가 아닌 것은?

① 방화
② 태풍
③ 지진
④ 폭설

🔍 방화는 타인의 건물이나 재산에 의도적으로 불을 지르는 행위를 말하는 것으로 자연재해 해당되지 않는다.

37 다음 중 공구 사용 시 주의해야 할 사항으로 틀린 것은?

① 주위 환경에 주의해서 작업한다.
② 강한 충격을 가하지 않는다.
③ 해머 작업 시에는 보호안경을 착용한다.
④ 손이나 공구에 기름을 바른 다음에 작업한다.

🔍 손이나 공구에 기름이 묻었을 때는 완전히 닦은 후 사용하여야 한다.

38 작업장에서 중량물을 이동하기 위한 가장 좋은 방법은?

① 여러 사람이 들고 조용히 움직인다.
② 체인 블록이나 호이스트를 사용한다.
③ 로프로 묶어 인력으로 당긴다.
④ 지렛대를 이용하여 움직인다.

🔍 중량물은 인력운반이 금지되며, 체인 블록이나 호이스트를 사용하여 운반하도록 한다.

39 다음의 안전 · 보건표지 명칭은?

① 방독마스크 착용
② 작업복 착용
③ 안전복 착용
④ 보호복 착용

🔍 지시표지의 종류

보안경 착용	방독마스크 착용	방진마스크 착용
보안면 착용	안전모 착용	귀마개 착용
안전화 착용	안전장갑 착용	안전복 착용

40 연소의 3요소가 아닌 것은?

① 가연물   ② 산소
③ 질소   ④ 점화원

🔍 연소
• 연소의 3요소 : 가연물질, 산소공급원, 점화원
• 연소의 4요소 : 가연물질, 산소공급원, 점화원, 화학적 연쇄반응

41 재해의 원인으로 가장 많은 요인은?

① 설비 자체의 결함
② 생산 공정의 부적당
③ 안전관리 조직 결함
④ 작업자의 불안전한 행동

🔍 작업자의 불안전한 행동과 설비 및 환경 등의 불안전한 상태는 재해의 직접원인으로 이 중 작업자의 불안전한 행동이 재해의 원인 중 가장 많은 요인이 되고 있다.

42 작업장에서 작업복을 착용하는 주된 이유는?

① 작업 속도를 높이기 위해서
② 작업자의 복장 통일을 위해서
③ 작업장의 질서를 확립시키기 위해서
④ 작업자의 안전을 위하여

🔍 작업복을 착용하는 주된 이유는 재해로부터 작업자의 몸을 보호하기 위한 것이 첫 번째이다.

43 다음 중 회전식 천공기에 해당되지 않는 것은?

① 보링머신 ② 어스드릴
③ 실드머신 ④ 드리프터

> 천공기의 종류
> • 충격식 : 스토퍼, 잭해머, 레그(leg)드릴, 드리프터, 크롤러 드릴, 점보드릴
> • 회전식 : 보링머신, 어스오거, 실드머신, 어스드릴, 베노토 굴착기, 로터리 케이싱 드라이버, 로드 헤더, 리버스 써큘레이션 드릴

44 항타기 및 항발기 선정 시 검토사항으로 가장 거리가 먼 것은?

① 말뚝의 종류 및 형상
② 타격력과 말뚝의 지지력
③ 권상기 설치 상태
④ 시공법 및 현장지반 등 작업장 주변사항

> 항타기 및 항발기 선정 시 검토사항
> • 말뚝의 종류 및 형상
> • 타격력과 말뚝의 지지력
> • 시공법 및 현장지반 등 작업장 주변사항
> • 말뚝 및 항타기의 중량
> • 작업량 및 공기

45 DTH에서 드릴 비트의 재료는?

① 텅스텐 카바이드 ② 니켈-크롬강
③ 탄소공구강 ④ 고속도강

> DTH(Down The Hole Hammer Drilling)는 추진력, 회전력, 타격력을 모두 이용하며, 압축공기 피스톤이 비트를 직접 타격하기 때문에 에너지 전달 손실이 적다. 일반적인 DTH 드릴 비트의 재료는 텅스텐 합금을 사용한다.

46 천공기 드릴 공구의 자재 연결이 순서대로 나열된 것은?

① 익스텐션 로드 – 커플링 – 섕크 어댑터 – 드릴 비트
② 익스텐션 로드 – 섕크 어댑터 – 커플링 – 드릴 비트
③ 섕크 어댑터 – 커플링 – 익스텐션 로드 – 드릴 비트
④ 섕크 어댑터 – 익스텐션 로드 – 커플링 – 드릴 비트

> 드릴공구는 드리프터에서 발생된 회전과 타격을 이용하여 암석을 천공하는 소모성 부품으로서 섕크 어댑터(Shank adapter), 커플링(Coupling), 익스텐션 로드(Extension rod), 드릴 비트(Drill bit)의 순서로 연결되어 구성된다.

47 천공작업 방식을 크게 THD, DTH 그리고 RD(회전식)으로 구분할 때 일반적인 천공속도의 비교로 옳은 것은?

① DTH > THD > RD ② THD > DTH > RD
③ RD > THD > DTH ④ RD > DTH > THD

> 천공작업 방식
>
> | 구분 | 천공방식 | 천공속도 | 암질 |
> |---|---|---|---|
> | THD | 타격(충격), 회전 | 빠름 | 연암/경암 |
> | DTH | 타격(충격), 회전 | 보통 | 연암/경암 |
> | RD | 회전 | 느림 | 연암 |

48 시추 로드의 회전수에 대한 설명으로 틀린 것은?

① 경암일 때는 회전수를 빠르게 한다.
② 큰 지름의 구멍은 회전수를 느리게 한다.
③ 작은 지름의 구멍은 회전수를 빠르게 한다.
④ 로드의 회전수는 비트의 지름, 비트의 종류, 지층 등에 따라 달라진다.

> 경암(단단한 바위)일 때는 회전수를 늦추고, 연암(연한 바위)일 때는 회전수를 빠르게 한다.

49 시추장비의 부품 중 리밍 셸(Reaming shell)의 역할은?

① 시추공의 붕괴를 방지한다.
② 원지반으로부터 분리된 코어를 회수한다.
③ 비트로 뚫은 시추공을 넓힌다.
④ 직접적으로 지층을 천공한다.

> 시추장비 부품
> • 케이싱(casing) : 토사층에서 시추공의 붕괴를 방지하기 위하여 사용하는 관
> • 로드(Rod) : 회전동력 및 시추수를 비트(Bit)까지 전달하는 역할
> • 리밍 셸(Reaming shell) : 비트가 지반을 마모 굴진하는 동안 공경을 확대
> • 코어 배럴(Core barrel) : 비트에 의하여 원지반에서 분리된 코어를 수용, 회수하는 부분
> • 비트(Bit) : 로드 선단에서 직접적으로 지층을 천공하는 가장 중요한 부분

50 천공작업 시 센트럴라이저(Centralizer)의 역할은?

① 로드를 잡아주고, 천공시 발생하는 분진을 모아준다.
② 천공 시 발생하는 분진을 여과시킨다.
③ 비트에 회전굴착의 힘을 전달한다.
④ 로드와 로드를 연결한다.

🔍 센트럴라이저(Centralizer)는 천공작업 시 로드를 잡아주고 천공 시 발생하는 분진을 모아주는 장치이다.

51 로드와 보호관의 접속장치이며, 로드 쪽은 암나사, 보호관 쪽은 수나사로 되어있는 드라이브 파이프 접속구는 어느 것인가?

① 커플링(Coupling)   ② 헤드(Head)
③ 슈(Shoe)   ④ 부싱(Bushing)

🔍 접속구 및 보호구
• 커플링(Coupling) : 로드와 로드를 연결하는 것으로 중심에 구멍이 뚫려 있고 나사가 나와 있다.
• 헤드(Head) : 보호관의 머리에 있는 장치이며 나사의 보호 및 보호관을 박아 넣을 때 타격을 받는데 사용한다.
• 슈(Shoe) : 보호관의 끝부분에 부착하여 나사를 보호하는 동시에 보호관이 들어가기 쉽게 끝이 뾰족하게 되어있는 특수 공구이다.
• 부싱(Bushing) : 로드와 보호관의 접속장치이며 로드 쪽은 암나사, 보호관 쪽은 숫나사로 되어있다.

52 천공기 작업장치에서 드리프터를 목적하는 위치까지 이동시키기 위한 레일은?

① 스크루 로드(screw rod)
② 드리프터(drifter)
③ 리더(leader)
④ 가이드 셸(guide shell)

🔍 가이드 셸(guide shell)은 유압으로 작동되는 붐 위에 설치되어 있으며, 드리프터는 가이드 셸 위에서 운동한다.

53 회전식 시추의 비트의 형태로서 회전운동과 전단운동에 의하여 암편을 쉽게 제거할 수 있어 장공 및 유전시추용에 사용하는 비트는?

① 쵸빙 비트   ② 메탈 비트
③ 트리콘 비트   ④ 케이싱 비트

🔍 트리콘 비트는 3개의 기어 잇모양이 맞물려 회전운동과 전단운동을 함께하는 비트로 장공 및 유전시추 외에도 사력층, 온천시추 등에 많이 쓰이며, 코어가 필요 없을 때 사용된다.

54 시추 시 사용되는 이수(泥水)의 구비조건으로 틀린 것은?

① 온도에 대한 안정성이 높을 것
② 탈수량이 많을 것
③ 윤활성이 우수할 것
④ 오염물질에 의해서 변화되기 어려울 것

🔍 시추 시에는 슬라임의 배제, 비트 팁의 냉각, 로드의 회전저항 감소 등을 위해 이수(순환수)를 보내며 굴착하여야 하며, 이때 사용되는 이수는 탈수량이 적어야 한다.

55 다음의 시추코어(core) 기기 중 사력층이나 점토질 등의 약한 지반의 코어 채취에 적합한 기구는?

① 샘플러(sampler)
② 코어셸(core shell)
③ 싱글튜브 코어배럴(single tube core barrel)
④ 더블튜브 코어배럴(double tube core barrel)

🔍 가력층이나 점토질 등의 약한 지반에는 더블 튜브 코어 배럴을 사용해도 코어 채취가 매우 곤란하며, 이런 지층에서는 샘플러(sampler)를 사용하여 코어를 채취한다.

56 충격식 시추기와 비교한 회전 수세식 시추기의 특징이 아닌 것은?

① 적용 범위가 넓고 다양하게 사용한다.
② 지반조사에 널리 사용된다.
③ 암반지역 시추 시 널리 사용된다.
④ 균등한 공경 및 공벽을 유지하고 원위치시험에 적합하다.

🔍 회전 수세식 시추기
• 적용 범위가 넓고 다양하게 사용한다.
• 연약지반에 주로 사용하며 지열시추 시 사용된다.
• 지반조사에 널리 사용된다.
• 균등한 공경 및 공벽을 유지하고 원위치시험에 적합하다.
※ 굳은 지반에 적합하며, 암반지역 시추 시 널리 사용되는 것은 충격식 시추기이다.

57 시추공 공곡(휨)의 방지대책으로 틀린 것은?

① 적정한 비트 회전수로 굴착한다.
② 항상 절삭이 양호한 비트를 사용한다.
③ 비트의 절삭이 약하면 교환한다.
④ 코어 튜브는 가능하면 짧은 것을 사용한다.

🔍 시추공 휨의 방지대책
• 적정한 비트 회전수와 하중에 따라 무리하지 않고 굴착한다.
• 항상 절삭이 양호한 비트를 사용하고, 절삭이 약하면 교환한다.
• 보어홀(시추작업 시 드릴 비트를 사용하여 굴착된 시추공) 지름에 가까운 로드, 코어 튜브를 사용한다.
• 코어 튜브는 가능하면 긴 것을 사용한다.

58 디젤파일해머식 항타 및 항발기의 타격횟수는 분당 몇 회 이상이어야 하는가?

① 10회
② 20회
③ 30회
④ 40회

🔍 디젤파일해머식 항타 및 항발기의 타격횟수는 분당 40회 이상이어야 하고, 타격횟수의 최대값과 최소값을 차체에 표시하여야 한다. 또한, 진동파일해머식 항타 및 항발기의 진동기의 진동수는 분당 500회 이상이어야 한다.

59 오거(Auger) 장치의 구조 및 설치에 대한 내용으로 틀린 것은?

① 오거 스크루는 굴착시의 비틀림 및 충격에 대하여 견딜 수 있어야 한다.
② 굴착한 토사가 스크루에 의하여 배출될 수 없는 구조여야 한다.
③ 리더는 균열, 변형 등 손상이 없어야 한다.
④ 리더 및 본체의 기울기표시장치는 조종사가 확인하기 쉬운 위치에 설치하여야 한다.

🔍 오거(Auger) 장치
• 오거 스크루는 굴착시의 비틀림 및 충격에 대하여 견딜 수 있어야 하며, 굴착한 토사가 스크루에 의하여 쉽게 배출되는 구조이어야 한다.
• 리더는 균열, 변형 등 손상이 없어야 하며, 리더의 후면지지대(백스테이 등을 말한다)는 작동이 원활하여야 한다.
• 리더 및 본체의 기울기표시장치는 조종사가 확인하기 쉬운 위치에 설치하여야 한다.

60 천공기와 관련된 설명 중 틀린 것은?

① 천공기의 차체에는 대기압하에서 천공기가 단위시간당 소비하는 공기량 및 필요한 공기압을 표시하여야 한다.
② 무한궤도식 천공기의 기동륜을 구동하는 모터는 2개로서 좌우를 각각 독립하여 구동할 수 있는 구조이어야 한다.
③ 무한궤도식 천공기의 드리프터 지지붐은 전기모터에 의하여 상하 또는 좌우로 이동할 수 있는 구조이어야 한다
④ 착암기를 지지하는 붐은 천공 시 진동에 견딜 수 있도록 균열, 만곡 및 절단된 곳이 없어야 한다.

🔍 무한궤도식 천공기의 드리프터 지지붐은 유압장치에 의하여 상하 또는 좌우로 이동할 수 있는 구조이어야 한다.

정답 제5회 적중모의고사

01 ③	02 ③	03 ④	04 ④	05 ①
06 ①	07 ③	08 ③	09 ②	10 ③
11 ④	12 ③	13 ①	14 ④	15 ①
16 ③	17 ②	18 ②	19 ④	20 ②
21 ①	22 ②	23 ①	24 ④	25 ②
26 ②	27 ④	28 ③	29 ③	30 ②
31 ①	32 ①	33 ①	34 ②	35 ③
36 ①	37 ④	38 ②	39 ③	40 ③
41 ④	42 ④	43 ④	44 ③	45 ①
46 ③	47 ②	48 ①	49 ③	50 ①
51 ④	52 ④	53 ②	54 ②	55 ①
56 ①	57 ④	58 ④	59 ②	60 ③

필기
천공기운전기능사

2026년 01월 05일 인쇄
2026년 01월 20일 발행

저자 건설기계교육아카데미
발행처 (주)도서출판 책과상상
등록번호 제2020-000205호
발행인 이강복
주소 경기도 고양시 일산동구 장항로 203-191
대표전화 (02)3272-1703~4
팩스 (02)3272-1705

홈페이지 www.sangsangbooks.co.kr
ISBN 979-11-6967-307-5

정가 16,000원

Copyright© 2026
Book & SangSang Publishing Co.

※저자와의 협의하에 인지를 생략합니다.